"十四五"职业教育国家规划教材

iCVE 智慧职教 高等职业教育电子信息类专业课程新形态一体化教材

电路基础

主　编　孙晓雷

副主编　段争光　高　艳　邓旭辉

白彩波　邵育兰　吴立军

主　审　陈慧蓉　张玉明

中国教育出版传媒集团

高等教育出版社·北京

内容提要

本书为“十四五”职业教育国家规划教材，全书分为10个单元，包括电路模型和电路定律、电阻电路的等效变换、线性电阻电路的分析方法、电路定理、储能元件、相量法、正弦稳态电路的分析、谐振与具有耦合电感的电路、三相电路、动态电路的时域分析以及相应技能知识和技能训练等。本书结合作者多年教学改革探索总结的教学经验编写，重点培养读者的应用能力和实操技能。

本书为双色印刷，版面精美友好，结构清晰，在介绍核心知识点、技能点的位置提供了对应的配套学习资源标签或二维码链接。全书配套提供微课、实训等视频资源，可通过书中二维码访问。此外，本书还提供了其他丰富的数字化教学资源，包括PPT课件、习题答案等，授课教师可发电子邮件至编辑邮箱 gzdz@pub.hep.cn 获取。

本书可以作为高等职业院校电类专业以及计算机、自动化、通信等相关专业的教材，也可作为成人教育、培训组织的教材，还可供相关专业工程技术人员学习和参考。

图书在版编目（CIP）数据

电路基础 / 孙晓雷主编. -- 北京：高等教育出版社，2021.10（2023.10重印）

ISBN 978-7-04-054471-8

Ⅰ.①电… Ⅱ.①孙… Ⅲ.①电路理论－高等职业教育－教材 Ⅳ.①TM13

中国版本图书馆CIP数据核字（2020）第115339号

电路基础
Dianlu Jichu

策划编辑 孙　薇　　责任编辑 郭　晶　　封面设计 赵　阳　　版式设计 于　婕
插图绘制 邓　超　　责任校对 张　薇　　责任印制 田　甜

出版发行	高等教育出版社	网　　址	http://www.hep.edu.cn
社　　址	北京市西城区德外大街4号		http://www.hep.com.cn
邮政编码	100120	网上订购	http://www.hepmall.com.cn
印　　刷	北京市白帆印务有限公司		http://www.hepmall.com
开　　本	787mm×1092mm 1/16		http://www.hepmall.cn
印　　张	16.75		
字　　数	390千字	版　　次	2021年10月第1版
购书热线	010-58581118	印　　次	2023年10月第3次印刷
咨询电话	400-810-0598	定　　价	49.80元

本书如有缺页、倒页、脱页等质量问题，请到所购图书销售部门联系调换

物 料 号　54471-A0

前言

本书根据党的二十大报告精神，将知识、技能与素质培养相结合，体现教育数字化，致力于培养德智体美劳全面发展的社会主义建设者和接班人。本书是根据高等职业院校电类专业人才培养目标定位,结合院校教学条件,对往届毕业生的调研,在总结经验的基础上编写。

如何根据现有条件更好地完成专业人才培养目标,多年来编者进行了不懈探索。本着促进人才培养的需要,“电路基础”课程重点强调“五基”：基本概念、基本原理、基本方法、基本操作、基本应用。课程的内容尽量体现理论如何从实践中来,如何指导实践,让学生在熟练运用技能的同时,掌握扎实的基础理论知识。只有学生理解和掌握基本技能和思想方法,才算真正学会,才能实现独立思考、独立分析、独立操作、独立判断和将来独立工作的能力培养。技能知识、技能训练作为实践环节,对学生的培养十分重要,这是保障学生获得理论思维、实践应用技能的必要手段。

由于电路基础理论结合着各式各样的实际应用,因此“电路基础”课程综合性强,包含基础理论知识较多,是重要的专业基础课。

本书为新形态一体化教材，书中配有微课等资源的二维码链接。

本书共 10 个单元,每个单元均有对技能知识或技能训练的要求。全书内容有：电路模型和电路定律、电阻电路的等效变换、线性电阻电路的分析方法、电路定理、储能元件、相量法、正弦稳态电路的分析、谐振与具有耦合电感的电路、三相电路、动态电路的时域分析。

本书由孙晓雷担任主编，段争光、高艳、邓旭辉、白彩波、邵育兰、吴立军担任副主编。单元一由孙晓雷编写，单元二至单元四由高艳编写，单元五至单元七由段争光编写，单元八由邓旭辉和邵育兰编写，单元九由白彩波编写，单元十由白彩波和邵育兰编写。吴立军提供了 Multisim 仿真部分资料，陈慧蓉和张玉明仔细审阅了全书并提出宝贵修改意见。谨此致以衷心感谢!

鉴于编者的水平和能力限制,对于书中不妥之处,敬请广大读者给予批评指正。

编　者

2022 年 11 月

目录

单元一 电路模型和电路定律

电在日常生活、科研、工农业生产等各个方面都有非常广泛的应用。在自动控制、计算机、通信、网络、电力等各个领域,实际电路实现各种各样的任务。为了能对实际电路进行定量分析,以便对实际电路有本质的了解,通常将实际电路的条件理想化,复杂系统简单化,建立实际电路的模型,反映电路系统的基本特征。

通过本单元的学习,应掌握电路模型的概念,熟知电路中电流、电压、电功率等基本物理量,理解电压源、电流源、受控源等电源模型,掌握基尔霍夫定律并应用于电路的求解中。注意用电安全,初步掌握电工基本工具电烙铁、万用表的使用。

本单元的重点为理解电路的基本物理量,掌握基尔霍夫定律及其在电路中的应用,初步使用电烙铁、万用表等基本的电工工具;难点为基尔霍夫定律及其应用。

在“电路基础”课程中,本单元的内容是贯穿整门课程的重要理论基础。

1.1 电路及电路模型

课件 1.1

为了便于对实际电路进行分析计算,通常把电子产品中的实际元件进行简化,在一定条件下忽略其次要性质,用表征其主要特性的物理或数学模型来表示,即用理想化的元器件模型进行等效,并用规定的符号来表示理想元器件。

学习目标

知识技能目标:理解实际电路的结构、电路模型,理解电路的基本物理量,掌握集总参数电路的分析计算。

素质目标:根据实际电路的本质建立电路模型,从而培养针对事物了解现象、分析特征、认识本质的调查研究方法。

1.1.1 实际电路

实际电路在生活和工程中随处可见。实际电路通常由各种电路实体部件（如电源、电阻器、电感线圈、电容器、变压器、仪表、晶体管、集成电路等）连接而成。实际电路借助电压、电流完成传输电能或信号、处理信号、测量、控制、计算等功能。

例如，手电筒电路、单个照明灯电路是实际应用中较为简单的电路，而电动机电路、雷达导航设备电路、计算机电路、电视机电路是较为复杂的电路。但不管简单还是复杂，电路的基本组成部分都离不开三个基本环节：电源、负载、中间环节。

电源：电源是向电路提供电能的装置。它可以将其他形式的能量，如化学能、热能、机械能、原子能等转换为电能。在电路中，电源用来产生电压、电流。

负载：负载通常是人们熟悉的各种用电器，是电路中接收电能的装置。在电路中，通过负载，把从电源接收到的电能转换为人们需要的能量形式。例如，电灯把电能转换成光能和热能，电动机把电能转换为机械能，充电的蓄电池把电能转换为化学能等。

中间环节：熔断器、热继电器、空气开关等与电源和负载的连通离不开传输导线，电路的通、断离不开控制开关，实际电路为了长期安全工作还需要一些保护设备。它们称为中间环节，在电路中的作用是传输和分配能量，控制和保护电气设备。

早发现

你知道节能灯、空调、开关属于电路哪一个基本环节吗？

按照电路功能的不同，可以将实际电路分为两大类：一类是电力系统中的电路，主要功能是对发电厂发出的电能进行传输、分配和转换，具有大功率、大电流的特点；另一类是存在于电子技术中的电路，主要功能是实现对电信号的传递、转换、储存和处理，具有功率小、电流小的特点。

1.1.2 电路模型

微课

电路模型

为了便于对实际电路的分析和计算，对实际电路进行模型化处理，建立电路模型，也就是说在一定条件下，忽略电路实体部件的次要性质，用表征其主要特性的模型来表示，即把它们近似地看作理想电路元件或它们的组合。理想电路元件用理想导线（其电阻值为零）连接而构成实际电路的电路模型。理想电路元件简称为理想元件，它是组成电路模型的最小单元。

在建立电路模型的过程中，需要考虑的因素是多方面的。例如，实际线圈在一定条件下可以用理想电感元件来模拟；但是若要同时考虑线圈的损耗，就要用电感元件和电阻元件二者的串联来模拟等效。

这里讲述的各种理想元件，不是实际存在的。实际电器元件在不同的工作环境和要求下,可以由若干理想电路元件的相应组合来近似模拟。所谓“理想化”是指实际元件的运用一般都与电能消耗现象和电能的存储现象有关,在这里理想化是指假定这些现象可以分别研究,从而可以用所谓的“集总”元件来构成模型。每一种集总元件都只表示一种基本现象,而且可以用数学方法定义并建立模型。

本书将介绍5个理想元件,即电阻元件、电感元件、电容元件、理想电压源和理想电流源,其图形符号如图1-1所示,它们都是二端元件,即元件对外有两个端子。后面将陆续讨论这些理想元件的定义和性能。

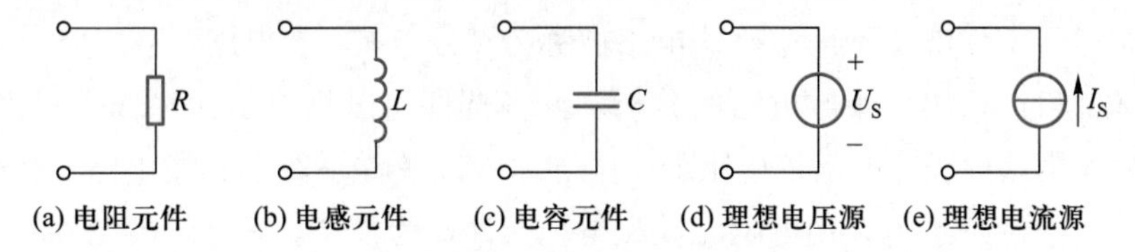

图1-1 理想电路元件的电路模型

例如,图1-2所示是一个最简单的手电筒电路及其电路模型。手电筒电路是一个由电池、灯泡和开关,用导线连接而成的照明电路。其电路模型如图1-2(b)所示。图中灯泡的电路模型是电阻元件R,反映了将电能转换为热能和光能这一物理现象;电池的电路模型是理想电压源U_S和电阻元件R_0的串联组合,分别反映了电池内部储能化学能转换为电能以及电池本身耗能的物理过程。

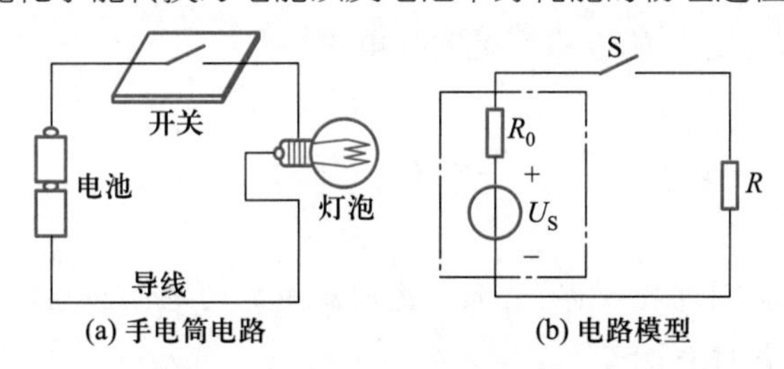

图1-2 手电筒电路及其电路模型

由图1-2可看出,手电筒的实际电路较为复杂,而电路模型显然清晰明了。

本书所讨论的对象并不是实际电路,而是由理想元件构成的电路模型,主要是为了便于电路分析,包括电路的基本定律和基本定理,以及各种电路的分析方法,为后续课程的学习打下坚实的理论基础。

1.1.3 电路的分类

在建立实际部件的模型时,集总意味着把部件的电场和磁场分隔开,电场只与电容元件关联,磁场只与电感元件关联。这样,两种场之间就不存在相互作用。

然而,实际电场与磁场间会产生电磁波,一部分能量将通过辐射损失,因此只有在辐射能量可以忽略不计的状况下才能采用集总的概念,因此需要部件的尺寸远远小于正常工作频率所对应的波长(波长等于光速/频率,$\lambda = c/f$),这就是集总概念的条件。例如,我国电力工程的电源频率是50 Hz,属于低频电路,对应的波长为6 000 km,对实验室的设备来说,其尺寸与波长相比完全可以忽略不计,因而可以用集总概念。所以在满足上述条件时,由各种分离的理想元件互相连接而组成的电路称为"集总参数"电路。

但是对于远距离的电力输电线路,就不能用集总的概念。电路本身的几何尺寸相对于工作波长不可忽略的电路被称为"分布参数"电路。

本书只讨论集总参数电路的分析。许多部件可以用电阻元件作为模型,如灯泡、电烙铁、线绕电阻等电阻器。半导体管以及许多数字集成电路、逻辑电路在一定条件下也可以用电阻元件和电源元件作为模型。只含电阻元件和电源元件的电路称为电阻电路。图1-2(b)所示电路就属于电阻电路,后面将首先介绍这类电路的分析方法。

知识闯关

1. 电路的基本组成部分都离不开三个基本环节:电源、负载、中间环节。(　　)

2. 本书所讨论分析的电路都是实际电路。(　　)

1.2 电流、电压及其参考方向

实际生活中提到电气设备,最先考虑的就是它的电流和电压。那么,它们的概念是什么?如何进行测量?

课件1.2

学习目标

知识技能目标:理解电流、电压、电位、关联参考方向等基本概念。

素质目标:了解安培、伏特等科学家在科学研究中严谨认真、坚持不懈的奋斗经历,在学习中追求真理,刻苦专研,练就扎实的专业技能。

1.2.1 电流

在金属导体内部,自由电子可以在原子间做无规则的运动;在电解液中,正负离子可以在溶液中自由运动。如果在金属导体或电解液两端加上电压,在金属导体内部或电解液中就会形成电场,自由电子或正负离子就会在电场力的作用下做定向移动,从而形成电流。

为了表示电流的强弱，引入电流这一物理量。电流定义为在电场力作用下，单位时间内通过导体横截面的电量，即

$$i=\frac{\mathrm{d}q}{\mathrm{d}t} \tag{1-1}$$

“电流”不仅仅表明一种物理现象，也代表一个物理量。式(1-1)中 i 是时间的函数，随时间变化。通常用小写英文字母来表示变量。

若电流不随时间变化，$i=\frac{\mathrm{d}q}{\mathrm{d}t}$为恒定的值(常数)，则这种电流是恒定电流，简称直流。通常用大写英文字母来表示恒定量，因此直流电流用大写字母 I 来表示，其电流可表示为

$$I=\frac{Q}{t} \tag{1-2}$$

国际单位制(SI)中，电量 q(或 Q)的单位为 C(库［仑］)、时间 t 的单位为 s(秒)，电流 i(或 I)的单位为 A(安［培］)。

电流常用单位还有 mA(毫安)、μA(微安)、nA(纳安)，它们之间的换算关系为

$$1\ \mathrm{A}=10^{3}\ \mathrm{mA}=10^{6}\ \mu\mathrm{A}=10^{9}\ \mathrm{nA}$$

电流不仅有大小，而且有方向。习惯规定正电荷移动的方向作为电流的正方向。当负电荷或电子运动时，电流的实际方向与负电荷或电子运动的方向相反。

在分析复杂电路时，某个元件或部分电路的电流实际方向可能难以判断，也可能是随时间变化的，因此有必要任意指定一个方向作为其电流的参考方向，并在电路图上用箭头表示。

图 1-3 表示一个电路的一部分，其中的矩形框表示一个二端元件，流过它的电流为 i，其实际方向可能为由 A 到 B 或由 B 到 A。图 1-3 中导线下实线标示的箭头表示电流的参考方向，它不一定就是电流的实际方向。图 1-3(a)中电流的实际方向如虚线所示，则电流的参考方向与实际方向一致，都是由 A 到 B，则电流为正值，即 $i>0$。图 1-3(b)中，电流的实际方向如虚线所示，自 B 到 A，而参考电流方向由 A 到 B，则电流的参考方向与实际方向不一致，故电流为负值，即 $i<0$。

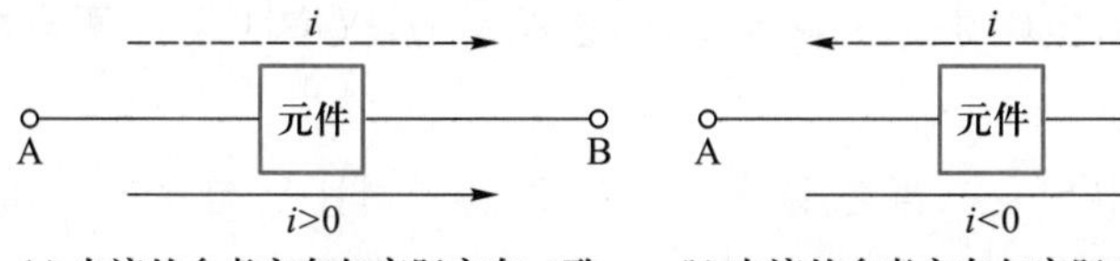

图 1-3　电流的实际方向和参考方向

提示

参考方向一经确定，整个分析过程中就不能再随意更改。

由此，在选定的电流参考方向下，电流值的正和负就可以反映出电流的实际方向，另一方面，只有规定了参考方向以后，才能写出随时间变化的电流函数式。

重点说明，电流的参考方向是可以任意指定的，一般用箭头表示，也可以用双下标表示。例如，i_{AB} 表示参考方向是由 A 指向 B。

1.2.2 电压

在电路中，电场力把单位正电荷 dq，从电路中的 a 点移动至电路中的 b 点所做的功为 dw，则电路中 a、b 两点的电压为 u_{ab} 为

$$u_{ab}=\frac{dw}{dq} \tag{1-3}$$

当电压大小和方向不随时间变化时，恒定的直流电压用大写字母 U_{ab} 表示。

与电压相关的另一个概念为电位。在电路中任选一点为参考点，则从电路中 a 点到参考点之间的电压称为 a 点的电位，电路中的电位具有相对性，参考点的选取是任意的，先明确电路的参考点，再讨论分析电路。

理论上，参考点的选取是任意的。但实际应用中，由于大地的电位比较稳定，所以经常以大地作为电路参考点。有些设备和仪器的底盘、机壳往往需要与接地极相连，这时也常选取与接地极相连的底盘或机壳作为电路参考点。电子技术中的大多数设备，很多元件常常汇集到一个公共点，为方便分析和研究，也常常把电子设备中的公共连接点作为电路的参考点。

电路参考点的电位取零值，其他各点的电位值均要和参考点相比，高于参考点的电位是正电位，低于参考点的电位是负电位。在检测电路时，常常选取某一公共点作为参考点，用电压表的负极表棒与该点相接触，正极表棒接其他测量点来判断它们的电位是否正常，即可查找出故障点。引入电位的概念，为分析电路中的某些问题带来了方便。

电位与电压不同，电位特指电场力把单位正电荷从电场中的一点移到参考点所做的功。为了区别于电压，在电学中电位用 V 表示，电压和电位的关系为

$$U_{ab}=V_a-V_b \tag{1-4}$$

由式(1-4)得出，电路中任意两点间的电压，在数值上等于这两点电位之差。电压是绝对量，电路中任意两点间的电压大小，仅取决于这两点电位的差值，与参考点无关。

在国际单位制(SI)中，当电功的单位为 J(焦[耳])，电量的单位为 C(库[仑])时，电压的单位为 V(伏[特])。根据实际需要，电压的单位还有 kV(千伏)和 mV(毫伏)，各种单位之间的换算关系为

$$1\ \text{kV}=10^3\ \text{V}=10^6\ \text{mV}$$

分析电路时，同电流需要指定参考方向一样，对电路两点之间的电压也需要

指定参考方向。参考方向通常在电路图上用“+”“-”极性表示，电压的参考方向是从指定的“+”(高电位点)指向“-”(低电位点)的方向。除此之外，电压参考方向也可以用箭头和双下标表示。如图 1-4 所示，假定 A 点的电位为“+”，B 点电位为“-”，电压 u 的参考方向为由 A 指向 B，也可用 U_{AB} 表示。如果实际计算结果 $u>0$，则电压 A 点确实高于 B 点，参考方向与实际方向一致；若计算结果 $u<0$，则电压 B 点高于 A 点，参考方向与实际方向相反。

电压的参考方向

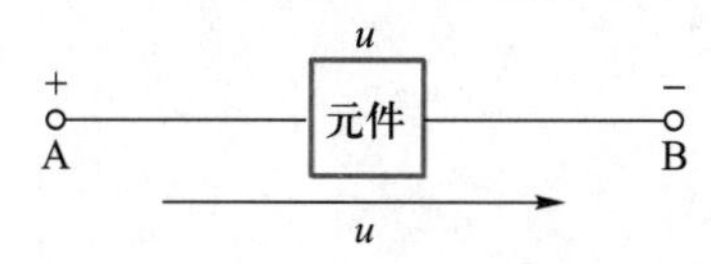

图 1-4 电压的参考方向

重点说明，在分析电路时，电压的参考方向是可以任意指定的。

提示

参考方向一经确定，在整个分析过程中就不能再随意更改。

1.2.3 电流与电压的参考方向

在分析与计算电路的过程中，电压和电流都需要规定参考方向，二者各自选定，不是必须一致。但是实际电路分析中为了方便，一般把元件电压的参考方向与电流的参考方向选为一致，如图 1-5(a) 所示。这种参考方向称为关联参考方向。当电压和电流的参考方向不一致时，称为非关联参考方向，如图 1-5(b) 所示。

电流与电压的参考方向

如图 1-6 所示，同样的一对 u 和 i，对于元件 1 来讲是关联参考方向，但是对于元件 2 来讲则是非关联参考方向。

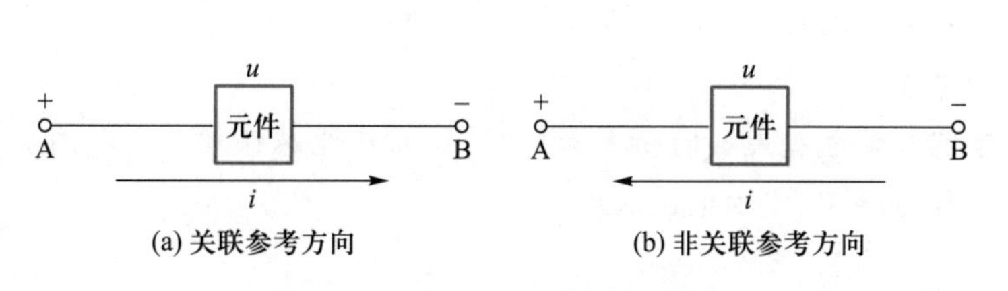

图 1-5 电压、电流参考方向

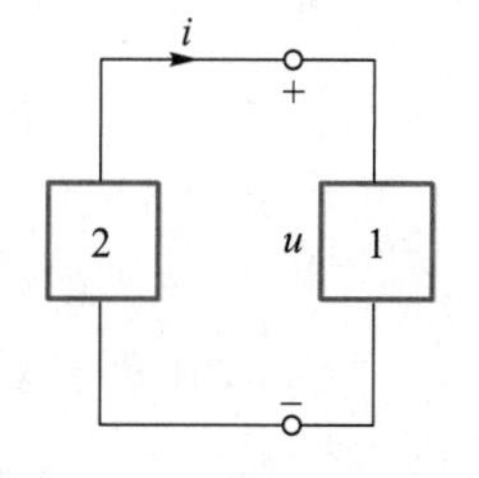

图 1-6 关联和非关联参考方向的相对性

知识闯关

1. 电流参考方向如图 1-7 所示，计算结果表明 $i>0$，则(　　)。

A. 电流参考方向与实际方向一致

B. 电流参考方向与实际方向相反

提示

关联参考方向，必须首先明确是对哪个元件而言。

2. 电压参考方向如图 1－8 所示，计算结果表明 $u<0$，则(　　)。

A. 电压参考方向与实际方向一致　　B. 电压参考方向与实际方向相反

3. 判断图 1－9 中的元件 1 和元件 2，(　　)的电压、电流为关联参考方向。

A. 元件 1　　B. 元件 2

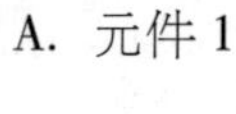

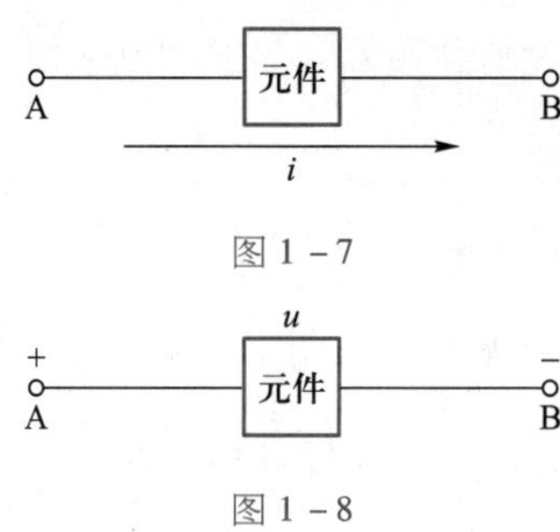

图 1－7

图 1－8

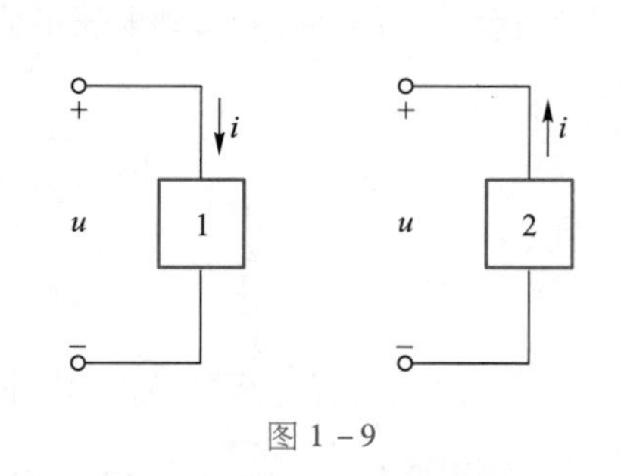

图 1－9

1.3　电功率和能量

理解功率和能量的基本概念。通过学习实验操作的基本流程和使用万用表测量电压、电流，会计算电功率。培养动手能力，培养分析和解决实际问题的能力；培养安全意识和安全操作习惯。

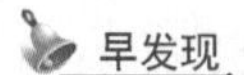

早发现

空调有一个参数是制冷额定功率，你见过吗？它的数值一般是多大？

学习目标

知识技能目标：掌握电功率、能量的基本概念，理解实验操作的基本流程，会使用万用表测量电量。

素质目标：了解日常电气设备的功率和能耗，树立节能环保理念。在满足日常生活需要的用电条件下，减少电能消耗。

1.3.1　电功率

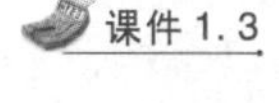

课件 1.3

在电路分析中还会经常用到一个非常重要的物理量，即电功率。当电场力推动正电荷在电路中运动时，电场力做功，电路吸收能量，电路在单位时间内吸收的能量称为电路吸收的电功率，简称功率。

当在 $\mathrm{d}t$ 时间内，电场力推动 $\mathrm{d}q$ 在电路中从 a 点移动到 b 点，从 a 到 b 的电压降为 u，则在这个移动过程中电路吸收的能量为

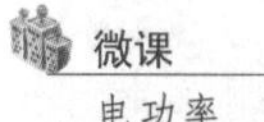

微课

电功率

$$\mathrm{d}w=u\mathrm{d}q=ui\mathrm{d}t$$

功率用符号 p 表示。如图 1－10(a)，在电压和电流为关联参考方向的条件下，有

$$p=\frac{\mathrm{d}w}{\mathrm{d}t}=u\frac{\mathrm{d}q}{\mathrm{d}t}=ui \tag{1-5}$$

如果是直流电压和电流，则用大写字母表示为

$$P=UI$$

如图1－10(b)，电压与电流为非关联参考方向时有 $p=-ui$ 或 $P=-UI$（直流时）。

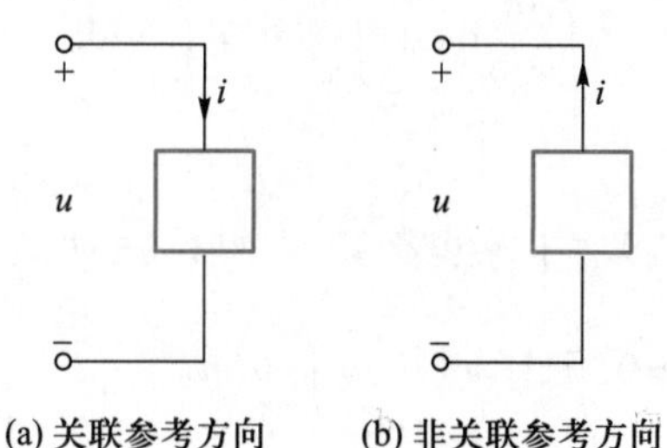

(a) 关联参考方向　(b) 非关联参考方向

图1－10　参考方向

一个元件或一段电路可能吸收电功率，也可能发出电功率。根据电压、电流参考方向是否关联，可选用相应的公式来计算功率，但不管是选用哪一种公式，如果最终计算出 $p>0$，则表示电路实际为吸收功率；若计算出 $p<0$，则表示电路实际为发出功率。

可见，电路分析中，电功率也是一个有正、负之分的量。当一个电路元件上消耗的电功率为正值时，说明这个元件在电路中吸收电能，是负载；当电路元件上消耗的电功率为负值时，说明它在向电路提供电能，发出功率，作为电源。

在SI单位制中，功率的单位为W（瓦［特］）。工程上常用的功率单位还有mW（毫瓦）、kW（千瓦）、MW（兆瓦）。它们之间的换算关系为

$$1\,\mathrm{mW}=10^{-3}\,\mathrm{W}\quad 1\,\mathrm{kW}=10^{3}\,\mathrm{W}\quad 1\,\mathrm{MW}=10^{6}\,\mathrm{W}$$

【例1－1】 求图1－11所示电路中元件的功率，并说明该元件吸收功率还是发出功率。

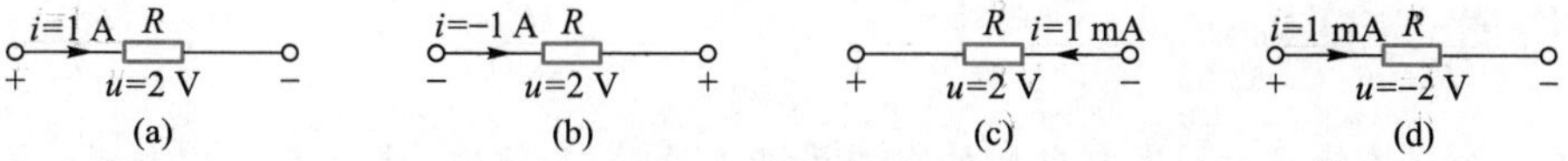

图1－11　例1－1图

解：图1－11(a)电压、电流为关联参考方向，$p=ui=2\times1\ \mathrm{W}=2\ \mathrm{W}$，该元件吸收功率；

图1－11(b)电压、电流为非关联参考方向，$p=-ui=-[2\times(-1)]\ \mathrm{W}=2\ \mathrm{W}$，该元件吸收功率；

图1－11(c)电压、电流为非关联参考方向，

$$p=-ui=(-2)\times1\times10^{-3}\ \mathrm{W}=-2\ \mathrm{mW}$$，该元件发出功率；

图1－11(d)电压、电流为关联参考方向，

$$p = ui = (-2)\times 1\times 10^{-3}\ \text{W} = -2\ \text{mW}$$，该元件发出功率。

1.3.2 能量

根据式(1－5)可得能量是功率对时间的积分，从 t_0 到 t 时间内，电场力所做的功或电路吸收(消耗)的电能为

$$\int_{w(t_0)}^{w(t)} \mathrm{d}w = \int_{t_0}^{t} p\mathrm{d}t = \int_{t_0}^{t} ui\mathrm{d}t$$

即得

$$w(t) - w(t_0) = \int_{t_0}^{t} ui\mathrm{d}t \quad 或 \quad w(t) = w(t_0) + \int_{t_0}^{t} ui\mathrm{d}t \tag{1-6}$$

若 $t_0=0$，且 $w(t_0)=0$，则有 $w(t)=\int_{t_0}^{t} ui\mathrm{d}t$。

当功率 P 的单位是 W(瓦［特］)时，能量的单位是 J(焦［耳］)，它等于功率是 1 W 的用电设备在 1 s 内消耗的电能。工程上或生活中常用 kW · h(千瓦 · 时)作为电能的单位，1 kW · h 为 1 度电。有

$$1\ \text{kW}\cdot\text{h} = 10^3\ \text{W}\times 3\ 600\ \text{s} = 3.6\times 10^6\ \text{J}$$

知识闯关

1. 计算功率时不用考虑元件的电压、电流是否为关联参考方向。(　　)
2. 不管任何元件，在电路中都只会吸收能量。(　　)

1.4 电阻元件

电路模型中的电路元件是理想化的，掌握电路元件的特性是研究电路的基础。本节介绍最基本的无源元件——电阻。

课件 1.4

学习目标

知识技能目标：掌握电阻的分类和电阻的伏安特性，理解电阻的耗能。会读取和测量电阻的阻值。

素质目标：在学习中发挥自身“能量”，攻坚克难，勇于创新。

拓展阅读

电阻

电阻元件是最常见的电路元件之一，电阻器、白炽灯、电炉等在一定条件下，其主要电磁特性是消耗电能，故可以用电阻元件作为其模型，简称电阻。它是一种对电流呈现阻碍作用的耗能元件。

1.4.1 线性时不变电阻

线性时不变电阻元件的图形符号如图 1－12(a)所示,在电流和电压为关联参考方向的条件下,根据欧姆定律有

$$u = Ri \tag{1-7}$$

式中,R 为该元件的参数,称为元件的电阻。当电压单位为 V(伏［特］)、电流单位为 A(安［培］)时,电阻单位为 Ω(欧［姆］)。常用的电阻单位有 kΩ 和 MΩ,它们的换算关系为

$$1\ \mathrm{M\Omega} = 10^3\ \mathrm{k\Omega} = 10^6\ \Omega$$

电阻的倒数称为电阻元件的电导,它也是电阻元件的参数,用 G 表示。电导的单位为 S(西［门子］)。电导常用的单位还有 mS(毫西［门子］)。在电流和电压为关联参考方向的条件下,根据欧姆定律有

$$\begin{gathered} i = Gu \\ 1\ \mathrm{S} = 10^3\ \mathrm{mS} \end{gathered} \tag{1-8}$$

假如取电流作为横坐标,电压作为纵坐标,可以画出 $u-i$ 平面上的一条曲线,这条曲线就称为电阻的伏安特性曲线。对于电阻,可得到如图 1－12(b)所示的一条通过原点的直线,直线的斜率与元件的电阻 R 有关,则称该电阻为线性时不变电阻。

如图 1－13 所示,当电流与电压为非关联参考方向时,根据欧姆定律,电压与电流之间的关系可以表示为

$$u = -Ri \quad 或 \quad i = -Gu \tag{1-9}$$

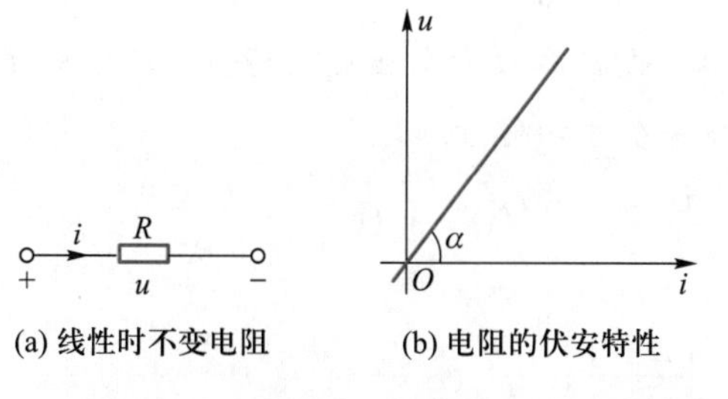

(a) 线性时不变电阻　(b) 电阻的伏安特性

图 1－12　线性时不变电阻及其伏安特性

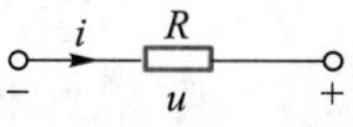

图 1－13　电流与电压非关联

存在两种极端情况,如图 1－14 和图 1－15 所示。图 1－14(a)表明,一个线性电阻元件的端电压不论为何值时,流过它的电流恒为零值,即伏安特性曲线在 $u-i$ 平面上与电压轴重合,相当于 $R=\infty$ 或 $G=0$,即如图 1－14(b)所示,称为“开路”或“断路”。若两端子呈断开状态,也就相当于这两个端子之间接有无穷大的电阻,称 ab 处于“开路”或“断路”。

图 1－15(a)表明,一个线性电阻元件的电流不论为何值时,它的端电压恒为零值,即伏安特性曲线在 $u-i$ 平面上与电流轴重合,相当于 $R=0$ 或 $G=\infty$,即如图 1－15(b)所示,称之为“短路”。若把 ab 两端用理想导线连接起来,称

这对端子 ab 被“短路”。

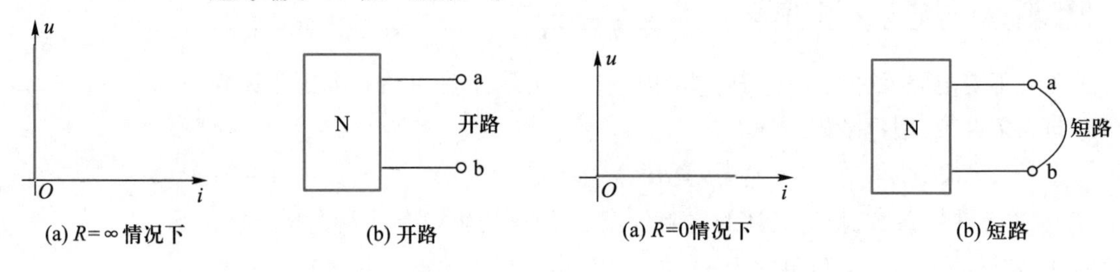

图 1-14 开路情况

图 1-15 短路情况

如果该电阻的伏安特性曲线是一条通过坐标原点的曲线，如图 1-16 所示，则称该电阻为非线性电阻。

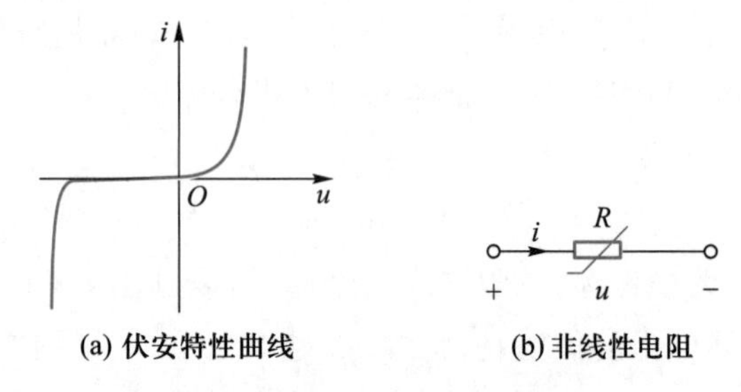

图 1-16 非线性电阻及伏安特性曲线

电阻还可以按照是否随时间变化分为两大类：如果电阻值不随时间 t 变化，则称为非时变电阻；反之，称为时变电阻。

本书只讨论线性、非时变电阻及电路。

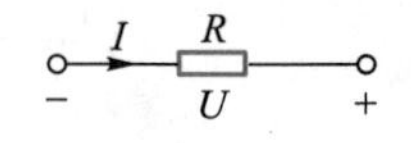

图 1-17 例 1-2 图

【例 1-2】 已知图 1-17 中，$U=-6$ V，$I=2$ A，求电阻 R。

解：$U=-6$ V，表明电压实际方向与参考方向相反，如图1-17中标注，可以判断电压与电流为非关联参考方向，因此

$$R=-\frac{U}{I}=-\frac{-6}{2}\ \Omega=3\ \Omega$$

1.4.2 电阻元件的耗能

在电压与电流关联参考方向的条件下，对于线性电阻元件，在任何时刻电阻上所消耗的电功率为

$$p=ui=Ri^2=Gu^2 \tag{1-10}$$

根据式(1-5)可知，电阻元件从 t_0 到时间 t 内吸收的电能为

$$W=\int_{t_0}^{t}p\mathrm{d}t=\int_{t_0}^{t}ui\mathrm{d}t=\int_{t_0}^{t}Ri^2\mathrm{d}t=\int_{t_0}^{t}Gu^2\mathrm{d}t \tag{1-11}$$

当线性电阻元件的电流为直流时，$i=I$，$u=U$ 不随时间变化，则 $t-t_0=T$，因此式(1-11)表示为

$$W=P(t-t_0)=PT=UIT=I^2RT=GU^2T \tag{1-12}$$

从式(1－12)可以看出,线性电阻元件上的电压、电流的实际方向总是一致的,R 和 G 都是正实常数,则电阻的功率 P 恒为正值,在任何时刻,只能从电路中吸收功率,其吸收的电能转换成热能或其他能量,所以电阻都是耗能元件。

【例 1－3】 一个标有“220 V,50 W”的白炽灯泡,在 220 V 电压下正常工作时,通过电路的电流是多大?灯丝的电阻是多大?若一个月(30 天)消耗 5 度电能,工作了多少小时?

解:由 $P=UI=U^2/R$,得

$$I=\frac{P}{U}=\frac{50\ \mathrm{W}}{220\ \mathrm{V}}=0.227\ \mathrm{A}$$

$$R=\frac{U^2}{P}=\frac{220^2}{50}\ \Omega=968\ \Omega$$

根据度和焦耳的关系,可以计算出

$$5\ 度=5\ \mathrm{kW\cdot h}=18\ \mathrm{MJ}$$

根据式(1－12)可得

$$T=\frac{W}{P}=\frac{18\times10^6\ \mathrm{J}}{50\ \mathrm{W}}=360\ 000\ \mathrm{s}=100\ \mathrm{h}$$

知识闯关

1. 电阻 R 上的 u、i 参考方向不一致时,若 $u=-10$ V,消耗功率为 0.5 W,则电阻 R 为(　　)。

A. 200 Ω　　B. －200 Ω　　C. ±200 Ω

2. 某电阻元件的额定数据为“1 kΩ,2.5 W”,正常使用时允许流过的最大电流为(　　)。

A. 50 mA　　B. 2.5 mA　　C. 250 mA

3. 两个分别标有额定值“220 V,100 W”和“220 V,25 W”的白炽灯,将其串联后接到 220 V 工频交流电源上,其亮度情况是(　　)。

A. 100 W 灯泡较亮　　B. 25 W 灯泡较亮　　C. 两个灯泡一样亮

4. 非线性电阻元件,其电压、电流关系一定是非线性的。(　　)

1.5 独立电源

课件 1.5

实际电源有电池、发电机、信号源等,将各种实际电源抽象得到理想二端电路元件,表现为两种电源模型,即理想电压源和理想电流源。本节主要学习理想电压源和理想电流源的特性。

学习目标

知识技能目标：理解理想电压源和理想电流源的基本性质，掌握其伏安特性。

素质目标：学习抓住事物主要因素，忽略次要因素，抽象出独立电源模型，解决实际电路的问题。

理想电压源和理想电流源也称为独立电源，“独立”是相对于后面介绍的“受控”源而言的。独立电源端电压和端电流不受电源之外的其他参数控制，是独立量。

1.5.1 理想电压源

有些实际电源在工作时提供的端电压基本稳定或按固定的时间函数变化，如干电池、蓄电池、直流发电机、交流发电机、电子稳压源等，这类电源可抽象为理想电压源元件。

理想电压源简称电压源，其图形符号如图 1－18(a)所示，u_S为电压源的激励电压，它是恒定值或按一定的时间函数变化，与流过它的电流无关。当 u_S为恒定值时，这种电压源称为恒定电压源或直流电压源，用 U_S表示，有时也用蓄电池图形符号表示，其中长线代表电源的“＋”端，如图 1－18(b)所示。

(a) 一般电压源符号　　(b) 直流电压源符号

图 1－18　理想电压源

当理想电压源接外电路时，如图 1－19(a)所示，具有两个显著特点。

① 端子 a、b 之间的电压等于其激励电压 u_S，不受外电路的影响。

② 流过理想电压源的电流由它本身与外电路共同来决定。

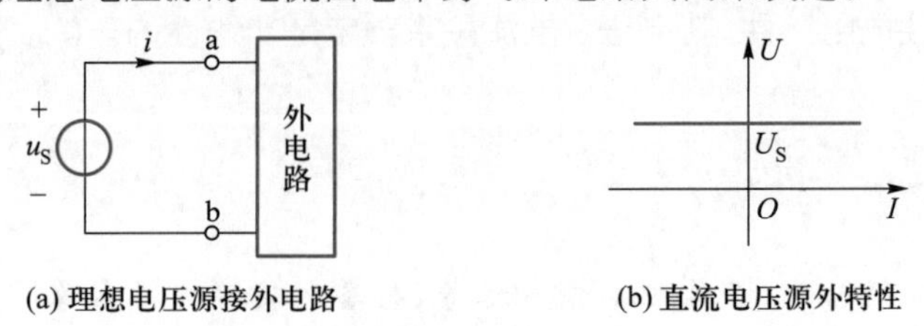

图 1－19　理想电压源

当电压源为直流电压源时，外特性如图 1－19(b)所示，是一条平行于 I 轴的直线，表明其端电压的大小与电流大小、方向无关，恒为 U_S，因此直流电压源也称为恒压源。电压源与任何二端元件并联，都可以等效为电压源。

1.5.2 理想电流源

有些实际电源在工作时提供的端电流基本稳定或按固定的时间函数变化，如光电池、电子稳流源等，这类电源可抽象为理想电流源元件。

理想电流源简称电流源，其图形符号如图 1－20(a)所示，i_S为电流源的激励电流，是恒定值或是一定的时间函数，与元件两端的电压无关。当电流源电流为恒定值时，这种电流源称为恒定电流源或直流电流源，用I_S表示，如图 1－20(b)所示。

图 1－20　理想电流源

当理想电流源接外电路时，如图 1－21(a)所示，具有两个显著特点。

① 电流源的电流与外电路接入方式无关。

② 外电路决定其两端的电压，电流源可以向外电路提供能量，也可以吸收外电路的能量。

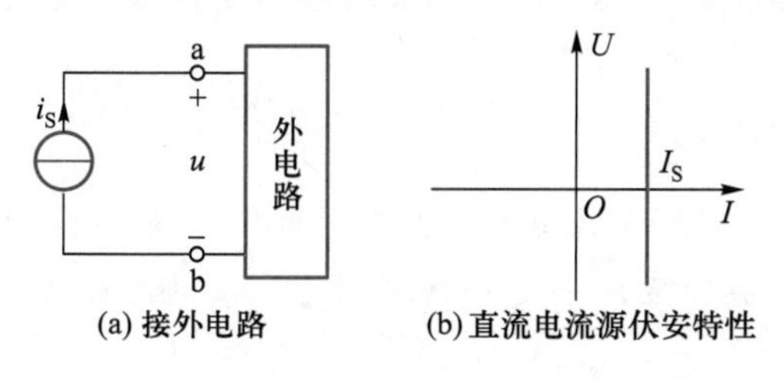

图 1－21　理想电流源

直流电流源外接电路后的外特性如图 1－21(b)所示，电流始终是一条平行于U轴的直线，其电流的大小与电压大小、方向无关，恒为I_S，因此直流电流源也称为恒流源。电流源与任何二端元件串联，都可以等效为电流源。

【例 1－4】 计算如图 1－22 所示电路中的电压U、电流I及理想电压源、理想电流源的功率。

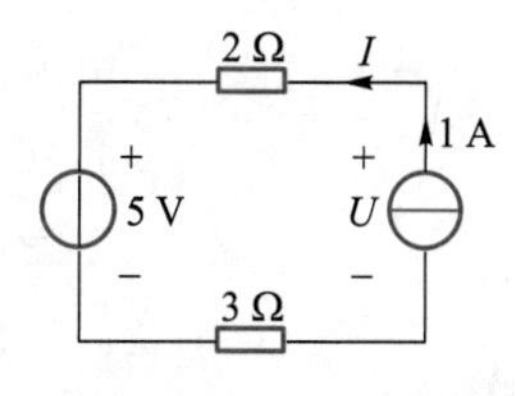

图 1－22　例 1－4 图

解： 由电路图可得　$I=1\ \text{A}$

$$U=2I+5+3I=10\ \text{V}$$

$$P_{1A}=-UI=-10\ \text{W}\qquad\text{（产生功率）}$$

$$P_{5V}=5I=5\ \text{W}\qquad\text{（吸收功率）}$$

从结果可以知道：电源在电路中不一定都是提供功率，充当电源。

知识闯关

1. 理想电压源两端的电压与外电路无关。(　　)

2. 流过理想电流源的电流与外电路无关。(　　)

3. 电路如图 1－23 所示，流过电阻的电流为(　　)。

A. 10 A　　　B. 5 A　　　C. 2A

4. 电路如图 1－24 所示，电阻两端的电压为(　　)。

A. 10 V　　B. 5 V　　C. 20 V

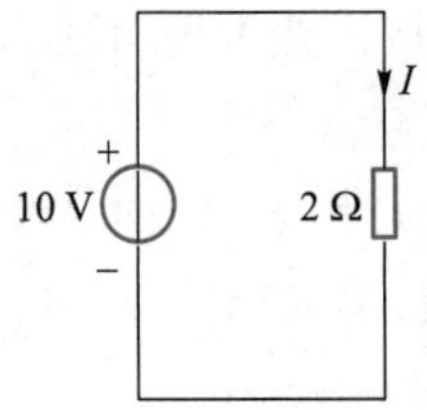

图 1－23

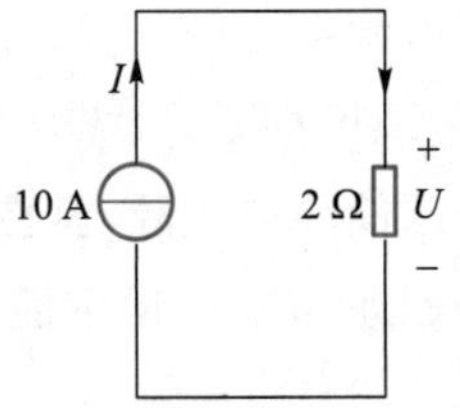

图 1－24

1.6 受控源

在电路理论中，电路元件上的电压或电流不是由自身决定的，而是受电路中某部分的电压或电流控制，这样的电路元件称为受控源。受控源有四种类型。

学习目标

知识技能目标：理解受控源的基本概念和类型，能区分独立源和受控源。

素质目标：掌握独立源和受控源的共性和个性，正确分析解决实际电路问题。

上一节介绍的理想电路元件电压源和电流源，它们的电压值或电流值是一个定值或固定的函数，由自身决定，与电路中的其他电压或电流无关，因此称为独立源。在电路理论中还存在一种有源理想电路元件，这种电路元件上的电压或电流不像独立源那样由自身决定，而是受电路中某部分的电压或电流的控制，因而称为受控源。

受控源实际上是晶体管、场效应管、电子管等电压或电流控件的电路模型。当整个电路中没有独立电源存在时，它们仅仅是一个元件，若电路中有电源为它们提供能量时，它们又可以按照控制量的大小为后面的电路提供不同类型的电能。

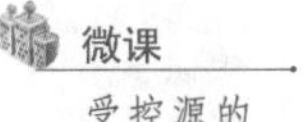

1.6.1 受控源的种类

微课 受控源的种类

受控源可以由电流控制（如晶体管），也可由电压控制（如场效应管），受控源为负载提供能量的形式也分为恒压和恒流两种，因此受控源有四种类型：电压控制的电压源（VCVS）、电压控制的电流源（VCCS）、电流控制的电压源（CCVS）和电流控制的电流源（CCCS）。为区别于独立源，受控源的图形符号采

用菱形，四种形式的电路图符号如图 1－25 所示。

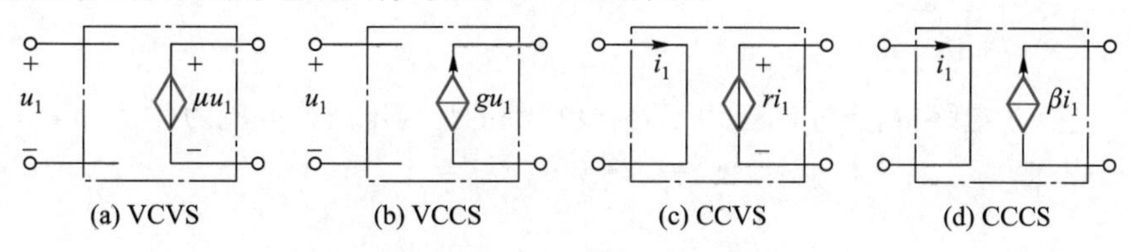

图 1－25　四种理想受控源电路图

图中受控源的系数 μ 和 β 无量纲，g 的量纲是西门子（S），r 的量纲是欧姆（Ω）。它们表示受控端与控制端的转移关系：

μ 为电压控制电压源的转移电压比；

g 为电压控制电流源的转移电导；

r 为电流控制电压源的转移电阻；

β 为电流控制电流源的转移电流比。

当这些系数为常数时，被控量与控制量成正比，受控源称为线性受控源。本书所讨论的受控源都是线性受控源。

1.6.2　受控源与独立源的区别

必须指出：独立源与受控源在电路中的作用完全不同。独立源在电路中起“激励”作用，有了这种“激励”作用，电路中才能产生响应（即电流和电压）；而受控源则是受电路中其他电压或电流的控制，当这些控制量为零时，受控源的电压或电流也随之为零，因此受控源实际上反映了电路中某处的电压或电流能控制另一处的电压或电流的现象。

电路中含有受控源时，其分析方法与不含受控源的电路分析方法基本相同，可将受控源按照独立源对待。含源电路的分析方法对受控源同样适用。

【例 1－5】 求图 1－26 中各元件的功率。

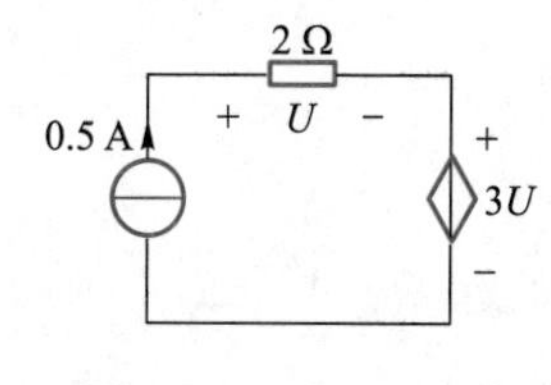

图 1－26　例 1－5 图

解： 本题的受控源为 VCVS，控制量为电压 U。

$U=2\ \Omega\times0.5\ \text{A}=1\ \text{V}$

$P_{0.5\ \text{A}}=-0.5\times(U+3U)=-2\ \text{W}$　（非关联参考方向，发出功率）

$P_{2\ \Omega}=0.5^2\ \text{A}\times2\ \Omega=0.5\ \text{W}$　（关联参考方向，吸收功率）

$P_{\text{VCVS}}=3U\times0.5=1.5\ \text{W}$　（关联参考方向，吸收功率）

独立电源和受控电源的本质区别在于，独立电源可以独立于外电路产生电压或电流，受控电源不能独立产生电压或电流，其电压或电流的值取决于控制量。正是由于受控电源的输出电压或电流的被控制作用，它们在本质上与独立电源是完全不同的，其系数 μ、g、r、β 实际上是作为输出与输入信号的比值。只要已知一方的值，通过系数，便可以求出另一方的值。

知识闯关

受控源电路中,当控制量为零时,受控源的受控电压或电流为(　　)。

A. 零　　　　　　　　B. 无穷大

1.7 基尔霍夫定律

电路分析方法的重要依据是元件的约束关系和电路的约束关系。本节介绍电路约束关系的基尔霍夫定律,包括基尔霍夫电压定律和基尔霍夫电流定律。

学习目标

知识技能目标:理解基尔霍夫定律的本质,能根据基尔霍夫电压定律(KVL)和基尔霍夫电流定律(KCL)列写电路的约束方程。

素质目标:灵活掌握基尔霍夫定律的多种形式及推广应用,注重归纳和总结。

课件 1.7

在分析电路时,需要了解各元器件特性,还要掌握元件相互连接时,各元件的电压之间和电流之间的规律,基尔霍夫定律就是表达这方面规律的,它是在任何集总参数电路中都适用的规律。

基尔霍夫定律反映了电路整体的规律,具有普遍性,不仅适用于任何元件组成的电路,而且适用于任何变化的电压与电流。基尔霍夫定律包括基尔霍夫电流定律和基尔霍夫电压定律。

在了解基尔霍夫定律之前,先学习几个相关的电路术语,如图 1-27 所示。

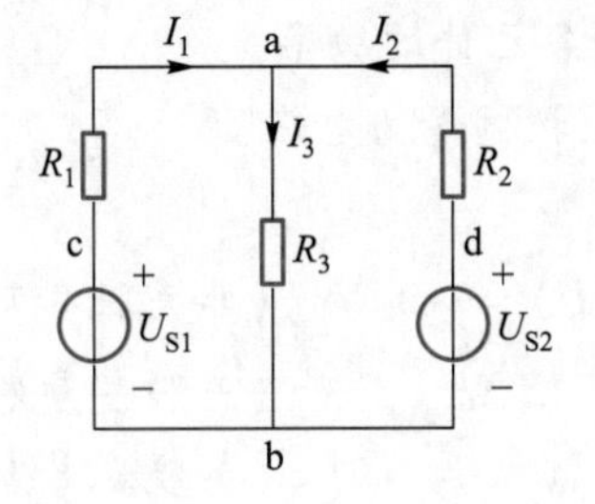

图 1-27　支路和节点

1. 支路

支路是指一个或几个元件相串联后,连接于电路的两个节点之间,使通过其中的电流值相同的通路。如图 1-27 中有 ab、acb、adb 三条支路。对一个整体电路而言,支路就是指其中不具有任何分岔的局部电路。

2. 节点

电路中三条或三条以上支路的汇集点称为节点，如图 1－27 中的 a 点和 b 点。

3. 回路

电路中任意一条或多条支路组成的闭合路径称为回路。图 1－27 中的 abca、adba、adbca 都是回路。

4. 网孔

电路中不包含其他支路的单一闭合回路称为网孔，如图 1－27 中的 abca 和 adba 两个网孔。网孔中不包含回路，但回路中可能包含网孔。

拓展阅读

五年归国路，十年两弹成——“两弹一星”元勋钱学森

1.7.1 基尔霍夫电流定律（KCL）

KCL 指出：在集总参数电路中，任一时刻，流入任一节点的电流的代数和恒等于零。

微课

基尔霍夫电流定律

KCL 的数学表达式为

$$\sum i = 0 \qquad (1-13)$$

在列写 KCL 方程时，应先标出汇集到节点上的各支路电流的参考方向；根据参考方向判断电流是流出节点还是流入节点；电流的“代数和”是根据电流是流出节点还是流入节点判断的；若规定流入节点为“＋”，则流出节点为“－”，也可做相反规定，结果等效。

例如在图 1－28 中，各支路电流的参考方向已经标出，I_1、I_3、I_4 为流入节点，I_2 为流出节点。若规定流入节点为“＋”，流出节点为“－”，根据基尔霍夫电流定律可写出

$$I_1 - I_2 + I_3 + I_4 = 0$$

等效变换也可以写成

$$I_2 = I_1 + I_3 + I_4$$

图 1－28　KCL 定律示图

因此，可以得到基尔霍夫电流定律的另一种表述：对任一节点而言，在任一时刻，流入节点的电流之和，恒等于流出该节点的电流之和。基尔霍夫电流定律说明了电流的连续性，遵循电荷守恒定律。

KCL 虽然是对电路中任一节点而言的，根据电流的连续性原理，它可推广应用于电路中的任一闭合面。将该闭合面视为一个广义的节点，任一时刻，流入闭合面的电流之和恒等于零，或流入闭合面的电流之和，恒等于流出该闭合面的电流之和。

如图 1－29 所示电路中用虚线标注的闭合面，同样根据基尔霍夫电流定律，可以列写出如下 KCL 方程：

$$I_C + I_B = I_E$$

$$I_1 + I_2 = I_3$$

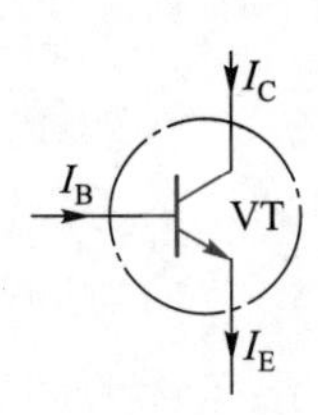

(a) 集成器件闭合面

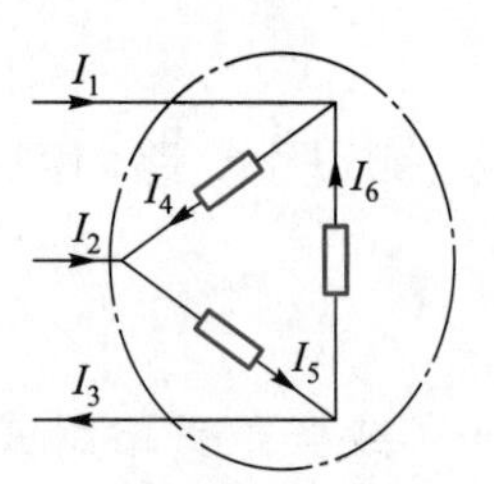

(b) 部分电路闭合面

图 1－29 广义节点

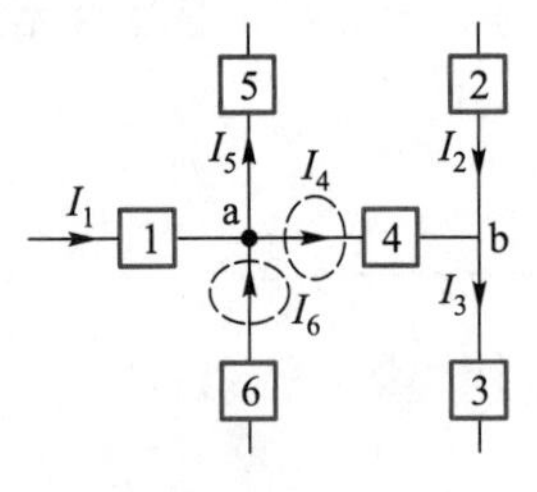

图 1－30 例 1－6 图

【例 1－6】 在图 1－30 所示电路中，已知 $I_1 = -2$ A，$I_2 = 6$ A，$I_3 = 3$ A，$I_5 = -3$ A，参考方向见图中标示。求元件 4 和元件 6 中的电流。

解：首先应在图中标示出待求电流的参考方向。

设元件 4 上的电流方向从 a 点到 b 点；元件 6 上的电流指向 a 点，规定流入为“+”，流出为“－”。

对 b 点列 KCL 方程

$$I_4 + I_2 - I_3 = 0$$

$$I_4 + 6 - 3 = 0$$

得 $I_4 = -3$ A

对 a 点列 KCL 方程

$$I_1 + I_6 - I_4 - I_5 = 0$$

$$-2 + I_6 + 3 + 3 = 0$$

得 $I_6 = -4$ A

式中电流为负值时，说明设定的参考方向与电流的实际方向相反。

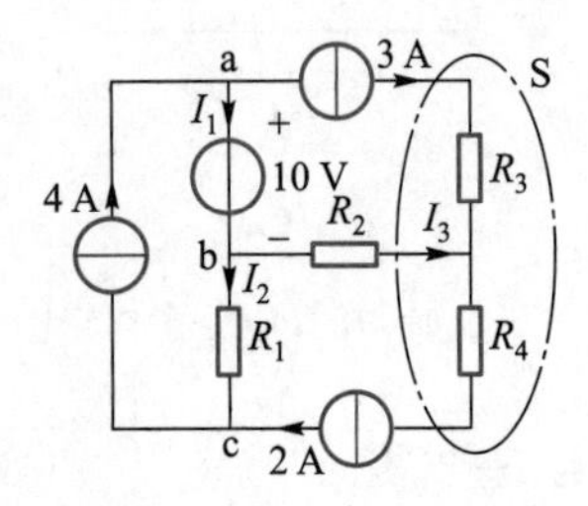

图 1－31 例 1－7 图

【例 1－7】 求如图 1－31 所示电路的电流 I_1、I_2、I_3。

解：设流入节点的电流为正，则节点 a 的 KCL 方程为

$$4 - 3 - I_1 = 0$$

$$I_1 = 1 \text{ A}$$

同理，对节点 c 有

$$I_2 + 2 - 4 = 0$$

$$I_2 = 2 \text{ A}$$

对节点 b 有

$$I_1 - I_2 - I_3 = 0$$

$$I_3 = I_1 - I_2 = -1 \text{ A}$$

I_3 也可以利用广义节点 S 计算

$$I_3 + 3 - 2 = 0$$

$$I_3 = -1 \text{ A}$$

1.7.2 基尔霍夫电压定律(KVL)

KVL 是描述电路中任一回路上各个元件端电压之间关系的电路定律。KVL 是指在集总参数电路中,任一时刻,沿任意回路绕行一周(顺时针方向或逆时针方向),回路中电压降代数和恒等于零,即

$$\sum U=0 \quad 或 \quad \sum u=0 \tag{1-14}$$

KVL 方程的列写,可按如下步骤进行。

① 沿着回路任意选定一个绕行方向,当电压(电压降低)的参考方向与绕行方向一致时取“+”号;当电压(电压升高)的参考方向与绕行方向相反时取“-”号。

初始绕行方向选择顺时针与逆时针方向两种情况下,电路分析结果相同。

② 在电路图上标出各元件端电压的参考极性,根据选定的正、负列写相应的方程式。

下面以图 1-32 所示电路为例,列写 KVL 方程。首先对回路 1 和回路 2 的绕行方向进行选择,均选定顺时针的绕行方向,然后根据 KVL 对两个回路分别列出 KVL 方程。

回路 1 $\qquad I_1R_1+I_3R_3-U_{S1}=0$

回路 2 $\qquad -I_2R_2-I_3R_3+U_{S2}=0$

基尔霍夫电压定律

推广应用:KVL 和 KCL 一样可以推广应用。KVL 不仅应用于电路中的任意闭合回路,同时也可推广应用于任一开口电路,以图 1-33 所示电路为例进行分析。

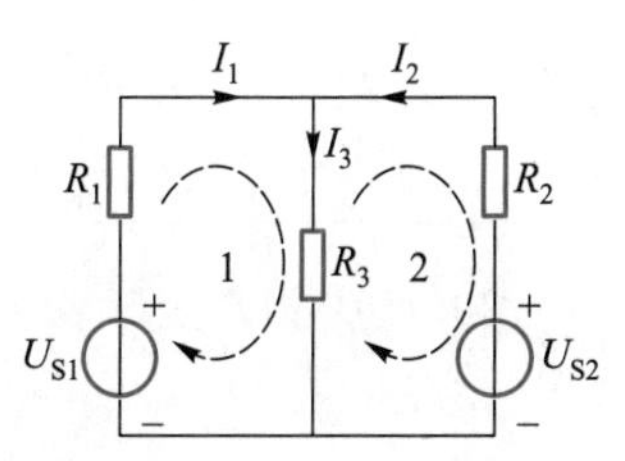

图 1-32 电路图

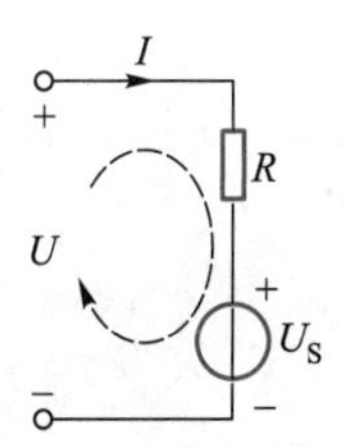

图 1-33 KVL 电路示例

首先标注图 1-33 的绕行方向为顺时针绕行方向,应用 KVL 可列出

$$IR+U_S-U=0 \quad 或 \quad U=IR+U_S$$

这是 KVL 的又一种表现形式,其含义是:任一闭合回路中,从闭合回路的任意点开始,沿回路绕行一周,最终回到该点,电位升高的总和等于电位降低的总和。KVL 源于能量守恒原理。

再如图 1-34 所示电路是一个星形联结的电阻电路,其中 aboa 是一个非闭合的回路。

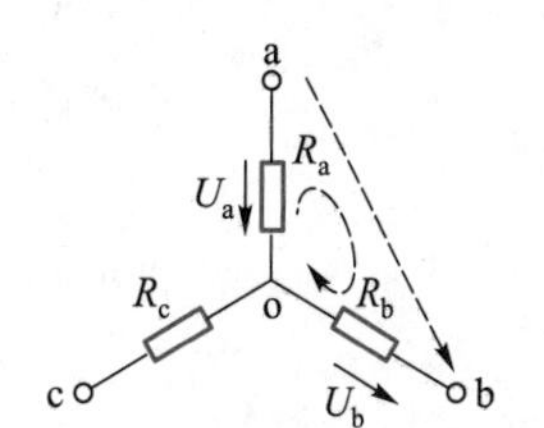

图 1-34 KVL 的推广应用

假设电阻 R_a 上电压 U_a 和 R_b 上电压 U_b 均为已知,求 a、b 两点电压时,就可设想在 a、b 之间有一个由 a 指向 b 的电压源 U_{ab},这时

aboa 可被视为一个闭合回路。

设该回路绕行方向为图中虚线所示的顺时针方向，写出 KVL 方程

$$U_{ab} - U_b - U_a = 0 \quad 可得 \quad U_{ab} = U_b + U_a$$

应用 KVL 时，需要注意回路的闭合和非闭合概念是相对于电压而言的，并不是指电路形式上的闭合与否。

【例 1-8】 已知图 1-35 中 $U_{ab} = -12$ V，求 R。

解：列出 KVL 方程

$$U_{ab} = -5 + IR + 3 = -5 + (-2) \times R + 3 = -12 \text{ V}$$

得

$$R = 5 \ \Omega$$

【例 1-9】 在图 1-36 电路中，利用 KVL 求解图示电路中的电压 U。

解：求电压 U，需先求出支路电流 I_3，I_3 电流与待求电压 U 的参考方向如图1-36 所示。

对右回路假设一个如虚线所示的回路参考绕行方向，列写该回路的 KVL 方程。

$$(22 + 88) I_3 = 10$$

得

$$I_3 = \frac{10}{22 + 88} \text{ A} \approx 0.090\ 9 \text{ A}$$

因此

$$U = 0.090\ 9 \times 88 \text{ V} \approx 8 \text{ V}$$

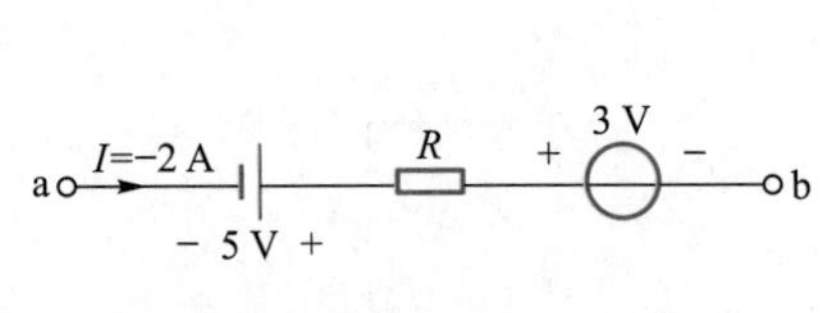

图 1-35　例 1-8 图

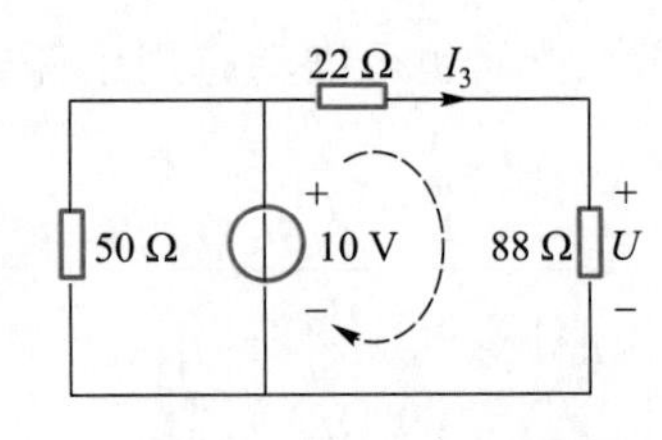

图 1-36　例 1-9 图

知识闯关

1. KCL 不仅适用于节点，也可推广应用于任意闭合面。（　　）

2. KCL 是电荷守恒定律的体现。（　　）

3. KCL 在推广应用时，回路的闭合和非闭合是相对于电流而言的，并不是指电路形式上的闭合与否。（　　）

4. KVL 在推广应用时，回路的闭合和非闭合是相对于电压而言的，并不是指电路形式上的闭合与否。（　　）

技能知识一　电路板认知

印制电路板(Printed Circuit Board,PCB)分为普通硬质电路板和柔性电路板,柔性电路板常见的为可弯曲的电路板。我国最新研制出了可拉伸的柔性电路板。酚醛树脂、玻璃纤维/环氧树脂、铝基板等都属于PCB的制作基材,用来支撑各种元器件,并能实现它们之间的电气连接或电绝缘。

实训
认识电路板

PCB根据电路板层数可以分为单面板、双面板和多层板。常见的PCB一般为2~6层板,复杂的多层板可达十几层。PCB的三种主要类型如图1-37所示。

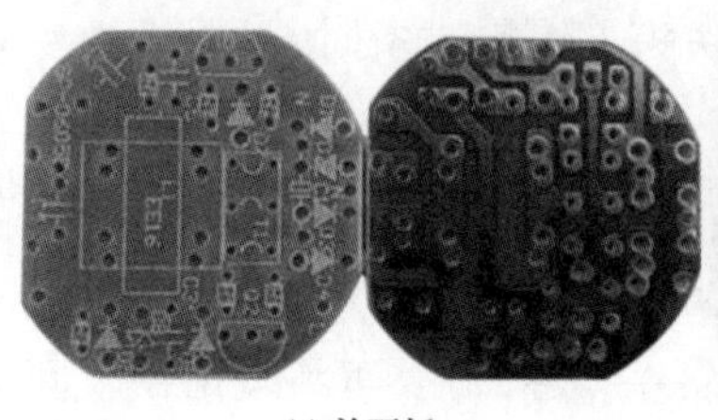

(a) 单面板

(b) 双面板

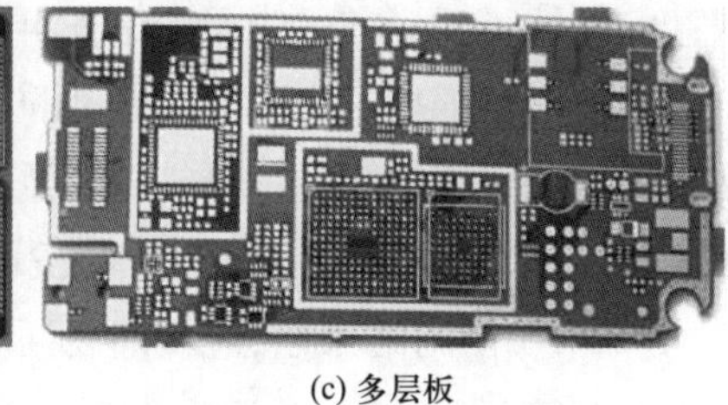

(c) 多层板

图1-37　PCB类型

① 单面板。单面板是最基本的PCB,元器件集中在它的一面,导线则集中在另一面。

② 双面板。电路板的两面都有布线,连接两面导线的“桥梁”叫导孔或过孔,是在PCB上填充或涂上金属的小洞。故双面板的布线面积比单面板大一倍,布线也可以相互交错,它比单面板更适用于复杂的电路。

③ 多层板。为了增加可以布线的面积,提高电信号的传输可靠性,又发展出了多层板,如四层、六层PCB,又称为多层PCB。板的层数代表了有几层独立的布线层,通常层数都是偶数,并包含最外面的两层。层数越多,制作成本越高,除非特别需要,否则应该尽量减少PCB的设计层数。

图1-38所示为实训用单面板,图1-38(a)为元器件安装面,图1-38(b)为覆铜焊点面,用于元器件引脚焊接。具体焊点有多种形式,如图1-38(c)所示为部分焊点形式。焊点为元器件和PCB的连接点。

(a) 正面

(b) 覆铜焊点面

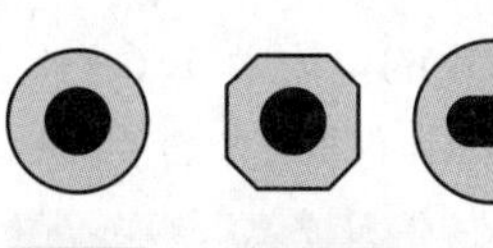

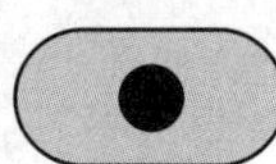

(c) 焊点形式

图1-38　实训用单面板

技能知识二 电烙铁认知

电烙铁是一种焊接工具,是电路装配和检修不可缺少的工具,元器件的安装和拆卸都要用到。学会正确使用电烙铁是提高实践能力的重要内容。

1. 注意事项

电烙铁的电源为 AC 220 V,使用时要特别注意安全。应认真做到以下几点。

① 使用前,应认真检查电源插头、电源线有无破损,并检验烙铁头是否松动。

② 使用中,不能用力敲击,要防止跌落,烙铁头上焊锡过多时,可用烙铁专用高温海绵擦拭,不可甩动,以防止烫伤人。

③ 焊接过程中,烙铁头不能到处乱放。不焊时,应放在烙铁架上。注意电源线不可搭在烙铁头上,以防烫坏绝缘层而发生事故。

④ 使用结束后,应及时切断电源,拔下电源插头。冷却后,再将电烙铁收回工具箱。

2. 电烙铁结构

常见的电烙铁主要由烙铁头、套管、烙铁芯(发热体)、手柄、导线等组成,结构如图 1-39 所示。当烙铁芯通过导线获得供电后会发热,发热的烙铁芯通过金属套管加热烙铁头,烙铁头的温度达到一定值时就可以进行焊接操作。

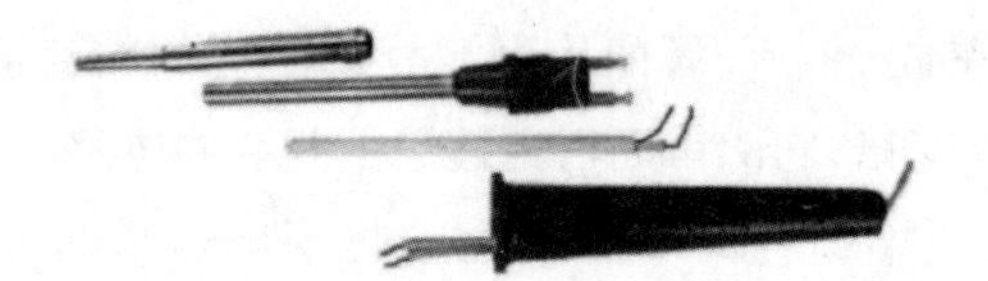

图 1-39 电烙铁的结构

3. 电烙铁种类

实训
初次使用电烙铁

电烙铁的种类很多,常用的有内热式、外热式、恒温和吸锡电烙铁。

内热式电烙铁是指烙铁头套在发热体外部的电烙铁。其体积小、重量轻、预热时间短,一般用于小元件的焊接,功率较小,但发热元件易损坏。烙铁芯采用镍铬电阻丝绕在瓷管上制成。一般 20 W 电烙铁的电阻为 2.4 kΩ 左右,35 W 电烙铁的电阻为 1.6 kΩ 左右。常用的内热式电烙铁的工作温度列于表 1-1。

表 1-1 内热式电烙铁功率与温度

烙铁功率/W	20	25	35	75	100
端头温度/℃	350	400	420	440	455

外热式电烙铁是指烙铁头安装在发热体内部的电烙铁。烙铁头长度可调,越短则温度就越高。

恒温电烙铁是一种利用温度控制装置来控制通电时间,使烙铁头保持恒温的电烙铁。一般温度可以调节,温度调节范围为 200 ~ 450 ℃。一般焊接温度不宜过高，焊接时间不宜过长。

吸锡电烙铁是将活塞式吸锡器与电烙铁融为一体的拆焊工具。使用吸锡电烙铁拆元器件时,先用带孔的烙铁头将元器件引脚上的焊锡熔化,然后让活塞运动产生吸引力,将元器件引脚上的焊锡吸入带孔的烙铁头内部,这样无焊锡的元器件易拆下。

4. 焊料和助焊剂

焊锡(锡丝)是电子产品焊接采用的主要焊料。焊锡如图 1 - 40 所示。焊锡是在易熔金属锡中加入少量其他金属制成,其熔点低,流动性好,对元器件和导线的附着力强,机械强度高,导电性好,不易氧化,抗腐蚀性好,且焊点光亮美观。一般焊锡中心部位含有助焊剂。

实训
焊接及焊锡丝选择

助焊剂分为无机助焊剂、有机助焊剂和树脂助焊剂。助焊剂能溶解、去除金属表面的氧化物,在焊接加热时能包围在金属的表面,使焊锡和空气隔绝,防止金属在加热时氧化,还能降低焊锡的表面张力。焊锡膏、松香是主要的助焊剂,目前常用的为焊锡膏,如图 1 - 41 所示。焊接最好采用含有松香的焊锡丝,使用起来非常方便。

图 1 - 40　焊锡

图 1 - 41　焊锡膏

除了电烙铁、焊料和助焊剂之外,还有一些必不可少的辅助工具,如烙铁架、吸锡器、镊子、斜口钳、毛刷等。烙铁架应该是在其底座部分有一个或两个槽(用于海绵、松香)的专用架子,而不是随便的架子,这样可以随时擦拭烙铁头,方便使用。吸锡器可以把电路板上多余的焊锡处理掉。

5. 电烙铁的使用方法

(1) 电烙铁的握法

电烙铁的握法有三种,如图 1 - 42 所示。图 1 - 42(a)为反握法,是用五指把电烙铁的柄握在内。此法适用于大功率电烙铁,焊接散热量大的被焊件。图 1 - 42(b)为正握法,此法适用于较大的电烙铁,对弯形烙铁头一般也用此法。图 1 - 42(c)为握笔法,用握笔的方法握电烙铁,此法用于小功率电烙铁,焊接散热量小的被焊件。在实验室中一般采用握笔法。

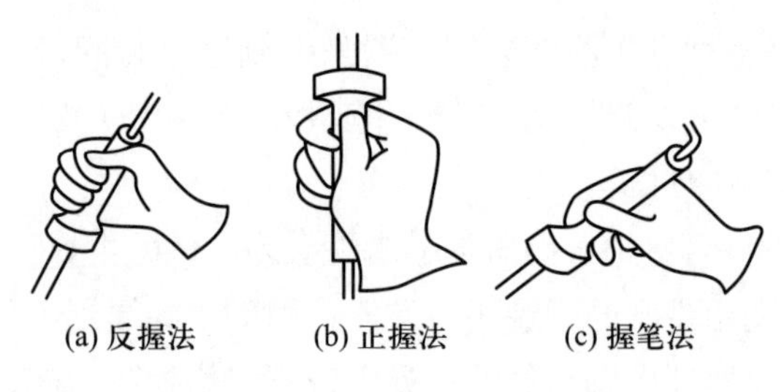

图 1－42 电烙铁的三种握法

（2）电烙铁使用前的处理

在使用前先通电，给烙铁头"上锡"。首先应选择外形合适的烙铁头，然后接上电源，当烙铁头温度上升到能熔锡时，将烙铁头在松香上沾涂一下，等松香冒烟后再沾涂一层焊锡，如此反复进行 2～3 次，使烙铁头的刃面全部挂上一层锡便可使用了。

电烙铁不宜长时间通电而不使用，这样容易使烙铁芯加速氧化而烧断，缩短其使用寿命，同时也会使烙铁头因长时间加热而氧化，甚至被"烧死"，不再"吃锡"。

（3）电烙铁使用注意事项

保持烙铁头部始终挂锡，锡焊完毕，将烙铁头朝下搁置。

烙铁头不沾锡时，用细砂纸轻轻地除去异物，随即上锡。

使用完后，应将烙铁头搪上锡，以便下次使用。操作为切断电源，用海绵除去烙铁头部氧化物，随即上锡。

长寿命烙铁头很耐用，不能用锉刀修锉。

实训
烙铁架安装和烙铁放置

（4）手工焊接的基本操作方法

正确的焊接方法应该为五步。

① 准备施焊：准备好焊锡丝和烙铁。烙铁头可以沾上焊锡（俗称吃锡），此时特别强调的是烙铁头部要保持干净。备好所需要的材料和工具，烙铁架放在操作者右上方（注意安全），养成良好的工作习惯。

② 加热焊件：将烙铁接触焊接点，注意首先要保持烙铁加热焊件各部分，例如 PCB 上焊盘和元器件引线都受热。其次要注意让烙铁头的扁平部分（较大部分）接触热容量较大的焊件，烙铁头的侧面或边缘部分接触热容量较小的焊件，以保持焊件均匀受热。如图 1－43（a）所示，受热时间一般为 1～2 s，时间不宜过长，否则焊点易脱落。

③ 熔化焊锡：当焊件加热后将焊锡丝置于焊点，焊锡开始熔化并润湿焊点，如图 1－43（b）所示。

④ 移开焊锡丝：当熔化一定量的焊锡后将焊锡丝移开，如图 1－43（c）所示。

⑤ 移开烙铁：当焊锡完全润湿焊点后移开烙铁，要从下往上提拉，以使焊点

光亮和饱满，注意移开烙铁的方向应该是大致 45°的方向，如图 1－43（d）所示。

上述过程，对一般焊点而言为 2～3 s。特别是各步骤之间停留的时间，对保证焊接质量至关重要，只有通过多次实践才能逐步掌握。

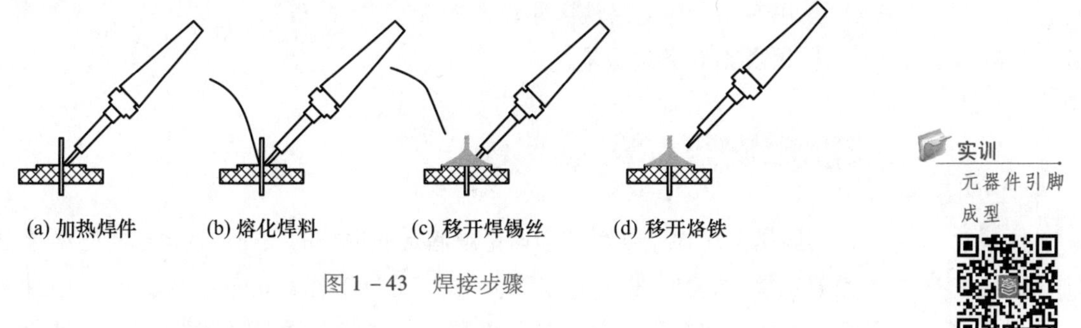

图 1－43　焊接步骤

实训
元器件引脚成型

图 1－44 为单面板元器件装焊后的示意图。图 1－45 为双面板的示意图，基板的两面均有布线，且焊孔两侧连接，焊接如图 1－46 所示。

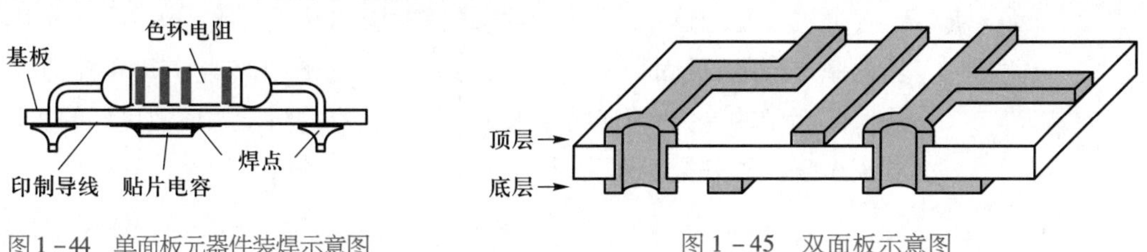

图 1－44　单面板元器件装焊示意图　　图 1－45　双面板示意图

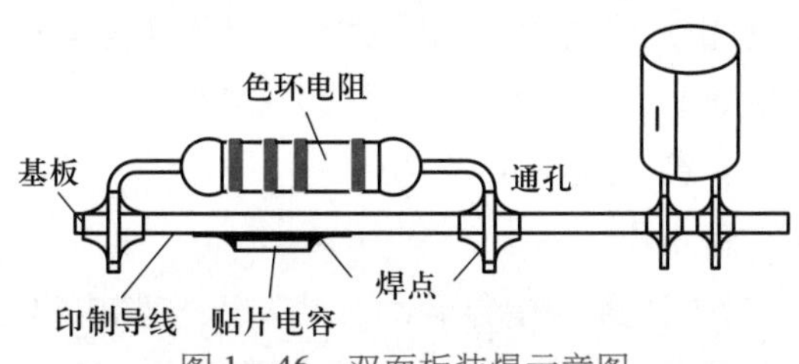

图 1－46　双面板装焊示意图

（5）对焊点的基本要求

焊点要有足够的机械强度，保证被焊件在受振动或冲击时不致脱落、松动。不能用过多焊料堆积，这样容易造成虚焊、焊点与焊点的短路。

焊接可靠，具有良好导电性，必须防止虚焊。虚焊是指焊料与被焊件表面没有形成合金结构，只是简单地依附在被焊金属表面上。

焊点表面要光滑、清洁，焊点表面应有良好光泽，不应有毛刺、空隙、污垢、焊剂的有害残留物质，要选择合适的焊料与焊剂。

（6）拆焊的方法

在调试、维修过程中，或由于焊接错误对元器件进行更换时，需要拆焊。拆焊方法不当，往往会造成元器件的损坏、印制导线的断裂或焊盘的脱落。良好的拆焊技术，能保证调试、维修工作顺利进行，避免由于更换器件不得法而增加产品故障率。

普通元器件的拆焊有下列方法：

① 用铜编织线进行拆焊；

② 用气囊吸锡器进行拆焊；

③ 用专用拆焊电烙铁拆焊；

④ 用吸锡电烙铁拆焊。

技能知识三 实验综述

实验是为了检验某种科学理论或假定而进行的操作或活动。实验结果是认识世界或事物,检验理论或假定的依据。电气工程实验内容十分丰富,但抽象来说无非是测定各电路变量、电路参数和一些非电量,并根据这些测量结果进行归纳分析，得出规律、结论。

通过实验应达到以下目的:掌握常用电工仪器、仪表的正确使用及电工实验的基本技能;巩固和加深理解所学的电工基础知识;培养动手能力、分析和解决实际问题的能力;培养实事求是、严肃认真的科学态度及良好的实验作风;培养安全意识和安全操作习惯。

1. 实验程序

(1) 实验前的预习

每次实验前仔细阅读实验指导书,明确实验目的与任务,了解实验原理、线路、方法、步骤及注意事项。对本次实验中应观察哪些现象,记录哪些数据,用到哪些仪器设备和文具等,做到心中有数。

(2) 实验前的准备工作

学生进入实验室,先认真听指导老师介绍本次实验内容,对实验的各个环节、所用仪器仪表的使用方法及注意事项了解清楚后,到指定的实验台做好准备工作。

① 检查所要用的仪器仪表、导线及各种元器件是否齐全、完好,检查仪表指针的起始位置是否正确,摆动是否灵活,记录仪表的名称、型号、规格及编号。

② 每次实验都有接线、操作、记录、监护等工作,在各次实验中本组成员应合理分工配合并注意适当轮换。

(3) 接线

接线前应将各种仪器设备和仪表合理地安排在实验台上,一般以便于接线、操作和读数为原则,特别要注意仪表的测量选择开关和量程开关位置是否正确。所有电源开关应在断开位置。接线时应先接主回路,即由电源的一端开始,顺次连接,回到电源的另一端,然后再连接分支电路。接线应整齐清楚,每个接线柱上所接线头应尽可能少,连接要紧密。

线路连接完毕后,接线者自查和同组互查,一些较复杂的或电压较高的实验线路还必须经指导老师的复查确认无误后,方可准备通电实验。

(4) 通电

接通电源前,先将电源的调节手柄及旋钮调至零位并告知在场人员。合上电源开关后,缓慢调节电源的输出电压,注意观察各仪表的偏转是否正常。如有异常,应立即切断电源进行检查和处理。实验过程中如果需要改接线路,首先应切断电源,并将电源电压调回零位。线路改接完毕,经检查无误后方可通电继续实验。

(5) 操作、观察和记录

操作者应熟记实验步骤,操作时要仔细。为保证实验结果正确,接通电源后,先大致试做一遍。试做时不必仔细读数据,主要观察各被测量的变化情况和出现的现象,可发现仪表是否合适,设备操作是否方便等,若有问题应在正式实验之前解决。

从指针式仪表读取数据时,目光应正对指针。对有反射镜的仪表,看到指针与它在镜中的影像重合时方可读数,并注意将读数根据仪表量程或倍率换算成实际值。

实验现象和实验数据应记录在预先准备好的坐标纸或表格内,并注明被测量的名称和单位。

(6) 收尾工作

实验结束时,应先切断电源,暂不拆线。对记录下来的数据、观察到的现象和作出的曲线,运用学过的理论知识分析判断,经检查合理且完整后,再将电源调至零位并拆除线路。最后将所用仪器设备复原归位,将导线整理成束,清理实验台及周围环境。

2. 编写实验报告

实验课后应对实验结果进行整理、计算、分析和讨论,并完成实验报告。实验报告一般包括以下内容。

① 实验名称、班级、姓名、学号、实验日期等。

② 扼要写出实验目的。

③ 列出所用仪器设备的名称、型号、规格、数量等。

④ 画出实验原理图。

⑤ 简述实验操作步骤。将实验数据填入表格,或将观察到的波形和现象绘制在坐标纸上。

⑥ 分析、讨论实验结果。说明实验结果是否与理论相符;讨论所采用的实验方法与存在的问题,写出收获、体会,提出改进意见。

3. 实验室的安全操作规程

① 实验时要严肃认真,不做与实验无关的事。

② 分清实验室的直流电源和交流电源,了解它们各自的电压、电流额定值,认清直流电源的正、负极及交流电源的火线、零线。

③ 实验线路接完后,应认真自查及互查,经指导老师同意并通知同组人员后,才能接通电源。

④ 各仪器仪表每次使用前,其测量选择开关和量程开关位置都要认真选好,指针该调零时应调零。

⑤ 不得用手触摸带电部分,当触及高于 36 V 的电压时,就有可能引起触电事故。潮湿地面的安全电压更低。一旦发生设备或人身事故,应立即切断电源,保持线路现状,报告指导老师。

⑥ 严禁带电改接线路或更换仪表量程,改接线路应在断开电源、电容器充分放电后进行。

⑦ 每次实验都应先试电源,之后再进行测试。可调电源应从 0 开始逐步调至所需数值。实验过程中不要只埋头读数,要注意出现的种种现象,例如仪器设备的发热、声音及气味等。一旦发现异常,应立即切断电源停止实验,并保持事故现场,以便分析原因。

⑧ 实验完毕随即切断电源,若电路中有电容器,还需用导线短接放电后再拆除线路。

4. 故障的排除

排除实验中出现的故障,是培养综合分析问题能力的一个重要方面,需要具备一定的理论基础和较熟练的实验技能,以及丰富的实验经验。

(1) 排除实验故障的一般原则与步骤

① 出现故障时应立即切断电源,关闭仪器设备,避免故障扩大。

② 根据故障现象,判断故障性质。实验故障大致可分为两大类:一类是破坏性故障,可使仪器、设备、元器件等造成损坏,其现象常常是冒烟、烧焦味、爆炸声、发热等;另一类是非破坏性故障,其现象是无电流、无电压、指示灯不亮,电流、电压波形不正常等。

③ 根据故障性质,确定故障的检查方法。对于破坏性故障不能采用通电检查的方法,应先切断电源,然后用万用表的欧姆挡检查电路的通断情况,看有无短路、断路或阻值不正常等现象。对于非破坏性故障,也应先切断电源进行检查,认为没有什么问题再通电检查。通电检查主要是使用电压表检查电路有关部分的电压是否正常。

④ 进行检查时首先应知道正常情况下电路各处的电压、电流、电阻,做到心中有数,然后再用仪表进行检查,逐步缩小产生故障的范围,直到找到故障所在的部位。

(2) 产生故障的原因

产生故障的原因很多,一般可归纳如下。

① 电路连接不正确或接触不良，导线或元器件引脚短路或断路。

② 元器件、导线裸露部分相碰造成短路。

③ 测试条件错误。

④ 元器件参数不合适或引脚错误。

⑤ 仪器使用、操作不当。

⑥ 仪器或元器件本身质量差或损坏。

技能知识四　直流电源的使用(一)

1. 直流电源简介

GPE－3323C 型直流电源具有三组独立输出，其中两组输出电压可调，两组可调输出电压为 0～32 V，输出电流为 0～3 A；固定输出组输出电压为 5 V，输出电流为 5 A；LCD 显示；具有稳流、稳压功能；串联模式最高可产生 64 V 电压；并联模式最大电流可达 6 A；纹波及噪声较小；输出调节分辨率高；具有过电压、极性接反保护功能。

GPE 系列直流电源的前面板如图 1－47 所示。有三种输出模式，即独立、串联和并联，通过操作前面板上的跟踪开关来选择。在独立模式下，输出电压和电流各自单独控制。在跟踪模式下，CH1 与 CH2 的输出自动连接成串联或并联，以 CH1 为主控，CH2 为跟随，外部不需要串/并连接。在串联模式下，输出电压是 CH1 的 2 倍；在并联模式下，输出电流是 CH1 的 2 倍。绝缘度：输出端子与底座之间或输出端子与输出端子之间为 500 V。

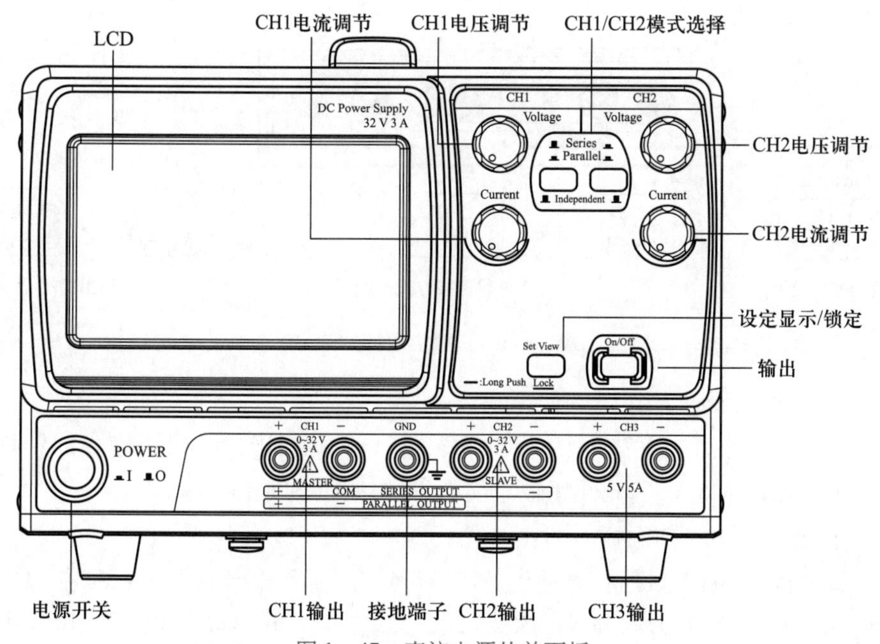

图 1－47　直流电源的前面板

实训
直流电源使用方法

根据负载条件,直流电源自动切换恒压源模式(CV)和恒流源模式(CC)。当电流值小于输出设定值时,电源操作在恒压源模式,LCD 屏上对应的通道显示 CV。电压值保持设定值,而电流值根据负载条件变动直到输出电流的设定值。当电流值到达输出设定值时,电源开始操作在恒流源模式,LCD 屏上对应通道显示 CC。电流值维持在设定值但是电压值低于设定值。当电流值低于设定值时,返回恒压源模式。

按下"电源开关"后打开电源。机器开始初始化,LCD 上显示各个通道的设定值。如果再按下一次"电源开关",关闭电源。

"CH1/CH2 模式选择"用于设置 CH1、CH2 通道独立、串联、并联。电压、电流调节旋钮顺时针调节时,指示值由小变大。"输出"键用于打开或关闭输出。"CH1 输出"输出 CH1 电压与电流,"CH2 输出"输出 CH2 电压与电流,"CH3 输出"输出 5V 电压与最大 5A 电流。

2. 直流电源 CH1、CH2 独立模式调试步骤

(1) 确定并联和串联键未按下,如图 1-48(a)所示。

(2) 连接负载到前面板端子 CH1 +/- 或 CH2 +/-(本例以 CH1 为例),如图 1-48(b)所示。

(3) 使用电压、电流调节旋钮,如图 1-48(c)所示,设置 CH1 输出电压和电流。

(4) 按下"输出"键,如图 1-48(d)所示,打开输出。按键灯点亮,并且 LCD 的右下方显示"ON",各通道会显示 CV 或 CC 状态。

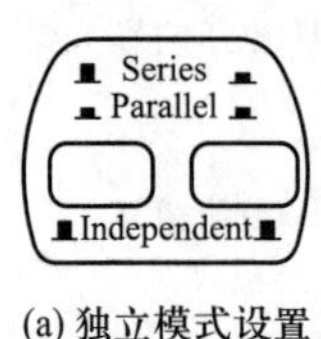

(a) 独立模式设置

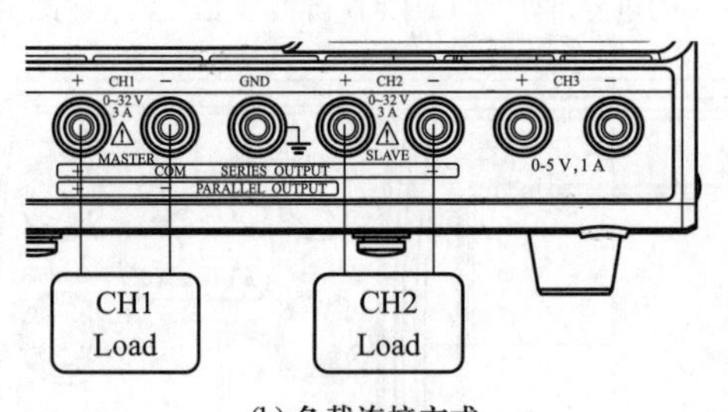

(b) 负载连接方式

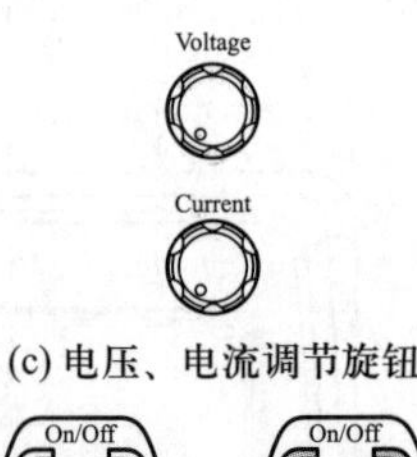

(c) 电压、电流调节旋钮

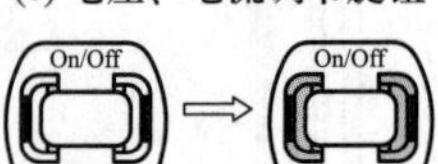

(d) 输出指示

图 1-48 直流电源的按键

3. 直流电源固定组 CH3 使用步骤

由于 CH3 没有串联/并联模式,CH3 输出也不受 CH1 和 CH2 模式的影响,输出电压固定为 5 V,因此使用较为简单,只需按以下步骤操作。

① 连接负载到前面板 CH3 +/- 端子。

② 按下"输出"键,打开输出。按键灯点亮,表示输出电压 5 V 正常工作。需要注意的是,当输出电流超过 5.2A 时,过载指示"Overload"出现在 LCD 上,CH3 将从恒压源输出转换为恒流源输出。

技能知识五　万用表的使用

万用表是一种用途广泛的常用测量仪表，有指针式万用表和数字万用表。对于电路初学者，建议使用机械指针式万用表，因为它对熟悉一些电路原理知识很有帮助。下面分别介绍指针式万用表和数字万用表。

1. 指针式万用表

以 MF47A 型指针式万用表为例介绍其使用方法。MF47A 型指针式万用表外形和结构如图 1－49 所示。上方为表盘，下方为操作面板。上方表盘有多条刻度线，从上往下数，第一条刻度线上标有“Ω”字样，表明该刻度线上的数字为被测电阻值；第二条刻度线为交流 10 V 电压专用刻度线；第三条刻度线为交直流电压和直流电流刻度线；第三条和第四条刻度线之间有反射镜用于精确读取刻度线。表盘下方中间为机械调零。缓慢调节该处，使指针指在左侧刻度起始线上。

实训
初识指针式万用表

下方操作面板有“＋”“－”插孔，用以插入红（＋）、黑（－）表笔。另有 2 500 V和 5 A 专用插孔输入端。NPN、PNP 插孔用于测量晶体管的直流放大系数 h_{FE}，使用时根据 NPN、PNP 型晶体管分别插入相应插孔。电阻挡调零旋钮：使用电阻各量程挡测量电阻时，必须用该旋钮进行调零。方法为红、黑两表笔短接在一起，旋动调零旋钮，使指针指向“0 Ω”处。中间为转换开关，用于选择测量的项目和适当量程。

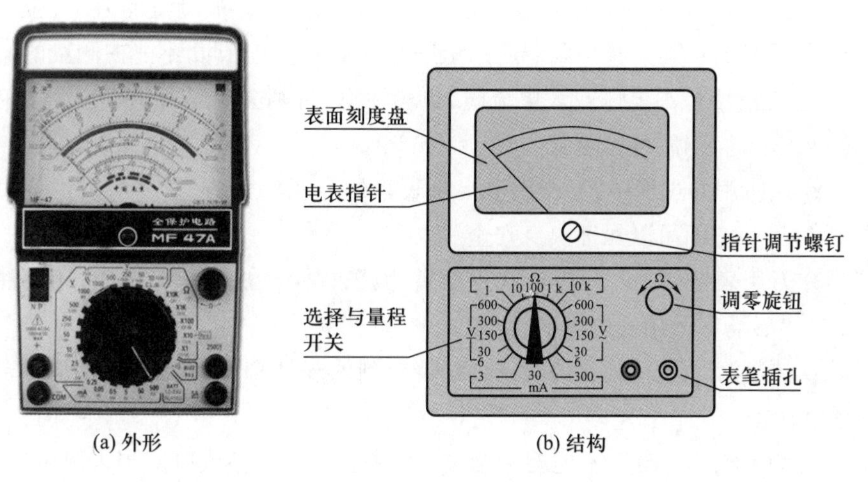

(a) 外形　　(b) 结构

图 1－49　MF47A 型指针式万用表外形和结构

（1）测量电压和电流

直流电压测量分 8 挡：0～0.25 V；0～1 V；0～2.5 V；0～10 V；0～50 V；0～250 V；0～500 V；0～1 000 V。直流电流测量分 5 挡：0～0.05 mA；0～0.5 mA；0～5 mA；0～50 mA；0～500 mA。万用表测量电压时并联在被测量元器件两端，

测量电流时串联在被测量电路中,这一点需特别注意。

测量直流电压:首先估计一下被测电压的大小,然后将转换开关拨至适当的直流电压量程,将正表笔接被测电压“+”端,负表笔接被测量电压“-”端。然后根据该挡量程数字与直流电压刻度线(第三条线)上的指针所指数字来读出被测电压的大小。如用直流电压 50 V 挡测量,可以直接读 0~50 的指示数值。如用直流电压 500 V 挡测量,只需将刻度线上 50 这个数字乘以 10,看成 500,即可直接读出指针指示数值。例如,用直流 500 V 挡测量直流电压,指针指在 20,则所测得电压为 200 V。

测量直流电流:先估计一下被测电流的大小,然后将转换开关拨至合适的 mA 量程,再把万用表串接在电路中。同时观察标有 “mA”的刻度线(第三条线),如电流量程选在 5 mA 挡,这时应把表面刻度线上 50 的数字乘以 0.1,看成 5,这样就可以读出被测电流数值。例如,用直流 5 mA 挡测量直流电流,指针在 10,则被测直流电流为 1 mA。

(2) 电阻测量

测量电阻时,将转换开关调至“Ω”挡,再选择合适的量程。测量前应先调整欧姆零位:将两表笔短接,看表针是否指在欧姆零点上,若不指零,应转动调零旋钮,使指针指到零点后,再进行测量操作。

测量时分别将表笔放在电阻的两端,不允许用手同时接触被测电阻的两端,以免人体电阻并联上去,使读数变小。

(3) 注意事项

① 测量前,必须明确被测量的量程。如果无法估计被测量的大小,应先拨到最大量程挡,再逐渐减小到合适的量程。测量某一电量时,不能在测量的同时换挡,尤其是测量高电压或大电流时,更应注意,否则会损坏万用表。换挡前应先断开表笔,换挡后再去测量。

② 在使用的过程中,不能用手接触表笔的金属部分,一方面可以保证测量的准确,另一方面可以保证人身安全。

③ 万用表在使用时一般应水平放置为好,以免造成误差。同时,还要注意避免外界磁场对万用表的影响。

④ 读数时,视线应正对着表针,眼睛看到的表针和反射镜中的影子重合为正对着表针。

⑤ 测量电流与电压不能旋错挡位。如果误用电阻挡或电流挡去测电压,就极易烧坏万用表。

⑥ 测量直流电压和直流电流时,注意“+”“-”极性,不要接错。如发现指针反转,应立即调换表笔,以免损坏指针及表头。

⑦ 测量完毕,养成习惯将量程选择开关旋钮旋置最高交流电压挡位置,避免因使用不当而损坏。长期不用的万用表,应将电池取出,避免电池存放过久而

变质，漏出的电解液腐蚀零件。

2. 数字万用表

实训
初识数字万用表

数字万用表除具有指针式万用表的功能外，还可以测量电容、频率和温度，并以数字形式显示读数，使用方便。

数字万用表如图 1－50 所示，上部是液晶显示屏，中部是功能选择旋钮，下部是表笔插孔。插孔有公共端“COM”、“VΩ Hz”、电流插孔、晶体管插孔。

(1) 电流测量

若测量直流电流，将黑表笔插入“COM”插孔。若测量大于 200 mA、小于 20 A 的电流，要将红表笔插入“20 A”插孔并将旋钮调到直流“20 A”挡；若测量电流小于 200 mA，则要将红表笔插入“mA”插孔，并将旋钮调到直流“200 mA”以内的合适量程。调整好后就可以测量了。将万用表串入电路，保持稳定，即可读数。若显示为“1”，就要调整到大量程。若数字左侧显示“－”则表示电流从黑表笔流入万用表。

测量交流电流的方法和测量直流电流相同，只需把万用表调到交流挡位。

图 1－50　数字万用表外形

(2) 电压测量

若测量直流电压，将黑表笔插入“COM”插孔。将旋钮调到比估计值大的量程。接着把表笔放在被测电路的连接点。若显示为“1”，就要调整到大量程。若数字左侧显示“－”，则表示红表笔接的是低电压端。“V－”表示直流电压挡，“V～”表示交流电压挡，“A”表示电流挡。

若测量交流电压，只需要将旋钮调到“V～”处的量程即可。注意人身安全，不要用手接触表笔裸露部分。

(3) 电阻测量

将表笔插入“COM”和“VΩ Hz”插孔。将旋钮调到“Ω”量程，用表笔接触电阻两端金属部分，测量时不能用手同时接触电阻两端。注意读数的单位，如“200”挡时的单位为 Ω，“200 k”挡时的单位为 kΩ，“2 M”挡时的单位为 MΩ。

3. 人身设备安全

在实验的过程中，特别要注意人身安全，还要注意设备安全。实验时不要用手触摸电线的裸露部分。严格根据实验要求，先接线后通电，先断电后拆线。使用仪表和设备时要严格遵守安全操作规程。若实验中发现异常情况，应立即切断电源，待故障排除后才可通电继续实验，不可一人在实验室操作强电。

技能知识六 电阻认知

1. 阻值标识

(1) 色标法:用不同颜色的带或点在电阻器表面标出标称阻值和允许偏差。电阻色环分为五环和四环,顾名思义,有四个色环标在电阻体上的为四环,五个色环标在电阻体上的为五环,如图 1-51 所示。

(2) 数码法:在电阻器上用三位数码表示标称值的标识方法。数码从左到右,第一、二位为有效值,第三位为指数,即零的个数,单位为 Ω。偏差通常采用文字符号表示。

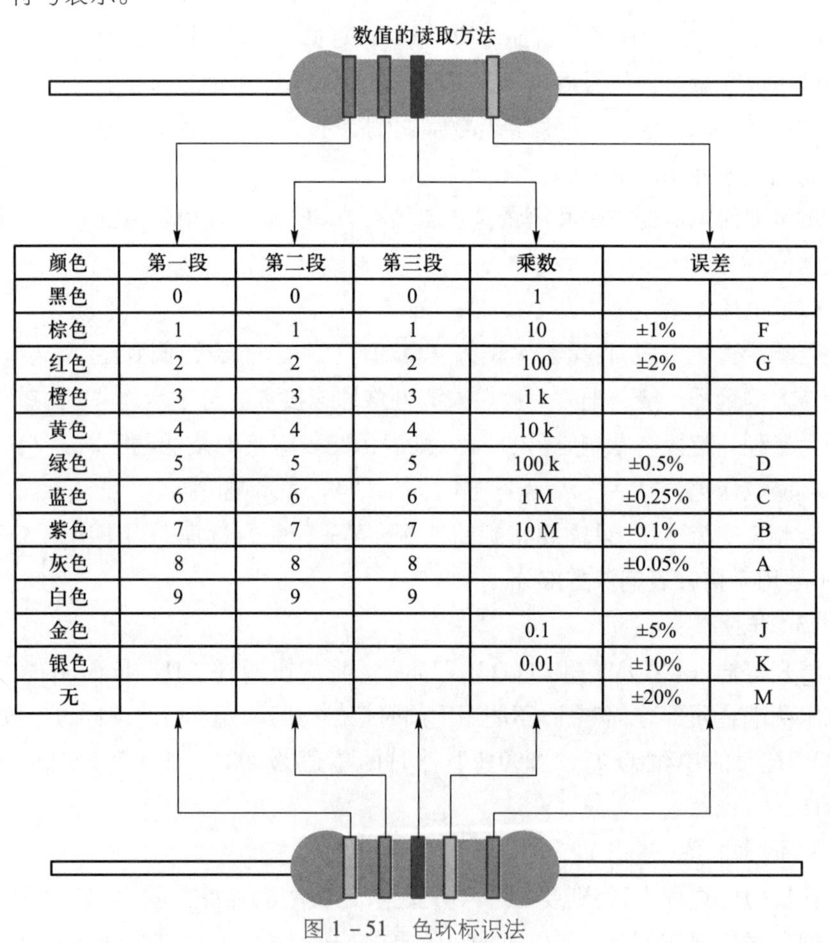

颜色	第一段	第二段	第三段	乘数	误差	
黑色	0	0	0	1		
棕色	1	1	1	10	±1%	F
红色	2	2	2	100	±2%	G
橙色	3	3	3	1 k		
黄色	4	4	4	10 k		
绿色	5	5	5	100 k	±0.5%	D
蓝色	6	6	6	1 M	±0.25%	C
紫色	7	7	7	10 M	±0.1%	B
灰色	8	8	8		±0.05%	A
白色	9	9	9			
金色				0.1	±5%	J
银色				0.01	±10%	K
无					±20%	M

图 1-51 色环标识法

2. 电阻的标称值

电阻的标称值是指电阻表面所标的阻值,按国家规定的阻值系列标识,常见的有 E12 系列,如表 1-2 所示。将数值乘以 10^n(n 为整数)就可成为各阻值。

表 1－2　电阻标称值

阻值系列	电阻标称值
E24	1.0　1.1　1.2　1.3　1.5　1.6　1.8　2.0　2.2　2.4　2.7　3.0 3.3　3.6　3.9　4.3　4.7　5.1　5.6　6.2　6.8　7.5　8.2　9.1
E12	1.0　1.2　1.5　1.8　2.2　2.7　3.3　3.9　4.7　5.6　6.8　8.2
E6	1.0　1.5　2.2　3.3　4.7　6.8

3. 电阻的误差

标称阻值与实际阻值的差值跟标称阻值之比的百分数，称为阻值误差（或偏差），它表示电阻的精度。对于色标法标识的电阻来说，常见四色环电阻误差为 5%，五色环电阻误差为 1%，贴片电阻误差为 1%。当电阻为四环时，如图 1－51所示，误差也可用代号表示，如 B、C、D、F、G、J、K、M 分别表示允许误差范围为 ±0.1%、±0.25%、±0.5%、±1%、±2%、±5%、±10%、±20%。允许误差与精度等级对应关系为 ±0.5%—0.05、±1%—0.1（或 00）、±2%—0.2（或 0）、±5%—Ⅰ级、±10%—Ⅱ级、±20%—Ⅲ级。

4. 额定功率

在正常的大气压 90～106.6 kPa 及环境温度为 －55～＋70 ℃的条件下，电阻长期工作所允许耗散的最大功率为电阻的额定功率。额定功率分为绕线电阻额定功率和非绕线电阻额定功率两个系列。绕线电阻额定功率一般为 0.25～10 W；非绕线电阻额定功率可到几十瓦甚至几百瓦。电阻的功率也已系列化，标称值通常有1/8 W、1/4 W、1/2 W、1 W、2 W、3 W、5 W、10 W 等。如实验室常用的电阻为额定功率 1/4W 的非绕线电阻。

5. 电阻的温度系数

电阻的温度系数反映当电阻的温度变化时电阻值的改变量，通常用温度由标准温度（一般为室温 25 ℃）每变化 1 ℃时电阻值的相对变化量来表示，单位为 ppm/℃。如某电阻的温度系数为 100ppm/℃，即当温度变化为 10 ℃时，对应的电阻变化为 0.1%；当温度变化为 100 ℃时，对应的电阻变化为 1%。正温度系数表示电阻阻值随着温度的升高而升高，负温度系数表示电阻阻值随着温度的升高而降低。

技能知识七　故障检查与排除（一）

对初学或实验经验不丰富的实验者来说，在实验中出现各种各样的问题，发生不同的故障在所难免，也很正常。从某种意义上说，这并非坏事，通过解决出现的问题，排除故障，会有更大的收获。如果在学习阶段的实验中未出现任何问题，自始至终非常顺利，那么该实验也只是起到了对理论、对实验方法进行验证的作用,除此之外不会有其他收获。因此对待实验过程,要辩证地看问题。

1. 常见故障

实验中产生故障的原因多种多样,可由方方面面因素引起,但都将导致实验不能顺利进行,不能得到理想的结果。常见故障归纳起来有以下几方面。

(1) 仪器设备

由于仪器设备引起的故障常有以下情况:

① 仪器自身工作状态不稳定或损坏;

② 超出了仪器的正常工作范围,或调错了仪器旋钮的位置;

③ 测量线损坏或接触不良;

④ 仪器旋钮由于松动,偏离了正常的位置。

在上述情况中,测量线损坏或接触不良发生的情况最多,而仪器工作不稳定或损坏在实验过程中出现的概率要小得多。当对仪器的正确使用还未完全掌握或粗心大意时,会出现第2种情况。

(2) 器件与连接

这类故障经常有:

① 用错了器件或选错了标称值;

② 连线出错,导致原电路的拓扑结构发生改变;

③ 连接线接触不良或损坏;

④ 在同一个测量系统中有多点接地,或随意改变了接地位置。

当实验中的仪器都使用三芯电源线时,稍不注意(红夹子和黑夹子的区别)就会在同一个测量系统中造成多点接地故障。

通常说交流信号方向不固定,因此没有正负极,这在理论上是正确的。但在实验室里,由于电子仪器的信号输入/输出线,其中一根(黑夹子线)已经和仪器外壳相连,即已经接在了以大地为测量参考点的地线上。因此,实验时红夹子线和黑夹子线就不能随意乱接,黑夹子线必须接在参考点即地线上。这样做并不等于说交流信号就有正负极了,它和直流电源的正负极性是两个不同的概念。

(3) 错误操作

当仪器设备正常,电路连接准确无误,而测量结果却与理论值不符或出现了不应有的误差时,往往问题出在错误的操作上。错误的操作一般有以下情况:

① 未严格按照操作规程使用仪器,如读取数据之前没有先检查零点或零基线是否准确,读数的姿势、表针的位置、量程不正确;

② 片面理解问题,盲目地改变电路结构,未考虑电路结构的改变会对测量结果带来的影响和后果;

③ 采用不正确的测量方法,选用不该选用的仪器;

④ 无根据地盲目操作。

尽管说在实验中出现错误是常有的,但也不应轻率地犯错误,如粗心大意、操作不规范、无条理、漫不经心等。

通过做实验,养成良好的工作习惯很重要,否则可能会造成严重后果,如损坏仪器、烧毁器件乃至整个系统。因此,在实验过程中,除了要学习掌握测量方法、实验技能,不断积累经验,提高分析问题、解决问题的能力外,培养科学的实验态度、养成良好的操作习惯也是非常重要的,这也是提高实验素质不可缺少的一个方面。

上面列出了一些故障现象,目的是实验时在这些方面引起注意,以避免不应有的错误发生,或能较快地找出故障。

2. 排除故障的一般方法

故障一旦发生,就需要想办法排除。通过排除故障,可以从中吸取教训、积累经验,同时这也是锻炼分析问题、解决问题的好机会。切不可一出现问题,就既不观察故障现象也不分析故障原因,不分青红皂白,“一股脑”地将实验电路拆掉重来。这样做既不利于问题的解决,也不利于能力的提高。由于原因不明,可能还会带来其他不良影响或造成严重后果。

当故障发生后应采取如下措施。

(1) 掌握故障性质

了解故障性质,是为了确定采用什么样的检查方法来排除故障。从故障造成的后果上看,故障通常有破坏性和非破坏性两种。

① 破坏性故障。

出现破坏性故障时经常会有打火、冒烟、发声、发热等现象,会对仪器、电路或器件造成永久性损坏。一旦发现此类故障,应立即关掉实验仪器和被测系统的电源,然后再对其进行检查处理,以免损坏程度进一步扩大。

检查此类故障时,一定要在完全断电的情况下进行。可通过查看、手摸,找出电路损坏的部分或发热器件,进而可仔细检查电路的连接、器件的参数值等。如果仅凭观察不易发现问题,可借助万用表对电路或器件进行检查。通常采用测量电阻的方法进行,如电路是否短路、开路,某器件的电阻值是否发生了变化,电容、二极管是否被击穿等。该类故障多发生在具有高电压、大电流及含有有源器件的电路中。

实训
排除电路故障

当电路出现短路或负载太重(阻值太小)时,会对信号源、直流稳压电源造成损坏。因此,当发现电源的输出突然下降到零或比正常值下降很多时,应立即关掉电源进行检查。

② 非破坏性故障。

非破坏性故障只会影响实验结果,改变电路原有的功能,不会对电路或器件造成损坏。此类故障虽不具破坏性,但排除这样的故障一般比排除具有破坏性的故障难度更大。因此,除采用上述检查方法外,通常还需加电检查,即对实验电路加上电源和信号，然后通过测量电路的节点电位、支路电流来查找故障。在交流电路中，通常检查的是节点电位或支路电压。检查时，可按照实验电路从信号源输出开始，逐点向后直至故障点。

(2) 了解故障现象

根据故障的现象，可确定故障的性质，同时可进一步分析故障产生的可能原因。根据不同的原因，可采取相应的措施去排除。如故障现象为测试点处无信号，其原因可能有：该点后面电路短路，前面电路有开路，信号源无输出，信号源输出线开路，测量仪表的输入线断，等等。再如，考察线性电路中某点电位时，调整信号发生器的输出，毫伏表的读数不跟随变化，这时的原因可能有：信号发生器损坏（幅度电位器失灵）或毫伏表输入线未接地（接触不良或导线损坏）等。

根据这些可能的原因，逐个排除，最后可找到产生故障的真正原因。

(3) 确定故障位置

确定故障位置即找出故障发生点，采用的方法可多种多样，但总的指导思想是遵循由表及里、由分散到集中、先假设后确定的原则。

要想尽快地找到故障点并加以排除，需要有扎实的理论基础和分析问题的能力，还需要积累丰富的实践经验。

实践经验的积累，是和平时的努力、善于观察、勤于思考、多动手分不开的。因此，平时要养成良好的习惯，实验时不要轻易放过任何一种现象，并善于发现、观察实验时的一些异常，自觉地锻炼独立分析问题、解决问题的能力；不要一出现问题，就去请求别人帮助或找指导教师，更不应回避问题。

技能知识八　直流电源的使用（二）

1. 串联模式

串联模式是将 CH1（主）和 CH2（从）进行串联输出。同时 CH1 控制合并输出电压值、电流值。负载（Load）连接方式如图 1－52(a)所示，输出额定电压值 0～64V，电流值 0～3A。操作步骤如下。

① 按下“CH1/CH2 模式选择”键，启动串联模式，如图 1－52(b)所示。LCD 上会显示“SER”。

② 连接负载到前面板端子 CH1＋和 CH2－（一组电源）。

③ 使用 CH2 电流调节旋钮来设置 CH2 输出电流到最大值。

④ 使用 CH1 电压和电流调节旋钮来调节输出设置值。输出电压值为 LCD 上 CH1 显示电压值的 2 倍。输出电流值为 CH1 电流表头显示值。

⑤ 按下“输出”键，打开输出，如图 1－52(c)所示，按键灯点亮。

2. 有公共端串联模式

负载连接方式如图 1－53 所示，CH1＋和 COM 之间输出额定电压值 0～

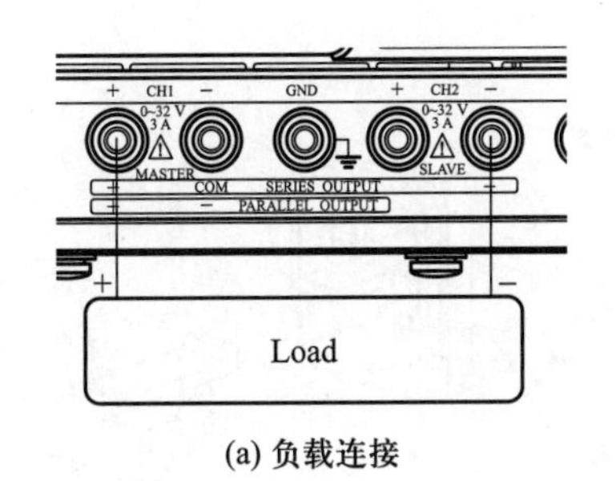

(a) 负载连接

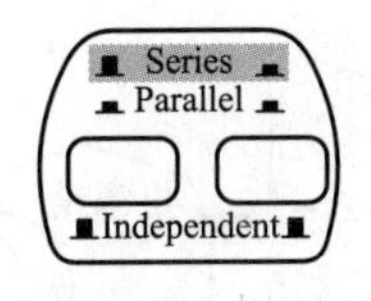

(b) 串联模式设置

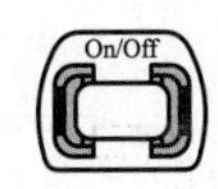

(c) 输出启动

图 1－52　直流电源串联模式设置

32 V、电流值 0～3 A。CH2－和 COM 之间输出额定电压值－32～0 V,电流值 0～3 A。操作步骤如下。

① 按下“CH1/CH2 模式选择”键,启动串联模式,LCD 上会显示“SER”。

② 连接负载到前面板端子 CH1＋(正电源)和 CH2－(负电源),CH1－作为公共线连接,如图 1－53 所示。

③ 使用 CH1 电压旋钮来设置主从输出电压(2 组通道相同值)。

④ 使用 CH1 电流旋钮来设置主输出电流。

⑤ 使用 CH2 电流旋钮来设置从输出电流。

⑥ 按下“输出”键,打开输出,如图 1－52(c)所示,按键灯点亮。

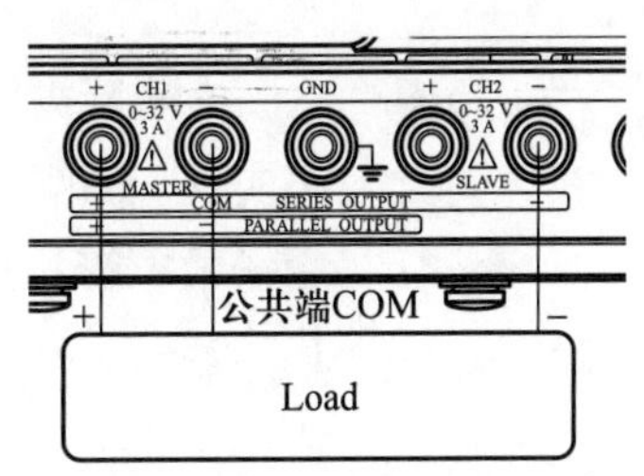

图 1－53　有公共端串联模式负载连接

3. 并联模式

并联模式就是将 CH1 和 CH2 进行并联合并输出。CH1 控制合并输出的电压、电流值,负载用 CH1 通道连接。输出额定电压值 0～32 V,电流值 0～6 A。操作步骤如下。

① 按下“CH1/CH2 模式选择”键,启动并联模式,LCD 上会显示“PARA”。

② 连接负载到 CH1＋/－端子。

③ 使用 CH1 电压和电流调节旋钮来设置输出电压和电流。CH2 控制作用被关闭。CH1 表头显示输出电压值,电流值为 CH1 电流值的 2 倍。

④ 打开输出,按下“输出”键,按键灯点亮。

⑤ CH2 在 LCD 上会显示为 CC 状态。

4. 电源插座

220 V 电源插座在后面板,如图 1－54(a)所示。如果无电源,首先检查熔断器是否需要更换,取出熔断器的方法如图 1－54(b)所示,拔出电源线,用小螺钉旋具取走熔断器盒。如图 1－54(c)所示,测量熔断器是否熔断,如果熔断则替换。

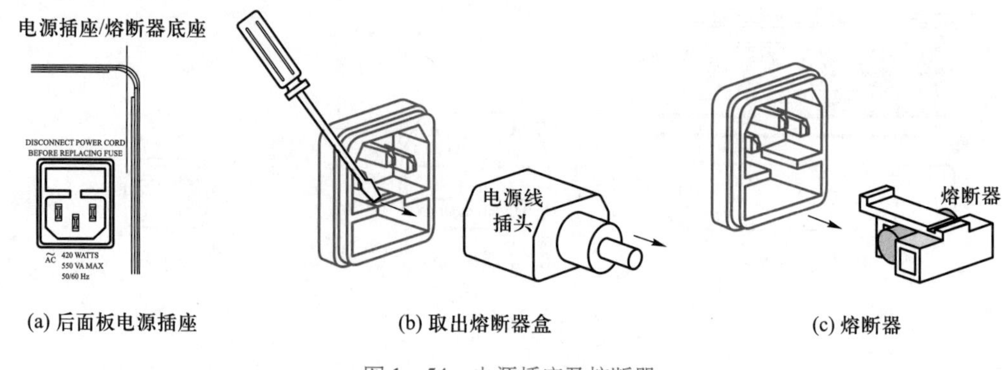

(a) 后面板电源插座　　(b) 取出熔断器盒　　(c) 熔断器

图 1－54　电源插座及熔断器

技能知识九　受控源认知

在实际电路中,电流控制电流源(CCCS)可以由一个晶体管(也称三极管)来实现。如图 1－55 所示为晶体管的符号和外形。电压控制电流源(VCCS)可由场效应管构成,如图 1－56 所示为 N 沟道结型场效应管的符号和外形。图 1－57所示为运算放大器的符号和外形,不同类型的场效应管均可由其实现。

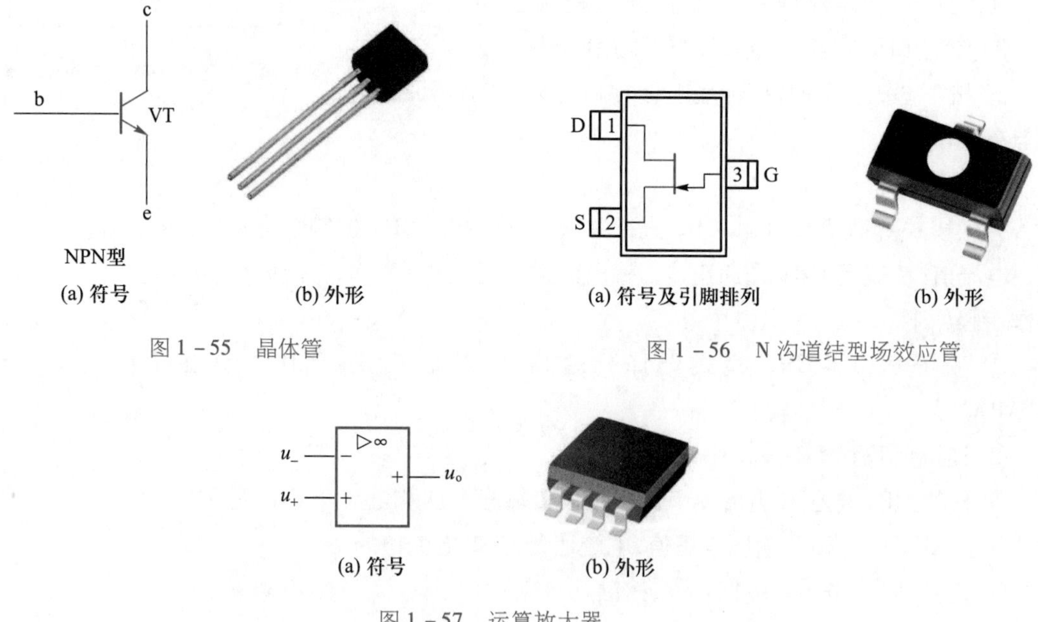

(a) 符号　　(b) 外形

图 1－55　晶体管

(a) 符号及引脚排列　　(b) 外形

图 1－56　N 沟道结型场效应管

(a) 符号　　(b) 外形

图 1－57　运算放大器

技能知识十　故障检查与排除(二)

故障检查与排除既是一门学问又是一门“艺术”,只有多实践才能够掌握。电子设备故障的检查涉及电子电路的工作原理、各种元器件的基础知识、操作技术和动手能力等许多方面。虽然学习都是从电路图开始，但必须记住的是电路图并不是实际电路。常见的电路故障查找方法有直观检查法、电阻检查法、电压检查法和试听检查法等。下面介绍焊接后电路的直观检查法。

直观检查法是一种最基本的检查方法，技术人员凭视觉、嗅觉和触觉，通过对电子设备的仔细观察，再与电子设备正常工作时的情况进行比较，从而便可很快找出故障所在的部位。

在直观检查焊接后的电路的过程中，一般原则是先简后繁，由表及里。首先根据电路原理图，逐一检查焊接的元器件参数是否和原理图一致。再根据电路原理图检查电路的连接是否正确，仔细观察错焊、漏焊、虚焊、脱落以及连接导线是否正确等常见问题。如有错误的地方要及时改正。

技能训练一　电烙铁的使用

1. 训练目标

① 掌握电烙铁的使用方法。基本能判断焊点质量。

② 通过安全使用和放置电烙铁，培养规范操作和安全意识。

2. 训练要求

① 了解电烙铁、焊料和助焊剂。

② 掌握焊接步骤及焊接注意事项。

③ 会使用电烙铁。

3. 工具器材

电烙铁、电路板、焊锡丝、松香、电阻。

实训

导线加工

4. 技能知识储备

技能知识一至技能知识三。

5. 完成流程

① 对导线进行焊接。

在焊接导线前，应对导线进行加工，加工工序为剪裁、剥头、捻头、上锡。根据需要用斜口钳剪切合适长度的导线，避免线材的浪费。剥头就是去除导线的绝缘层，露出导线首、尾端，使导线首、尾端能事先上锡，以便同接点连接，并使接点具有良好的导电性能。剥头时不应损坏芯线。剥头长度应符合工艺文件对导线的加工要求，其常见长度是2 mm、5 mm、8 mm、10 mm等。实训时使用剥线钳进行剥头，要求剥头长度为10 mm。实训所使用的多股芯线在剥头后有松散现象，需要捻紧以便镀锡焊接。捻头要捻紧，不许散股也不可捻断，捻过之后芯线的螺旋角一般在40°左右。捻头完成后即可上锡，上锡后线芯表面应光洁、均匀，不允许有毛刺。绝缘层不能有起泡、烫焦及破裂等现象。

微课
焊接

② 对元器件成型焊接。

为了提高焊接质量，避免浮焊，也使元器件排列整齐、美观，需要对元器件进行成型。在工厂多采用模具进行成型，在实验室可以用尖嘴钳或镊子进行成型。电阻的插装有立式和卧式两种形式，如图1－58所示。立式插装电阻在成型时，先用镊子将电阻引线两头拉直，然后用螺钉旋具作固定面，将电阻的引线弯成半圆形即可，注意阻值色环向上，如图1－59(a)所示。卧式插装电阻在成型时，同样先用镊子将电阻两头引线拉直，然后利用镊子在离电阻本体大于1.5 mm处将引线折成直角，如图1－59(b)所示。

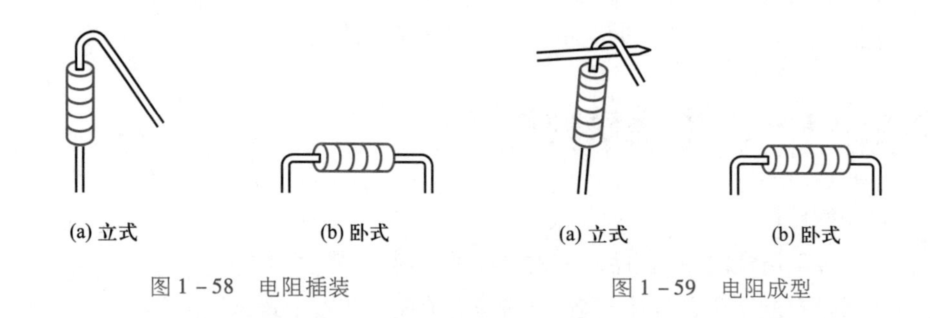

图1－58　电阻插装　　图1－59　电阻成型

③ 元器件的焊接顺序。

元器件的焊接顺序为“先低后高，先小后大”。这样易做到摆放平整，插件容易。立装要求标记向上，字向一致，尽量使其高低一致并与印制电路板保持一定距离。平装要求字向一致，装完一种规格再装另一种规格，应紧贴印制电路板。

微课
电路板焊接

④ 根据技能知识二，观看视频后进行焊接练习。

6. 思考总结

掌握焊接所使用的材料，总结焊接的方法和步骤。

7. 评价

在认真完成焊接后，根据技能知识三撰写实训报告，并在小组内进行自我评价、组员互评，最后由教师给出评价，三个评价相结合作为本次实训完成情况的综合评价。

技能训练二　简易LED灯制作

1. 训练目标

① 认知实际电路，基本掌握电烙铁的使用和直流电源的操作。

② 通过小组讨论器件布局，培养沟通和协作能力。

2. 训练要求

① 根据技能知识一和技能知识二温习电路板与电烙铁的使用方法。

② 根据电路原理,掌握实际电路的焊接方法。

3. 工具器材

电烙铁、直流电源、万用表、发光二极管 1 个、1 kΩ 电阻 1 个、680 Ω 电阻 1 个、470 Ω 电阻 1 个、开关 1 个、电路板、焊锡丝等。

4. 测试电路

实验电路原理如图 1 - 60 所示,其中电源 $U_S = 5$ V, VL 为发光二极管(LED)。

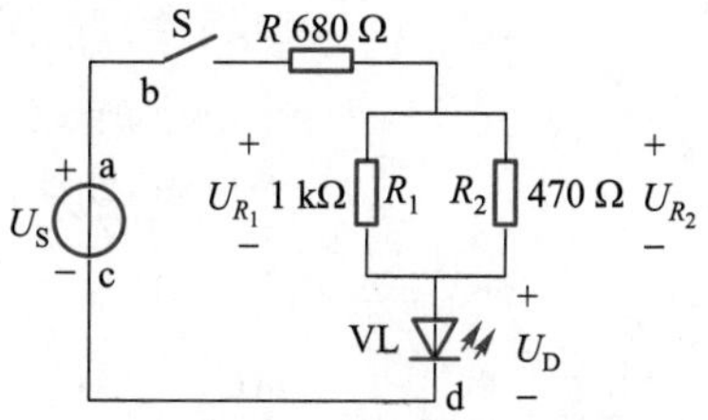

图 1 - 60　实验电路原理图

5. 技能知识储备

技能知识一,技能知识二,技能知识四。

6. 完成流程

① 了解焊接的基本操作及对焊点质量的评价。

② 根据图 1 - 60 所示电路,识别出元器件实物。

③ 在实验板上正确布局图 1 - 60 所示电路元器件。

④ 焊接电路。焊接后的电路应引出不同颜色的接线端(a、b 用红色导线引出,c、d 用黑色导线引出),便于连接电源。

⑤ 检查焊接电路元器件连接是否正常,焊点是否满足要求。

⑥ 在检查焊接电路无误后,将直流电源调节为 5 V,并保持不变。根据电路图将 5 V 电源接入电路板上的电路(红色导线 a - b 接电源“+”端,黑色导线 c - d 接电源“-”端)。打开开关 S 观察 LED 是否点亮。LED 亮则电路正确;若不亮则断开电源,检查电路。

7. 思考总结

① 如何检查实验板上元器件的布局、连线是否正确。

② 检查焊点有无虚焊、漏焊。

③ 通 5 V 电压验证 LED 是否点亮,若点亮说明实验顺利完成,若不亮请仔细检查实验板上焊接的电路是否正确。

8. 评价

在认真完成简易 LED 灯制作后,根据技能知识三撰写实训报告,并在小组内进行自我评价、组员互评,最后由教师给出评价。三个评价相结合作为本次实训完成情况的综合评价。

技能训练三　使用万用表测量电流、电压

1. 训练目标

① 学会使用万用表测量直流电流、直流电压。

② 通过规范使用万用表,培养细致严谨的操作习惯。

2. 训练要求

① 了解万用表的内部结构。

② 掌握万用表测量直流电流、直流电压的方法。

3. 工具器材

电烙铁、直流电源、万用表和技能训练二所用电路板。

4. 测试电路

实验电路原理图如图 1－61 所示。

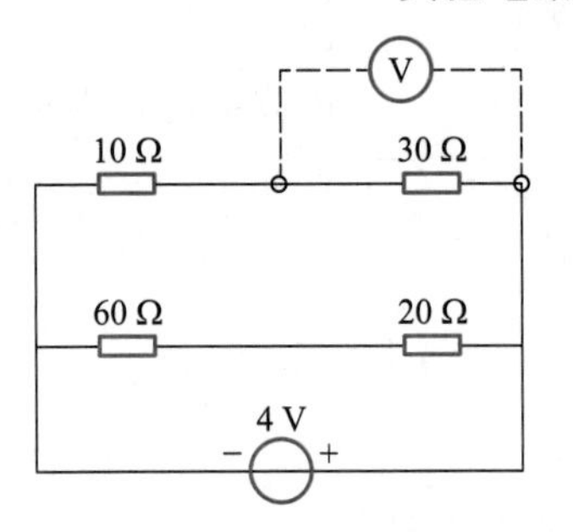

图 1－61 电压测量连接图

5. 技能知识储备

技能知识四，技能知识五。

6. 完成流程

① 根据技能知识储备学习相关知识。

② 根据图 1－61 所示电路中虚线所示电压表的连接方法，测量电路中的电压。

③ 根据表 1－3 的测量要求测量图 1－60 对应的电压，并将数据记录在表中。

表 1－3 测量数据 1

被测量	U_S/V	R/ Ω	R_1/kΩ	R_2/ Ω	U_R/V	U_D/V	U_{R_1}/V	U_{R_2}/V
测量值	5	680	1	470				

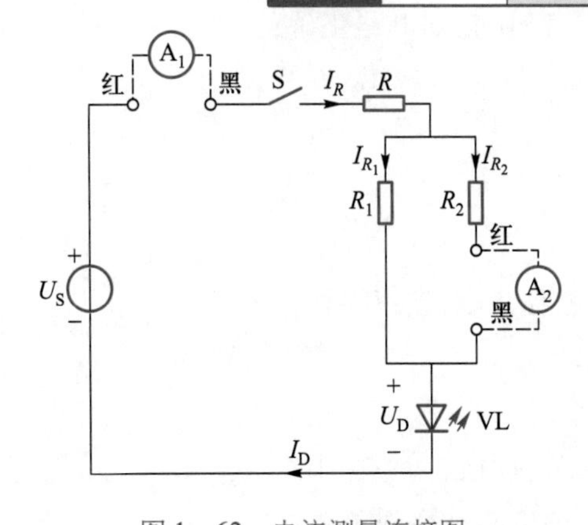

图 1－62 电流测量连接图

④ 测量图 1－62 中标注的电流并将测量数据记录在表 1－4 中。

指针式万用表：在测量过程中，发现万用表的指针反偏，说明被测电流参考方向与实际方向相反，然后交换红黑两个表笔，记录数据时一定要注意测量的数值为负。同样在电压测量中，发现万用表的指针反偏，说明被测电压参考方向与实际方向相反，然后交换红黑两个表笔，读取数值时加负号。

数字万用表：在测量电压或电流的过程中，若读数为正，说明被测量的实际方向与参考方向相同；若读数为负，说明实际方向与参考方向相反。

表 1－4 测量数据 2

被测量	U_S/V	R/ Ω	R_1/kΩ	R_2/ Ω	I_R/mA	I_D/mA	I_{R_1}/mA	I_{R_2}/mA
测量值	5	680	1	470				

7. 总结与思考

① 测量直流电压时，万用表并联在被测元件的两端，使用直流电压挡测量。

② 测量直流电流时，万用表串联在被测元件的支路中，使用直流电流挡测量。

③ 读指针式万用表的数据时，视线应看到指针与镜面内指针重合，此时指针垂直于表盘平面，避免读数误差。

④ 分析表格中的数据，U_{R_1}与U_{R_2}是否相等？I_R与I_D是否相等？为什么？

8. 评价

电压、电流等测试完成，根据技能知识三撰写实训报告，并在小组内进行自我评价、组员评价，最后由教师给出评价。三个评价相结合，作为本次实训完成情况的综合评价。

技能训练四　电阻识别

1. 训练目标

① 认识电阻的标识，掌握电阻阻值的测量和读取。

② 万用表测量和色环读取并用，培养科学验证的严谨作风。

2. 训练要求

① 了解色环代表的意义。

② 通过色环读取色环电阻的大小。

3. 工具器材

万用表、技能训练二所用电路板。

4. 测试电路

图1－60所示电路原理图。

5. 技能知识储备

技能知识六。

6. 完成流程

① 学习技能知识储备。

② 根据色环读取电阻标称值，记录在表1－5中。

③ 用万用表测量各电阻的值，记录在表1－5中。

表1－5　读取的电阻值

被测电阻	R/Ω	R_1/Ω	R_2/Ω
色环读取电阻值			
读取误差范围			
测量电阻值			
测量误差（标称值－测量值）			

7. 思考总结

① 分析表 1－5 中根据色环读取的电阻值和测量值为何不同。

② 表 1－5 中测量的电阻 R_1 与 R_2 若相等，试和组员一起分析原因。

8. 评价

实训结束，撰写实训报告，并在小组内进行自我评价、组员互评，最后由教师给出评价。三个评价相结合，作为本次实训完成情况的综合评价。

技能训练五 基尔霍夫定律的验证

1. 训练目标

① 验证基尔霍夫定律，熟练使用万用表测量电流和电压。

② 年仅 21 岁的基尔霍夫在论文中提出了基尔霍夫定律。感受科学思维的力量，勤于思考，善于学习，崇尚科学，树立科技报国理想。

2. 训练要求

① 正确焊接并测试如图 1－63 所示电路。

② 理解并应用基尔霍夫定律分析电路。

3. 工具器材

电烙铁、直流电源、1.8 kΩ 电阻 1 个、390 Ω 电阻 2 个、510 Ω 电阻 2 个、导线、焊锡丝、松香、电路板。

4. 测试电路

实验电路原理如图 1－63 所示，其中电源 $U_1=5$ V，$U_2=10$ V。

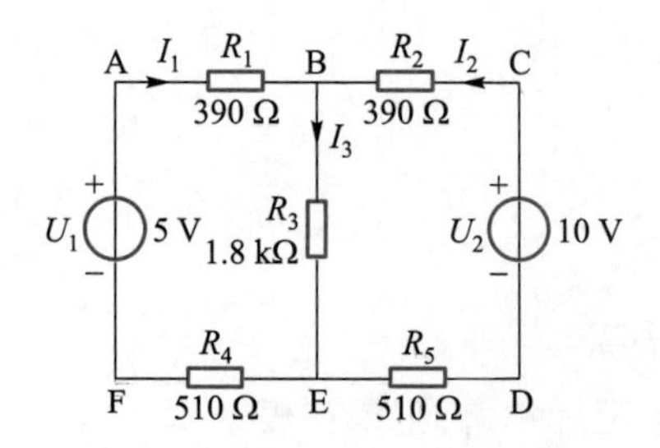

图 1－63 电路原理图

5. 技能知识储备

技能知识七，技能知识八。

KCL 是指在集总参数电路中，任一时刻，流入任一节点的电流的代数和恒等于零，$\sum I=0$。

KVL 是描述电路中任一回路上各个元件端电压之间关系的电路定律。KVL 是指在集总参数电路中，任一时刻，沿任意回路绕行一周（顺时针方向或逆时针方向），回路中电压降代数和恒等于零，即 $\sum U=0$。

运用基尔霍夫定律前先标注各支路或闭合回路中电流、电压参考方向。

6. 完成流程

① 正确焊接如图 1－63 所示电路。

② 根据学习技能知识七中介绍的检查方法，检查焊接电路。自己检查后，请组员帮助检查确保焊接无误。若发现故障，待故障排除后再重新检查，直至电路焊接完全正确。

③ 根据技能知识八，调节直流电源分别为 5 V、10 V。

④ 在电路故障排除，确保电路焊接无误的情况下，给电路板通电，用万用表测量表 1－6 中的电流并填表。

表 1－6　电流测量数据

被测量	I_1/mA	I_2/mA	I_3/mA
计算量			
测量值			
相对误差			

⑤ 按照图 1－64 标注的闭合回路方向，用万用表测量各元件电压并记录在表 1－7 中。

表 1－7　电压测量数据

被测量	U_{AB}/V	U_{BE}/V	U_{EF}/V	U_{FA}/V	U_{BC}/V	U_{CD}/V	U_{DE}/V	U_{EB}/V
计算量								
测量值								
相对误差								

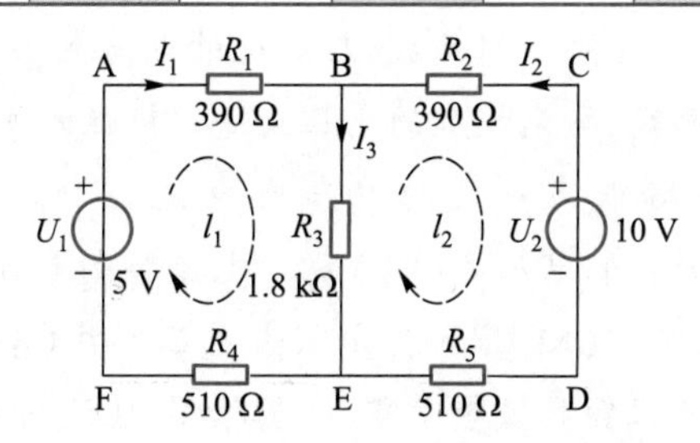

图 1－64　电压测量闭合回路方向

7. 总结与思考

① 检查电路板上元件的布局、连线是否正确。

② 检查焊点有无虚焊、漏焊状况，判断焊点质量。

③ 根据实验数据，选定节点 B，验证 KCL 的正确性。

④ 根据实验数据，选定实验电路中的任意一个闭合回路，验证 KVL 的正确性。

⑤ 将支路和闭合回路重新设置，重复训练验证过程。

⑥ 分析误差原因。

8. 评价

在认真完成基尔霍夫定律的验证后，撰写实训报告，并誊写总结与思考。在小组内进行自我评价、组员互评，最后由教师给出评价。三个评价相结合，作为本次实训完成情况的综合评价。

小结

1. 理想电路元件是实际电路进行模型化处理后抽象出来的元件。由理想电路元件构成的电路称为电路模型。在电路的分析中，使用电路模型代替实际电路进行分析和计算。

2. 电流是电荷定向流过给定点的速率。$I=\frac{Q}{t}$，其中，I 是电流，单位为安培(A)；Q 是电荷，单位为库仑(C)；t 是时间，单位为秒(s)。

电压是1库仑电荷流过元件所需要的能量。$U=\frac{W}{Q}$，其中，U 是电压，单位为伏特(V)；W 是能量或所做的功，单位焦耳(J)；Q 是电荷。

3. 功率是单位时间内提供或吸收的能量。电阻吸收的功率是 $P=\frac{W}{t}=ui$。一个电阻的额定功率是指电阻能消耗的最大功率，而非正常工作功率。

元件在时间 t 内提供或吸收的能量为 $W=Pt=uit$。

4. 电阻元件遵循欧姆定律。短路时阻值为零(理想导线)，开路时阻值为无穷大。电阻两端的电压同流过它的电流成正比，$U=IR$。

5. 理想电压源输出电压是一定值或一定的时间函数，与流过的电流大小、方向无关。理想电流源输出电流也是一定值或一定的时间函数，与两端加的电压大小、极性无关。

6. 受控源输出的电压或电流受电路中某一处的电压或电流控制。有电压控制电压源(VCVS)、电压控制电流源(VCCS)、电流控制电压源(CCVS)、电流控制电流源(CCCS)。

7. 基尔霍夫定律包括基尔霍夫电流定律(KCL)和基尔霍夫电压定律(KVL)。基尔霍夫电流定律：任意时刻，流入任意一个节点的电流代数和恒等于零，即 $\sum I=0$，也适用于任意一个闭合面。基尔霍夫电压定律：任意瞬间，沿任意一个闭合回路绕行一周，所有电压降的代数和为零，即 $\sum U=0$，也可推广到任意一个开口电路。

自测题

一、填空题

1. 电路的基本结构包括__________、__________、__________等部分。

2. 通常所说负载的增加是指负载的__________增加。

3. 电源就是将其他形式的能量转换成__________的装置。

4. 如果电流的__________均不随时间变化,就称为直流。

5. 负载就是所有用电设备,即是把__________转换成其他形式能量的设备。

6. 电路就是__________流过的路径。

7. __________内通过某一导体横截面的电荷量,定义为电流强度(简称电流),用 I 来表示。

二、选择题

1. 在如图 1-65 所示电路中,当电阻 R_2 增加时,电流 I 将(　　)。

A. 增加　　B. 减小　　C. 不变

2. 在图 1-66 所示电路中,A、B 端电压 U_{AB} 为(　　)。

A. -2 V　　B. 2 V　　C. -3 V　　D. 3 V

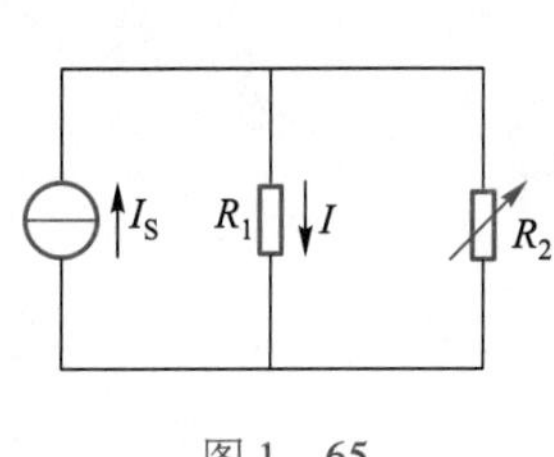

图 1-65

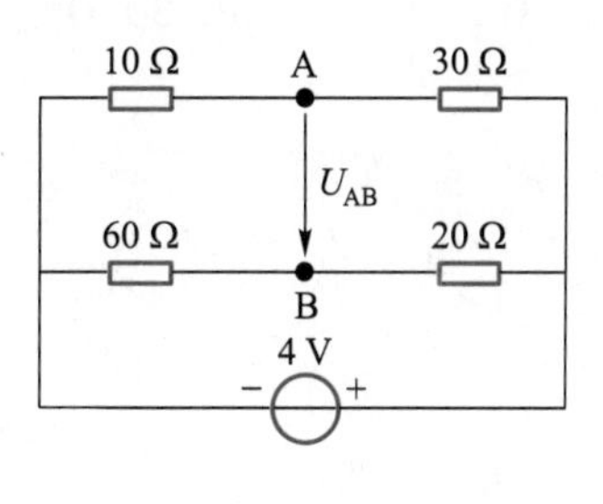

图 1-66

3. 在图 1-67 所示电路中, 电流源两端电压 U 为(　　)。

A. 15 V　　B. 10 V　　C. 20 V　　D. -15 V

4. 在图 1-68 所示电路中,R_1 增加时电压 U_2 将(　　)。

A. 不变　　B. 减小　　C. 增加

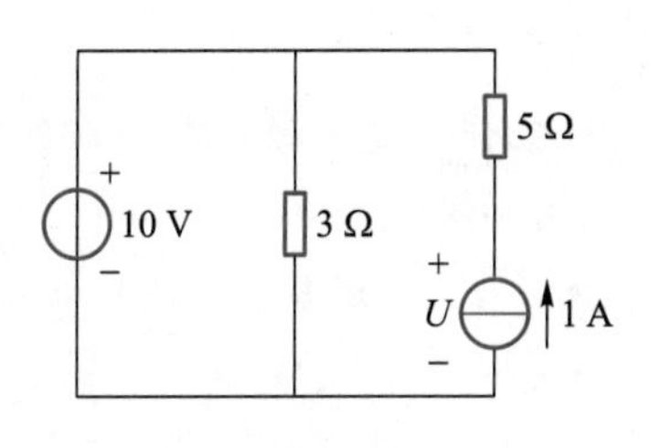

图 1-67

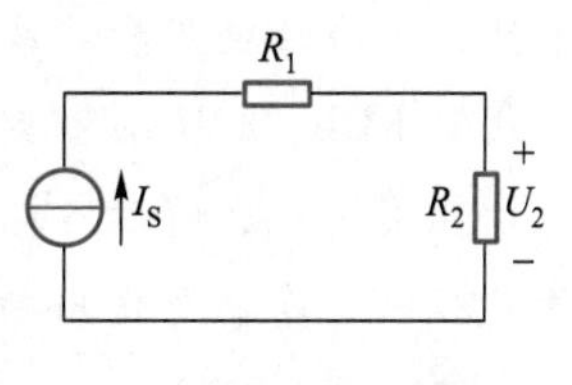

图 1-68

5. 通常电路中的耗能元件是指(　　)。

A. 电阻元件　　B. 电感元件　　C. 电容元件　　D. 电源元件

6. 用具有一定内阻的电压表测出实际电源的端电压为 6 V,则该电源的开路电压比 6 V(　　)。

A. 稍大　　B. 稍小　　C. 严格相等　　D. 不能确定

7. 在图 1-69 所示电路中,A、B 两点间的电压 U_{AB} 为(　　)。

A. -1 V　　B. 2 V　　C. -3 V　　D. 3 V

8. 在图 1-70 所示电路中,U_{ab} =0 V,电流源两端的电压 U_S 为(　　)。

A. 40 V　　B. -60 V　　C. 60 V　　D. -40 V

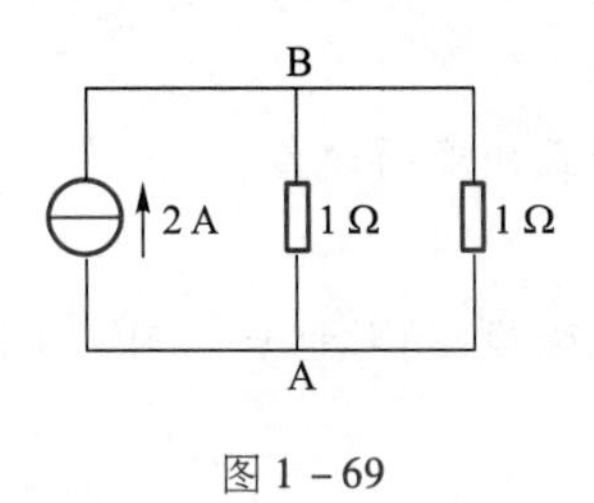

图 1－69

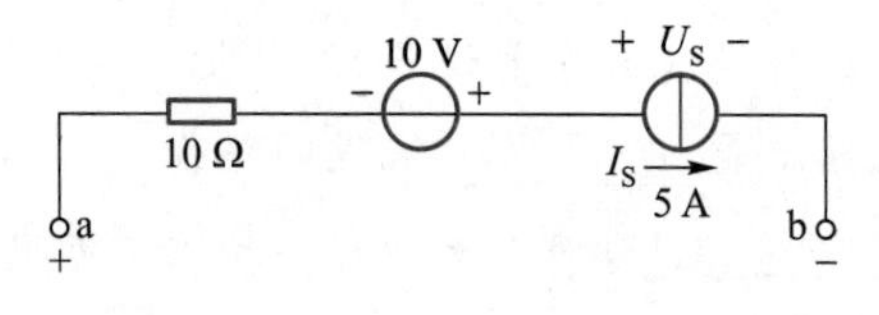

图 1－70

9. 通常所说负载减小，是指负载的(　　)减小。

A. 功率　　　　B. 电压　　　　C. 电阻

10. 在图 1－71 所示电路中，已知 $I_S=3$ A，$R_S=20$ Ω，要使电流 $I=2$ A，则 R 为(　　)。

A. 10 Ω　　　　B. 30 Ω　　　　C. 20 Ω　　　　D. 40 Ω

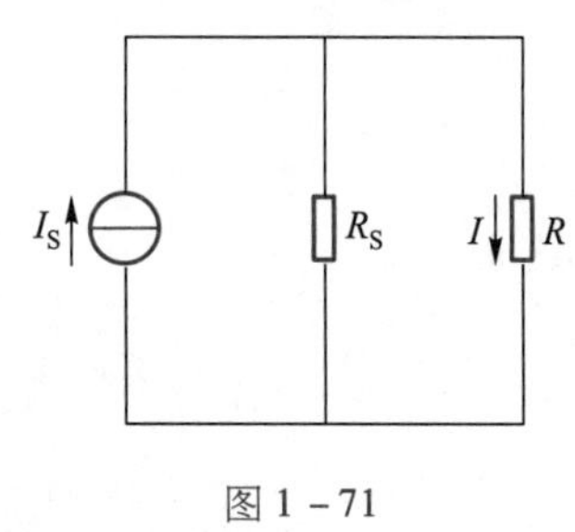

图 1－71

习题

1－1　什么是电源？什么是负载？

1－2　电流和电流的参考方向有什么实际意义？关联参考方向如何标注？

1－3　电路上的功率与电流、电压的参考方向有何关系？

1－4　什么是线性电阻和非线性电阻？什么是时变电阻？什么是线性电路和非线性电路？

1－5　列写 KCL、KVL 方程时，电压和电流的参考方向有何关系？

1－6　计算图 1－72 所示各电路中各元件端电压与支路电流，以及电路中两理想电源的功率，并说明电源是吸收功率还是发出功率。

1－7　电路如图 1－73 所示，其中 $i_S=2$ A，$u_S=10$ V。

(1) 求 2 A 电流源和 10 V 电压源的功率。

(2) 如果要求 2 A 电流源的功率为零，在 AB 线段内应插入何种元件？分析此时各元件的功率。

(3) 如果要求 10 V 电压源的功率为零，则应在 BC 间并联何种元件？分析此时各元件的功率。

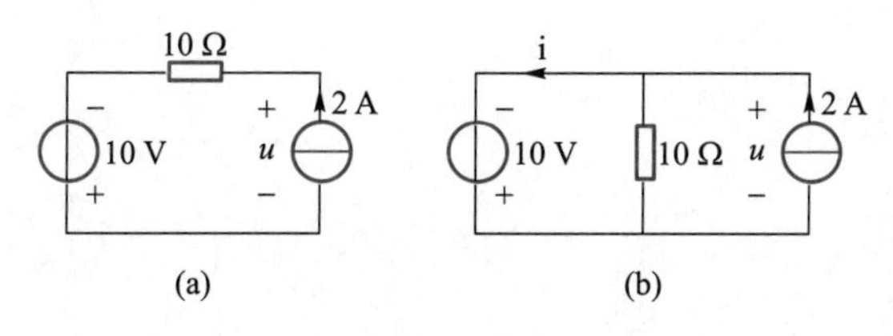

图 1－72

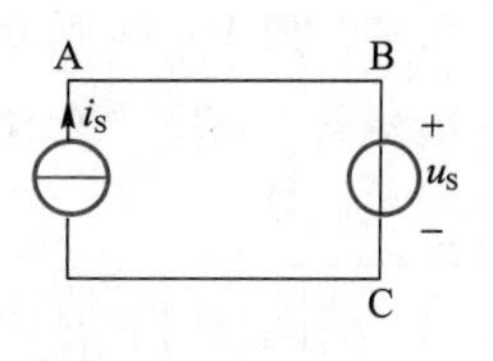

图 1－73

1－8　求图 1－74 中各电路的电压 U,并讨论其功率平衡。

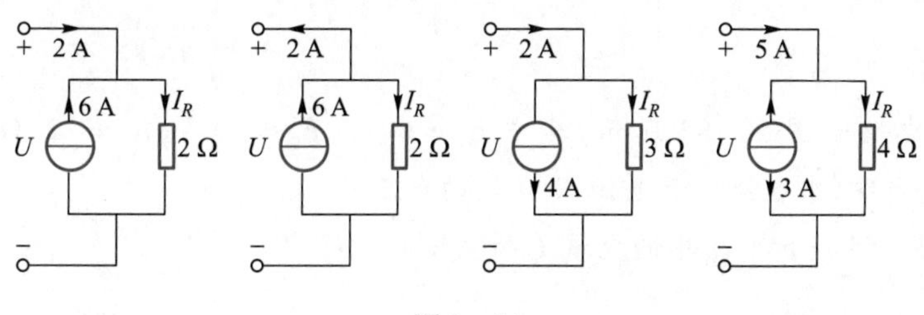

图 1－74

1－9　某电烙铁电压为 220 V,电流为 0.136 A,求此烙铁的电阻。

1－10　某热水器接到 220 V 电路上,它吸收的功率为 1 800 W,求此热水器的电阻。

1－11　求图 1－75 中 U_{ab}、U_{bc}、U_{ca}。

1－12　求图 1－76 中 U_{ab}、U_{ac}。

1－13　利用 KCL 和 KVL 求解图 1－77 所示电路中的电压 u。

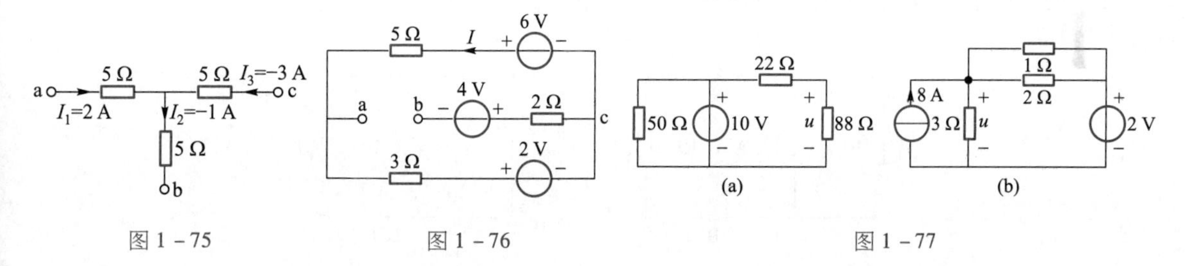

图 1－75　　图 1－76　　图 1－77

1－14　求图 1－78 所示电路中的 I、U。

1－15　求图 1－79 所示电路中的 I_X、U_X。

1－16　在图 1－80 所示电路中,求:

(1) 当开关 S 闭合时的 U_{AB}、U_{CD};

(2) 当开关 S 断开时的 U_{AB}、U_{CD}。

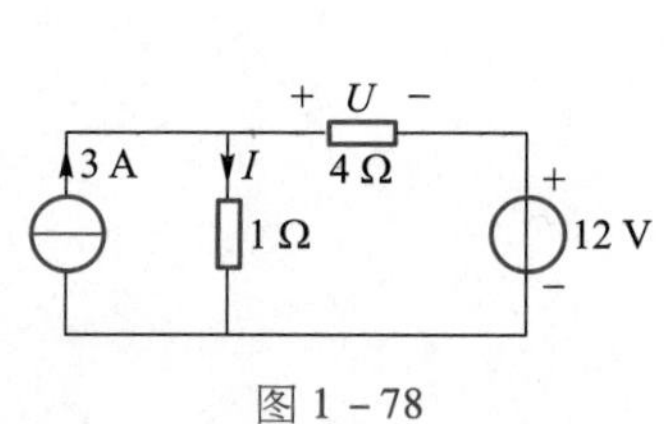

图 1－78

图 1－79

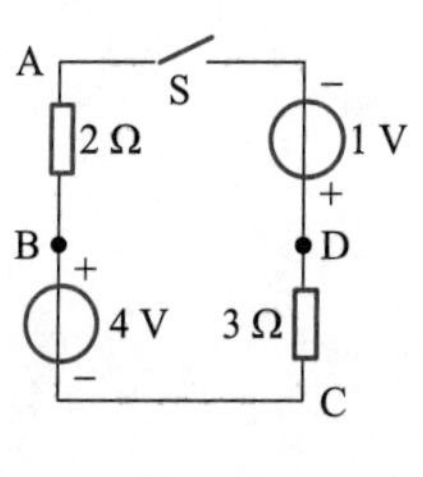

图 1－80

1－17 电路如图 1－81 所示，求电流 I_1、I_2。

1－18 已知图 1－82 中电流 $I=2$ A，求电压 U_{ab}。

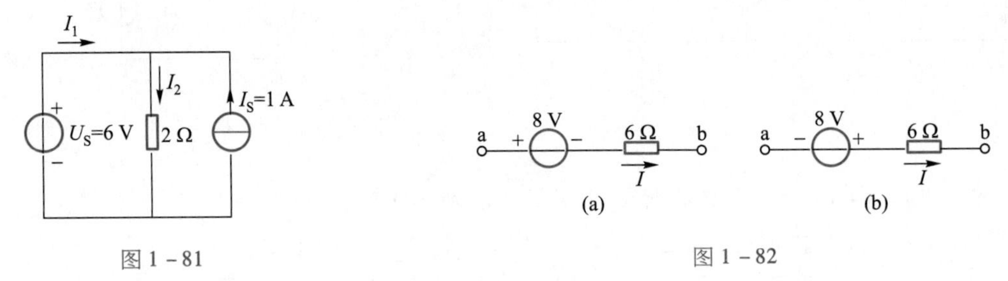

图 1－81

图 1－82

1－19 已知电路如图 1－83 所示，其中 $E_1=60$ V，$E_2=90$ V，$R_1=12$ Ω，$R_2=6$ Ω，$R_3=36$ Ω。用基尔霍夫定律，求电流 I_3和电阻 R_3两端的电压。

1－20 求图 1－84 所示电路中的电流 I_3和电压 U_2。

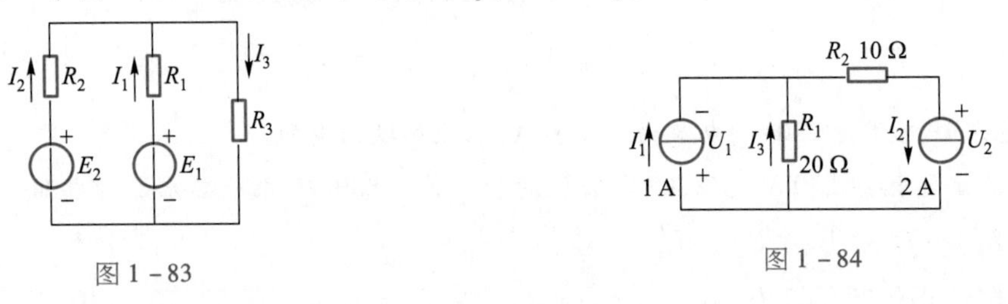

图 1－83

图 1－84

1－21 在图 1－85 所示的电路中，求各电阻上消耗的功率。

1－22 求图 1－85 所示电路中的电压 U、电流 I。

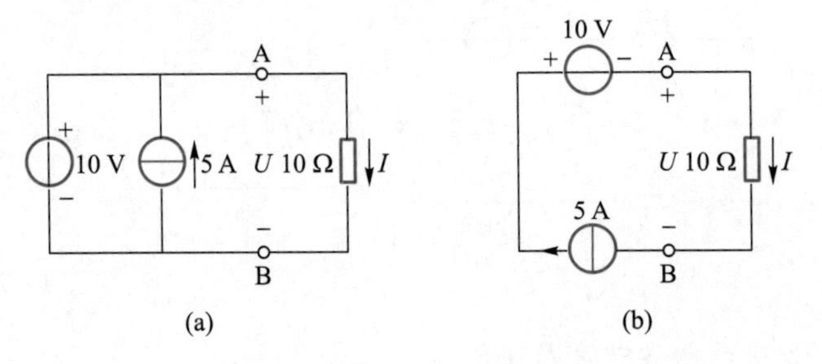

图 1－85

单元二 电阻电路的等效变换

通过本单元的学习，应掌握电路等效变换的概念，电路串联、并联和混联的分析计算，星形联结与三角形联结，实际电源模型的等效变换，二端网络的输入电阻与输出电阻的计算；熟练使用电阻法检查与排除故障。

本单元的重点为理解电路等效变换的概念，掌握电路串联、并联和混联的分析计算，实际电源模型的等效变换；难点为星形联结与三角形联结的等效变换，二端网络的输入电阻与输出电阻的计算。

2.1 等效电路

课件 2.1

在电路的分析计算过程中，有时电路过于复杂，可以利用等效电路来求解电路。这样就可以简化复杂电路的计算。

学习目标

知识技能目标：理解电路的等效概念，熟知等效仅对外部电路而言。

素质目标：通过掌握电路等效变换的思路，培养变通解决难题的思维。

为了便于对电路进行分析与计算，常常把电路中的某些部分简化。如图 2－1(a)所示电路，点画线框中几个电阻构成的电路可以用一个电阻 R_{eq} 代替，代替后的电路如图 2－1(b)所示。可见代替后整个电路得以简化，电阻 R_{eq} 称为等效电阻，其数值取决于被代替电路中各电阻的值及其连接关系。另一方面，点画线框中电路被代替后，点画线框之外电路的电压和电流仍维持原伏安关系，这就是电路的**等效概念**。

图 2－1 点画线框 B 中电路是点画线框 A 中电路的等效电路。当电路中某一部分用其等效电路代替后，未被代替部分的电压和电流均应保持不变。故用等效变换的方法求解电路时，电压和电流保持不变的部分仅限于等效电路以外，

这就是**对外等效**的概念，即等效仅对等效电路的外部电路而言。等效电路只能用来计算端口及端口外部电路的电压和电流。以图 2－1(a)所示的电路为例，若计算 a、b 两端电压 U 和等效电路以外的电流 I 时，可按图 2－1(b)求解电压 U 和电流 I，它们就等于图 2－1(a)中所要求的电压 U 和电流 I。若计算等效电路以内各电阻的电压和电流时，就必须回到原电路，根据已求得的 U 和 I 来求解。

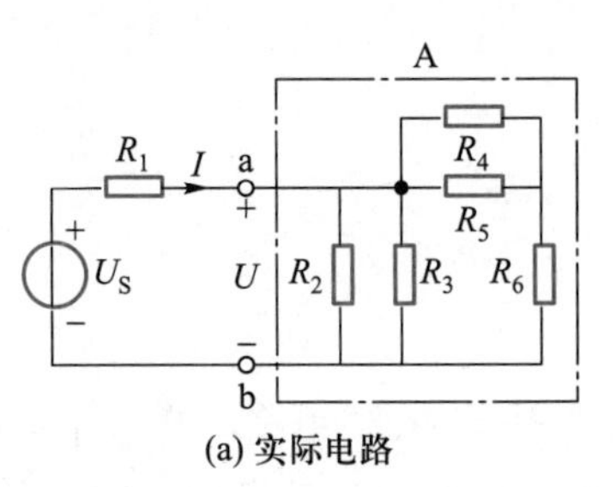

(a) 实际电路

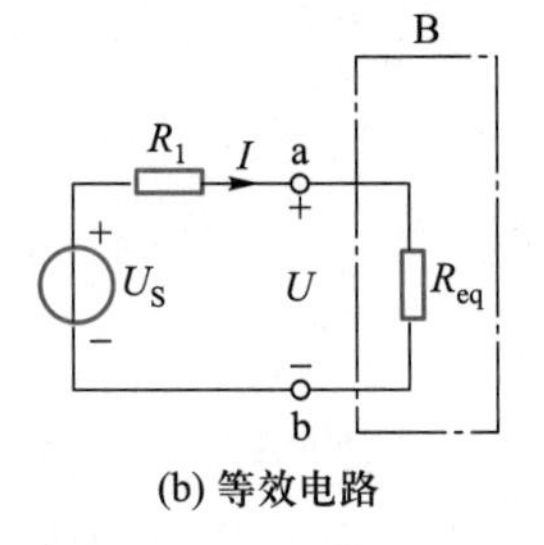

(b) 等效电路

图 2－1　电路等效变换

知识闯关

1. 电路的等效变换并不影响等效电路的外部电路分析。(　　)

2. 等效变换后可以对等效电路内的参数进行求解。(　　)

3. 两个二端电阻电路尽管内部连接不同，但当它们分别接上相同的外电路时，端口的电压和电流均相同，则这两个电路是等效的。(　　)

4. 等效电路和被代替的电路内部是等效的。(　　)

2.2　电阻的串联、并联和混联

本节介绍电阻的串、并联和混联，以及二端网络的概念，便于利用等效变换分析电路。

课件 2.2

学习目标

知识技能目标：理解二端网络的概念，掌握串联、并联、混联电路特性。

素质目标：通过分析串联、并联、混联时各电阻的电压、电流关系，理解完成工作任务时协调配合与形成合力的过程和必要性。

一个电路或网络引出两个端子与外部相连，这两个端子合称为一个端口。对于一个端口来说，从一个端子流入的电流必等于从另一个端子流出的电流。这种具有两个端子(或一个端口)的电路或网络称为二端网络或一端口网络。

图 2－2 所示为二端网络的一般符号，图中 U、I 分别称为端口电压、端口电流。

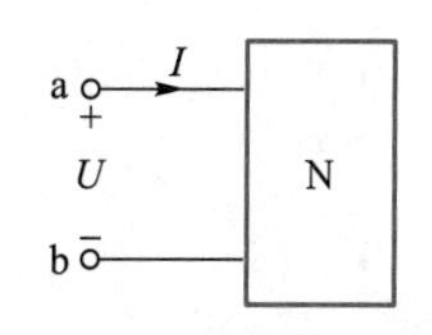

图 2－2　二端网络的一般符号

两个二端网络的端口电压和端口电流关系相同时，称这两个网络对外部为等效网络。二端网络内部含有独立电源时，称为有源二端网络；二端网络内部不含有独立电源时，称为无源二端网络。一个无源的电阻性二端网络，可以用一个电阻等效。这个电阻称为该网络的等效电阻或输入电阻，其电阻值等于该网络在关联参考方向下的端口电压与端口电流的比值。

2.2.1 电阻的串联

微课
电阻的串联

图 2－3(a)所示电路为 n 个电阻串联组成的二端网络，电阻串联时流过每个电阻的电流相同。设该二端网络的端口电压为 U，各电阻元件上流过的电流为 I，U、I 为关联参考方向。根据 KVL，可得

$$\begin{aligned} U &= U_1 + U_2 + \cdots + U_n = IR_1 + IR_2 + \cdots + IR_n \\ &= I(R_1 + R_2 + \cdots + R_n) = I\sum_{k=1}^{n} R_k = IR_{\mathrm{eq}} \end{aligned} \qquad (2-1)$$

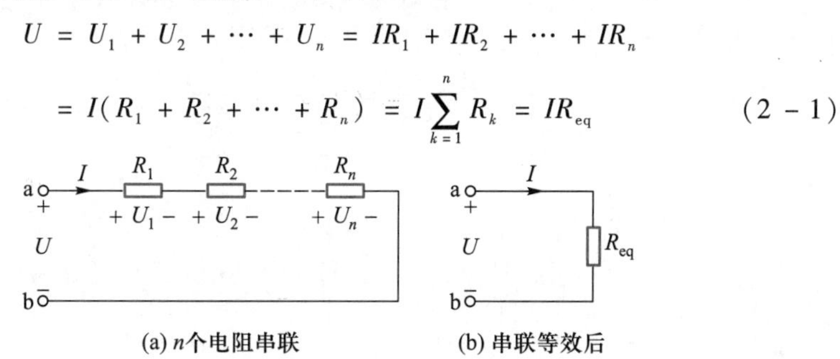

图 2－3　电阻的串联

式(2－1)中 R_{eq} 为串联电阻的等效电阻，有

$$R_{\mathrm{eq}} = \frac{U}{I} = R_1 + R_2 + \cdots + R_n = \sum_{k=1}^{n} R_k \qquad (2-2)$$

式(2－2)表明，串联电阻的等效电阻等于电路中各电阻的和。显然，等效电阻阻值必大于每一个电阻。电阻串联后的等效电路如图 2－3(b)所示。

在已知电压 U 的情况下，只需由式(2－2)求得等效电阻，即可求得电流 $I=\frac{U}{R_{\mathrm{eq}}}$。从而可求得各电阻电压为

$$U_k = IR_k = \frac{R_k}{R_{\mathrm{eq}}}U \quad (k=1,2,\cdots,n) \qquad (2-3)$$

可见，在串联电阻电路中，各电阻元件的电压与该电阻值成正比，与等效电阻值 R_{eq} 成反比。由式(2－3)还可知，外加电源电压是按各电阻值的大小成正比地分配的，这种分配关系称为分压，故式(2－3)称为分压公式。

2.2.2 电阻的并联

如图 2－4(a)所示为 n 个电阻的并联。设该二端网络的端口电压为 U，各电阻的电压同为电压 U，设各电阻上流过的电流分别为 I_1、I_2、…、I_n，U、I 为

关联参考方向。根据 KCL 可得总电流 I 为

$$I=I_1+I_2+\cdots+I_n=\frac{U}{R_1}+\frac{U}{R_2}+\cdots+\frac{U}{R_n}=\left(\frac{1}{R_1}+\frac{1}{R_2}+\cdots+\frac{1}{R_n}\right)U=\frac{U}{R_{\mathrm{eq}}} \tag{2-4}$$

从式(2-4)可得$\frac{1}{R_{\mathrm{eq}}}=\frac{1}{R_1}+\frac{1}{R_2}+\cdots+\frac{1}{R_n}$，也可写成电导的形式 $G_{\mathrm{eq}}=G_1+G_2+\cdots+G_n$。其中，$G_1,G_2,\cdots,G_n$为电阻 $R_1,R_2,\cdots,R_n$的电导；R_{eq}为这些并联电阻的等效电阻，不难看出，等效电阻小于任一并联的电阻值；G_{eq}为这些并联电阻的等效电导，其等效电路如图 2-4(b)所示。用电导可表示为

$$I=I_1+I_2+\cdots+I_n=G_1U+G_2U+\cdots+G_nU=U\sum_{k=1}^{n}G_k=UG_{\mathrm{eq}} \tag{2-5}$$

式(2-5)表明，并联电阻电路的等效电导等于电路中各电导之和，可得等效电阻为

$$R_{\mathrm{eq}}=\frac{1}{G_{\mathrm{eq}}}=\frac{1}{\sum\limits_{k=1}^{n}G_k}=\frac{1}{\sum\limits_{k=1}^{n}\frac{1}{R_k}} \tag{2-6}$$

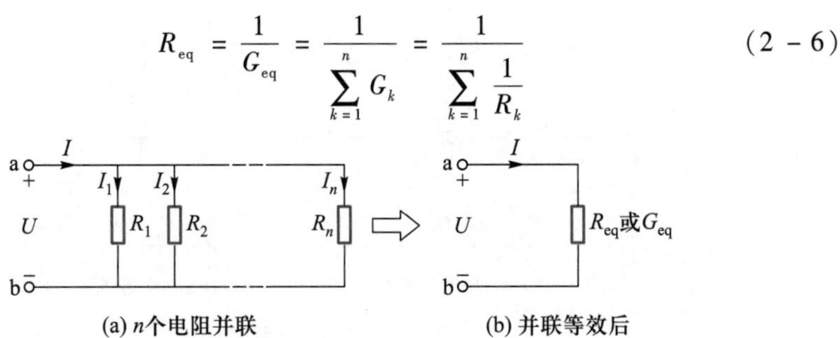

图 2-4 电阻的并联

也可求得流经各并联电阻的电流，分别为

$$I_k=G_kU=\frac{G_k}{G_{\mathrm{eq}}}I\quad(k=1,2,\cdots,n) \tag{2-7}$$

并联电路中各电阻的电流与它们各自的电导成正比，这种分配关系称为分流公式。

实际上出现较多的是两个电阻并联的情况，如图 2-5 所示。这时等效电阻 R_{eq}为

$$R_{\mathrm{eq}}=\frac{1}{G_{\mathrm{eq}}}=\frac{R_1R_2}{R_1+R_2} \tag{2-8}$$

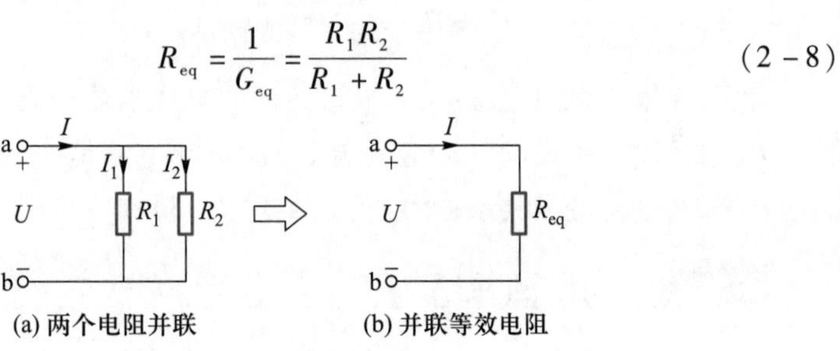

图 2-5 两个电阻的并联

两个电阻并联的分流公式为

$$I_1 = \frac{R_2}{R_1 + R_2} I \tag{2-9}$$

$$I_2 = \frac{R_1}{R_1 + R_2} I \tag{2-10}$$

2.2.3 电阻的混联

电路中既有串联又有并联的连接方式称为电阻的串并联或混联。对混联电路的分析只需反复运用上述串联和并联电路的等效电阻(或电导)、分压和分流的计算公式,求取电路的等效电阻(或电导)和各支路电压、电流。

【例 2-1】 如图 2-6 所示电路,求端口 ab 的等效电阻。

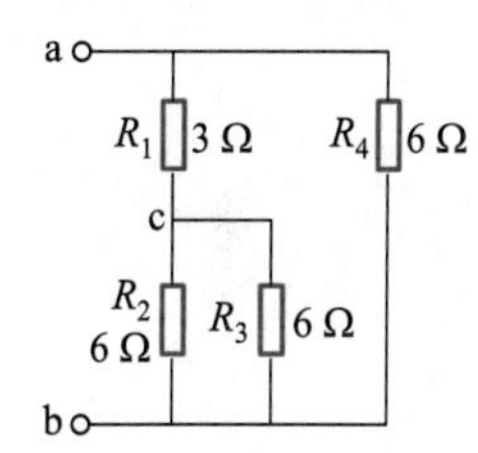

图 2-6 例 2-1 电路图

解: 可以看出 cb 之间为两个 6 Ω 电阻并联,因此可得等效电阻

$$R_{cb} = 6\ \Omega // 6\ \Omega = \frac{6 \times 6}{6+6}\ \Omega = 3\ \Omega$$

然后电路等效为两条支路,总电阻为

$$R_{ab} = (3+3)\ \Omega // 6\ \Omega = 3\ \Omega$$

知识闯关

1. 并联电阻的等效电阻总是小于并联电阻中的最小阻值。( )
2. 分压原理用于电阻并联电路分析。( )
3. 串联电路中所有电阻共有的电路变量是( )。

A. 功率　　B. 能量　　C. 电压　　D. 电流

4. 若电阻并联,它们具有相同的( )。

A. 功率　　B. 能量　　C. 电压　　D. 电流

2.3 电阻星形联结与三角形联结的等效变换

本节介绍电阻星形联结与三角形联结的等效变换,便于分析计算电路。

课件 2.3

学习目标

知识技能目标:学会利用电阻的等效变换来求解基本物理量。

素质目标:灵活应用星形联结与三角形联结等效变换,培养将复杂问题简单化的思维。

除了串联、并联之外,还有一种特殊的电路结构称为桥形结构,如图 2-7(a)所示。桥形结构电路中,电阻之间既不是串联也不是并联,故无法用串、并联变换规律来分析电路结构。若在此二端网络外加一电源,如图 2-7(b)所示,则该电路也称为惠斯通电桥。R_1、R_2、R_3、R_4所在支路称为桥臂,R_5支路为对角线支路。

不难证明,当 $R_1R_4 = R_2R_3$时,对角线支路中电流为零,称电桥处于平衡状态,这一条件称为**电桥的平衡条件**。当电桥平衡时,R_5可看作开路或短路,电路可按串、并联规律进行等效变换。但当电桥不满足平衡条件($R_1R_4 = R_2R_3$)时,就无法运用串、并联规律进行等效变换,而需进行电阻星形联结与三角形联结的等效变换。

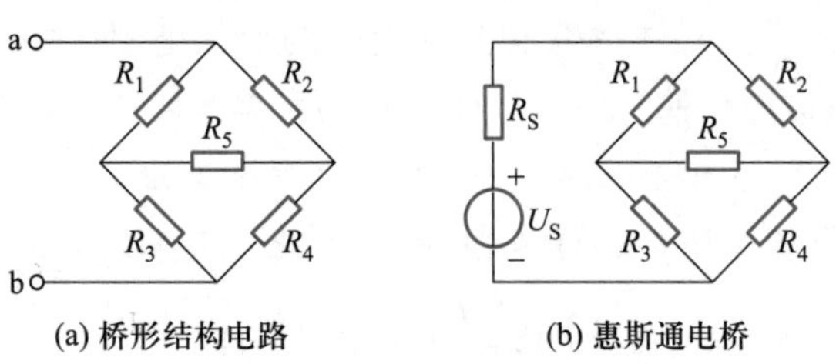

图 2-7 桥形结构与惠斯通电桥

2.3.1 星形联结与三角形联结

图 2-8(a)所示为星形联结,即三个电阻的一端连接在一个公共节点上,另一端分别接在三个不同的端子上,这种连接方式又称为 Y 联结。图 2-8(b)所示为三角形联结,即三个电阻分别首尾相连组成一个三角形,又称为△联结。图 2-7(a)中 R_1、R_3、R_5和 R_2、R_4、R_5构成 Y 联结,R_1、R_2、R_5和 R_3、R_4、R_5构成△联结。

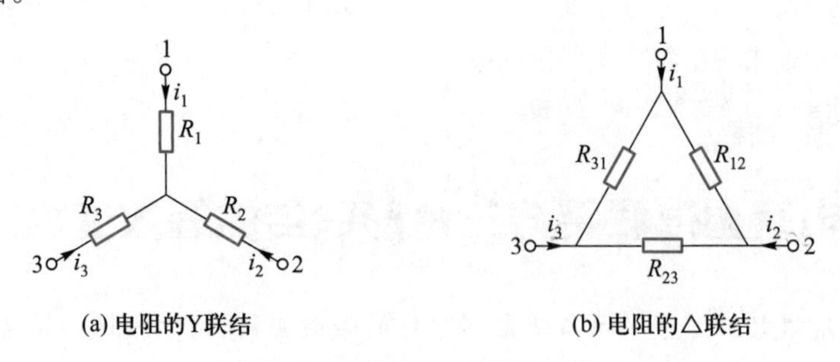

图 2-8 电阻的 Y 联结与△联结

星形联结与三角形联结

电路分析计算时,常将图 2-8 所示的两种电路进行彼此等效。根据对外等效的概念可知,等效变换的条件为:图 2-8 所示两种电路的对应端子之间具有相同的电压 u_{12}、u_{23}、u_{31},流入对应端子的电流 i_1、i_2、i_3也分别相等,即 Y-△等效变换条件。

2.3.2 星形联结变换为三角形联结

对于图 2-8(b)所示的△联结电路,各端子电流分别为

$$\begin{cases} i_1 = \dfrac{u_{12}}{R_{12}} - \dfrac{u_{31}}{R_{31}} \\ i_2 = \dfrac{u_{23}}{R_{23}} - \dfrac{u_{12}}{R_{12}} \\ i_3 = \dfrac{u_{31}}{R_{31}} - \dfrac{u_{23}}{R_{23}} \end{cases} \tag{2-11}$$

对于图 2-8(a)所示的 Y 联结电路，列写 KCL 和 KVL 方程为

$$\begin{cases} i_1 + i_2 + i_3 = 0 \\ u_{12} = i_1 R_1 - i_2 R_2 \\ u_{23} = i_2 R_2 - i_3 R_3 \\ u_{31} = i_3 R_3 - i_1 R_1 \end{cases} \tag{2-12}$$

联立式(2-12)中的方程，求出端子电流与电压的关系为

$$\begin{cases} i_1 = \dfrac{R_3}{R_1 R_2 + R_2 R_3 + R_3 R_1} u_{12} - \dfrac{R_2}{R_1 R_2 + R_2 R_3 + R_3 R_1} u_{31} \\ i_2 = \dfrac{R_1}{R_1 R_2 + R_2 R_3 + R_3 R_1} u_{23} - \dfrac{R_3}{R_1 R_2 + R_2 R_3 + R_3 R_1} u_{12} \\ i_3 = \dfrac{R_2}{R_1 R_2 + R_2 R_3 + R_3 R_1} u_{31} - \dfrac{R_1}{R_1 R_2 + R_2 R_3 + R_3 R_1} u_{23} \end{cases} \tag{2-13}$$

根据 Y-△等效变换的条件，不论 u_{12}、u_{23}、u_{31} 为何值，两个等效电路对应的端子电流均相等，从而将式(2-11)与式(2-13)比较，可得

$$\begin{cases} R_{12} = \dfrac{R_1 R_2 + R_2 R_3 + R_3 R_1}{R_3} \\ R_{23} = \dfrac{R_1 R_2 + R_2 R_3 + R_3 R_1}{R_1} \\ R_{31} = \dfrac{R_1 R_2 + R_2 R_3 + R_3 R_1}{R_2} \end{cases} \tag{2-14}$$

式(2-14)即为根据 Y 联结的电阻确定△联结电阻的运算关系式。$R_1 = R_2 = R_3 = R_Y$ 时为对称 Y 电路，有 $R_{12} = R_{23} = R_{31} = R_\triangle$，则

$$R_\triangle = 3R_Y \tag{2-15}$$

2.3.3 三角形联结变换为星形联结

将式(2-14)中的三个式子相加可得

$$R_{12} + R_{23} + R_{31} = (R_1 R_2 + R_2 R_3 + R_3 R_1)\left(\frac{1}{R_1} + \frac{1}{R_2} + \frac{1}{R_3}\right) = \frac{(R_1 R_2 + R_2 R_3 + R_3 R_1)^2}{R_1 R_2 R_3} \tag{2-16}$$

将式(2-14)中的三个式子两两相乘可得

$$\begin{cases} R_{12}R_{23} = \dfrac{(R_1R_2 + R_2R_3 + R_3R_1)^2}{R_3R_1} \\ R_{23}R_{31} = \dfrac{(R_1R_2 + R_2R_3 + R_3R_1)^2}{R_1R_2} \\ R_{31}R_{12} = \dfrac{(R_1R_2 + R_2R_3 + R_3R_1)^2}{R_2R_3} \end{cases} \tag{2-17}$$

联立式(2－16)和式(2－17)可得

$$\begin{cases} R_1 = \dfrac{R_{12}R_{31}}{R_{12} + R_{23} + R_{31}} \\ R_2 = \dfrac{R_{12}R_{23}}{R_{12} + R_{23} + R_{31}} \\ R_3 = \dfrac{R_{23}R_{31}}{R_{12} + R_{23} + R_{31}} \end{cases} \tag{2-18}$$

式(2－18)是根据△联结的电阻确定 Y 联结的电阻的运算关系式。同样,如果 $R_{12} = R_{23} = R_{31} = R_{\triangle}$ 时,则 $R_1 = R_2 = R_3 = R_{\mathrm{Y}}$,有

$$R_{\mathrm{Y}} = \frac{1}{3}R_{\triangle} \tag{2-19}$$

以下是式(2－14)和式(2－18)的记忆法。

Y→△:分子为电阻两两相乘再相加,分母为待求电阻对面的电阻,即

$$R_{mn} = \frac{\text{Y 电阻两两乘积之和}}{\text{不与 } mn \text{ 端相连的电阻}}$$

△→Y:分母为三个电阻的和,分子为三个待求电阻相邻两电阻之积,即

$$R_i = \frac{\text{接于 } i \text{ 端两电阻之乘积}}{\triangle\text{三电阻之和}}$$

【例 2－2】 求图 2－9(a)所示电路的等效电阻 R_{ab}。

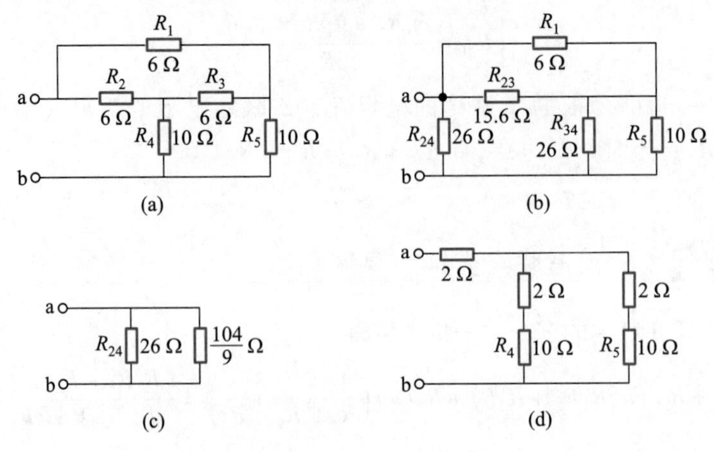

图 2－9　例 2－2 电路图

解:运用 Y－△等效变换,将图 2－9(a)电路化为电阻的串、并联电路。

变换的方式有多种，如把Y变为△。电阻R_2、R_3、R_4为Y联结，利用式(2－14)对其等效变换为图2－9(b)所示△联结的电路形式，R_1与R_{23}并联、R_{34}与R_5并联后串联的化简结果如图2－9(c)所示。从而求得$R_{ab}=8\ \Omega$。

也可以把△变为Y，电阻R_1、R_2、R_3三个电阻值相等，利用式(2－19)变换得到$R_Y=R_\triangle/3=2\ \Omega$，变换电路如图2－9(d)所示。从而利用电阻的串、并联求得$R_{ab}=8\ \Omega$。

另外，图2－9(a)所示电路为桥形联结，且满足电桥的平衡条件，即$R_1R_4=R_2R_5$。故电阻R_3可看作开路或短路来分析。把R_3看作开路，可求得等效电阻$R_{ab}=(6+10)\ \Omega//(6+10)\ \Omega=8\ \Omega$。

知识闯关

1. 惠斯通电桥是测量非常小的电阻值的有效方法。(　　)
2. 对称Y联结电路就是Y联结的电阻全部相等。(　　)
3. 对称Y联结电路一定不能变换为对称△联结电路。(　　)
4. (　　)不可以利用惠斯通电桥测量。

A. 电阻　　B. 电感　　C. 温度　　D. 功率

2.4 独立电源的串联与并联

本节介绍独立电源的串联和并联的等效替代，便于分析计算电路。

学习目标

知识技能目标：学会电压源和电流源的等效替代来对电路进行变换。

素质目标：掌握多个电压源和电流源的等效替代方法，理解局部与整体的关系，从整体入手分析问题。

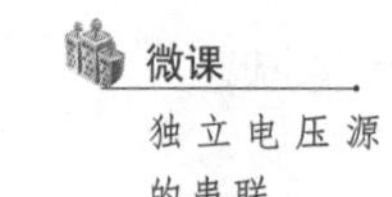

n个独立电压源的串联如图2－10(a)所示，可用一个独立电压源等效替代，如图2－10(b)所示，等效电压源的电压可表示为

$$u_S=u_{S1}+u_{S2}+\cdots+u_{Sn}=\sum_{k=1}^{n}u_{Sk}$$

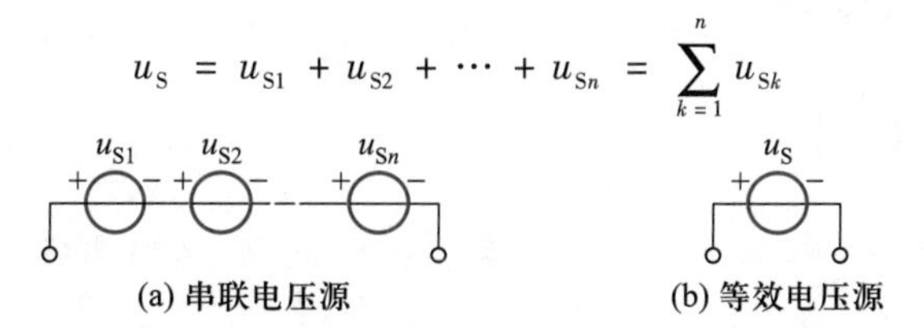

图2－10　电压源的串联

如果u_{Sk}的参考方向与u_S的参考方向一致，式中u_{Sk}的前面取“＋”号，不一

致时取“-”号。

只有电压相等且极性一致的电压源才允许并联，否则违背 KVL。其等效电路为其中任一电压源，但是这个并联组合向外部提供的电流在各个电压源之间如何分配则无法确定。

微课
独立电流源的并联

n 个独立电流源的并联如图 2-11(a) 所示，可用一个独立电流源等效替代，如图 2-11(b) 所示，等效电流源的电流可表示为

$$i_S = i_{S1} + i_{S2} + \cdots + i_{Sn} = \sum_{k=1}^{n} i_{Sk}$$

如果 i_{Sk} 的参考方向与 i_S 的参考方向一致时，式中 i_{Sk} 的前面取“+”号，不一致时取“-”号。

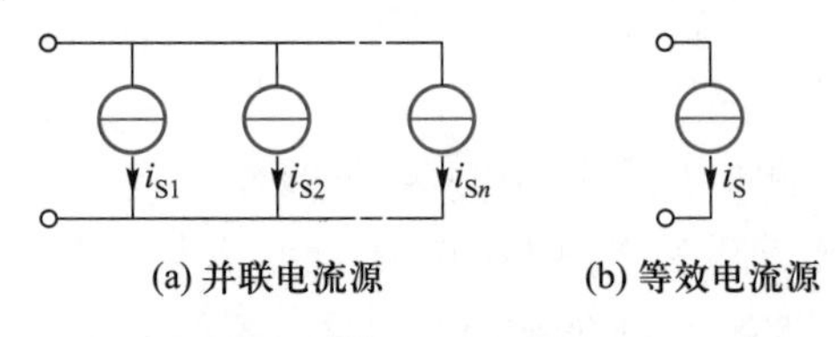

图 2-11 电流源的并联

只有电流相等且方向一致的电流源才允许串联，否则违背 KCL。其等效电路为其中任一电流源，但是这个串联组合的总电压如何在各个电流源之间分配则无法确定。

知识闯关

1. 独立电流源只能在电流方向一致并且电流源大小相等的情况下串联。(　　)

2. 某学习机上装有四节 1.5V 电池，其中一节方向装反，则总电压为(　　)。

A. 6 V　　B. 3 V　　C. 0 V　　D. 4.5 V

2.5 实际电源的模型及等效变换

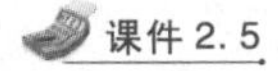

课件 2.5

前面介绍的电压源和电流源为理想状态下的电源，而实际的电源又是如何的？本节介绍实际电源。

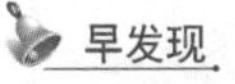

早发现

手机电池在满电量和低电量时的电压哪一个更高，为什么？

学习目标

知识技能目标：理解实际电压源和实际电流源，熟练掌握两者之间的等效变换。

素质目标：分析实际电源和理想电源的异同，培养结合实际情况处理问题的习惯。

2.5.1 实际电压源与实际电流源

理想电源实际上是不存在的，因为实际电源有内阻，在输出功率的同时，其电源内部会有功率损耗。实际电源可用一个理想电压源与内阻串联或理想电流源与内阻并联的电路模型来等效。例如，干电池可用一个理想电压源与内阻串联的电路模型来等效，称其为实际电源的电压源模型。光电池可用一个理想电流源与内阻并联的电路模型来等效，称其为实际电源的电流源模型。

1. 实际电源的电压源模型

干电池总是有内阻的，当每库仑的正电荷从负极转移到正极后，所获得的能量是化学反应所给予的定值能量与内阻损耗的能量的差额，因此电池的端电压低于定值电压电动势 U_S，因此端电压不能为定值，在这种情况下，就可以用一个电压源 U_S和内电阻 R_S串联的模型来表征实际电源。

图 2-12(a)所示为实际电源的电压源模型，即理想电压源 U_S和内电阻 R_S的串联。如图 2-12(b)所示电路，当电路中的电流 i 随外电路阻值 R 的变化而变化时，电源内电阻 R_S上也会产生随电流变化的电压，从而使实际电压源的端电压随外电路的变化而改变。ab 端电压与电流的关系式为

$$u = U_S - iR_S \tag{2-20}$$

可得电路的伏安特性曲线(实线)如图 2-12(c)所示。内阻 R_S越小，其端电压 u 越接近于 U_S，此时实际电压源越接近理想电压源。

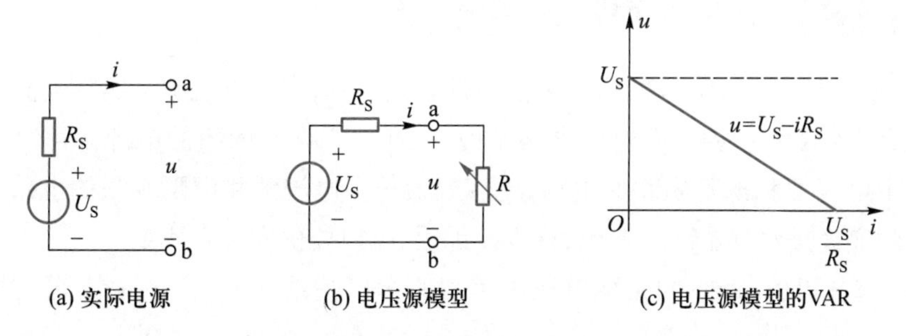

图 2-12 实际电压源模型及伏安特性曲线

2. 实际电源的电流源模型

光电池被光激发产生的电流并不能全部外流，其中的一部分将在光电池内部流动而不能输送出来。这种电流可以用理想电流源 I_S和内阻 R_S的并联的模型来表征，这个模型称为电流源模型。

图 2-13(a)所示为实际电源的电流源模型，即理想电流源 I_S和内阻 R_S的并联，ab 端电压与电流的关系式为

$$i = I_S - \frac{u}{R_S} \tag{2-21}$$

可得到伏安特性曲线如图 2-13(b)所示。内阻 R_S越大(电导越小)，内部

分流作用越小，输出电流 i 越接近 I_S，即实际电流源越接近理想电流源。

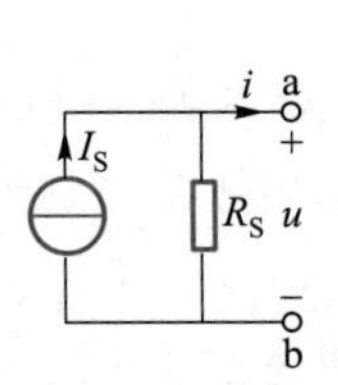

(a) 与外电阻相接的实际电流源

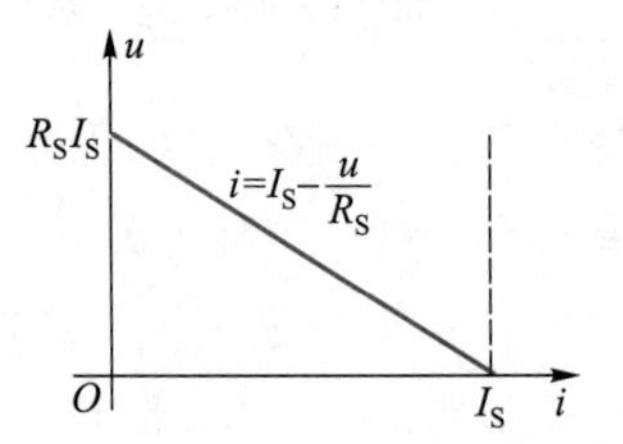

(b) 电流源模型的伏安特性曲线

图 2－13　实际电流源模型及伏安特性曲线

当电流 $i=0$ 时，端口 ab 处的电压为开路电压 $U_{OC}=I_SR_S$。当电压 $u=0$ 时，端口 ab 短路后的短路电流 $I_{SC}=I_S$。

显然，如干电池这类电源可以用电压源模型来近似表征；如光电池这类电源可以用电流源模型来近似表征。这两种模型可以从研究电源内部的物理过程获得。

但是，并不是说干电池只能用电压源模型等效，光电池也只能用电流源模型等效。在电路分析中，根据等效电路的概念，两种模型可以等效互换，是对电源外电路而言的。

因此，对外电路来说，任何一个有内阻的电源都可以用电压源模型或电流源模型来表示。

2.5.2 两种电源模型的等效变换

对于同一个实际电源来说，依照对外等效原则，实际电压源与实际电流源之间具有等效变换关系。即对外电路来说，任何一个含有内阻的电源都可以等效成一个电压源和电阻串联的电路，或等效为一个电流源和电阻并联的电路。这种等效变换是对外电路的等效，则变换前后，端口处伏安关系不变。

图 2－12(a)所示的实际电压源模型的端口关系式 $u=U_S-iR_S$，可变换为 $i=\frac{U_S}{R_S}-\frac{u}{R_S}$。与图 2－13(a)所示的实际电流源模型的端口关系式，即式(2－21)比较，得到两种电源模型等效的条件为

$$I_S=\frac{U_S}{R_S} \tag{2-22}$$

由式(2－22)可知，图 2－14(a)所示的实际电压源模型，其等效实际电流源模型如图 2－14(b)所示。其中，$I_S=\frac{U_S}{R_S}$，R_S不变。图 2－15(a)所示的实际电流源模型，其等效实际电压源模型如图 2－15(b)所示。其中，$U_S=I_SR_S$，R_S不变。

如果电源的内部损耗可以忽略不计,即没有内电阻,便构成理想电压源或理想电流源。这时,这两类电源之间无法等效变换,即理想电压源与理想电流源是各自完全独立的,它们相互之间不能等效变换。

需要注意的是,实际电压源与实际电流源变换前后,电压源的参考极性和电流源的参考方向之间的关系,即电流源 I_S 的方向应保持从电压源 U_S 的“+”极流出。

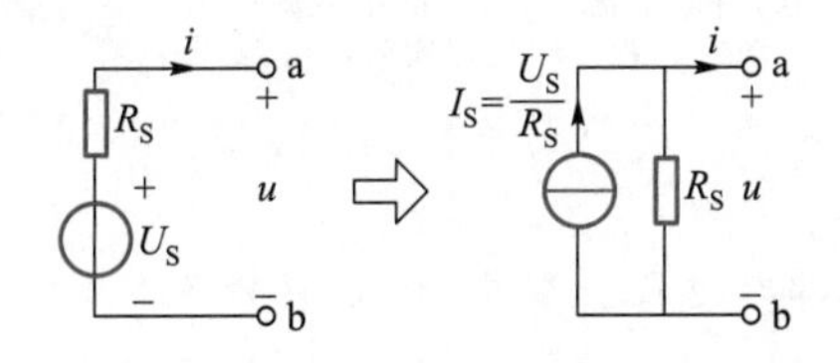

(a) 实际电压源模型　(b) 等效的实际电流源模型

图 2-14　实际电压源等效为实际电流源

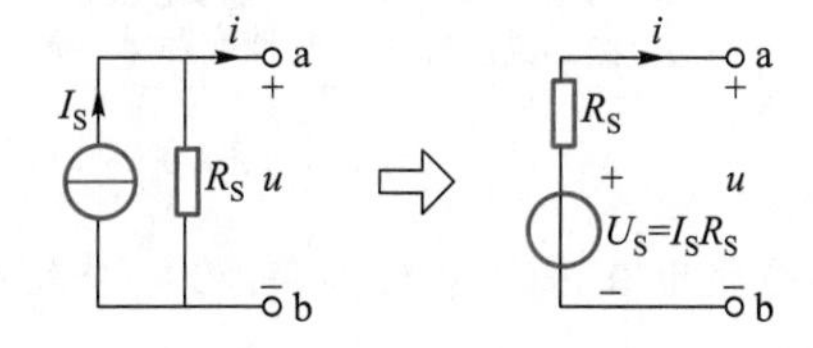

(a) 实际电流源模型　(b) 等效的实际电压源模型

图 2-15　实际电流源等效为实际电压源

【例 2-3】 求图 2-16(a)所示电路的等效电流源模型。

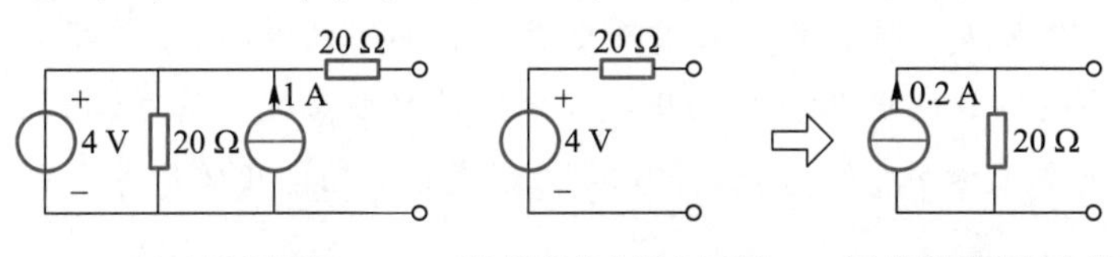

(a) 电路原理图　(b) 等效的实际电压源　(c) 等效的实际电流源

图 2-16　例 2-3 图

解: 因为理想电压源和任意二端元件并联都等效为一个理想电压源,因此可将图 2-16(a)等效为图 2-16(b)所示电路。再根据实际电压源与实际电流源的等效变换,可将图 2-16(b)等效为图 2-16(c)所示电路。注意电流源方向的标注。其中,$I_S=U_S/R_S=4/20\ \text{A}=0.2\ \text{A}$,$R_S$ 不变。

【例 2-4】 求图 2-17 所示电路的等效电压源模型。

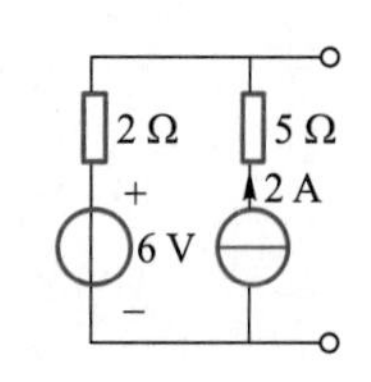

图 2-17　例 2-4 图

解: 因为理想电流源和任意二端元件串联都等效为一个理想电流源,则图 2-17 中 2 A 理想电流源串联 5 Ω 电阻可等效为 2 A 理想电流源,如图 2-18(a)所示。

应用实际电压源与实际电流源的变换进行进一步化简。将图 2-18(a)中 6 V 理想电压源与 2 Ω 电阻串联的实际电压源化简为实际电流源,即 $I_S=U_S/R_S=6/2\ \text{A}=3\ \text{A}$,$R_S$ 不变,电流方向从电压源“+”极流出,等效电路如图 2-18(b)所示。

图 2-18(b)中 3 A 理想电流源与 2 A 理想电流源并联,可用一个电流源代替,即 $I_S=3\ \text{A}+2\ \text{A}=5\ \text{A}$,等效电路如图 2-18(c)所示。

再应用实际电压源与实际电流源的变换关系进一步化简。即 5 A 理想电流源与 2 Ω 电阻并联的实际电流源,变换为一个理想电压源与一个电阻串联的实际电压源，即 $U_S = I_S R_S = 5\ \text{A} \times 2\ \Omega = 10\ \text{V}$，$R_S$不变，电压源“+”极为电流流出方向，等效电路如图 2－18(d)所示。

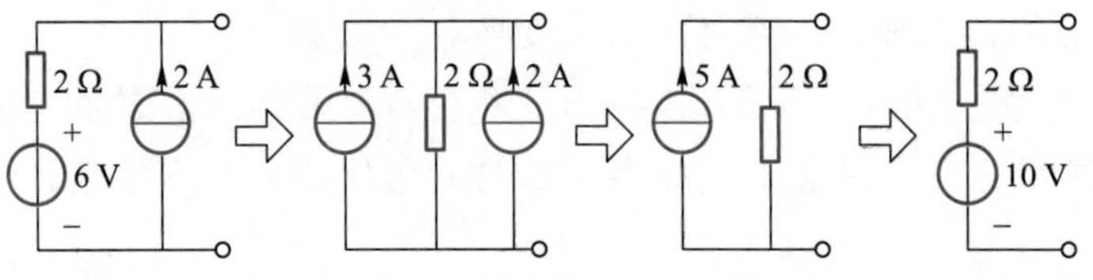

(a) 2 A理想电流源与5 Ω电阻串联的等效　(b) 实际电压源等效成实际电流源　(c) 并联电流源的等效　(d) 实际电流源等效成实际电压源

图 2－18　例 2－4 等效变换

受控电压源与电阻串联电路，受控电流源与电阻并联电路，也可以变换。此时只需把受控电源当作独立电源处理，但需要注意在变换过程中控制量所在支路不消掉。

图 2－19(a)中，点画线框 A 含有电压控制电流源和电阻的并联组合，可以变换为电压控制电压源和电阻的串联组合，如图 2－19(b)中点画线框 B 所示。图 2－20(a)中点画线框 A 为电流控制电流源和电阻的并联，可变换为图 2－20(b)所示点画线框 B 的电压控制电压源和电阻的串联。控制量电流 i_1 通过 VCR 可变换为电压控制量 u_1，且 $u_1 = 2i_1$。但要注意变换后的电压的参考方向。

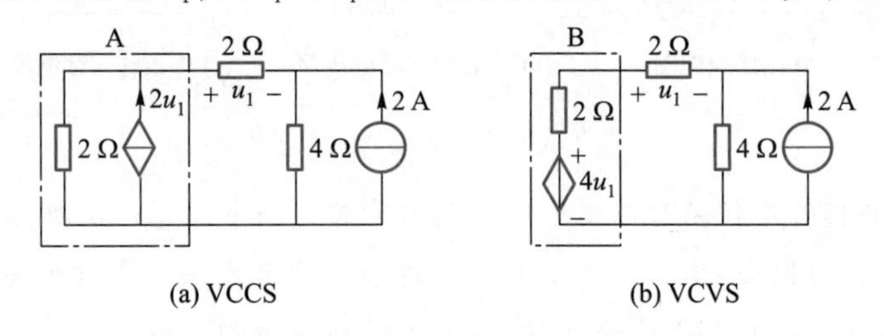

(a) VCCS　(b) VCVS

图 2－19　VCCS 变换为 VCVS

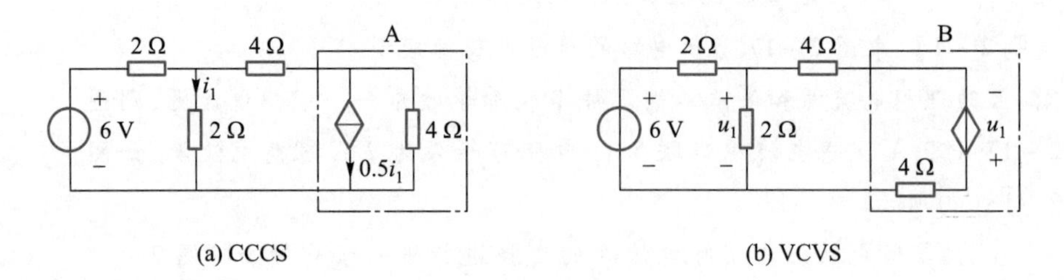

(a) CCCS　(b) VCVS

图 2－20　CCCS 变换为 VCVS

知识闯关

1. 理想电压源和理想电流源之间可以相互等效。(　　)
2. 实际电压源和实际电流源之间不能相互等效。(　　)
3. 理想电源实际上也是存在的。(　　)

4. 实际电源的等效互换是对外电路而言的，对电源内部并不等效。（　　）

5. 一个电压为 12 V、内阻为 50 Ω 的实际电源，与一个 910 Ω 的负载并联，能用一个 12 V 的理想电压源近似等效。（　　）

2.6 输入电阻

课件 2.6

在电子电路上施加某种输入，几乎都可以产生某种响应的输出。对于电子电路的输入端可以求解出其输入电阻。

微课
输入电阻

学习目标

知识技能目标：理解输入电阻的定义，掌握输入电阻的求解方法。

素质目标：利用基本概念和规律求解输入电阻，培养将复杂问题简单化的思维。

一般来说，不含独立源的二端网络可以用一个电阻来等效。如果这个二端网络的端子是某个功能电路的输入端，则该电阻称为输入电阻。

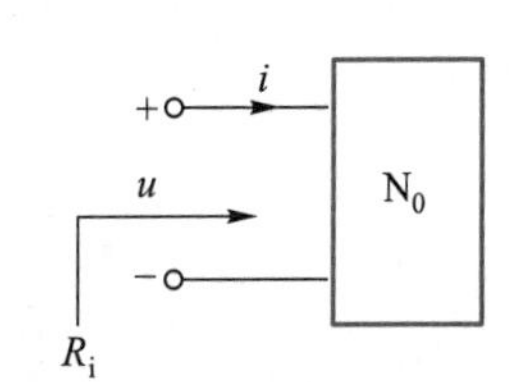

图 2－21　二端网络的输入电阻

如果一个二端网络内部仅含电阻，则应用电阻的串、并联和 Y－△等效变换等方法，可求得它的等效电阻。如果一个二端网络内部除电阻外，还有受控源，但无独立电源，其端口电压与端口电流成正比，如图 2－21 所示。对于此无源二端网络 N_0，设端口电压 u 和端口电流 i 取关联参考方向，定义此二端网络的输入电阻为

$$R_i = \frac{u}{i} \tag{2-23}$$

求端口输入电阻的一般方法称为电压法、电流法。具体为：外加电压求出相应电流，或外加电流求出相应电压，然后用电压比电流求得结果。

【例 2－5】 求图 2－22 所示二端网络的输入电阻，元件参数如图中所示。

图 2－22　例 2－5 电路

解：设端口的电压为 U，流过的电流为 I，其参考方向如图 2－22 所示。

根据节点 a，列出 KCL 方程

$$I + 0.05U_1 = I_1 \qquad ①$$

根据 10 Ω 电阻的欧姆定律，可得

$$U = U_1 = 10I_1 \qquad ②$$

将①代入②，得

$$U = 10I_1 = 10I + 0.5U_1 = 10I + 0.5U$$

化简，得 $$0.5U = 10I$$

可见，端口的输入电阻为

$$R_i = U/I = 10/0.5\ \Omega = 20\ \Omega$$

【例2-6】 求图2-23(a)所示二端电路的输入电阻。

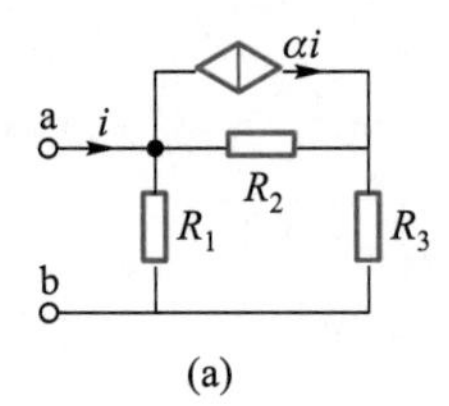

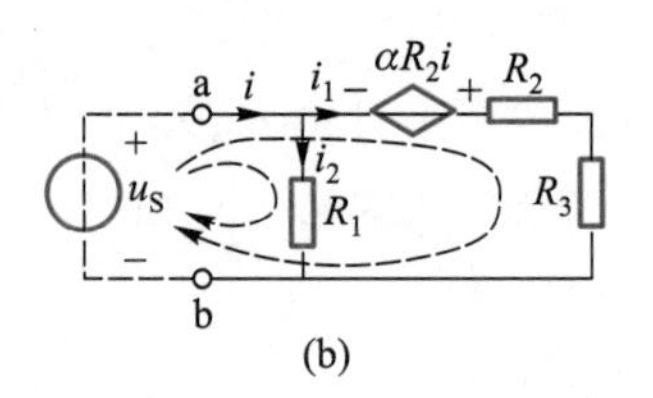

图2-23 例2-6图

解：在端口ab处加电压 u_S，求出电流 i，再根据式(2-23)求输入电阻。

将受控电流源 αi 和电阻 R_2 的并联等效为受控电压源 $\alpha R_2 i$ 和电阻 R_2 串联，如图2-23(b)所示。分别对图2-23(b)所示虚线的回路列KVL方程，有

$$u_S = -\alpha R_2 i + (R_2 + R_3)i_1 \quad ①$$

$$u_S = R_1 i_2 \quad ②$$

再由KCL，有 $i = i_1 + i_2$，将式②中的 i_2 代入，得 $i_1 = i - i_2 = i - u_S/R_1$。

将 i_1 的表达式代入①，得 $u_S = -\alpha R_2 i + (R_2 + R_3)(i - u_S/R_1)$。

化简后得

$$u_S = \frac{(-\alpha R_1 R_2 + R_1 R_2 + R_1 R_3)i}{R_1 + R_2 + R_3}$$

则输入电阻为 $$R_i = \frac{u_S}{i} = \frac{-\alpha R_1 R_2 + R_1 R_2 + R_1 R_3}{R_1 + R_2 + R_3}$$

知识闯关

1. 图2-24所示ab端的输入电阻为(　　)。

A. 8 Ω　　B. 2.8 Ω　　C. 2 Ω　　D. 1 Ω

2. 图2-25所示ab端的输入电阻为(　　)。

A. ∞　　B. $R_1 + R_2$　　C. $R_1 - \mu R_1 + R_2$　　D. $R_1 + \mu R_1 + R_2$

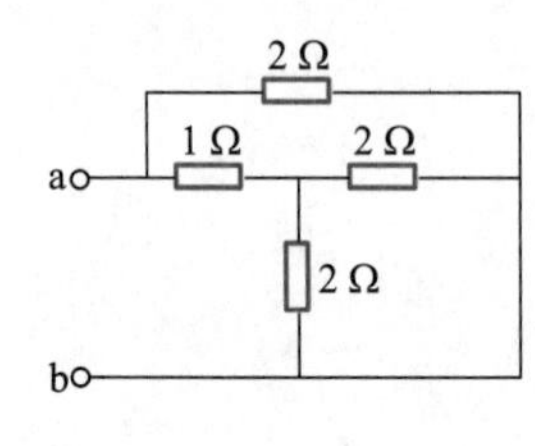

图2-24

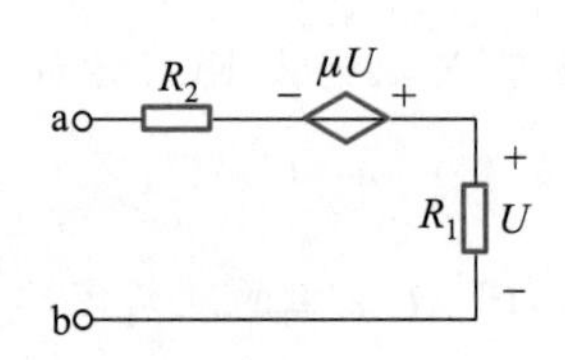

图2-25

拓展阅读

中国半导体物理学科和表面物理学科开创者谢希德

技能知识十一　故障检查与排除(三)

电阻检查法是用万用表的欧姆挡检查线路的通断,测量电阻值的大小及检查元器件的质量等,来判断故障产生原因的一种方法。

一个正常工作的电路在未通电的情况下,某些电路为短路,某些电路为开路,有的则为一个确切的电阻值。如果电路的这些状态发生了变化,比如该开路的电路变成通路,该通路的变为了开路,阻值的大小也会发生变化,则说明电路出了故障,已不再正常。电阻值检查法就是要查出这些变化,并根据这些变化查出故障发生的部位及原因。

1. 电阻的检查方法

(1) 印制电路板铜箔线的检查

印制电路板的铜箔线,由于焊接或其他原因,时常会出现脱落或断裂故障,这些故障有时很难用肉眼发现,此时便可借助电阻检查法进行排查。

可采用分段测量。当发现某一段铜箔线路有开路时,可在断裂处用刀片划开绝缘层,然后用电烙铁焊牢。若发现焊盘处出现脱落,应使元器件引脚弯曲,用电烙铁焊牢引脚至铜箔线。在大型印制电路板上,铜箔线路又细又长,凭肉眼观察极不易确定线路走向。这时可用电阻检查法确定,电阻值为零的为同一根铜箔线路,否则不是同一根铜箔线路。

(2) 测量电路的短路与断路

采用电阻法检查和判断线路的通与断、插件的好坏、开关的质量是十分有效的,判断结果十分明确。测量时,指针式万用表的挡位选用 R×1Ω 挡(数字万用表使用小欧姆量程),可以测量出电路中是否有短路现象或开路现象。若电路有短路现象时,测得的阻值一般很小或为零,若电路有开路现象时,测得的阻值一般很大。

除此之外,还可对电子元器件质量进行检查,在学习相关元器件时再进行介绍。

早发现

在不通电的情况下,排除故障使用电压法还是电阻法?

2. 运用电阻检查法的注意事项

① 严禁在通电情况下使用电阻检查法。

② 在对线路作通路检查时,应将万用表置于 Ω 挡,这样可得到非常准确的结果。

③ 在检查接触不良故障时,应将接触点用夹子夹住或用导线焊牢后摆动导线或元器件,以增大判断的可靠性。

3. 电阻检查步骤

① 首先将电路板断电。

② 将指针式万用表调节到 R×1 Ω 挡(数字万用表使用小欧姆量程)。

③ 在电路板上直接测量需要判断的线路。

这里把测量的特殊情况归为三类：

① 在判断线路是否接通时，在线路两端测一次阻值即可，阻值为零，表示线路导通，否则线路故障。

② 在测量具体阻值时，在测量一次阻值后，应将红、黑表笔互换一次后再测量阻值，以测量阻值大的一次为准，以防有外电路的 PN 结并联，造成测量误差。

③ 在测量具体阻值时，测得阻值为零，此时应断开测量引脚的一端，以防因电感的并联而造成测量阻值为零。

小结

1. 在对电路进行分析与计算时，为了简化电路的计算，常常把电路中的某些部分简化，用一个简单的电路来代替。代替后的电路仍维持原伏安关系。代替电阻称为等效电阻，其数值取决于被代替电路中各电阻的值及其连接关系。被代替电路之外的电压和电流仍维持原电路伏安关系，这就是电路的“等效概念”。用等效电路的方法求解电路时，电压和电流保持不变的部分仅限于等效电路以外，这就是“对外等效”的概念。

2. 一个电路只有两个端子与外部相连时，这两个端子流过的电流相等，这两个端子合称为端口。把电路作为一个整体看待，则称为二端网络或一端口网络。两个二端网络的端口电压和端口电流关系相同时，称这两个网络对外部为等效网络。二端网络内部含有独立电源时，称为有源二端网络；二端网络内部不含有独立电源时，称为无源二端网络。一个无源的电阻性二端网络，可以用一个电阻元件等效。电阻元件两两首尾相连，构成一串的连接方式称为电阻的串联。串联电阻电路的等效电阻等于电路中各电阻的和，各电阻元件分压，但流过的电流相等。若干个电阻元件的首尾两端分别连接在两个节点上的连接方式称为电阻元件的并联。并联电阻电路的等效电导等于电路中各电导之和。各电阻元件分流，但电压相等。电路中既有串联又有并联的连接方式称为电阻的串并联或混联。

3. 三个电阻的一端连接在一个公共节点上，另一端分别接在三个不同的端子上，这种连接方式称为星形(Y)联结。三个电阻分别首尾相连，成一个三角形，称为三角形(△)联结。对存在 Y 联结或△联结的电路，一般不能直接用串并联的方法来等效化简，常先将 Y 联结部分等效化简为△联结，或将△联结等效化简为 Y 联结，然后再用串并联的方法来等效化简电路。

4. 当实际电源中的电流随外电路阻值的变化而变化时，电源内电阻 R_S 上也会产生随电流变化的电压，端电压 $U=U_S-IR_S$。当电压源的内电阻 R_S 越小时，其端电压 U 越接近于 U_S，即实际电压源越接近理想电压源。实际电源作为实际电流源，可用一个电流源 I_S 和内电阻 R_S 并联电路来等效，实际输出电流 $I=I_S-U/R_S$，当电流源的内阻越大时，输出电流 I 越接近 I_S，即实际电流源越接近于理想电流源。实际电压源与实际电流源可实现等效变换，但需要注意，实际电压源与实际电流源变换前后电压源的参考极性和电流源的参考方向之间的关系，即电流源的方向应保持从电压源的“+”极流出。

5. 当两个电路前后相连时,前一级电路作为信号的输出电路,电路包含输出电阻;后一级电路作为信号的输入电路,含有输入电阻。仅含受控电源和电阻的二端电路可以等效为一个电阻,而含独立电源、受控电源和电阻的二端电路可以等效为实际电流源或实际电压源。

6. 电阻检查法是使用万用表的欧姆挡检查线路的通断、测量电阻值的大小及检查元器件的质量等,来判断故障产生原因的一种方法。测量时,指针式万用表的挡位选用 R×1 Ω 挡,可测量电路中是否有短路或开路现象。若电路有短路现象,测得的阻值一般很小或为零,若电路有开路现象,测得的阻值一般很大。需要注意的是,严禁在通电情况下使用电阻检查法。

自测题

一、判断题

1. 若串联电路中的电流为零,则有一个或多个元件开路。(　　)

2. 在串联电路中,可以改变电阻的位置,而不影响电流或总电阻。(　　)

3. 并联电阻的等效电阻总是小于并联电路中的最小阻值。(　　)

4. 电流分压原理用于电阻并联电路分析。(　　)

5. 电压值不同的电压源可以并联使用。(　　)

二、选择题

1. 已知串联电路由一个 10 V 电池和两个电阻(12 Ω、8 Ω)组成,则电路中的电流为(　　)。

A. 1.25 A　　B. 0.5 A　　C. 2 A　　D. 200 A

2. 并联电路中有一个电阻短路,则总电阻(　　)。

A. 增加一倍　　B. 增加　　C. 下降　　D. 为零

3. 两电阻 40 Ω 和 60 Ω 并联,接到 10 mA 电流源上,则 40 Ω 电阻的电流是(　　)。

A. 10 mA　　B. 6 mA　　C. 4 mA　　D. 0

习题

2-1　求图 2-26 所示各电路中 ab 端口间的等效电阻 R_{ab}。

2-2　求图 2-27 所示电路中开关 S 打开和闭合时的 ab 端等效电阻。

2-3　求图 2-28 所示电路中端口 ab 的等效电阻以及端口 cd 的等效电阻。

2-4　求图 2-29 所示两个电路中端口 ab 的等效电阻。

2-5　求图 2-30 所示电路中的电压 U。

2-6　求图 2-31 所示桥形电路的等效电阻 R_{ab}。

2-7　求图 2-32 所示各电路中未知的电压。

2-8　求图 2-33 所示各电路的等效电压源模型和电流源模型。

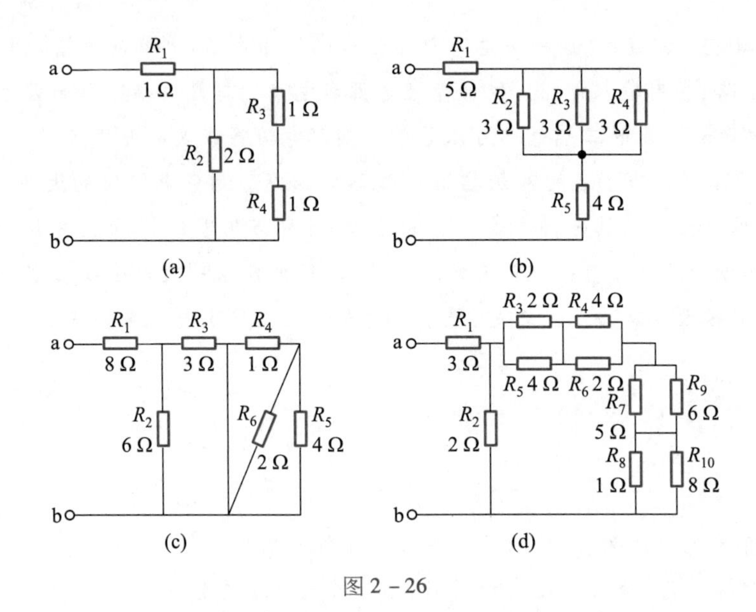

图 2－26

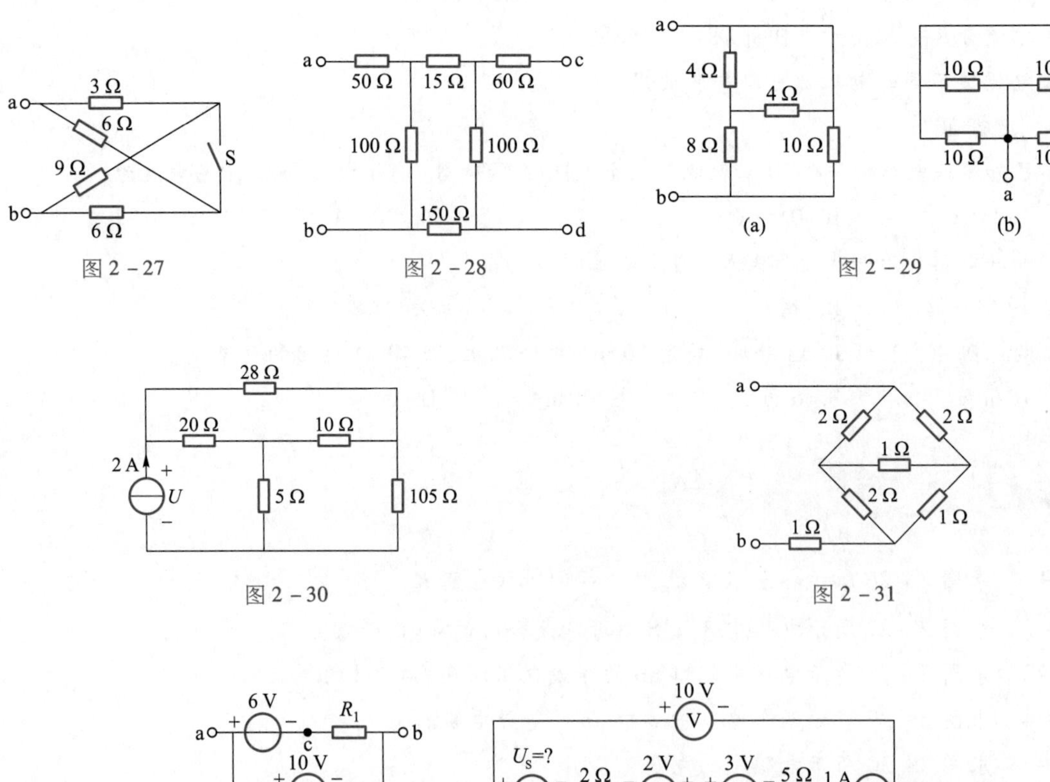

图 2－27

图 2－28

图 2－29

图 2－30

图 2－31

图 2－32

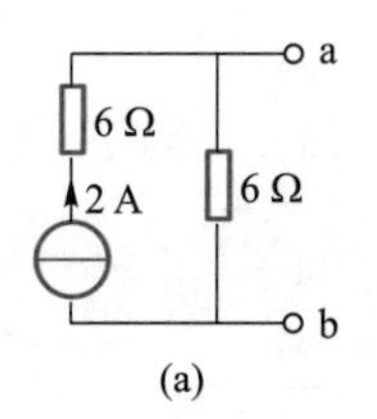

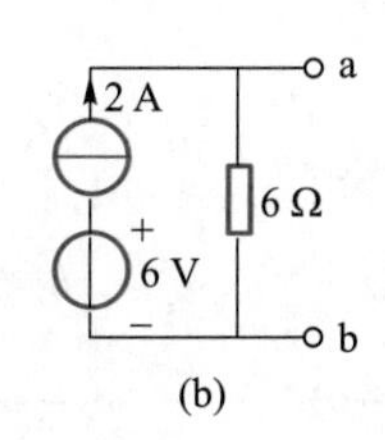

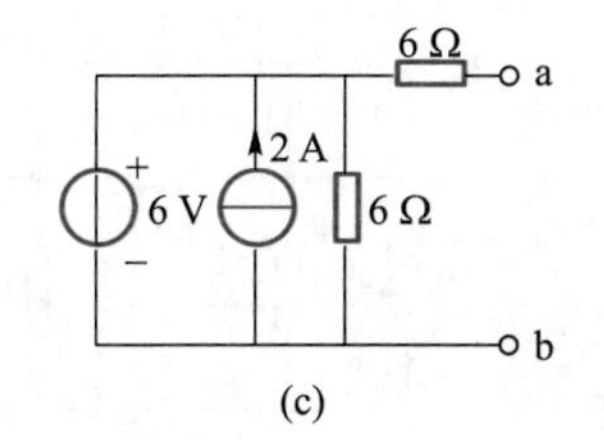

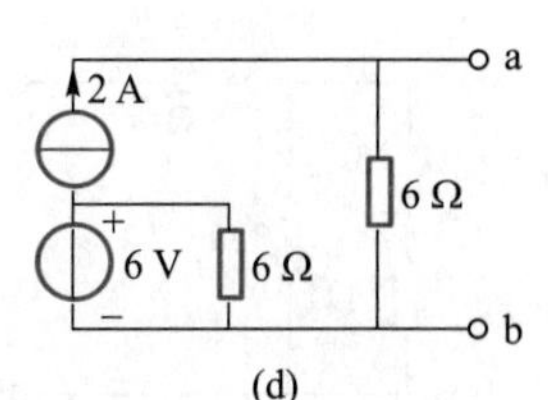

图 2－33

2－9　求图 2－34 所示电路中电压 U。

2－10　求图 2－35 所示电路中电流 I。

2－11　求图 2－36 所示电路中电流 I。

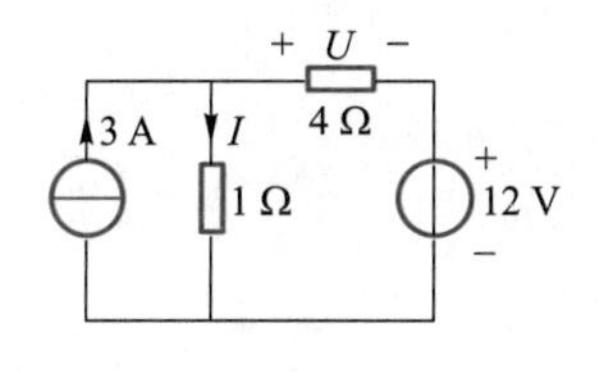

图 2－34

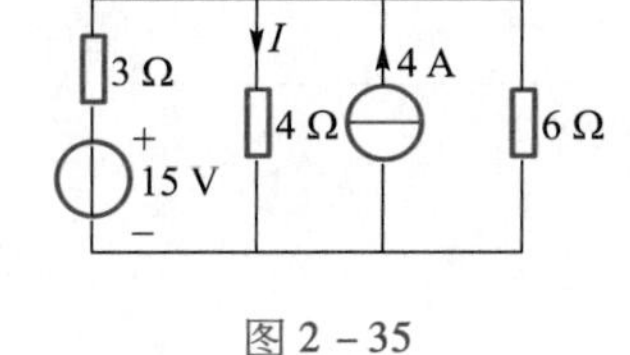

图 2－35

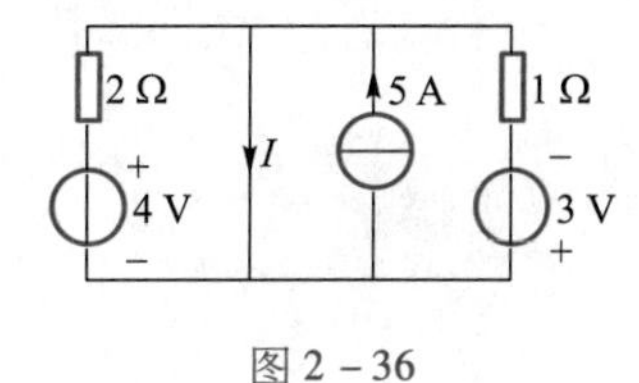

图 2－36

2－12　求图 2－37 所示电路中的电流 I。

2－13　求图 2－38 所示电路中的电流 i_3。

2－14　求图 2－39 所示二端网络的最简等效电路。

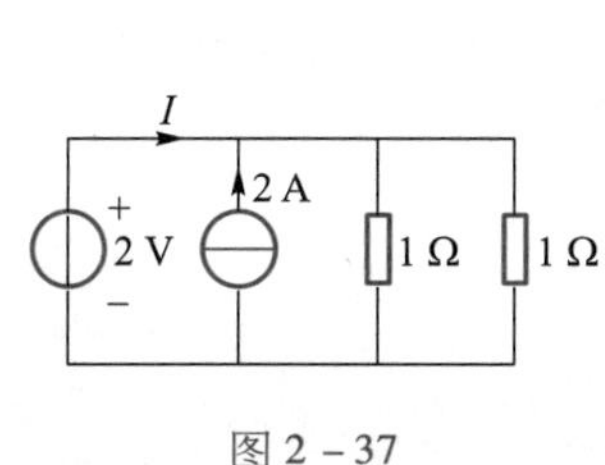

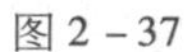

图 2－37

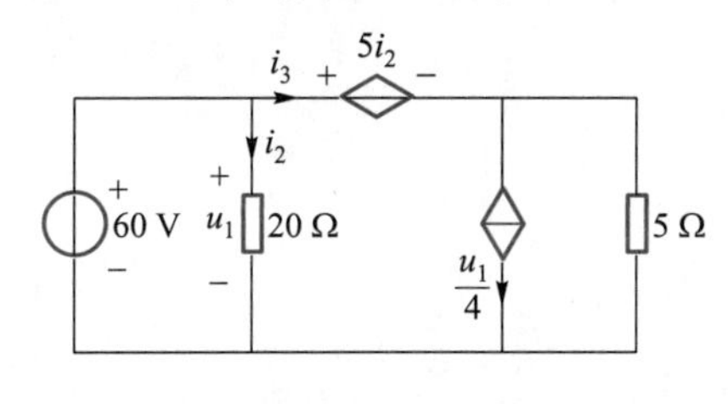

图 2－38

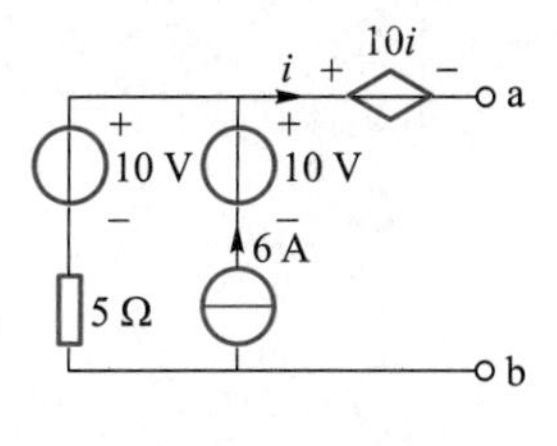

图 2－39

2－15　求图 2－40 所示两个电路中的电流 I_2。

2－16　求图 2－41 所示电路中的电流 I。

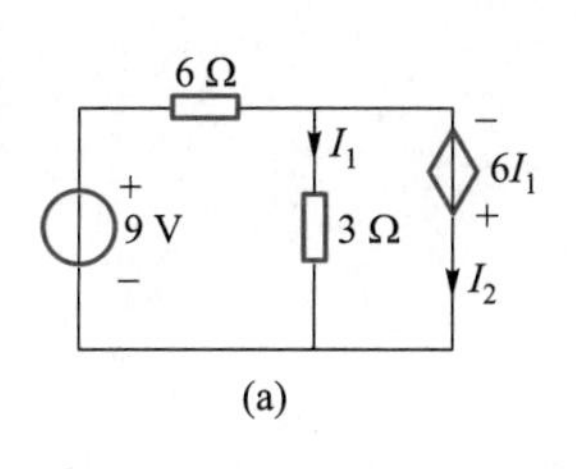

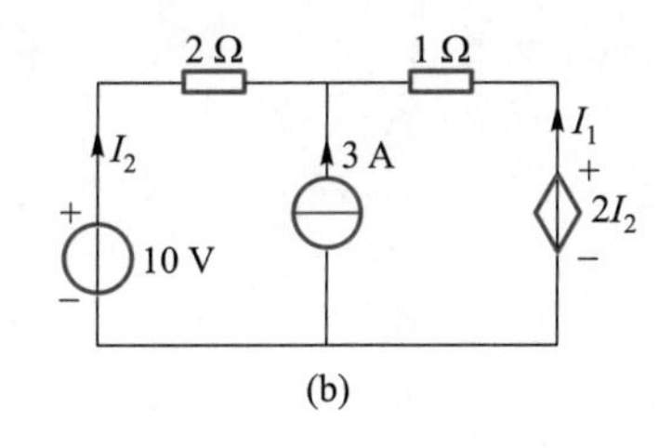

图 2－40

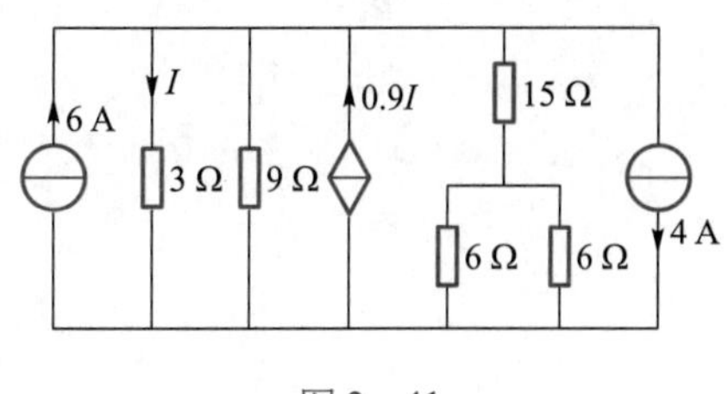

图 2－41

2－17　求图 2－42 所示各电路的等效电阻。

2－18　求图 2－43 所示电路中的 R_{ab}。

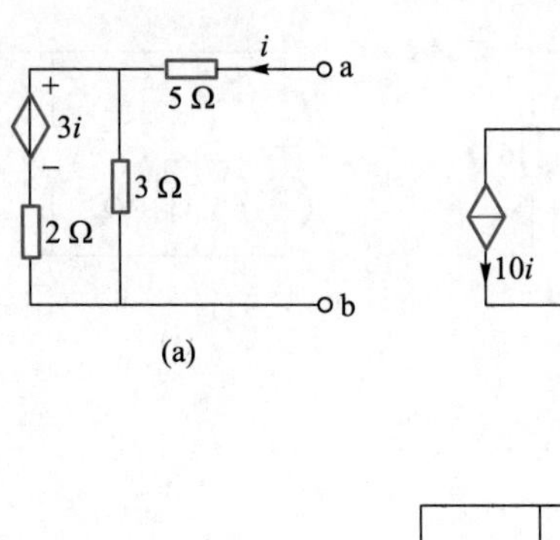

(a)

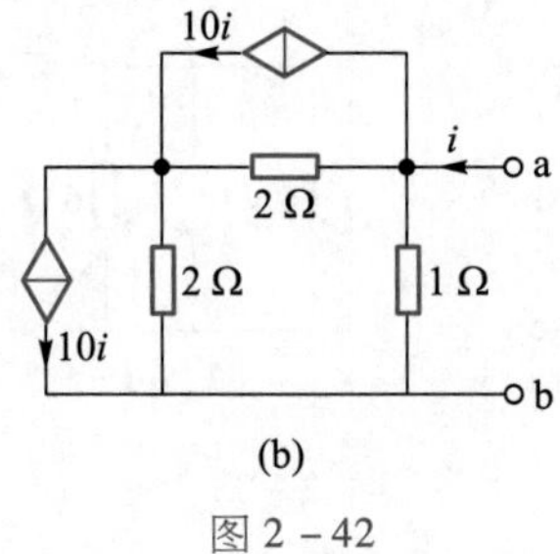

(b)

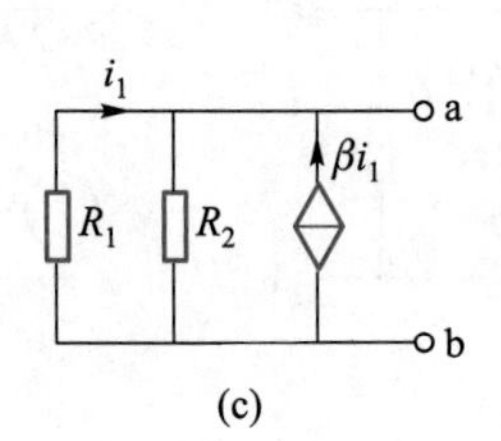

(c)

图 2－42

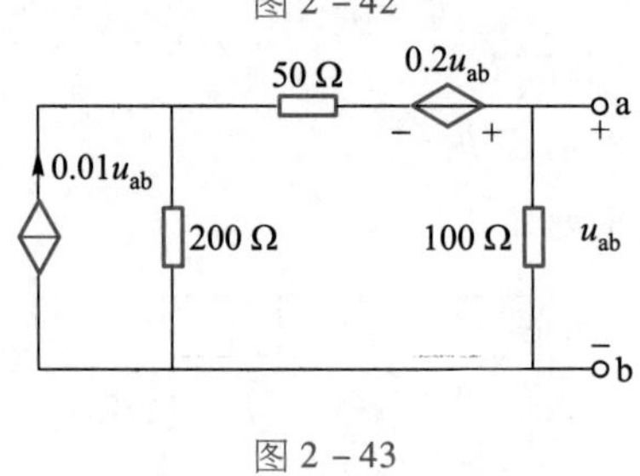

图 2－43

单元三 线性电阻电路的分析方法

本单元主要介绍电路方程的建立方法。通过本单元的学习,应理解电路的图的概念,学会使用支路电流法、网孔电流法、节点电压法分析电路,掌握电压检查法分析排除故障。

本单元的学习重点为根据电路分析 KCL 和 KVL 的独立方程数,用支路电流法、网孔电流法、节点电压法分析计算电路;难点为利用电路分析方法列写方程。

3.1 电路的图

对于结构复杂的电路,选择一组合适的电路变量,根据 KCL、KVL 建立独立方程组,求解电路方程。为了确定建立独立方程的个数,应先理解独立方程数。

学习目标

知识技能目标:会画电路的图,并列写 KCL 和 KVL 的独立方程。

素质目标:将电路图转化为电路的图,用数学思维描述电路问题,培养跨学科思维和灵活解决问题的能力。

3.1.1 图

对于结构较简单的电路,采用等效变换的方法求解通常是有效的。但对于结构复杂的电路,此方法较困难。本单元介绍电路的程序化的求解方法。其特点是不改变电路结构,选择一组合适的电路变量(电压、电流),根据 KCL、KVL 以及元件的 VCR 建立该组变量的独立方程组,通过求解电路方程,从而得到所需的响应。

课件 3.1

在电路分析中，将以图论为数学工具来选择电路独立变量，列出与之相应的独立方程。本节介绍一些图论的初步知识。对于任何电路，不论其各个支路的内部结构如何，如果相应简化成线段来表示，而电路中的原有节点予以保留，分别用点来表示，电路图就成为它对应的图。

必须强调的是，只用点和线构成的图是图论意义下的图。它是以节点为基础的。支路的端点必须是节点，可以有孤立节点，却不能有孤立支路。这里的点和电路图中支路和节点的概念是有区别的，在电路图中，支路是实体，节点就是支路的连接点，节点是由支路形成的，没有支路就没有节点。

图 3－1(a)所示电路，如果认为每个二端元件构成电路的一条支路，则图 3－1(b)就是电路对应的图，共有 8 条支路、5 个节点。如果把元件的串联组合作为一条支路，并以此为根据画出电路的图，图 3－1(a)中 u_{S1}和 R_1 的串联组合作为一条支路，它共有 7 条支路、4 个节点。如果把元件的并联组合也作为一条支路，图 3－1(a)中 i_{S2}和 R_2 的并联组合作为一条支路，图 3－1(c)就是对应的图。它共有 6 条支路、4 个节点。可见，当用不同的元件结构定义电路的一条支路时，该电路的图及它的节点数和支路数将发生变化。

在电路中通常指定支路电流的参考方向(一般取与电压关联的参考方向)。同样，对电路的图的每条支路也可指定一个方向，该方向即支路电流的参考方向。赋予支路方向的图称为“有向图”，未赋予支路方向的图称为“无向图”。图 3－1(d)为有向图，图 3－1(b)(c)为无向图。

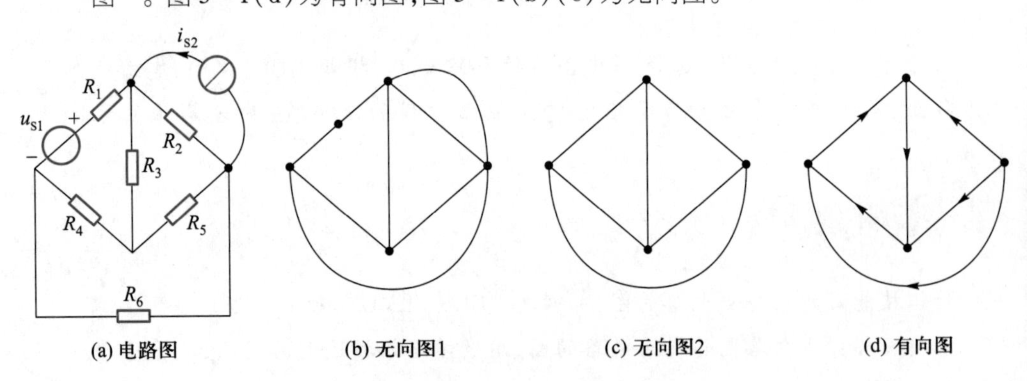

图 3－1 电路的图

3.1.2 KCL 和 KVL 的独立方程数

KCL 和 KVL 与支路的元件性质无关，故可以用电路的图列写 KCL 和 KVL 方程，并讨论其独立性。

图 3－2 所示电路的图，对其节点①②分别列出 KCL 方程，有

$$-i_1+i_2-i_3=0$$

$$i_1-i_2+i_3=0$$

由于每一支路均与两个节点相连，且每个支路电流必须从其中一个节点流

入，从另一个节点流出。因此所有 KCL 方程中，每个支路电流出现两次，一次为正，另一次为负。若把两个方程相加，得到等号两边为零的结果。这说明两个方程不是相互独立的，但任意 1 个方程是独立的。这就是说，在具有 n 个节点的电路中，依据 KCL，只有 $n-1$ 个方程是独立的。

下面列图 3－2 所示回路 1、2、3 的 KVL 方程，以顺时针方向作为绕行方向，则

$$-u_1-u_2=0$$

$$u_2+u_3=0$$

$$-u_1+u_3=0$$

上面 3 个方程，第 1 个方程与第 2 个方程相加后可得第 3 个方程，说明这 3 个方程中只有 2 个是独立方程。可以证明，对于具有 n 个节点、b 条支路的电路，对应 KVL 的独立方程数为 $b-(n-1)$ 个，这 $b-(n-1)$ 个回路称为独立回路。

当一个图画在平面上，除它的各条支路的节点外不再有其他交叉点，这样的图称为平面图，否则称为非平面图。图 3－1 所示的图均为平面图，图 3－3 所示则为非平面图。平面图的全部网孔是一组独立回路，所以平面图的网孔数就等于独立回路数，即 $b-(n-1)$ 个，对应着 KVL 的独立回路数。

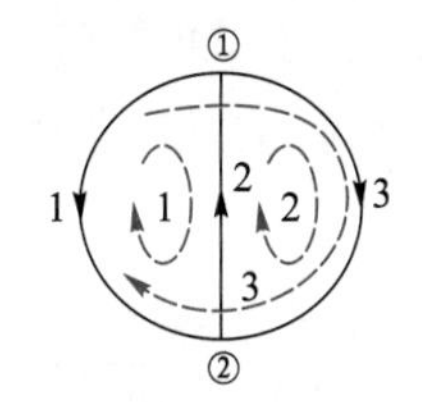

图 3－2　KCL、KVL 独立方程

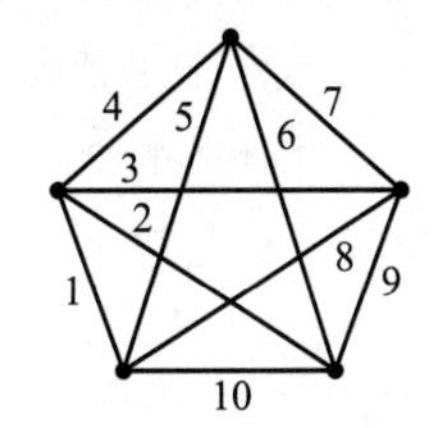

图 3－3　非平面图

知识闯关

1. 节点是由支路形成的，没有支路就没有节点。（　　）
2. 在具有 n 个节点的电路中，依据 KCL，只有 n 个方程是独立的。（　　）

3.2　支路电流法

课件 3.2

分析简单电路可以利用欧姆定律、基尔霍夫定律和电阻的等效变换等方法，但是它们用于多回路复杂电路求解就比较困难。本节介绍一种分析复杂电路最基本的方法：支路电流法。

学习目标

知识技能目标：能够利用支路电流法求解电路。

素质目标：根据基尔霍夫定律理解支路电流法，认识电路规律，提高运用一般规律解决问题的意识。

在分析简单电路时，可用等效变换的方法化简成只有一个回路的电路，电路的分析与计算应用欧姆定律。但在实际中遇到的电路多是复杂电路，一般不能用串并联的方法进行化简或化简成一个回路时较为烦琐。这时就需要使用复杂线性电路的分析方法。

在任何一个有 n 个节点和 b 条支路的电路中，如果以支路电流和支路电压作为电路变量列写方程时，有 $2b$ 个未知量，总计要列出 $2b$ 个方程。根据 KCL 可以写出 $n-1$ 个独立方程式；而独立回路数只有 $l=b-(n-1)$ 个，故根据 KVL 可列出 l 个独立方程；再根据元件由 VCR 列 b 个支路方程，一共写出 $2b$ 个独立方程式。利用这些独立方程，求 $2b$ 个支路电压和支路电流的方法称为 $2b$ 法。

那么，如何保证选择的 l 个独立回路是准确的？依照 KVL 列写回路电压方程时，从列写第一个回路方程起，以后每增写一个回路电压方程式，最少要含有一个先前列写的方程中从未涉及的新支路，便能保证所选择回路的独立性。为此，当电路图为平面图时，如 3.1 节所讲，选用网孔作为独立回路最为简便。以图 3－4 所示电路为例，来说明支路电流法的解题步骤。

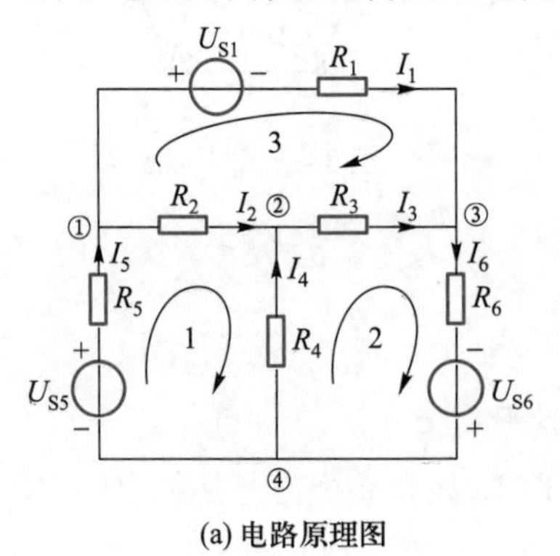

(a) 电路原理图

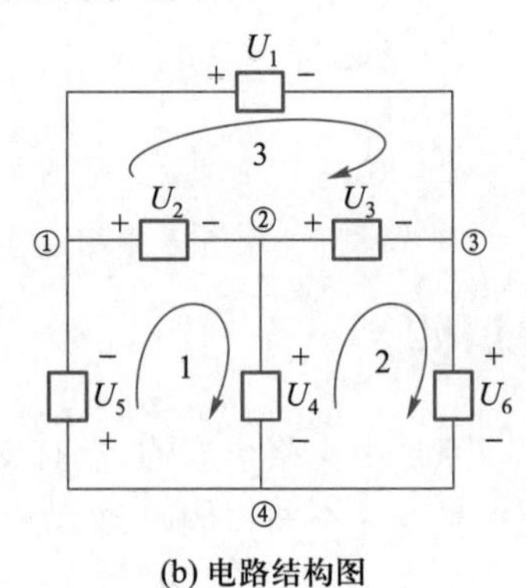

(b) 电路结构图

图 3－4　支路电流法

在图 3－4(a)中首先标出各支路的电流方向和各节点。图中有 4 个节点，根据 KCL 可以列写 3 个独立的方程，对节点①②③列出电流方程

$$-I_1-I_2+I_5=0$$

$$I_2-I_3+I_4=0$$

$$I_1+I_3-I_6=0$$

为了便于观察，画出电路结构图，如图 3－4(b)所示。根据 KVL，选取网孔

1、2、3 作为独立回路,列出方程

$$U_2 + U_4 + U_5 = 0$$
$$U_3 - U_4 + U_6 = 0$$
$$U_1 - U_2 - U_3 = 0$$

再列出 b 个支路电压、电流的关系

$$U_1 = U_{S1} + I_1R_1 \qquad U_2 = I_2R_2$$
$$U_3 = I_3R_3 \qquad U_4 = -I_4R_4$$
$$U_5 = -U_{S5} + I_5R_5 \qquad U_6 = I_6R_6 - U_{S6}$$

这样将上述方程联立,可求解各变量和其他物理量,这就是 $2b$ 法。

为了减少方程数,$2b$ 法中利用元件的 VCR 将支路电压用支路电流表示,然后代入根据 KVL 所列的方程,便可以减少 b 个方程,这便是支路电流法。支路电流法是以支路电流作为未知量,对电路中的独立节点列写 KCL 方程;对独立回路列写 KVL 方程,列写方程的总个数等于支路电流数,联立求解方程即可求出各支路电流。

如图 3-4(a)所示电路,要求计算各支路的电流和电压。该电路有 3 个独立节点和 3 个独立回路。根据 KCL 对节点①②③列写方程

$$-I_1 - I_2 + I_5 = 0$$
$$I_2 - I_3 + I_4 = 0$$
$$I_1 + I_3 - I_6 = 0$$

应用 KVL,列写独立回路电压方程

$$I_2R_2 - I_4R_4 + I_5R_5 = U_{S5}$$
$$I_3R_3 + I_4R_4 + I_6R_6 = U_{S6}$$
$$I_1R_1 - I_2R_2 - I_3R_3 = -U_{S1}$$

以上 6 个方程都是用支路电流来表示的,方程联立求解可以得到各支路电流,再根据各支路的元件参数可求得各支路电压,从而可以求出其他物理量。

综上所述,可将支路电流法的解题步骤归纳如下。

① 任意选定各支路(b 条支路)电流参考方向。

② 按基尔霍夫电流定律,对($n-1$)个独立节点列节点电流方程。

③ 选网孔为独立回路,独立回路个数为 $l = b-(n-1)$,设定独立回路绕行方向,应用基尔霍夫电压定律,对独立回路列电压方程。

④ 联立 b 个方程,求解各支路电流,由此求出其他待求量。

【例 3-1】 电路如图 3-5 所示,已标出参数,试求各支路电流。

解:首先在图中标出各支路电流参考方向,根据节点①列 KCL 方程

$$I_1 + I_2 - I_3 = 0$$

根据图中的回路绕行方向,列 KVL 方程

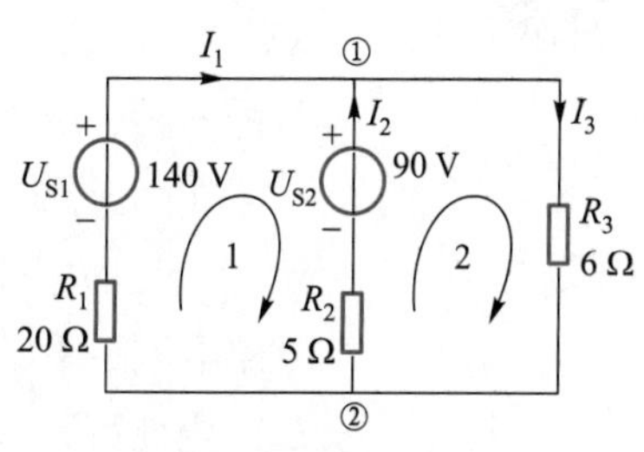

图 3-5 例 3-1 电路

$$I_1R_1 - I_2R_2 - U_{S1} + U_{S2} = 0$$
$$I_2R_2 + I_3R_3 - U_{S2} = 0$$

将各参数代入以上三式，可解得 $I_1 = 4\ \text{A}, I_2 = 6\ \text{A}, I_3 = 10\ \text{A}$。

支路电流法要求电路的 b 条支路电压均能用支路电流表示。但是，当支路仅含有电流源，没有与之并联的电阻，就无法用支路电流表示，这种电流源称为无伴电流源，也可利用支路电流法求解，后续进行讲解。

应用支路电流法分析电路的优点是方法简单，所列方程直观，但也有其明显的缺点：在对较复杂的电路分析时，方程个数过多，故一般只适用于简单电路（支路数不多的电路）的分析计算。如果将支路电流用支路电压表示，所列方程同支路电流法，便得到以支路电压为变量的 b 个方程，称为支路电压法。

知识闯关

1. 6 条支路，4 个节点的电路，可以列 6 个独立回路电压方程。(　　)
2. 6 条支路，4 个节点的电路，可以列 3 个独立的电流方程。(　　)
3. 6 条支路，4 个节点的电路，利用支路电流法求解各支路电流，至少需要列 6 个独立的方程。(　　)

3.3 网孔电流法

当电路的支路个数较多时，使用支路电流法列写的方程个数过多，求解不便。本节介绍网孔电流法，只需列 $b-(n-1)$ 个彼此独立的 KVL 方程，便可对电路进行分析求解。

学习目标

知识技能目标：会利用网孔电流法求解电路。

素质目标：利用已有知识和经验假设网孔电流，将复杂问题简单化，进一步归纳和演绎，得到新的电路分析方法，加强多角度分析和解决问题的意识。

微课
网孔电流法

对复杂电路的分析，支路电流法不再适合，本节介绍的网孔电流法是根据 KVL 对 $b-(n-1)$ 个网孔列回路电压方程，求出各网孔电流，进而求出其他物理量的一种分析方法。

在图 3-6 所示的电路中，存在 3 个网孔，假设网孔电流分别以 I_{m1}、I_{m2}、I_{m3} 表示。注意，网孔电流仅为过渡求解量，电路中实际电流仍为支路电流。网孔电流和支路电流的关系为：$I_1 = I_{m1}, I_2 = I_{m2} - I_{m1}, I_3 = I_{m3} - I_{m1}, I_4 = I_{m2} - I_{m3}, I_5 = I_{m2}, I_6 = I_{m3}$。由此可见，只要求出网孔电流，便可以求出支路电流，进而求出其他物理量。

对3个网孔分别列写KVL方程，得

$$\begin{cases} I_{m1}(R_1+R_2+R_3)-I_{m2}R_2-I_{m3}R_3=-U_{S1} \\ -I_{m1}R_2+I_{m2}(R_2+R_4+R_5)-I_{m3}R_4=U_{S5} \\ -I_{m1}R_3-I_{m2}R_4+I_{m3}(R_3+R_4+R_6)=U_{S6} \end{cases} \quad (3-1)$$

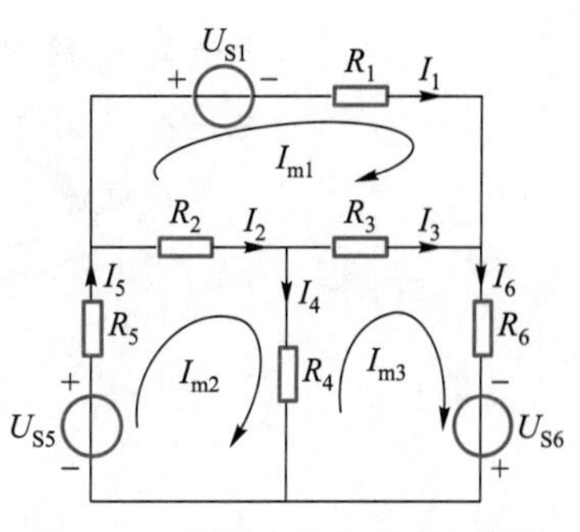

图3-6 网孔电流法示例电路图

式(3-1)可进一步写成

$$\begin{cases} I_{m1}R_{11}+I_{m2}R_{12}+I_{m3}R_{13}=U_{S11} \\ I_{m1}R_{21}+I_{m2}R_{22}+I_{m3}R_{23}=U_{S22} \\ I_{m1}R_{31}+I_{m2}R_{32}+I_{m3}R_{33}=U_{S33} \end{cases} \quad (3-2)$$

式(3-2)是网孔电流方程的一般形式。其中，$R_{11}=R_1+R_2+R_3$为网孔1的自电阻，即网孔1各支路所有电阻之和。同理，$R_{22}=R_2+R_4+R_5$，$R_{33}=R_3+R_4+R_6$分别为网孔2和网孔3的自电阻。通常取网孔电流方向与回路绕行方向一致，这样自电阻取正值。

$R_{12}=R_{21}=-R_2$为网孔1和网孔2之间的公共电阻，称为网孔1、2之间的互电阻。当2个网孔电流在该电阻上的方向一致时，互电阻取正值；反之取负值。同理互电阻$R_{13}=R_{31}=-R_3$，$R_{23}=R_{32}=-R_4$。

式(3-2)右端的U_{S11}、U_{S22}、U_{S33}分别为网孔1、2、3中电压源电压的代数和。电压源电压与网孔电流为关联参考方向时，取负号；反之取正号。本例中，$U_{S11}=-U_{S1}$，$U_{S22}=U_{S5}$，$U_{S33}=U_{S6}$。

针对以上的分析，可以推广到一般电路：对于具有n个节点，b条支路，$l=b-(n-1)$个网孔的电路，列回路方程，其一般形式用矩阵可表示为

$$\begin{cases} I_{m1}R_{11}+I_{m2}R_{12}+\cdots+I_{ml}R_{1l}=U_{S11} \\ I_{m1}R_{21}+I_{m2}R_{22}+\cdots+I_{ml}R_{2l}=U_{S22} \\ \qquad\vdots \\ I_{m1}R_{l1}+I_{m2}R_{l2}+\cdots+I_{ml}R_{ll}=U_{Sll} \end{cases} \quad (3-3)$$

式(3-3)中具有相同下标的电阻R_{11}、R_{22}、…、R_{ll}为各独立网孔的自电阻，有不同下标的电阻R_{12}、R_{21}、R_{l1}等为各网孔间的互电阻，则有$R_{ij}=R_{ji}$。U_{S11}、U_{S22}、…、U_{Sll}为各网孔中电压源电压的代数和。若两个网孔间没有公共电阻，则相应的互电阻为零。

【例3-2】 在图3-7所示电路中，已知电流源和电阻，用网孔电流法求电流源I_{S1}的端电压U_1。

解： 图3-7所示电路中存在3个网孔、2个电流源，选取各网孔电流方向均为顺时针。

网孔1的电流I_{m1}与电流源I_{S1}方向相反，故网孔1方程不必再列出，网孔1即为$I_{m1}=-I_{S1}$。

电流源I_{S2}为两个网孔所共有，为了列写回路电压方程，必须增设

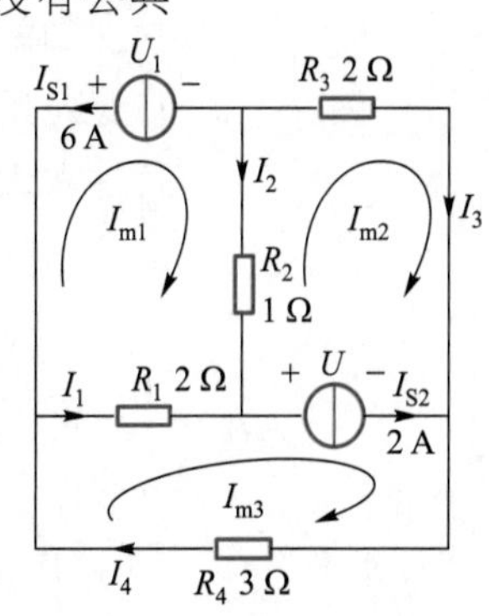

图3-7 例3-2电路

电流源 I_{S2} 的端电压为未知变量，同样方程数应通过未知变量的引入而增加。补充一个能反映该电流源 I_{S2} 与相关网孔电流间关系的辅助方程。

设电流源 I_{S2} 的端电压为 U，则有

$$\begin{cases} I_{m1} = -I_{S1} \\ -I_{m1}R_2 + I_{m2}(R_2 + R_3) = U \\ -I_{m1}R_1 + I_{m3}(R_1 + R_4) = -U \\ I_{m3} - I_{m2} = I_{S2} \end{cases}$$

代入已知数据，可求得 $I_{m1} = -6\ \text{A}, I_{m2} = -3.5\ \text{A}, I_{m3} = -1.5\ \text{A}, U = -4.5\ \text{V}$。

则　　$U_1 = I_1R_1 - I_2R_2 = (I_{m3} - I_{m1})R_1 - (I_{m1} - I_{m2})R_2 = 11.5\ \text{V}$

【例 3－3】 电路如图 3－8 所示，使用网孔电流法求各网孔电流。

图 3－8　例 3－3 电路

解：图 3－8 所示电路中存在 3 个网孔，选取各网孔电流方向均为顺时针。

由于图 3－8 中含有受控源，列写方程时，先将受控源作为独立电源处理，然后找出各受控源的控制量与网孔电流的关系，作为辅助方程列出即可。则网孔电流方程为

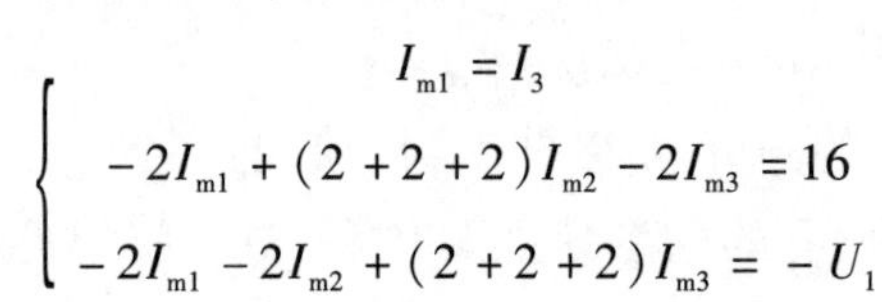

$$\begin{cases} I_{m1} = I_3 \\ -2I_{m1} + (2+2+2)I_{m2} - 2I_{m3} = 16 \\ -2I_{m1} - 2I_{m2} + (2+2+2)I_{m3} = -U_1 \end{cases}$$

辅助方程

$$\begin{cases} U_1 = 2I_{m2} \\ I_3 = I_{m2} - I_{m3} \end{cases}$$

5 个方程联立，得　　$I_{m1} = 3\ \text{A}, I_{m2} = 4\ \text{A}, I_{m3} = 1\ \text{A}$

网孔电流法仅适用于平面电路，它是选取网孔作为独立回路，对电路列出 $b-(n-1)$ 个独立的 KVL 方程而求解的方法。

回路电流法简称为回路法，适用于平面或非平面电路，是一种适用性较强、广泛应用的分析方法。回路电流法是选 $b-(n-1)$ 个独立回路来列 KVL 方程，选择基本回路作为独立回路。

总结：网孔电流法求解支路参数的步骤如下。

① 选网孔为独立回路，标出各网孔的网孔电流方向。

② 用自电阻、互电阻的办法列写各网孔的 KVL 方程（以网孔电流为未知量）。

③ 求解网孔电流。

④ 由网孔电流求各支路电流。

⑤ 由支路电流及支路的 VCR 关系式求各支路电压。

知识闯关

1. 网孔电流法仅适用于平面电路。(　　)
2. 网孔是指内部不包含任何其他支路的一条回路。(　　)

3.4 节点电压法

节点电压法适合求解支路多、节点少的电路,该方法便于计算机辅助分析与计算电路,是实际应用中广泛使用的一种方法。

微课
结点电压法

学习目标

知识技能目标:会利用节点电压法求解电路。

素质目标:通过认识三种电路求解方法各自的优势,选择最佳方法提高解题效率,培养独立思考和分析判断能力。

当电路的支路数较多,所含节点数较少时,用电流法求解比较麻烦。这时,如果能求出电路中各独立节点电压,则各支路变量就可以方便地求出。节点电压法就是针对解决这类问题而提出来的。

3.4.1 节点电压的一般形式

节点电压法就是用节点电压作为未知变量,按照 KCL 列写方程,并求出节点电压,根据支路特性确定支路电压,求解支路电流,进而求出其他物理量。对于有 n 个节点的电路,有 $n-1$ 个独立节点。当非独立节点作为参考点,应有 $n-1$个节点电压,故所列方程的个数为 $n-1$。如图 3-9 所示电路,选取节点④为参考点,设节点①②③对应参考点的电压分别为 U_{n1}、U_{n2}、U_{n3}。这是第一步,即选取一个参考节点并设定其余节点对应参考节点的电压为变量,接着选定支路电流参考方向。

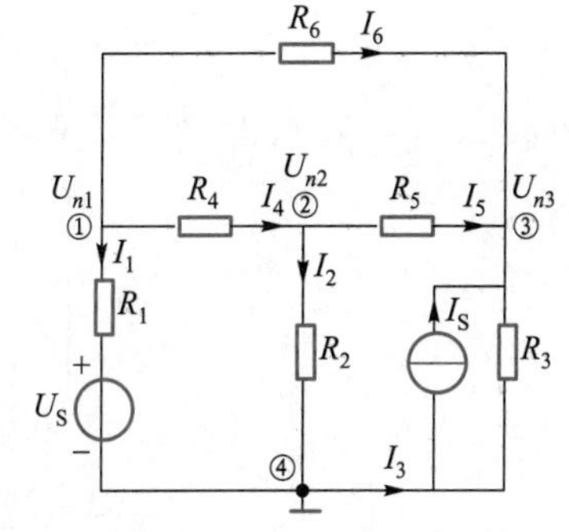

图 3-9　节点电压法

然后,根据支路电流列出独立节点的 KCL 方程,并以节点电压表示支路电流,然后解得节点电压,求出其他待求量。对节点①②③列出 KCL 方程

$$\begin{cases} I_1+I_4+I_6=0 \\ I_2-I_4+I_5=0 \\ -I_3-I_5-I_6=0 \end{cases} \tag{3-4}$$

各支路电流分别为

$$I_1=(U_{n1}-U_S)/R_1=(U_{n1}-U_S)G_1$$

$$I_2 = U_{n2}/R_2 = U_{n2}G_2$$
$$I_3 = -U_{n3}/R_3 + I_S = -U_{n3}G_3 + I_S$$
$$I_4 = (U_{n1} - U_{n2})/R_4 = (U_{n1} - U_{n2})G_4$$
$$I_5 = (U_{n2} - U_{n3})/R_5 = (U_{n2} - U_{n3})G_5$$
$$I_6 = (U_{n1} - U_{n3})/R_6 = (U_{n1} - U_{n3})G_6$$

将各电流值代入式(3－4)并整理可得

$$\begin{cases}(G_1 + G_4 + G_6)U_{n1} - G_4U_{n2} - G_6U_{n3} = G_1U_S \\ -G_4U_{n1} + (G_2 + G_4 + G_5)U_{n2} - G_5U_{n3} = 0 \\ -G_6U_{n1} - G_5U_{n2} + (G_3 + G_5 + G_6)U_{n3} = I_S\end{cases} \tag{3-5}$$

式(3－5)可进一步写成

$$\begin{cases}G_{11}U_{n1} + G_{12}U_{n2} + G_{13}U_{n3} = I_{S11} \\ G_{21}U_{n1} + G_{22}U_{n2} + G_{23}U_{n3} = I_{S22} \\ G_{31}U_{n1} + G_{32}U_{n2} + G_{33}U_{n3} = I_{S33}\end{cases} \tag{3-6}$$

式(3－6)是节点电压方程的一般形式。式中，G_{11}、G_{22}、G_{33}分别为节点①②③的自电导，为与各节点相连的支路所有电导之和。因此，各节点的自电导分别为$G_{11} = G_1 + G_4 + G_6$，$G_{22} = G_2 + G_4 + G_5$，$G_{33} = G_3 + G_5 + G_6$。自电导总是取正值。

$G_{12} = G_{21} = -G_4$为节点①②之间的互电导，是直接连在节点①②之间的电导，互电导总是取负值。同理，互电导$G_{13} = G_{31} = -G_6$，$G_{23} = G_{32} = -G_5$。

等式右端的I_{S11}、I_{S22}、I_{S33}分别为节点①②③电源电流的代数和。电流流入节点取正号；反之取负号。本例中，$I_{S11} = G_1U_S$，$I_{S22} = 0$，$I_{S33} = I_S$。

同样，式(3－6)也可推广到一般电路。对于有n个节点的电路，可以列出$n-1$个节点电压方程，其一般方程的形式为

$$\begin{cases}G_{11}U_{n1} + G_{12}U_{n2} + \cdots + G_{1(n-1)}U_{n(n-1)} = I_{S11} \\ G_{21}U_{n1} + G_{22}U_{n2} + \cdots + G_{2(n-1)}U_{n(n-1)} = I_{S22} \\ \vdots \\ G_{(n-1)1}U_{n1} + G_{(n-1)2}U_{n2} + \cdots + G_{(n-1)(n-1)}U_{n(n-1)} = I_{S(n-1)(n-1)}\end{cases} \tag{3-7}$$

式(3－7)中具有相同下标的电导G_{11}、G_{22}、…、$G_{(n-1)(n-1)}$为各节点的自电导，有不同下标的电导G_{12}、G_{21}、…、$G_{1(n-1)}$为各节点间的互电导，同样有$G_{ij} = G_{ji}$。两个节点间没有公共电导时，相应的互电导为零。I_{S11}、I_{S22}、…、$I_{S(n-1)(n-1)}$为流入各节点的电源电流的代数和。

用节点电压法求解电路的一般步骤如下。

① 选择合适的节点作为参考节点。

② 按照式(3－7)对$n-1$个独立节点列写节点电压方程。需要注意，自电导总是正的，互电导总是负的，并注意电流源前面的“+”“－”号。

③ 求解节点电压,根据所求节点电压求出其他待求量。

【例3-4】 如图3-10所示电路,试用节点电压法计算电阻 R_1 的支路电流。

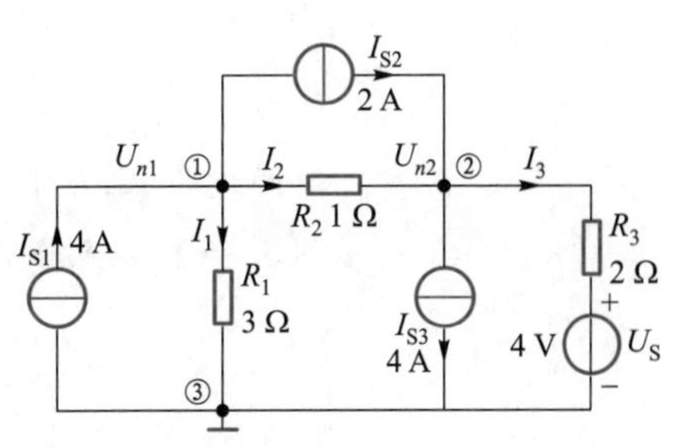

图3-10 例3-4电路

解:选取各支路电流参考方向和各节点标号,如图3-10所示,设节点③为参考节点,那么节点①②对应于节点③的电压变量为 U_{n1}、U_{n2}。

根据式(3-7)列写节点电压方程

$$\begin{cases} \left(\frac{1}{R_1}+\frac{1}{R_2}\right)U_{n1}-\frac{1}{R_2}U_{n2}=I_{S1}-I_{S2} \\ -\frac{1}{R_2}U_{n1}+\left(\frac{1}{R_2}+\frac{1}{R_3}\right)U_{n2}=I_{S2}-I_{S3}+\frac{U_S}{R_3} \end{cases}$$

代入各元件参数,可得 $U_{n1}=3\text{V}, U_{n2}=2\ \text{V}$

选取电阻 R_1 的电流参考方向如图3-10所示,从而可得

$$I_1=\frac{U_{n1}}{R_1}=1\ \text{A}$$

拓展阅读

科学家是有祖国的——“两弹一星”元勋钱三强

3.4.2 含有理想电压源支路的求解方法

当电路中某一支路只有理想电压源时,为了列写节点电压方程,常选取理想电压源的一端作为参考节点,这样理想电压源的另一端的电压就为已知量。列写节点电压方程时,该节点作为已知量的辅助方程列出即可。如果电路中含有多个只有理想电压源的支路,则可设理想电压源的支路电流作为未知量,并补充对应的电压方程。

同样,电路中含有受控源时,在列写方程时先将受控源作为独立电源处理,然后找出各受控源的控制量与节点电压的关系,列出辅助方程即可。

【例3-5】 电路如图3-11所示,求电阻 R_4 上的支路电流 I。

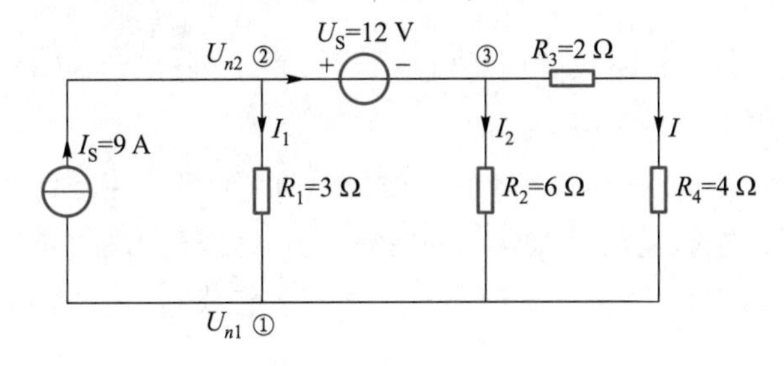

图3-11 例3-5电路

早发现

当电路中支路多、节点少时,应选择哪种求解方法?

解:标出电路的节点分别为①②③。选取理想电压源一端节点③为参考点。设节点①②对应参考点③的电压分别为 U_{n1}、U_{n2},那么节点②的电压为 $U_{n2}=12\ \text{V}$。则只需对节点①列节点电压方程,对节点②电压列辅助方程,则

$$\begin{cases}\left(\frac{1}{R_1}+\frac{1}{R_2}+\frac{1}{R_3+R_4}\right)U_{n1}-\frac{1}{R_1}U_{n2}=-I_S\\ U_{n2}=12\ \text{V}\end{cases}$$

两式联立，可求得 $U_{n1}=-7.5\ \text{V}$，则可求得 $I=-U_{n1}/(R_3+R_4)=1.25\ \text{A}$。

【例 3-6】 电路如图 3-12 所示，求电阻 R_4上的支路电流 I。

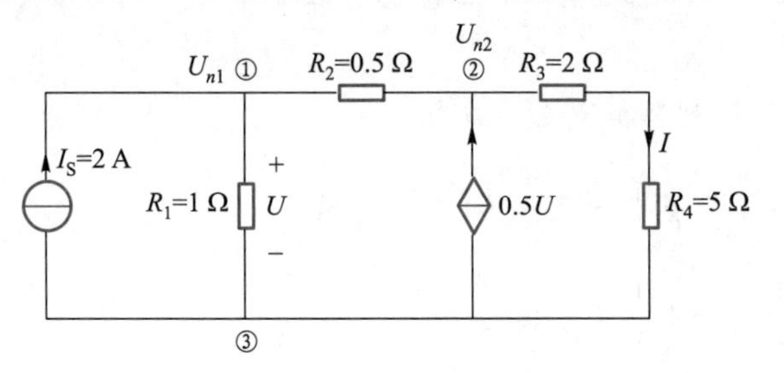

图 3-12 例 3-6 电路

解：标出电路的节点分别为①②③。选取节点③为参考点。设节点①②对应参考点③的电压分别为 U_{n1}、U_{n2}，那么列出节点①②的节点电压方程和用节点电压表示的辅助方程，可得

$$\begin{cases}\left(\frac{1}{R_1}+\frac{1}{R_2}\right)U_{n1}-\frac{1}{R_2}U_{n2}=I_S\\ -\frac{1}{R_2}U_{n1}+\left(\frac{1}{R_2}+\frac{1}{R_3+R_4}\right)U_{n2}=0.5U\\ U=U_{n1}\end{cases}$$

三式联立，可求得 $U_{n1}=3\ \text{V}$，$U_{n2}=3.5\ \text{V}$，从而可求得电流 I 为

$$I=\frac{U_{n2}}{R_3+R_4}=0.5\ \text{A}$$

知识闯关

1. 当电路中某一支路只有理想电压源时，为了列写节点电压方程，常选取理想电压源的一端作为参考节点。(　　)

2. 电路中含有受控源时，在列写方程时可以先将受控源作为独立电源处理，再列受控源的控制量与节点电压的关系式，作为辅助方程。(　　)

3. 在计算自电导和互电导时，电压源用短路代替，电流源用开路代替。(　　)

技能知识十二　故障检查与排除（四）

电压检测法主要用于直流电压的测量，对交流电压的测量主要是检测交流电源的电压。测量交流电源的电压时注意单手操作，安全第一，并先分清万用表

的交、直流挡,检查电压量程,以免损坏万用表。测量直流电压时,若是指针式万用表还要分清极性,红、黑表笔接反后,表针反偏,严重时会损坏表头。若是数字万用表显示负值,表示电压正极在黑表笔一端。

电压检测法的操作技巧如下。

① 测量电压时,把万用表并联在被测元器件或电路的两端,不用对元器件、线路进行任何调整。

② 检测关键点电压。在实际测量中,一般检测关键点的电压值,整体电路中各关键点的正常工作直流电压可以算出来。然后根据该关键点的电压情况,来缩小故障范围,快速找出故障点。

③ 在测量电池电压时,应尽量采用带负载检测,以保证测量的准确性和真实性。这是因为,一节快失效的电池的空载电压往往很高,特别是用内阻较大的电压表测量时,其电压基本接近正常值。

小结

1. 对于任何电路,不论其各个支路的内部结构如何,如果相应简化成线段来表示,而电路中的原有节点予以保留,分别用点表示,就可画出相应电路的图。图可以有孤立节点,却不能有孤立回路。对电路的图的每条支路指定一个方向,该方向即支路电流的参考方向,这种赋予支路方向的图称为“有向图”,未赋予支路方向的图称为“无向图”。对有 n 个节点和 b 条支路的图,根据 KCL 可以写出 $n-1$ 个独立方程,独立回路数只能有 $l=b-(n-1)$ 个,故依照 KVL 可以列写 l 个独立方程。

2. 支路电流法是以支路电流为变量,对具有 b 条支路、n 个节点的电路,列写 $n-1$ 个独立的 KCL 方程和 $b-(n-1)$ 个 KVL 方程。在解得支路电流后,可求出电路的其他物理量。此方法适用于简单电路的分析。

3. 网孔电流法是对具有 b 条支路、n 个节点的电路,根据 KVL 对 $b-(n-1)$ 个网孔列回路电压方程,从而求出各网孔电流,进而求出其他物理量。该方法只适用于平面网络的分析。

4. 节点电压法是以节点电压作为未知变量,根据 KCL 列节点电流方程进行求解的一种分析方法。当节点电压通过联立方程求得后,各支路电流就可通过节点电压求得。该方法适用于节点较少的电路。

5. 电压检查法是借助万用表测量电路及主要电子元器件的工作电压,并根据工作电压的异常情况和电路工作电压的正常值进行对比,然后推断出故障产生的原因。先分清交、直流挡,检查电压量程,以免损坏万用表。测量时注意安全第一。指针式万用表测量直流电压应分清极性,红、黑表笔接反后表针会反方向偏转,严重时会损坏表头。

自测题

1. 如图 3－13 所示电路，该电路可以列(　　)个独立电压方程。

A. 2　　B. 3　　C. 4　　D. 5

2. 如图 3－13 所示电路，利用支路电流法求解，至少需要列(　　)个独立方程。

A. 2　　B. 3　　C. 4　　D. 5

3. 如图 3－14 所示电路，利用网孔电流法求解该电路，需要设(　　)个网孔电流。

A. 1　　B. 2　　C. 3　　D. 4

4. 如图 3－14 所示电路，利用节点电压法求解该电路，设节点(　　)为参考节点计算比较容易。

A. 1　　B. 2　　C. 3　　D. 4

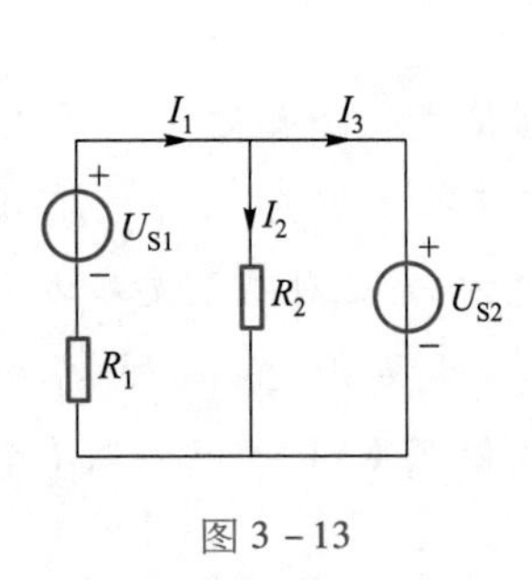

图 3－13

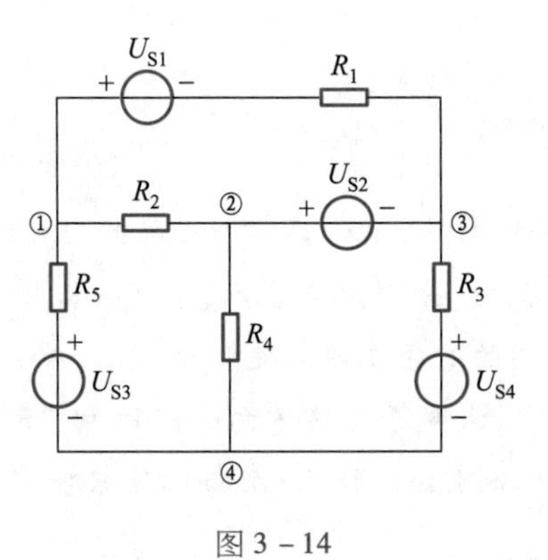

图 3－14

习题

3－1　什么是电路的图？它有什么功能？

3－2　电路的图能否有孤立节点和孤立支路，为什么？

3－3　什么是支路电流法？归纳运用支路电流法列写电路方程的步骤。

3－4　什么是网孔电流法？归纳运用网孔电流法列写电路方程的步骤。

3－5　什么是节点电压法？归纳运用节点电压法列写电路方程的步骤。

3－6　对于含有受控源的电路，不论采用何种方法列写电路方程，它们都有共同的基本思路，这种基本思路是什么？

3－7　分析比较列写电路方程的各种方法的基本特点。从简化电路方程列写的角度看，其适用性如何？

3－8　画出图 3－15 所示电路的有向图，并运用支路电流法列写电路方程。

3－9　如图 3－16 所示电路，用支路电流法求解两个电源输出的功率。

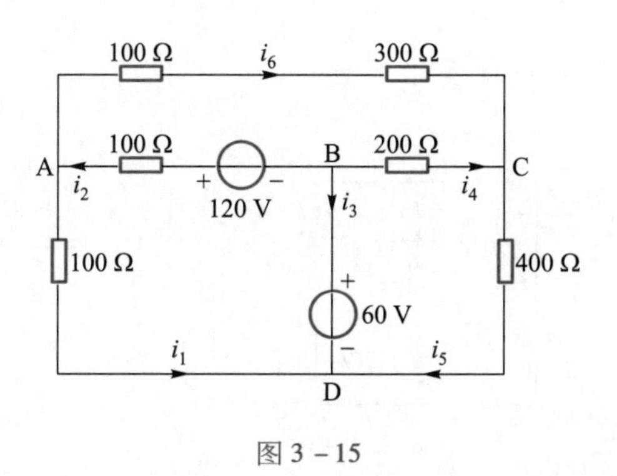

图 3－15

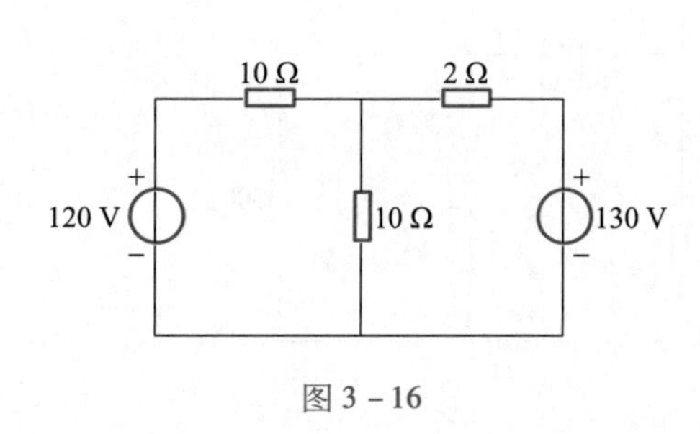

图 3－16

3－10　分别用支路电流法和网孔电流法，求解图 3－17 所示电路中各支路的电流。

3－11　用网孔电流法求图 3－18 所示电路中各支路的电流。

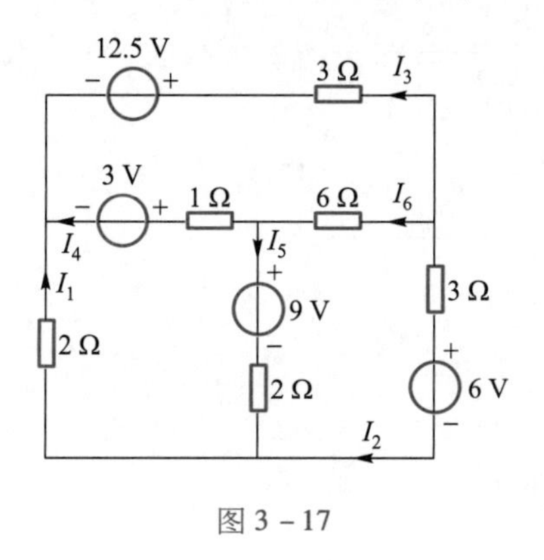

图 3－17

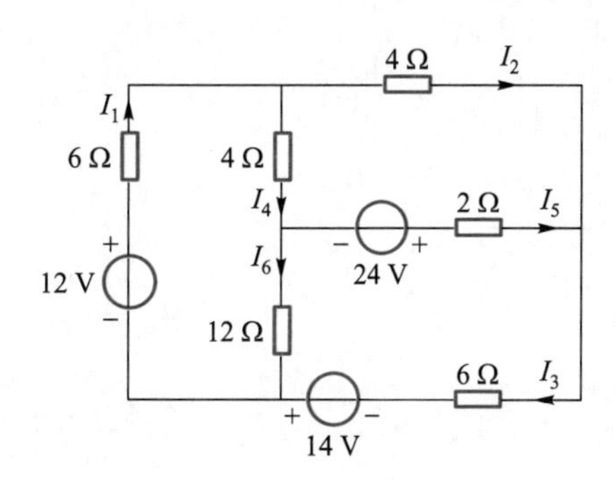

图 3－18

3－12　用网孔电流法求图 3－19 所示电路中的 U。

3－13　如图 3－20 所示电路，用网孔电流法求电压 U。

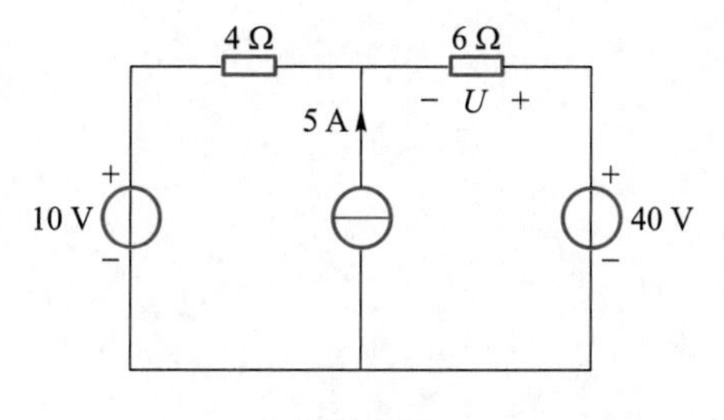

图 3－19

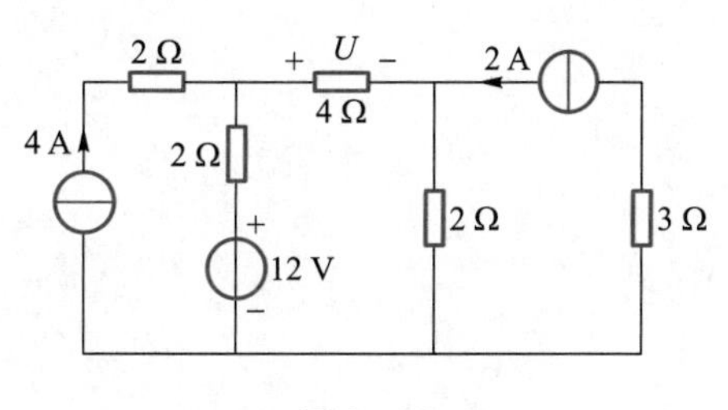

图 3－20

3－14　如图 3－21 所示电路，用网孔电流法求 i_A。

3－15　如图 3－22 所示电路，用节点电压法求各支路电流。

3－16　如图 3－23 所示电路，用节点电压法求各支路电流。

3－17　如图 3－24 所示电路，用节点电压法求电压 U_{ab}。

3－18　如图 3－25 所示电路，用节点电压法求电压 U。

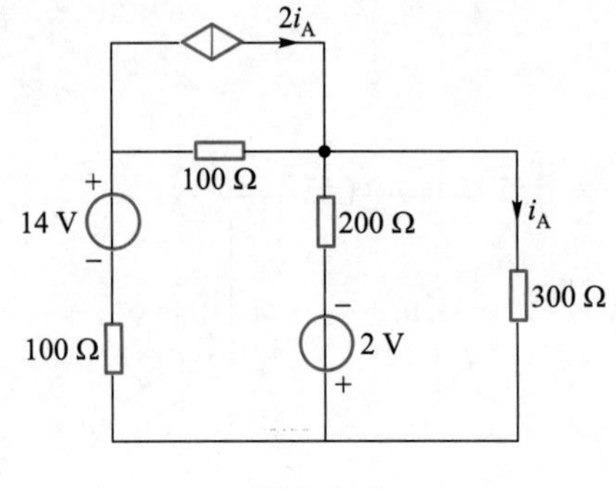

图 3－21

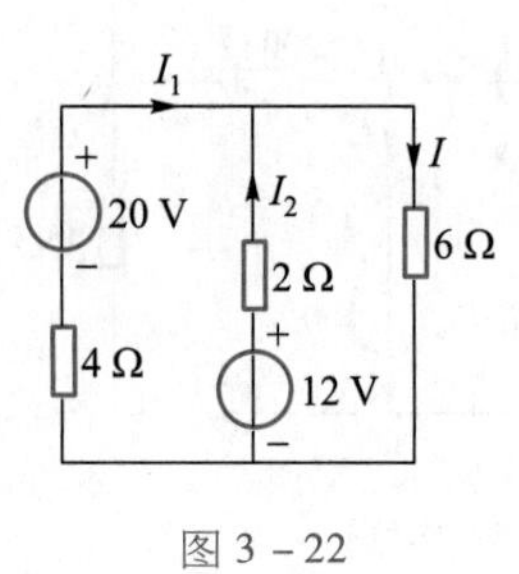

图 3－22

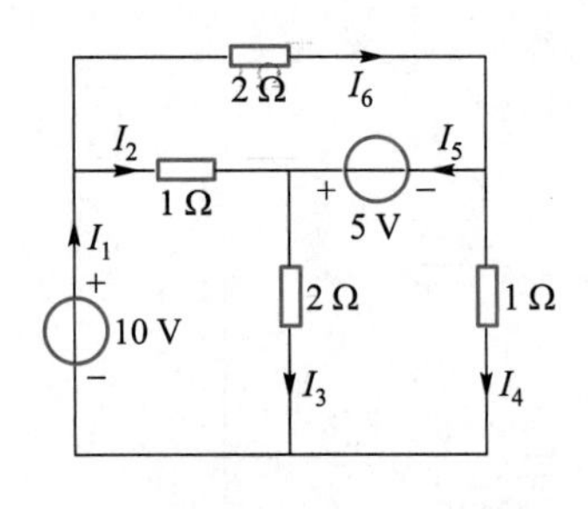

图 3－23

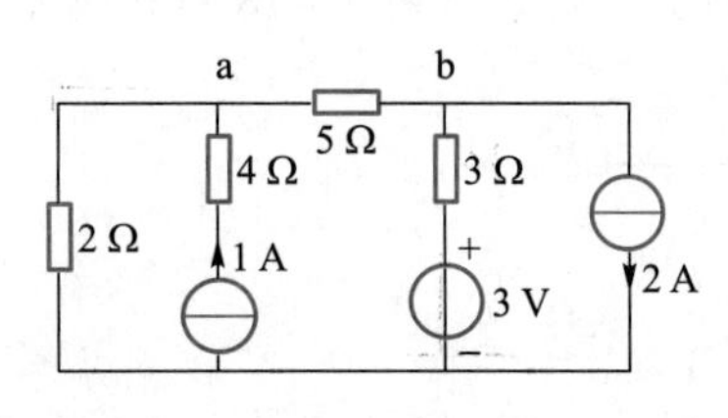

图 3－24

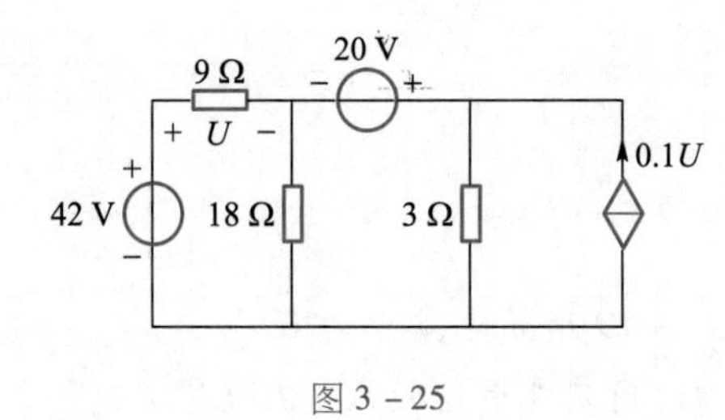

图 3－25

单元四 电路定理

通过本单元的学习,应理解电路中的叠加定理、齐性定理、替代定理,掌握戴维南定理和诺顿定理的等效变换。

本单元的学习重点为叠加定理、齐性定理的应用场合。注意替代定理中被替代的支路可以是有源或无源的,但被替代的支路不应含有受控源,该支路的电压或电流也不应为其他支路中受控源的控制量。学习难点为戴维南定理等效过程中,独立电源的处理方式为电流源置零即电流源开路,电压源置零即电压源短路。

4.1 叠加定理和齐性定理

叠加定理和齐性定理是线性电路中重要的定理,可以简化电路的分析与计算,是线性电路的基本性质。

学习目标

知识技能目标:掌握运用叠加定理和齐性定理来分析、计算电路的方法。

素质目标:掌握叠加定理和齐性定理的适用范围,在学习中借鉴"化繁为简"的思路。

微课 叠加定理

4.1.1 叠加定理

叠加定理是反映线性电路基本性质的一个重要定理,定理的内容为:在有多个独立电源作用的线性电路中,任一支路的电压、电流等于电路中各独立电源单独作用时在该支路产生的电压、电流的代数和。

课件 4.1

使用叠加定理时应注意以下几点。

① 叠加定理适用于线性电路,不适用于非线性电路。

② 各独立电源单独作用时,其他所有独立电源不作用,即其他所有独立电

源全部置零。其中,电压源置零是将电压源短路处理,电流源置零是将电流源开路处理。

③ 叠加时应注意电路中电压、电流的参考方向,与原电路电压、电流参考方向相同,取“+”号,与原电路电压、电流参考方向相反,取“-”号。

④ 受控源和电阻一样看待,受控源在每一个独立电源单独作用的电路中均应保留。

由此可知,叠加定理可以把一个含有多个独立源的电路分解成多个只含有一个独立源的简单电路进行计算,然后进行叠加。

图 4-1(a)所示电路为含有两个独立电压源的电路,试计算电流 I。

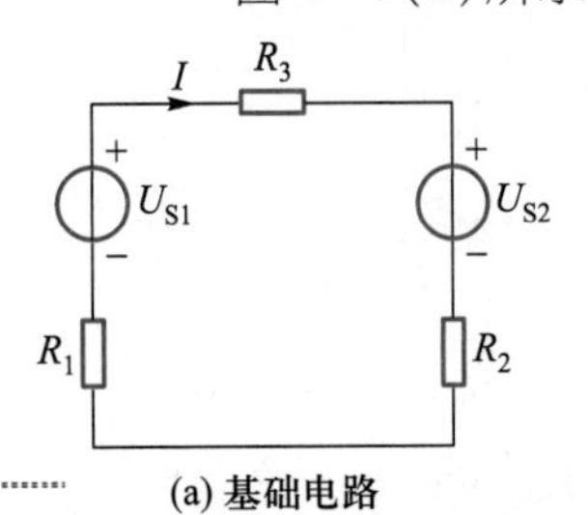

(a) 基础电路

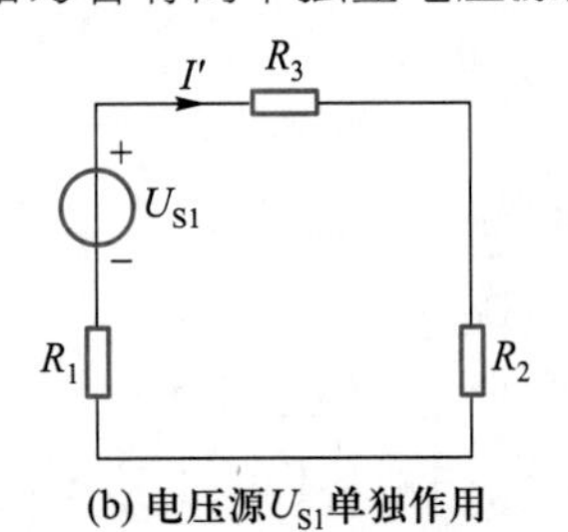

(b) 电压源 U_{S1} 单独作用

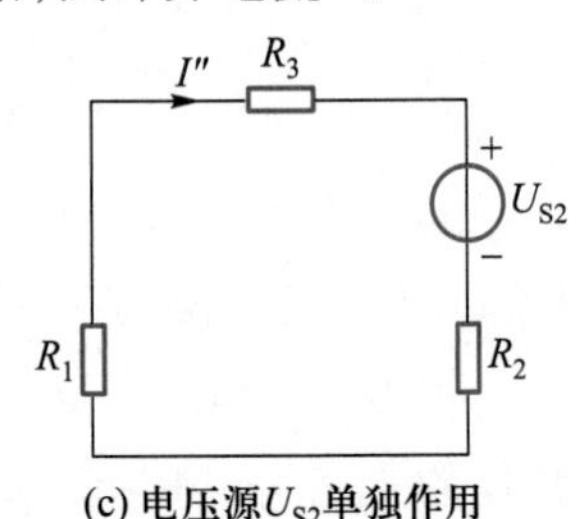

(c) 电压源 U_{S2} 单独作用

图 4-1 叠加定理证明

方法 1,应用叠加定理计算。

将两个独立电源分别单独作用,画出对应的电路,如图 4-1(b)(c)所示。

(1) 电源 U_{S1} 单独作用时,将电源 U_{S2} 置零即短路,电路如图 4-1(b)所示。根据基尔霍夫定律可求得电路中电流 I' 为

$$I' = \frac{U_{S1}}{R_1 + R_2 + R_3}$$

(2) 电源 U_{S2} 单独作用时,U_{S1} 置零即短路,电路如图 4-1(c)所示。根据基尔霍夫定律可求得电路中电流 I'' 为

$$I'' = -\frac{U_{S2}}{R_1 + R_2 + R_3}$$

(3) 应用叠加定理,两个电源同时作用时,电路中的总电流为

$$I = I' + I'' = \frac{U_{S1}}{R_1 + R_2 + R_3} - \frac{U_{S2}}{R_1 + R_2 + R_3} = \frac{U_{S1} - U_{S2}}{R_1 + R_2 + R_3}$$

方法 2,应用 KVL 和 VCR 计算。

对于图 4-1(a)中的电流 I,根据 KVL 和 VCR 列方程

$$-U_{S1} + IR_3 + U_{S2} + IR_2 + IR_1 = 0$$

得

$$I = \frac{U_{S1} - U_{S2}}{R_1 + R_2 + R_3}$$

可见,两种计算方法结果完全相同,这证明了叠加定理的正确性。由于电阻

元件的电压、电流与功率不是线性关系，故功率不能进行叠加。

【例 4－1】 计算图 4－2(a)中电路的电流 I_1、I_2 和电阻 R_2 的功率 P。

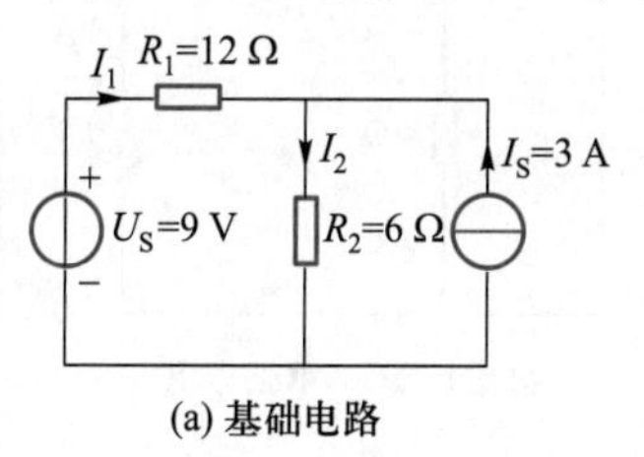

(a) 基础电路

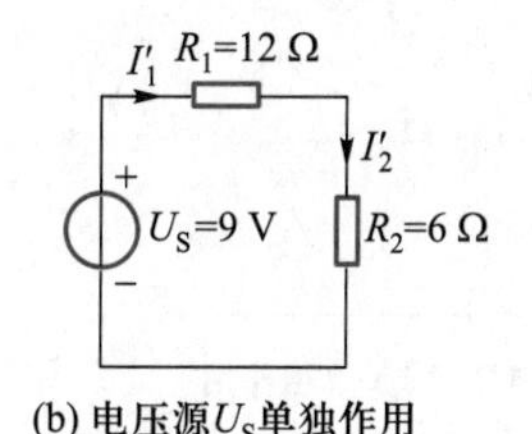

(b) 电压源U_S单独作用

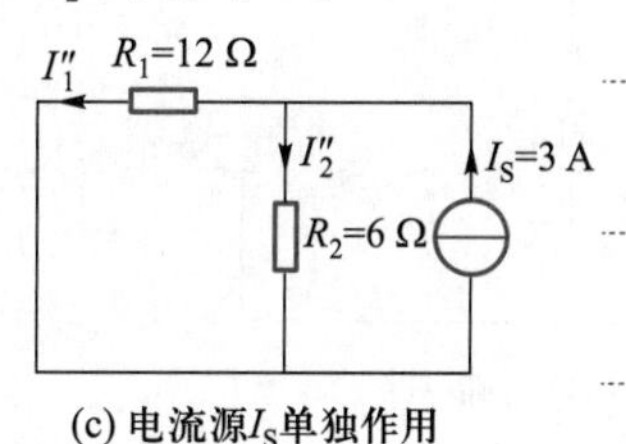

(c) 电流源I_S单独作用

图 4－2 例 4－1 电路

解：方法 1，用叠加定理计算。

(1) 电压源 U_S 单独作用时，将电流源 I_S 置零即开路，等效电路如图 4－2(b)所示。由欧姆定律可知

$$I_1' = I_2' = \frac{U_S}{R_1 + R_2} = 0.5\ \text{A}$$

$$P' = I_2'^2 R_2 = 1.5\ \text{W}$$

(2) 电流源 I_S 单独作用时，则电压源 U_S 置零即短路，等效电路如图 4－2(c)所示。由电阻分流定律可知

$$I_1'' = \frac{R_2 I_S}{R_1 + R_2} = 1\ \text{A}$$

$$I_2'' = \frac{R_1 I_S}{R_1 + R_2} = 2\ \text{A}$$

$$P'' = I''^2_2 R_2 = 24\ \text{W}$$

(3) 应用叠加原理计算，注意电流方向与原电流方向一致时为正，反之为负。因此叠加后可得

$$I_1 = I_1' - I_1'' = -0.5\ \text{A}$$

$$I_2 = I_2' + I_2'' = 2.5\ \text{A}$$

$$P' + P'' = 25.5\ \text{W}$$

方法 2，用支路电流法计算，列 KCL 和 KVL 方程，形成方程组

$$\begin{cases} I_1 + I_S = I_2 \\ -U_S + R_1 I_1 + R_2 I_2 = 0 \\ I_S = 3\ \text{A} \end{cases}$$

得 $I_1 = -0.5\ \text{A}, I_2 = 2.5\ \text{A}, P = I_2^2 R_2 = 37.5\ \text{W}$

两种方法计算电流相同，证明了叠加定理的正确性。另外，电阻元件的电压、电流与功率不是线性关系，故功率计算不能采用叠加定理。

【例 4－2】 用叠加定理计算图 4－3(a)电路中的电压 U_2。

解：电路由两个电源共同作用，应用叠加定理进行计算。

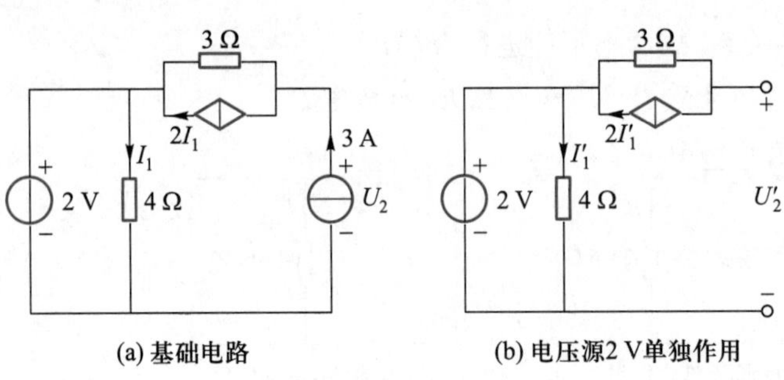

(a) 基础电路　(b) 电压源2 V单独作用　(c) 电流源3 A单独作用

图 4－3　例 4－2 图

(1) 电压源 2 V 单独作用时，电流源 3 A 为零即开路，等效电路如图 4－3(b)所示。先求得 I_1'的值为　$I_1'=\frac{2}{4}\ \text{A}=0.5\ \text{A}$

3 Ω 电阻流过的电流为　$2I_1'=1\ \text{A}$

从而求得　$U_2'=-3\ \Omega\times1\ \text{A}+2\ \text{V}=-1\ \text{V}$

(2) 当电流源 3 A 单独作用时，则电压源 2 V 为零即短路，等效电路如图 4－3(c)所示。有

$$I_1''=0$$

故受控电流源相当于开路，从而有

$$U_2''=3\ \Omega\times3\ \text{A}=9\ \text{V}$$

(3) 因此两电源共同作用，应用叠加定理，可知

$$U_2=U_2'+U_2''=8\ \text{V}$$

4.1.2 齐性定理

线性电路的齐性定理是与叠加定理紧密相关的，定义为在线性电路中，当所有激励(电压源或电流源)都同时增大(或缩小)k 倍(k 为实常数)时，各支路的电流、电压也同时增大(或缩小)k 倍。

【例 4－3】 在图 4－4 所示电路中，当 $I_S=2$ A 时 $I=-1$ A，当 $I_S=4$ A 时 $I=0$ A，若要使 $I=1$ A，I_S应为多少？

解：I 是由 I_S和 N 网络中的等效电压 U_S共同作用产生的，按叠加定理有

图 4－4　例 4－3 图

$$I=aI_S+bU_S$$

将已知的变量代入，得

$$\begin{cases}-1=2a+bU_S\\0=4a+bU_S\end{cases}$$

从而可以解得 $a=0.5$，$bU_S=-2$。故当 $I=1$ A，代入得

$$1=0.5\times I_S-2$$

得　$I_S=6\ \text{A}$

知识闯关

1. 叠加定理适用于线性电路中的多个参数计算,如电流、电压、功率。(　　)

2. 叠加定理适用于线性和非线性电路。(　　)

4.2 替代定理

课件 4.2

在证明电路定理的过程中或电路的分析计算中,常常会用到替代定理。那么什么是替代定理?

学习目标

知识技能目标:掌握使用替代定理求解电路的方法。

素质目标:灵活建立替代模型,提高多角度分析和解决问题的意识。

在证明电路定理的过程中或电路的分析计算中,常常会用到替代定理,它不仅适用于线性电路,也适用于非线性电路。

替代定理指出:在任意电路中(可以是线性或非线性、时不变或时变电路),若已知第 k 条支路的电压 U_k、电流 I_k,则该支路可以用电压为 U_k的独立电压源替代;也可以用电流为 I_k的独立电流源替代。替代后,整个电路中各支路电压和电流都保持不变,与替代之前完全等值。被替代的支路可以是有源的或无源的,但被替代支路不应含有受控源,或该支路不含有其他支路受控电压源或受控电流源的控制量。

【例 4-4】 如图 4-5(a)所示电路,可以求得各支路电流为 $I_1=2$ A,$I_2=1$ A,$I_3=1$ A。用替代定理,将支路 3 分别用电压源 $U_S=8$ V 和电流源 $I_S=1$ A 替代后,求电流 I_1、I_2,电路如图 4-5(b)(c)所示。

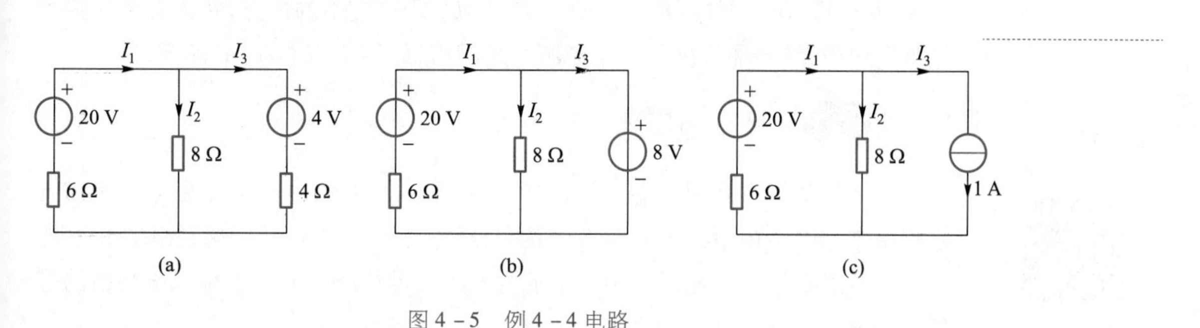

图 4-5　例 4-4 电路

解:若用电压源 U_S代替支路电压 U_3,电压方向不变,如图 4-5(b)所示。支路电

流 $I_2=8\ \text{V}/8\ \Omega=1\ \text{A}$，$I_1=(20\ \text{V}-8\ \text{V})/6\ \Omega=2\ \text{A}$。

用电流源 I_S 代替支路电流 I_3，电流方向不变，如图 4-5(c)所示。则可用支路电流列写 KVL 方程 $-20+8I_2+6I_1=0$，$I_1=I_2+1$，求得支路电流 $I_1=2\ \text{A}$，$I_2=1\ \text{A}$。可见结果相同。

知识闯关

1. 图 4-5(a)中 20 V 电压源和 6 Ω 电阻串联的支路可以用一个电阻支路代替。(　　)

2. 图 4-5(a)中 4 Ω 电阻所在支路可以被替代。(　　)

3. 替代定理既适用于线性电路，也适用于非线性电路。(　　)

课件 4.3

4.3 戴维南定理和诺顿定理

有些情况下，需要计算电路中某一支路的电压、电流或功率时，不需要对电路全面求解计算，就可以计算出该支路的电压或电流。这时一般利用戴维南定理和诺顿定理进行等效。

学习目标

知识技能目标：掌握使用戴维南定理和诺顿定理求解电路的方法。

素质目标：深入理解戴维南定理和诺顿定理简化电路的方法，培养将复杂问题简单化的思维。

任何一个具有两个端子的网络，不管其内部结构如何，都称为二端网络，也称为单口网络。网络内部若含有独立电源(电压源或电流源)，则称为有源二端网络，否则称为无源二端网络。例如，图 4-6(a)所示电路，如果只研究 R_2 所在支路的情况，将该支路从整个电路划出后，其余部分就是一个有源二端网络，如图 4-6(b)所示。同样，如果只研究 R_1 和 U_{S1} 所在支路的情况，将该支路从整个电路划出后，其余部分就是一个无源二端网络，如图 4-6(c)(d)所示。

4.3.1 戴维南定理

对于任意线性有源二端网络，对外电路的作用可以用一个理想电压源和电阻相串联的电路模型来等效置换。其中，理想电压源等于原二端网络的开路电压 U_{oc}，电阻等于原二端网络中全部独立电源置零后所构成的无源二端网络的等效电阻 R_{eq}，称之为戴维南定理。

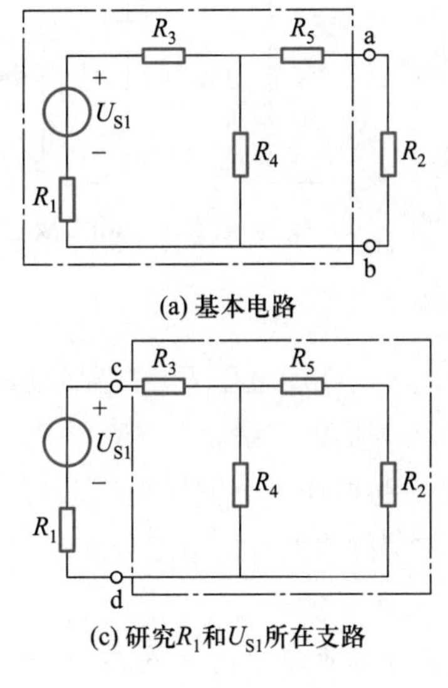

(a) 基本电路

(c) 研究R_1和U_{S1}所在支路

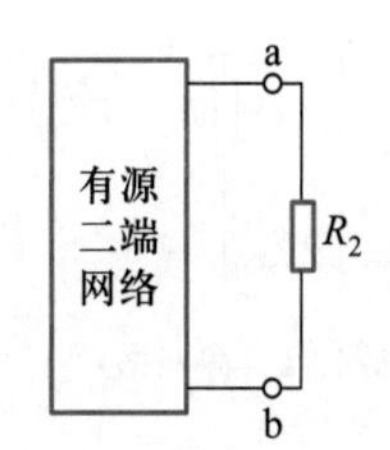

(b) 对应的有源二端网络

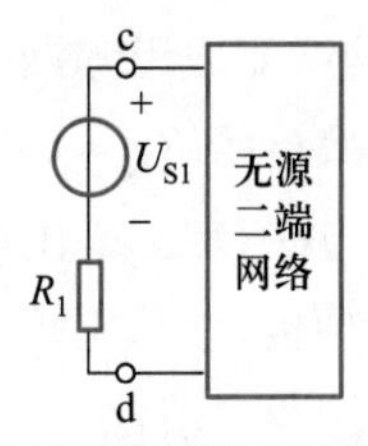

(d) 对应的无源二端网络

图 4－6　二端网络

戴维南定理常用来分析复杂电路中某一支路的电压或电流，具体分析计算的步骤如下。

① 将待求支路断开，则待求支路以外的部分就是一个有源二端网络。

② 求出该有源二端网络的开路电压 U_{oc}，开路电压可应用支路电流法、节点电压法等不同方法求解。

③ 将有源二端网络中的独立电源置零后构成无源网络，求出对应无源二端网络的等效电阻 R_{eq}。其中，电流源置零即将电流源开路，电压源置零即将电压源短路。

④ 将有源二端网络用开路电压 U_{oc}和等效电阻 R_{eq}代替后，接上待求支路，即可求出待求量。同时必须注意，二端网络等效前后端口处电压、电流的参考方向保持一致。

戴维南定理可以用图 4－7 所示的电路来描述。图 4－7(a)表示一个有源网络的输出端口接有外电路，即电阻 R。对于外电路而言，有源网络可等效为一个理想电压源与电阻串联的实际电压源电路，如图 4－7(b)所示。理想电压源的电压 U_S等于网络的开路电压 U_{oc}，如图 4－7(c)所示；而串联电阻 R_0 等于把有源网络内部的全部独立电源置零之后的等效电阻 R_{eq}，如图 4－7(d)所示。

求等效电阻 R_{eq}有 3 种方法。

第 1 种方法，在已知电路中电阻元件参数且电路中无受控电源时，将二端网络中的全部独立电源置零(电压源短路、电流源开路)，将有源网络变成无源网络，然后直接用电阻的等效变换方法计算出等效电阻。

第 2 种方法，当网络中含有受控电源时，将有源网络中的独立电源全部置

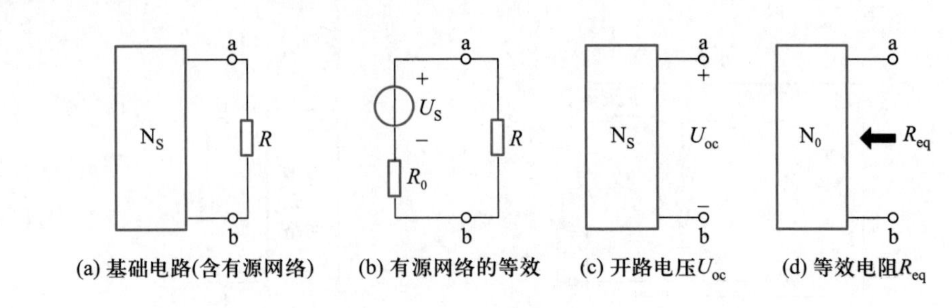

图 4-7　戴维南定理

零，将有源网络变成无源网络，然后在其端口处外加电压 U，求端口处的电流 I，则端口的等效电阻 $R_{eq}=U/I$，这种方法称为外加电压法。

第 3 种方法，在已求出有源二端网络开路电压 U_{oc} 的基础上，直接将有源网络的端口处短接，计算出短路电流 I_{sc}，则二端网络的等效电阻为 $R_{eq}=U_{oc}/I_{sc}$，这种方法称为短路电流法。

【例 4-5】 应用戴维南定理求图 4-8(a)所示电路中的电流 I。

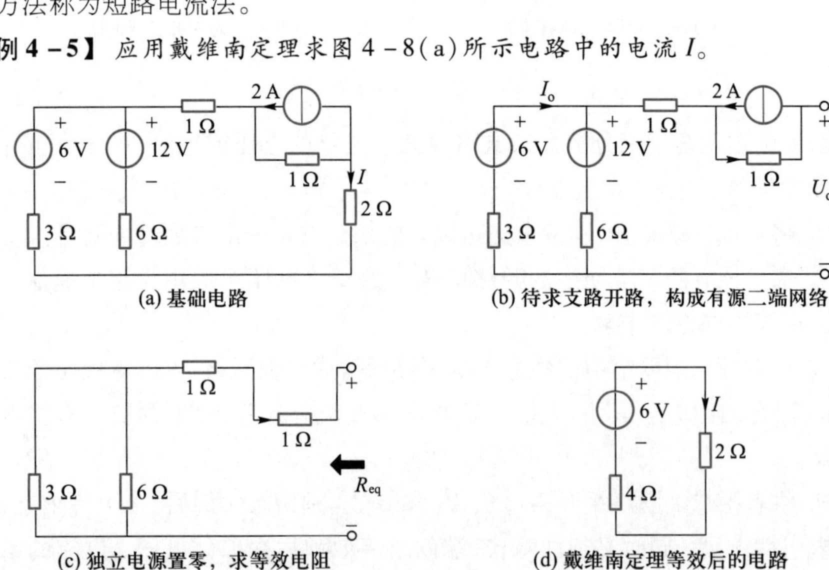

图 4-8　例 4-5 电路

解：（1）将待求支路断开，如图 4-8(b)所示，构成有源二端网络。

（2）计算有源二端网络开路电压 U_{oc}。

求解电流 $I_o=\dfrac{6-12}{3+6}\ \text{A}=-\dfrac{2}{3}\ \text{A}$，从而电压 $U_{oc}=\left[-2\times1+12+\left(-\dfrac{2}{3}\right)\times6\right]\ \text{V}=6\ \text{V}$。

（3）将有源二端网络中的独立电源置零，得到无源二端网络，如图 4-8(c)所示，可求得等效电阻 R_{eq}。

$$R_0=R_{eq}=(3//6+1+1)\ \Omega=4\ \Omega$$

（4）应用戴维南定理等效后，电路如图 4-8(d)所示，求得电流 $I=6/(4+2)\ \text{A}=1\ \text{A}$。

【例 4－6】 如图 4－9(a)所示电路，$U_S=10\ \text{V}$，$R_1=6\ \Omega$，$R_2=4\ \Omega$，$I_S=4\ \text{A}$，应用戴维南定理求电压 U_3。

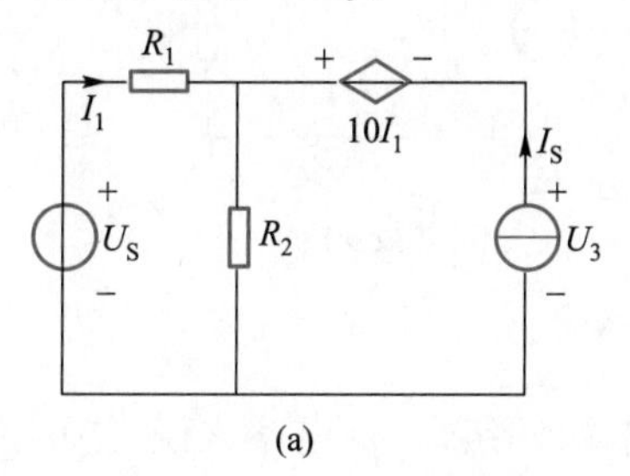

(a)

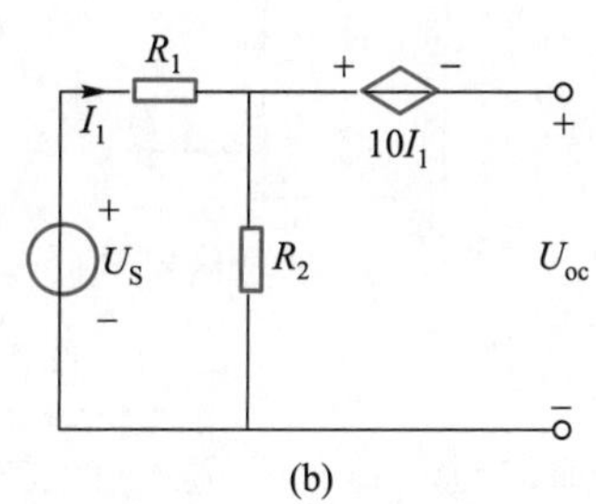

(b)

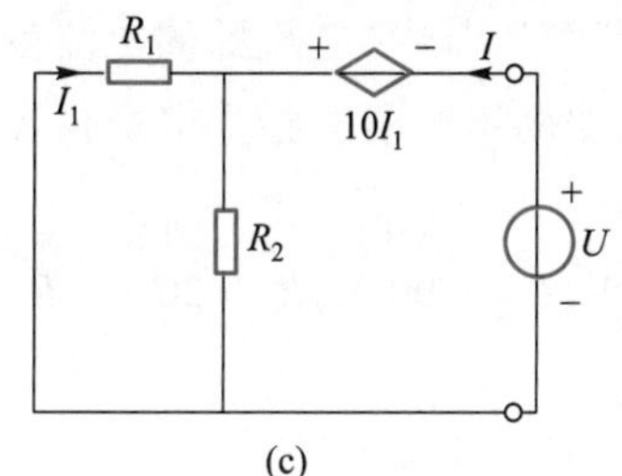

(c)

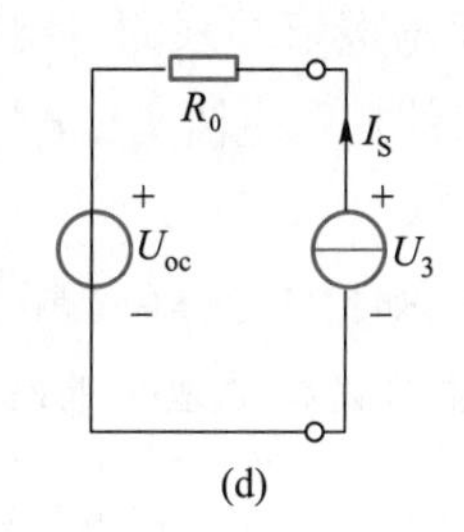

(d)

图 4－9 例 4－6 电路

解：(1) 将待求支路断开，构成有源二端网络，如图 4－9(b)所示。

(2) 计算其开路电压 U_{oc}。

先求解电流 $I_1=\dfrac{U_S}{R_1+R_2}=\dfrac{10}{6+4}\ \text{A}=1\ \text{A}$，从而电压 $U_{oc}=-10I_1+I_1R_2=-6\ \text{V}$。

(3) 将电路中独立电源置零，得到无源二端网络，因无源二端网络含有受控源，故采用外加电压法，求等效电阻 R_{eq}。外加电压 U，产生的电流 I 如图 4－9(c)所示。则有

$$I_1=-\frac{R_2}{R_1+R_2}I=-0.4I$$

$$U=-10I_1-I_1R_1=6.4I$$

$$R_0=R_{eq}=\frac{U}{I}=6.4\ \Omega$$

(4) 应用戴维南定理，接入待求支路，等效电路如图 4－9(d)所示，求得电压 U_3 为

$$U_3=I_SR_0+U_{oc}=19.6\ \text{V}$$

4.3.2 诺顿定理

微课
诺顿定理

在戴维南定理中等效电源是用电压源来表示的。根据前面所学知识，一个电源除了可以用理想电压源和电阻串联的电压源模型来等效外，还可以用理想电流源和电阻并联的电流源模型来等效，这种等效方法便是诺顿定理，如图 4－10所示。

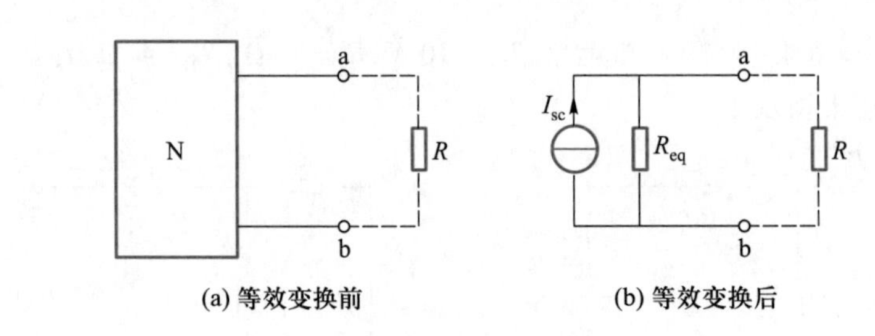

图 4-10 诺顿定理

诺顿定理定义为：任意一个线性有源二端网络，对外电路来说，均可由一个独立电流源与电阻并联的电路模型来等效代替。其中，电流源的电流就是该有源二端网络的短路电流 I_{sc}，电阻就是将该二端网络中所有独立电源置零后的等效电阻 R_{eq}。

【例 4-7】 如图 4-11(a)所示，$U_{S1}=140\ \text{V}$，$U_{S2}=90\ \text{V}$，$R_1=20\ \Omega$，$R_2=5\ \Omega$，$R_3=6\ \Omega$，应用诺顿定理求电路中的电流 I_3。

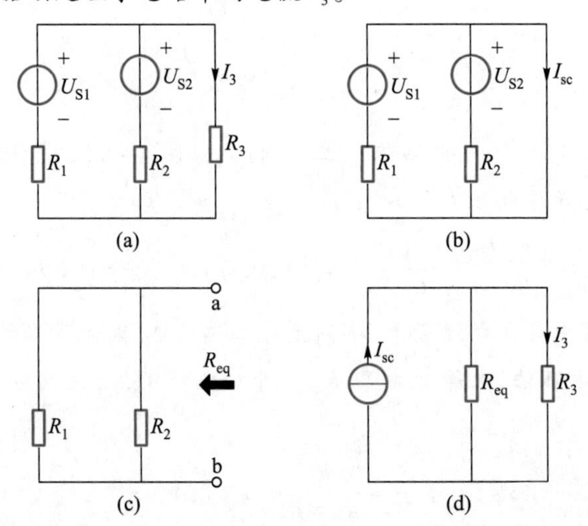

图 4-11 例 4-7 电路

解：（1）将电阻 R_3 支路断开，电路所剩部分构成有源二端网络。

（2）计算有源二端网络短路电流，如图 4-11(b)所示，短路电流 I_{sc} 为

$$I_{sc}=\frac{U_{S1}}{R_1}+\frac{U_{S2}}{R_2}=25\ \text{A}$$

（3）将有源二端网络内部独立电源置零，得到无源二端网络，如图 4-11(c)所示，其等效电阻 R_{eq} 为

$$R_{eq}=R_1/\!/R_2=4\ \Omega$$

（4）应用诺顿定理等效，接入待求支路，电路如图 4-11(d)所示，从而求得电流 I_3 为

$$I_3=\frac{R_{eq}I_{sc}}{R_{eq}+R_3}=10\ \text{A}$$

知识闯关

1. 一个含有独立电源、线性电阻和受控源的二端网络，对外电路来说，均可由一个独立电流源与电阻并联的电路模型来等效代替。(　　)

2. 利用诺顿定理求解电路，等效电流源的电流就是该有源网络的短路电流。(　　)

3. 不论是戴维南定理还是诺顿定理，在等效时均不考虑等效电源的参考方向。(　　)

技能训练六　叠加定理的验证

1. 训练目标

① 验证线性电路叠加定理的正确性，加深对线性电路的叠加性和齐次性的认识和理解。 提高对复杂电路各支路电流、元件电压的测试能力。

② 在学习中借鉴叠加定理中“化繁为简”的思路。

2. 训练要求

① 按图 4－12 所示正确焊接并测试二端网络相关参数。

② 会用万用表测量二端网络中的电流、电压。

3. 工具器材

电烙铁、焊锡丝、松香、直流稳压电源、万用表、LED 1 个、1 kΩ 电阻 2 个、680 Ω 电阻 2 个、470 Ω 电阻 2 个。

4. 测试电路

实验电路如图 4－12 所示。其中，电源 $U_{S1}=5\ V$，$U_{S2}=10\ V$，电阻 $R_1=R_5=1\ k\Omega$，$R_2=R_6=470\ \Omega$，$R_3=R_4=680\ \Omega$。

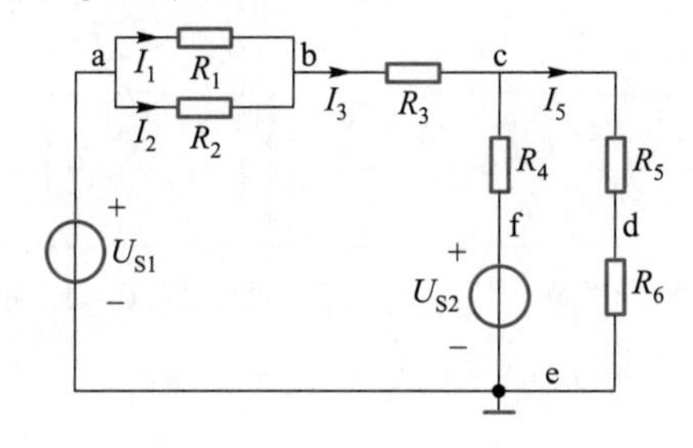

图 4－12　实验电路原理图

5. 技能知识储备

(1) 叠加定理

叠加定理是指在有多个独立源共同作用的线性电路中，通过每一个元件的电流或其两端的电压，可以看成是由每一个独立源单独作用时，在该元件上产生

早发现

图 4－12 电路在焊接时应该引出几根导线？

拓展阅读

国际电机权威和自动控制理论先驱顾毓琇

的电流或电压的代数和。

(2) 如图4－12所示电路中有两个独立的电压源，首先就要画出两个电源单独作用时所对应的电路图，如图4－13(a)(b)所示。U_{S1}单独作用时所对应的电路如图4－13(a)所示，U_{S2}单独作用时所对应的电路如图4－13(b)所示。

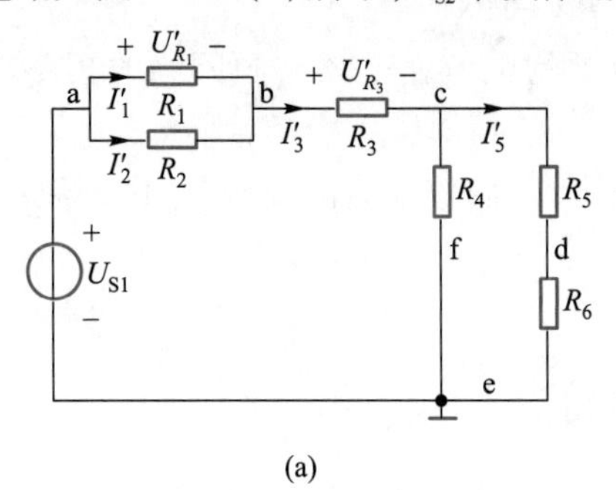

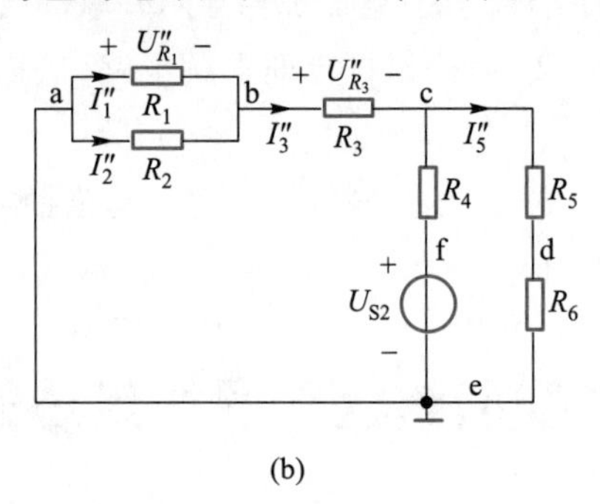

图4－13　实训电路图

6. 完成流程

① 焊接如图4－12所示的二端网络，电源U_{S1}、U_{S2}处留出引线端子。

② 令U_{S1}电源单独作用，如图4－13(a)所示，将U_{S2}置零或者短接，用万用表测试图中标注的电压和电流(注意标注电量的参考方向)，数据记录在表4－1中。

表4－1　测量数据1

被测量	U_{S1}/V	U_{S2}/V	U'_{R_1}/V	I'_1/mA	U'_{R_3}/V	I'_3/mA
测量值	10	0				

③ 令U_{S2}电源单独作用，如图4－13(b)所示，将U_{S1}置零或者短接，用万用表测试图中标注的电压和电流(注意标注电量的参考方向)，数据记录在表4－2中。

表4－2　测量数据2

被测量	U_{S1}/V	U_{S2}/V	U''_{R_1}/V	I''_1/mA	U''_{R_3}/V	I''_3/mA
测量值	0	5				

④ 令U_{S1}和U_{S2}共同作用，用万用表测试如图4－12所标注的电压和电流(注意标注电量的参考方向)，数据记录在表4－3中。

表4－3　测量数据3

被测量	U_{S1}/V	U_{S2}/V	U_{R_1}/V	I_1/mA	U_{R_3}/V	I_3/mA
测量值	10	5				

⑤ 恢复原电路，在b、c之间再串联一个LED(非线性元器件)，如图4－14所示VD，然后重复上述操作，数据记录在表4－4中。

表 4－4　测量数据 4

被测量		U_{S1}/V	U_{S2}/V	U_{R_1}/V	I_1/mA	U_{R_3}/V	I_3/mA
测量值	1 组	10	0				
	2 组	0	5				
	3 组	10	5				

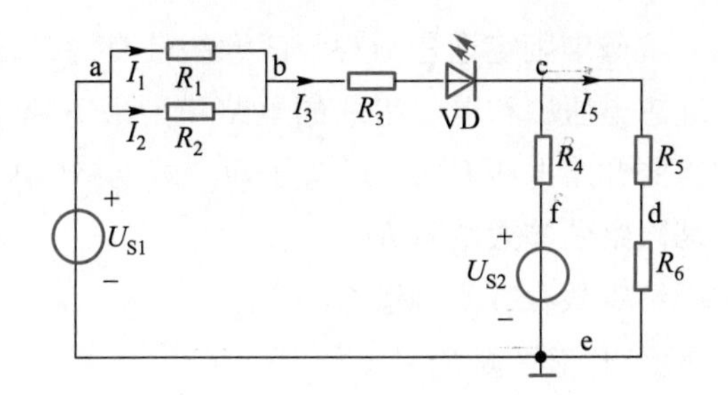

图 4－14　测量电路图

7. 思考总结

① 记录电压和电流的数据时，注意方向和测量值的正负号。

② 注意仪表量程的及时更换。

③ 分析并小组讨论 U_{R_3} 与 U'_{R_3}、U''_{R_3} 的关系，以及 I_3 与 I'_3、I''_3 的关系。

④ 接入 LED 后，各小组重新分析并讨论 U_{R_3} 与 U'_{R_3}、U''_{R_3} 的关系，以及 I_3 与 I'_3、I''_3 的关系。

⑤ 分析误差原因。

8. 评价

叠加定理验证结束，撰写实训报告，并在小组内进行自我评价、组员评价，最后由教师给出评价。三个评价相结合，作为本次实训完成情况的综合评价。

技能训练七　戴维南定理的验证

1. 训练目标

① 验证戴维南定理，掌握测量有源二端网络等效参数的一般方法。

② 借鉴戴维南定理中通过等效得以“透过现象看本质”的思路。

2. 训练要求

① 如图 4－15 所示，正确焊接二端网络并测试相关参数。

② 会使用万用表测量二端网络中电流、电压。

3. 工具器材

电烙铁、焊锡丝、松香、直流稳压电源、万用表、300 Ω 电阻 1 个、510 Ω 电阻 2 个、200 Ω 电阻 1 个、1 kΩ 可调电阻 1 个。

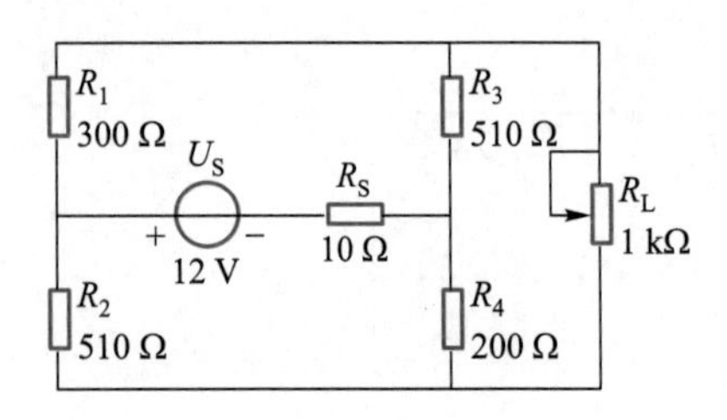

图 4-15 实验电路原理图

4. 测试电路

实验电路如图 4-15 所示，其中电源 $U_S = 12\ \text{V}$，$R_S = 10\ \Omega$，$R_1 = 300\ \Omega$，$R_2 = R_3 = 510\ \Omega$，$R_4 = 200\ \Omega$，R_L 为1 kΩ可调电阻。

5. 技能知识储备

（1）戴维南定理

戴维南定理是指对于任意线性有源二端网络，对外电路的作用可以用一个理想电压源和电阻串联的电路模型来等效置换，其中理想电压源等于原二端网络的开路电压 U_{oc}，电阻等于原二端网络中全部独立电源置零后所构成的无源二端网络的等效电阻 R_0。

（2）有源二端网络等效参数的测量方法

① 开路电压、短路电流法测 R_0。

在有源二端网络输出端开路时，用电压表直接测其输出端的开路电压 U_{oc}、然后再用电流表直接测其短路电流 I_{sc}，则其等效电阻为

$$R_0 = U_{oc}/I_{sc}$$

② 半电压法测 R_0。

当负载电压为被测网络开路电压的一半时，负载电阻即为被测有源二端网络的等效内阻值。

6. 完成流程

① 焊接二端网络如图 4-16 所示。按图 4-16(a)(b)连接电路，分别测定 U_{oc}、I_{sc}，求出戴维南等效电阻，并记录在表 4-5 中。

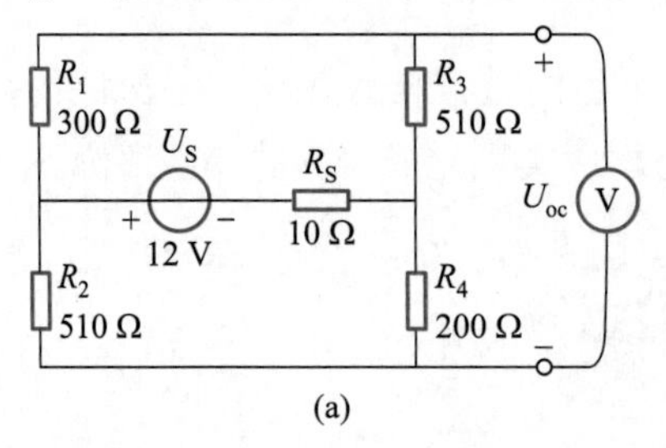

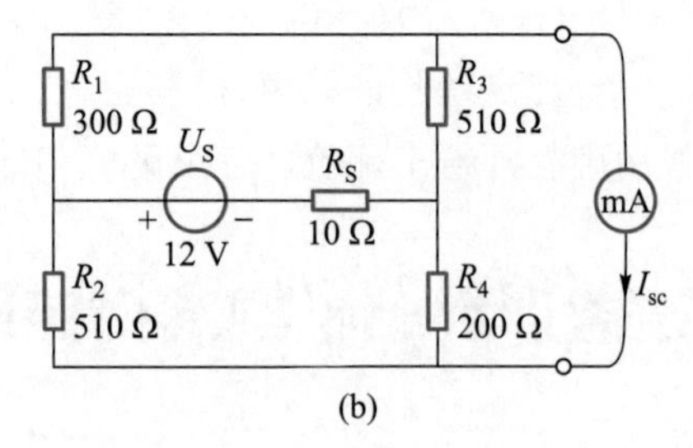

图 4-16 测量电路图

表 4-5 测量数据

被测量	U_{oc}/V	I_{sc}/mA	$R_0 = U_{oc}/I_{sc}$ /Ω
测量值			

② 也可以按图 4-17(a)接入可调电阻，改变 R_L 阻值，使测量电压 $U_o = 0.5U_{oc}$时，此时电阻 R_L 的阻值即等于等效电阻。

③ 根据流程①或②测得的开路电压 U_{oc}、等效电阻 R_0组成戴维南等效电路，如图 4-17(b)所示。改变 R_L 阻值，测量戴维南电路的外特性 $U_o = f(I_o)$，记

录在表 4－6 中。验证戴维南定理的正确性。

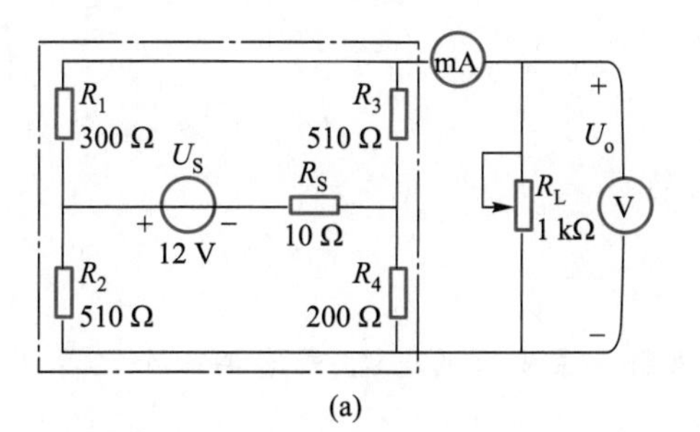

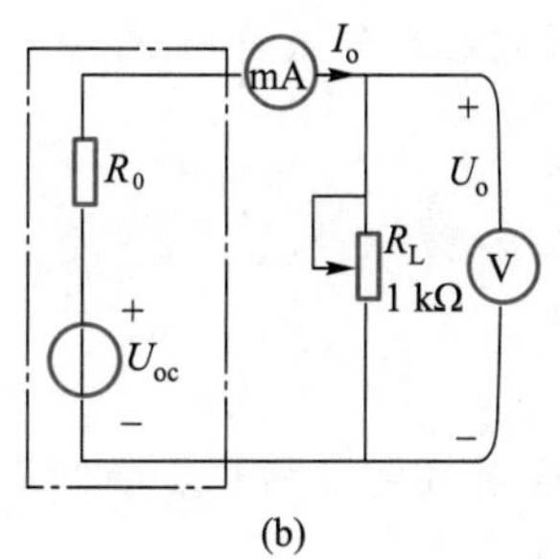

图 4－17　测量电路

表 4－6　测量趋势

R_L/Ω		1	2	3	4	5	6
$U_o=f(I_o)$	U_o/V	0					
	I_o/mA						0

7. 思考总结

① 记录电压和电流的数据时，注意测量值的参考方向。

② 注意仪表量程的及时更换。

③ 技能训练之前预先做好对图 4－16 的计算。

④ 比较 U_{oc} 和 R_0 理论计算值和实际测量值是否相等，分析误差原因。

8. 评价

戴维南定理验证结束，撰写实训报告，并在小组内进行自我评价、组员评价，最后由教师给出评价。三个评价相结合，作为本次实训完成情况的综合评价。

小结

1. 叠加定理是反映线性电路基本性质的一个重要定理，其内容为：在有多个独立电源作用的线性电路中，任一支路的电压、电流等于电路中各独立电源单独作用时在该支路产生的电压、电流的代数和。

2. 线性电路的齐性定理是与叠加定理紧密相关的，定义为在线性电路中，当所有激励（电压源或电流源）都同时增大（或缩小）k 倍（k 为实常数）时，各支路的电流、电压也同时增大（或缩小）k 倍。

3. 对于任意线性有源二端网络，对外电路的作用可以用一个理想电压源和电阻相串联的电路模型来等效替代，其中理想电压源等于原二端网络的开路电压 U_{oc}，电阻等于原二端网络中全部独立电源置零后所构成的无源二端网络的等效电阻 R_{eq}，这就是戴维南定理。其中电流源置零为电流源开路，电压源置零为电压源短路。

4. 诺顿定理定义为：任何一个线性有源二端网络，均可以由一个独立电流源与电阻并联的电路来等效代替。其中,电流源的电流就是该有源二端网络的短路电流 I_{sc},电阻就是令有源二端网络中的所有独立电源置零后的等效电阻 R_{eq}。

自测题

一、判断题

1. 戴维南定理适合求解电路相对复杂但是只需要求解一条支路的电流,或者某一个元器件两端电压的场合。(   )

2. 若一端口既含独立电源又含电阻和受控源,可以用戴维南定理和诺顿定理进行等效分析计算。(   )

二、选择题

使用叠加定理时,在各独立电源作用的电路中,要把其他不作用的电源________。不作用的电压源用________代替;不作用的电流源用________代替。(   )

A. 置零、短路、开路　　B. 置零、开路、短路　　C. 短路、开路、开路

习题

4-1 什么是叠加定理?其适用于任何电路吗,为什么?

4-2 什么是替代定理?其适用于任何电路吗,为什么?

4-3 什么是戴维南定理、诺顿定理?其适用于任何电路吗,为什么?两者有何区别和联系?

4-4 哪些电路定理比较适用于实际电路计算,各有何特点?

4-5 用叠加定理求图 4-18 所示电路中的 I。

4-6 用叠加定理求图 4-19 所示电路中的 U。

4-7 用叠加定理求图 4-20 所示电路中的 I_1、I_2、U_{ab}。

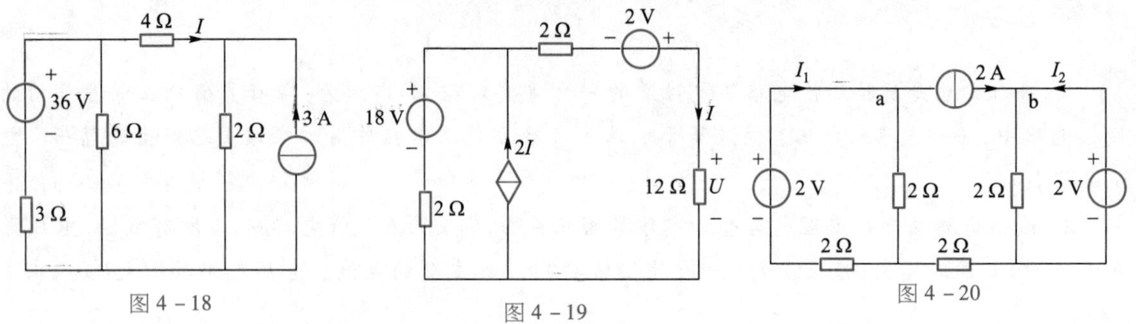

图 4-18　　图 4-19　　图 4-20

4-8 如图 4-21 所示无源线性电阻网络,已知 $I_{S1}=I_{S2}=5$ A 时,$I=0$;$I_{S1}=8$ A,$I_{S2}=6$ A 时,$I=4$ A。求 $I_{S1}=3$ A,$I_{S2}=4$ A 时的 I。

4-9 如图 4-22 所示电路中,N_0 为无源线性电阻网络,当 $u_1=2$ V,$u_2=3$ V 时,$i_x=20$ A;当 $u_1=-2$ V,$u_2=1$ V 时,$i_x=0$。若将 N_0 变为含有独立源的网络后,在 $u_1=u_2=0$ V 时,$i_x=-10$ A,求网络变换后,当 $u_1=u_2=5$ V 时的电流 i_x。

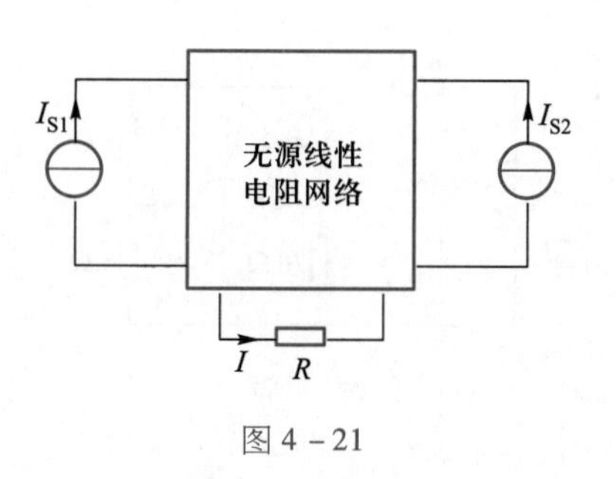

图 4 - 21

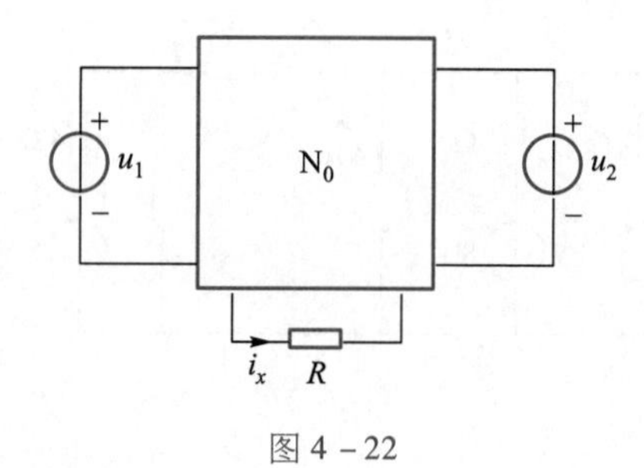

图 4 - 22

4 - 10　如图 4 - 23 所示各电路,求 ab 端口的戴维南等效电路。

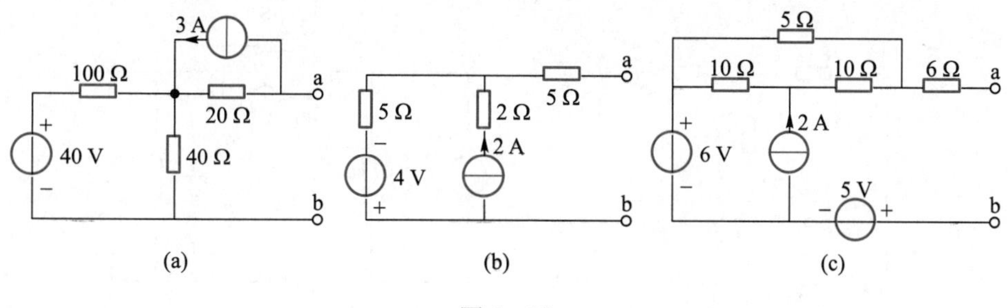

图 4 - 23

4 - 11　用戴维南定理计算图 4 - 24 所示两电路中的电流 I。

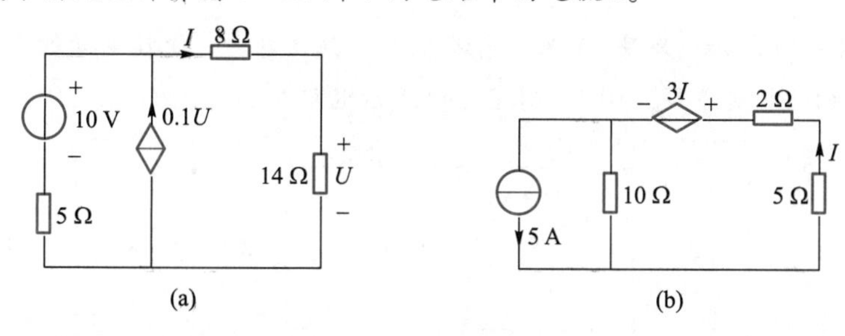

图 4 - 24

4 - 12　如图 4 - 25 所示电路,$u_2=12.5$ V,将 ab 两端短路时,其上流过电流为 10 mA,求 ab 端口对网络 N 的戴维南等效电路。

4 - 13　求图 4 - 26 所示电路的戴维南等效电路。

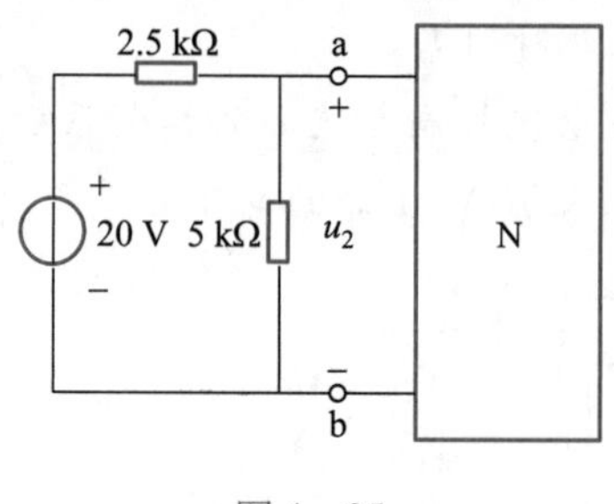

图 4 - 25

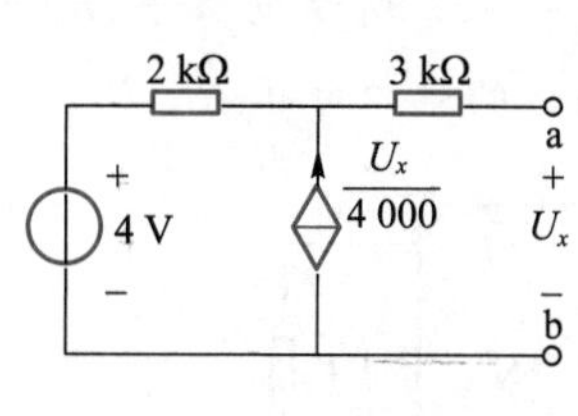

图 4 - 26

4 - 14　用戴维南定理求图 4 - 27 所示电路中的电流 I。

4 - 15　如图 4 - 28 所示电路中,用戴维南定理和诺顿定理求电流 I。

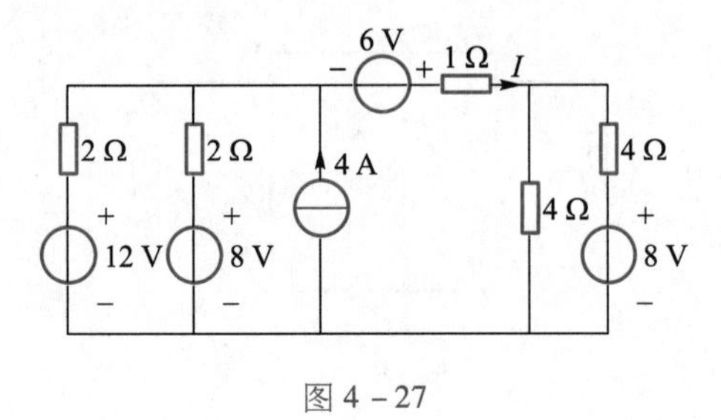

图 4－27

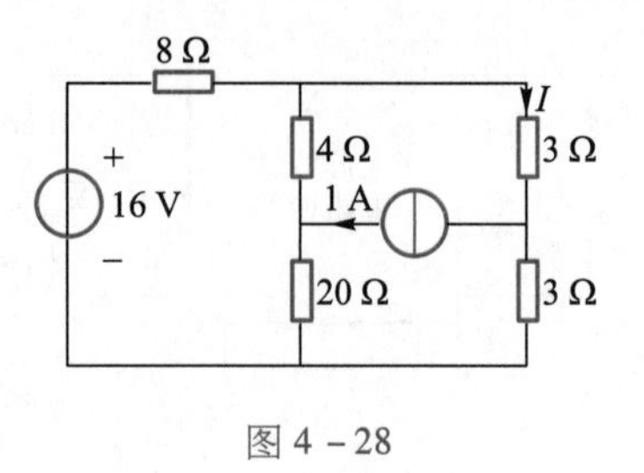

图 4－28

4－16 求图 4－29(a)(b)所示网络的戴维南等效电路和诺顿等效电路。

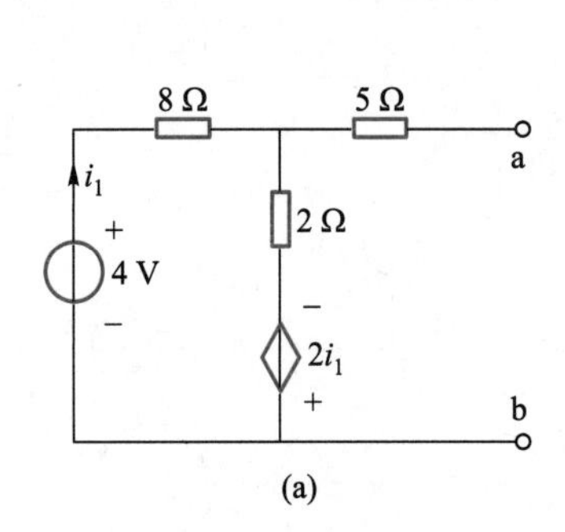

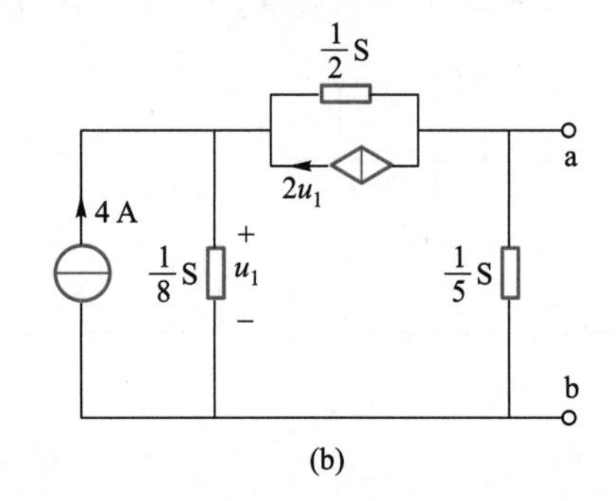

图 4－29

4－17 在图 4－30 所示电路中，A 为一含有电阻、独立电源、受控电源的电路，在图(a)中测得 $U_{oc}=30$ V；在图(b)中测得 $U_{ab}=0$ V。求图(c)所示电路中的电流 I。

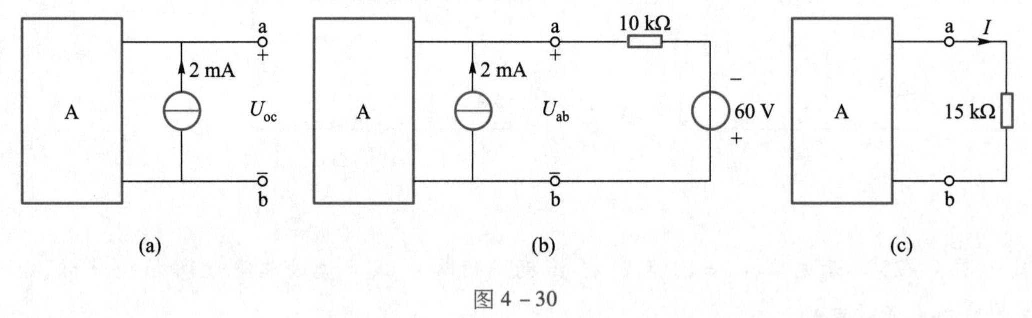

图 4－30

4－18 在图 4－31 所示电路中，N 是纯电阻网络。当 $R_2=4$ Ω，外加电压 $U_1=10$ V 时测量得 $I_1=2$ A，$I_2=1$ A。现将 R_2 改为 1 Ω，$U_1=24$ V，测得 $I_1=6$ A，求此时的 I_2。

4－19 在图 4－32 所示电路中，$R_1=20$ Ω，$R_2=10$ Ω。当电流控制电流源的控制系数 $\beta=1$ 时，有源一端口网络的端口电压 $U=20$ V；当 $\beta=3$ 时，$U=25$ V。求 $\beta=-1$ 时的电压 U。

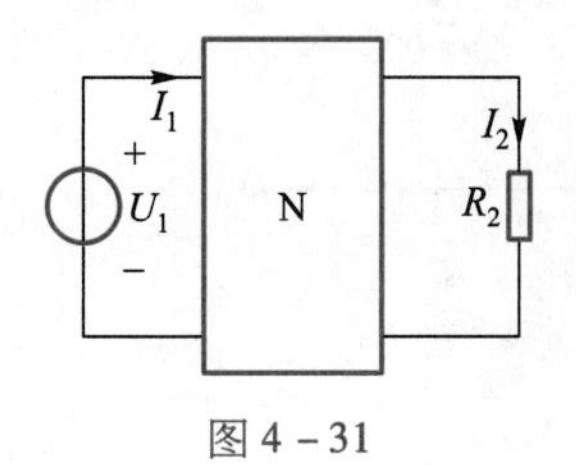

图 4－31

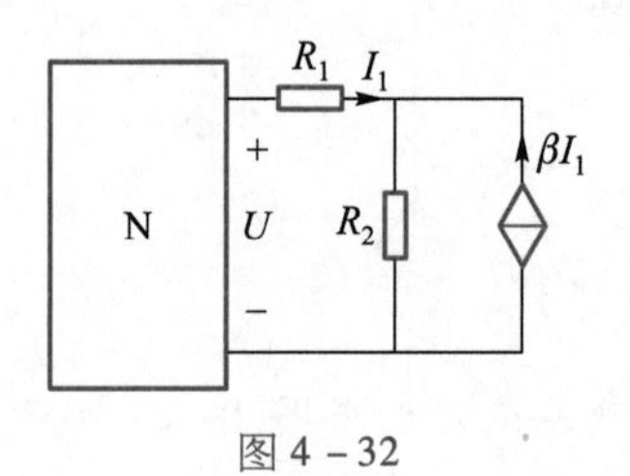

图 4－32

单元五 储能元件

通过本单元的学习，应掌握电容、电感这两个储能元件的相关知识，掌握电感的储能特性，会分析电容、电感的串并联电路。

5.1 电容元件

电路元件是理想的电路模型，用于如实反映实际电路，因此掌握电路元件的特性是研究电路的基础，本节介绍最基本的无源元件——电容。电容具有反抗电压变化、隔断直流以及存储电荷和电能的特性。

学习目标

知识技能目标：掌握电容的容量和伏安特性，理解电容的参数；会选取合适的电容器。

素质目标：从最基本的电路元件入手，“万丈高楼平地起”，戒骄戒躁，培养良好学习习惯，掌握扎实的基本功。

电容是储存电场能量或储存电荷能力的度量。电容元件是用来模拟一类能够储存电场能量的理想元件模型。实际电容器是在两片平行导体极板之间填充绝缘介质而构成的储存电场能量的器件。

5.1.1 线性电容元件及其特性

课件 5.1

与电阻类似，电容元件也有线性、非线性、时不变和时变之分。本书仅讨论线性时不变二端电容元件。

任何两个导体间，均可以构成电容。电容器是用绝缘体隔开的两块导体构成的，具备存储电荷的能力。以图 5-1(a)所示电容器为例，如果两块导体间的电位差为 u，一块导体上带有 q 库伦的正电荷，另一块带有等量的负电荷，则电

容器的电容为

$$C=\frac{q}{u} \tag{5-1}$$

式中，C 为电容系数，简称电容，单位为 F(法拉)。在实际应用中，法拉单位太大，常采用微法(μF)和皮法(pF)为单位。

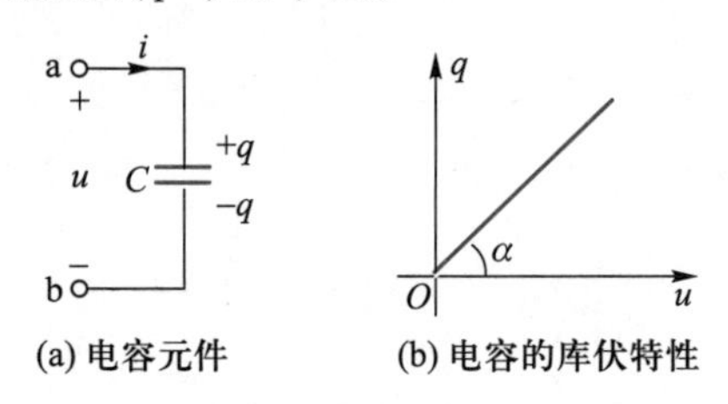

图 5-1 电容元件及库伏特性

拓展阅读
各向同性介质

电容大小与极板间的绝缘介质材料性能、两极板的形状、表面积的大小和极板间的距离有关。对于平板电容器，其容量为$C=\varepsilon A/d$，与电介质的介电常数ε和极板面积 A 成正比，与极板距离 d 成反比。如果极板间的绝缘介质为各向同性介质，如云母、空气、油类等，则电容 C 是常系数的，称为线性时不变电容，简称线性电容。其库伏特性如图 5-1(b)所示，是通过坐标原点的一条直线。且 C 与 $\tan\alpha$ 成正比，α 为曲线和电压轴的夹角。

5.1.2 线性电容元件上电压与电流的关系

如果电容两端电压和流过的电流采用关联参考方向，如图 5-1(a)所示，则电容充放电过程中，极板上的电荷量随着极板电压而变化，因此电容中电荷的流动形成电流。根据式(5-1)可知，当电压增大时，电荷量也成比例增大，从而正电荷按图中所示电流方向流向“+”极板，这时电流的实际方向与图示参考方向一致，为电容的充电过程。反之，电压减小时，极板上的电荷量成比例减小，正电荷按图示电流的反方向从“+”极板流出。这时电流的实际方向与图示参考方向相反，为电容的放电过程。电荷量随时间的变化直接决定了电流的大小和方向，有

$$i=\frac{\mathrm{d}q}{\mathrm{d}t}=C\frac{\mathrm{d}u}{\mathrm{d}t} \tag{5-2}$$

式(5-2)是电容元件电压和电流的关系式，由此可以得出以下结论。

① 对于直流电，电压不随时间发生变化，即 $\mathrm{d}u/\mathrm{d}t=0$，则 $\mathrm{d}q/\mathrm{d}t=0$，$i=0$。因此，直流电路中电容器上的电荷量不变，电流恒为零。故电容相当于开路。

② 当电容两端的电压升高时，即 $\mathrm{d}u/\mathrm{d}t>0$，有 $\mathrm{d}q/\mathrm{d}t>0$，$i>0$，电容极板上电荷量增加，电容在充电。当电容两端的电压降低时，即 $\mathrm{d}u/\mathrm{d}t<0$，有 $\mathrm{d}q/\mathrm{d}t<0$，$i<0$，电容极板上电荷量减少，电容在放电。

③ 任意时刻，通过电容器的电流都为有限值，则 $\mathrm{d}u/\mathrm{d}t$ 必须为有限值，表明了电容器两端的电压不能发生跃变，只能是连续变化的。

根据式(5-2)有 $dq = i\mathrm{d}t$,则从 t_0 到 t 时刻,电容极板电荷的变化量为

$$\int_{q(t_0)}^{q(t)} \mathrm{d}q = \int_{t_0}^{t} i\mathrm{d}t \tag{5-3}$$

$$q(t) = q(t_0) + \int_{t_0}^{t} i\mathrm{d}t \tag{5-4}$$

对于线性电容,根据式(5-3)或式(5-4),以及式(5-2),有

$$u(t) = u(t_0) + \frac{1}{C}\int_{t_0}^{t} i\mathrm{d}t \tag{5-5}$$

式(5-5)或式(5-4)表示,任意时刻 t 电容元件上的电压(电荷量)不仅与前一时刻 t_0 的电压(电荷量)有关,还与 $t-t_0$ 时段内的电流有关,因此电容具有记忆功能。当 $t_0=0$ 且 $u(t_0)=0$ 时,式(5-5)可改写为

$$u(t) = \frac{1}{C}\int_{0}^{t} i\mathrm{d}t \tag{5-6}$$

5.1.3 电容元件的记忆及储能特性

在电压和电流为关联参考方向的情况下,任一时刻线性电容元件上所吸收的电功率为

$$p = ui = u\mathrm{d}q/\mathrm{d}t = Cu\mathrm{d}u/\mathrm{d}t \tag{5-7}$$

同样,根据式(5-7),电容所吸收的电能为

$$w(t) - w(t_0) = \int_{t_0}^{t} p\mathrm{d}t = \int_{t_0}^{t} ui\mathrm{d}t = \int_{q(t_0)}^{q(t)} \frac{q}{C}\mathrm{d}q = \frac{1}{2C}[q^2(t) - q^2(t_0)] \tag{5-8}$$

$$w(t) - w(t_0) = \int_{u(t_0)}^{u(t)} Cu\mathrm{d}u = \frac{C}{2}[u^2(t) - u^2(t_0)] \tag{5-9}$$

若取 t_0 趋于 $-\infty$,t 为任意时刻,显然 $q(t_0)=0$,$u(t_0)=0$,即 $w(t_0)=0$。故

$$w(t) = \frac{1}{2C}q^2(t) = \frac{C}{2}u^2(t) \tag{5-10}$$

由式(5-10)可知,电容在任意时刻 t 的能量仅与这一时刻的电压 $u(t)$ 和电容 C 有关。当电压的绝对值增大时,电容吸收的能量全部转变为电场能量;当电压的绝对值减小时,电容将存储的电场能释放回电路。可见,电容不消耗能量,因此称电容是储能元件。电容释放的能量是之前从外部吸收的能量,自己并不能产生电能,故它是一种无源元件,同时是记忆元件。

【例5-1】 已知0.1 μF 的电容两端的电压为 2 000t V,若电压和电流为关联参考方向,求电容上的电流。

解:根据式(5-2)可得 $i = C\frac{\mathrm{d}u}{\mathrm{d}t} = 0.1\times10^{-6}\times2\,000$ A $=0.2$ mA。

需要强调,电容只有先被充电,才有可能向外部电路放电。电容是无源元件,理想电容是不消耗能量的,又称为无损元件。

实际电容两极板间的绝缘介质并非理想。当两极板间施加电压时，将有漏电流存在。在考虑漏电流的情况下，实际电容器(电解质电容器)可用一理想电容元件和理想电阻元件的并联来等效。

知识闯关

1. 电容器是耗能元件，只能吸收功率。(　　)

2. 电容的电流与其端电压的变化率成正比，与其电压的数值大小无关。(　　)

3. 当电容流过的电流为零时，说明电容两端无电压。(　　)

5.2 电感元件

电路元件是理想的电路模型，掌握电路元件的特性是研究电路的基础，本节介绍最基本的无源元件——电感。

学习目标

知识技能目标：掌握电感的磁链、电感的韦安特性，理解电感功率和能量的计算。

素质目标：了解法拉第、亨利投入科学研究的艰辛历程，培养追求真理、敢为人先的科学精神。

5.2.1 电感线圈中的磁通

课件 5.2

当通电线圈中有电流流过时，在其周围就会产生磁场，运用磁力线可以形象地描述磁场，磁力线的方向用右手螺旋定则判断，并且磁力线的密度为磁感应强度。因此，磁场中的磁力线是磁感应强度矢量线，磁场的强弱由磁力线的疏密程度表示。如图 5-2(a)所示，穿过各匝线圈所包围面积的磁力线数称为磁通，用 Φ 表示，单位符号为 Wb(韦伯)。而整个线圈所交链的磁通称为磁链，为各匝线圈交链磁通的总和，用 Ψ 表示。若穿过各匝线圈的磁通分别为 Φ_1、Φ_2、…、Φ_N，则磁链表示为

$$\Psi = \Phi_1 + \Phi_2 + \cdots + \Phi_N = \sum_{i=1}^{N} \Phi_i \tag{5-11}$$

如果在图 5-2(a)的线圈内部放置导磁材料，可以增强磁通。例如，同样的电流流过线圈时，放置铁心产生的磁通比放置塑料产生的磁通大。用磁导率来表示磁通性能的量度。真空的磁导率 $\mu_0 = 0.4\pi\ \mu H/m$，其他材料的磁导率用相对磁导率 μ_r 来表示，与真空磁导率的关系为 $\mu = \mu_r \mu_0$。如纯铁的相对磁导率在 6 000～8 000 之间，如果通电导体紧密缠绕在相对磁导率高的材料上，可认为各匝线圈的磁通 Φ 相同，如图 5-2(b)所示，此时磁链可表示为 $\Psi = N\Phi$。N 为线

圈的匝数。

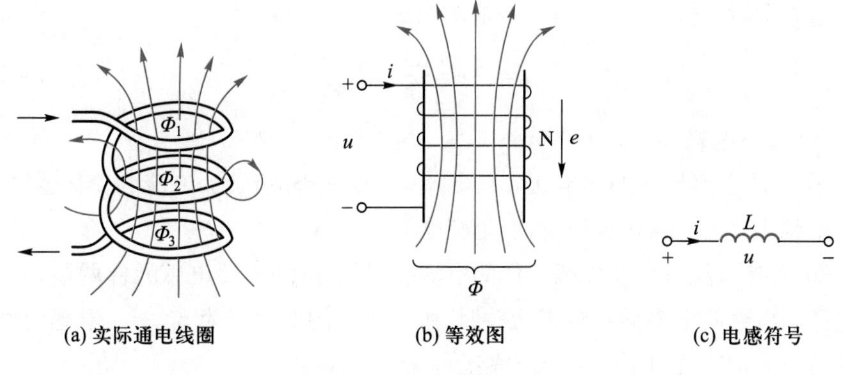

图 5－2　电感和磁通

5.2.2 线性电感

拓展阅读

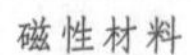
磁性材料

如果磁通完全是由流过该线圈的电流所产生的，那么该线圈所交链的磁链和电流的关系为

$$\Psi = Li \tag{5-12}$$

式中，L 为电感系数，简称电感，单位符号为 H（亨利）。如果线圈周围的导磁材料各向同性，则该线圈电感是常系数，为线性时不变电感，简称线性电感。图 5－2(c)为其电路符号，图 5－3(a)所示线性电感的韦安特性曲线是根据右手螺旋定则绘制的。线圈的电感大小取决于线圈的几何形状、线圈直径、环绕材料的磁导率、线圈匝数、匝的间隔及其他因素。如果线圈周围的导磁材料各向异性，则线圈电感是非线性的，其韦安特性是非线性的，如图 5－3(b)是铁心线圈的韦安特性，是典型的非线性电感元件。

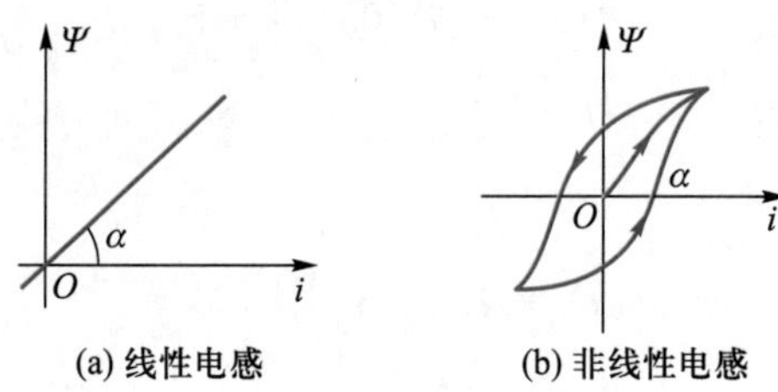

图 5－3　电感的韦安特性

当线圈的电流发生变化时，自感磁链也发生变化。线圈上感应电动势的大小，与线圈所交链的磁链随时间变化的快慢成正比，即 $e = -\mathrm{d}\Psi/\mathrm{d}t$，这便是法拉第电磁感应定律。由楞次定律判定感应电动势的方向，即感应出的电动势总是阻碍原磁通的变化。当磁通随时间增加时，就会感应出与实际方向相反的电动势来阻碍磁通的增加；当磁通随时间减小时，就会感应出与实际方向相同的电动势来阻碍磁通的减小。当磁链的参考方向与电流的参考方向符合右手螺旋定则时，感应电动势的参考方向与电流的参考方向一致，感应电动势的方向为电位升

的方向，如图 5-2(b)所示。当线圈端电压的参考方向和电流的参考方向为关联参考方向时，电压与感应电动势的关系式为

$$u=-e=\frac{\mathrm{d}\Psi}{\mathrm{d}t}=L\frac{\mathrm{d}i}{\mathrm{d}t} \tag{5-13}$$

因此，根据式(5-13)可知：

① 线性电感元件的端电压 u 与电流 i 的变化率成正比，电流的变化越快，电压 u 就越大，即便 $i=0$ 时刻，可能也有电流。

② 只有当流过线性电感元件的电流随时间变化时，该电感元件两端才可能有电压。当直流电流通过电感元件时，由于电流的变化率为零，所以电感元件两端的电压 $u=0$。故电感对直流电路而言相当于短路。

③ 如果任意时刻电感电压 u 为有限值，则 $\mathrm{d}i/\mathrm{d}t$ 为有限值。电感上的电流不能发生跃变。

5.2.3 电感元件的记忆及储能特性

根据式(5-13)，电感元件端电压和电流或磁链之间呈微分关系，考虑从某个时刻 t_0 到任意时刻 t 的时段内，电感线圈中的磁链变化与电感元件端电压的关系为

$$\int_{\Psi(t_0)}^{\Psi(t)}\mathrm{d}\Psi=\int_{t_0}^{t}u\mathrm{d}t$$

积分后移项得

$$\Psi(t)=\Psi(t_0)+\int_{t_0}^{t}u\mathrm{d}t \tag{5-14}$$

若 $t_0=0$，则

$$\Psi(t)=\Psi(0)+\int_{0}^{t}u\mathrm{d}t \tag{5-15}$$

根据式(5-12)有 $i=\Psi/L$，在线性电感中，电感线圈中的电流变化与电感元件的端电压的关系为

$$i(t)=i(t_0)+\frac{1}{L}\int_{t_0}^{t}u\mathrm{d}t \tag{5-16}$$

若 $t_0=0$，则

$$i(t)=i(0)+\frac{1}{L}\int_{0}^{t}u\mathrm{d}t \tag{5-17}$$

由式(5-15)和式(5-17)可知，任意时刻 t，电感元件上的电流(或磁链)不仅与此前某时刻 t_0 的电流(或磁链)有关，还与从 t_0 到 t 这个时段内的电感端电压有关，因此电感元件和电容元件一样具有记忆功能，故也称为记忆元件。

当线性电感元件上电压和电流取关联参考方向时，可得电感元件吸收的电功率为

$$p = ui = Li\frac{\mathrm{d}i}{\mathrm{d}t} \tag{5-18}$$

与之相应，电感元件吸收的电能为

$$w(t) - w(t_0) = \int_{t_0}^{t} p\mathrm{d}t = \int_{t_0}^{t} ui\mathrm{d}t = \frac{1}{L}\int_{\Psi(t_0)}^{\Psi(t)} \Psi(t)\mathrm{d}\Psi$$

$$= \frac{1}{2L}[\Psi^2(t) - \Psi^2(t_0)] \tag{5-19}$$

$$w(t) - w(t_0) = \int_{i(t_0)}^{i(t)} L i\mathrm{d}i = \frac{L}{2}[i^2(t) - i^2(t_0)] \tag{5-20}$$

若 $t_0 = -\infty$，$w(t_0) = 0$，则

$$w(t) = \frac{1}{2L}\Psi^2(t) = \frac{L}{2}i^2(t) \tag{5-21}$$

由此可知，电感属于无源元件，是不耗能的储能元件，电感在任意时刻的储能仅与该时刻的电流值有关。

【例 5-2】 在 $t=0$ 到 $t=\pi/50$ s 的时间内，通过 20 mH 电感元件的电流为 $10\sin 50t$ A，求电感两端的电压、功率和能量。

解：根据式(5-13)可得 $u = L\frac{\mathrm{d}i}{\mathrm{d}t} = 10\cos 50t$ V

$$p = ui = 10\cos 50t \times 10\sin 50t = 50\sin 100t \text{ W}$$

根据式(5-19)得 $w = \int_0^t p\mathrm{d}t = 0.5(1 - \cos 100t)$ J

知识闯关

1. 在任一时刻 t_0，若通过电感的电压 $u_L(t_0) = 0$，则该时刻的电感电流 $i_L(t_0) = 0$，功率 $P(t_0) = 0$，储能 $W(t_0) = 0$。(　　)

2. 直流电路中，电感相当于短路。(　　)

3. 如果 10 mH 电感的电流由 0 增长到 2 A，该电感中储存的能量是(　　)。

A. 40 mJ　　B. 20 mJ　　C. 10 mJ　　D. 5 mJ

5.3 电容、电感元件的串联与并联

如同电阻可以串、并联一样，电容、电感元件也可以串、并联。本节重点介绍电容、电感元件的串、并联。

学习目标

知识技能目标：掌握电容、电感串、并联的应用。

素质目标：对比分析电阻、电容、电感串并联特性的规律，培养善于归纳总结的学习习惯。

图5-4(a)所示为n个电容的串联，设各电容的电压分别为u_1、u_2、…、u_n，电压与电流为关联参考方向。

(a) n个电容串联　　(b) n个电容串联的等效电路

图5-4　串联电容的等效

对图5-4(a)列KVL方程，得$u=u_1+u_2+\cdots+u_n$。

根据式(5-5)有

$$u_1 = u_1(t_0) + \frac{1}{C_1}\int_{t_0}^{t} i\mathrm{d}t$$

$$u_2 = u_2(t_0) + \frac{1}{C_2}\int_{t_0}^{t} i\mathrm{d}t$$

$$\cdots$$

$$u_n = u_n(t_0) + \frac{1}{C_n}\int_{t_0}^{t} i\mathrm{d}t$$

因此，可知

$$\begin{aligned} u &= u_1 + u_2 + \cdots + u_n \\ &= u_1(t_0) + u_2(t_0) + \cdots + u_n(t_0) + \left(\frac{1}{C_1} + \frac{1}{C_2} + \cdots + \frac{1}{C_n}\right)\int_{t_0}^{t} i\mathrm{d}t \end{aligned}$$

从等效的观点来看，图5-4(a)可等效为图5-4(b)所示电路。

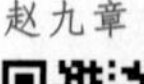

拓展阅读

中国发展人造卫星要走自力更生的道路——“两弹一星”元勋赵九章

其中，令$u(t_0)$为n个串联电容的等效初始条件，等效电容的初始电压等于所有串联电容初始电压的代数和；令C_{eq}为等效电容，等效电容的倒数等于所有串联电容的倒数之和，则有

$$u(t_0) = u_1(t_0) + u_2(t_0) + \cdots + u_n(t_0)$$

$$\frac{1}{C_{\mathrm{eq}}} = \frac{1}{C_1} + \frac{1}{C_2} + \cdots + \frac{1}{C_n} \tag{5-22}$$

如果t_0取$-\infty$，则各初始电压均为零，此时$u(t_0)=0$。

类似地，不难得出，n个电容并联，其等效电容C_{eq}为

$$C_{\mathrm{eq}} = C_1 + C_2 + \cdots + C_n \tag{5-23}$$

图5-5(a)所示为n个电感的串联，设流过各电感的电流为i，各电感的电

压分别为 u_1、u_2、…、u_n，电压与电流为关联参考方向。

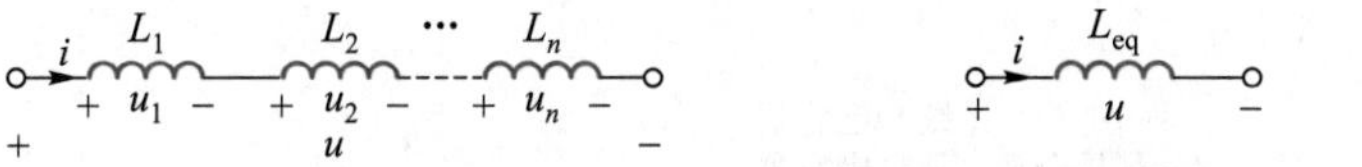

(a) n个电感串联　　(b) n个电感串联的等效电路

图 5-5　串联电感的等效

对图 5-5(a)列 KVL 方程，得

$$u = u_1 + u_2 + \cdots + u_n$$

根据式(5-13)有

$$u = u_1 + u_2 + \cdots + u_n = L_1 \frac{di}{dt} + L_2 \frac{di}{dt} + \cdots + L_n \frac{di}{dt}$$

$$= (L_1 + L_2 + \cdots + L_n)\frac{di}{dt} = L_{eq}\frac{di}{dt}$$

根据等效定义，上式可等效为图 5-5(b)所示电路。其中，等效电感 L_{eq} 为

$$L_{eq} = L_1 + L_2 + \cdots + L_n \tag{5-24}$$

可见，n 个电感串联时，等效电感 L_{eq} 等于所有串联电感的总和。如果串联电感的初始电流不相等，则在串联瞬间磁通将重新分配，达到一致的初始电流。

同样，如果 n 个电感并联，根据 KCL 和式(5-16)，则有

$$i(t_0) = i_1(t_0) + i_2(t_0) + \cdots + i_n(t_0) \tag{5-25}$$

$$\frac{1}{L_{eq}} = \frac{1}{L_1} + \frac{1}{L_2} + \cdots + \frac{1}{L_n} \tag{5-26}$$

可见，n 个电感并联时，等效电感电流的初始值等于所有并联电感电流初始值的代数和；等效电感 L_{eq} 的倒数等于所有并联电感的倒数之和。

知识闯关

1. $C_1 = 2\ \mu F$、$C_2 = 3\ \mu F$、$C_3 = 6\ \mu F$，三个电容串联后的等效电容 C_{eq} 为(　　)。

A. 1 μF　　　B. 11 μF

2. $C_1 = 2\ \mu F$、$C_2 = 3\ \mu F$、$C_3 = 6\ \mu F$，三个电容并联后的等效电容 C_{eq} 为(　　)。

A. 1 μF　　　B. 11 μF

技能知识十三　电容认知

1. 电容器的分类

电容器按结构可分为固定式电容器、可变电容器和微调电容器，固定式电

容器的介质材料有有机介质、无机介质、气体介质、电解质等。图 5－6 所示为常见的电容器分类。

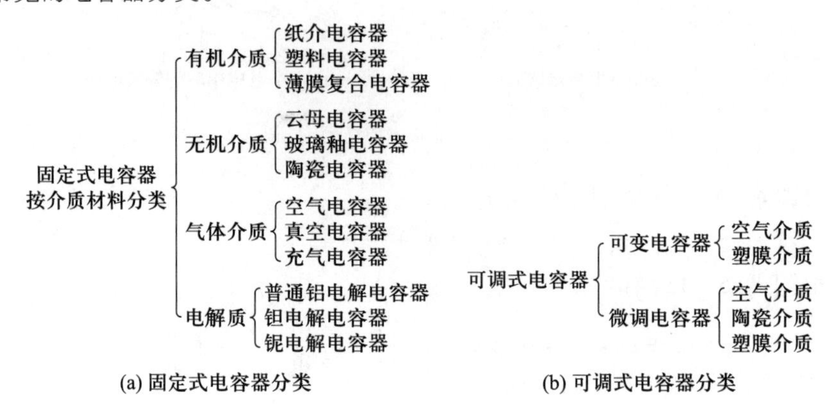

图 5－6　电容器分类

2. 电容器的主要参数

电容器的主要参数有标称容量、额定工作电压、绝缘电阻、介质损耗等。

（1）标称容量及精度

电容量是指电容器两端加上电压后，存储电荷的能力。标称容量是电容器外表面所标注的电容量，是标准化了的电容值，其数值同电阻器一样，也采用 E24、E12、E6 标称系列。当标称容量范围在 0.1 ~ 1 μF 时，采用 E6 系列。对于标称容量在 1 μF 以上的电容器（多为电解电容器），一般采用表 5－1 所示的标称系列值。

表 5－1　1μF 以上电容器的标称系列值

容量范围	标称系列电容值/μF
>1μF	1　2　4　4.7　6　8　10　15　20　30　47　50　60　80　100

不同类型的电容器采用不同的精度等级，精密电容器的允许误差较小，而电解电容器的允许误差较大。一般常用电容器的精度等级分为三级：Ⅰ级为 ±5%，Ⅱ级为 ±10%，Ⅲ级为 ±20%。

实训
认识电容

（2）额定工作电压

额定工作电压，是电容器在规定的工作温度范围内，长期、可靠地工作所能承受的最高电压。若工作电压超出这个电压值，电容器就会被击穿损坏。额定工作电压通常指直流电压。常用固定式电容器的直流电压系列值（单位为 V）为：1.6，4，6.3，10，16，25，32，40，50，63，100，125，160，250，300，400，450，500，630，1000。电解电容器和体积较大的电容器的额定电压值直接标在电容器的外表面上，体积小的只能根据型号判断。

（3）绝缘电阻及漏电流

电容器的绝缘电阻，是指电容器两极之间的电阻，或称为漏电电阻。由于电容器中的介质是非理想绝缘体,因此任何电容器工作时都会有漏电流。显然,漏电流越大,绝缘电阻越小。漏电流过大,会使电容器的性能变差,引起电路故障,甚至导致电容器的损坏。

电解电容的漏电流较大,通常给出漏电流参数;其他类型电容器的漏电流很小,用绝缘电阻表示其绝缘性能。绝缘电阻一般应在数百兆欧到数千兆欧的数量级。

(4) 介质损耗

介质损耗,是指介质缓慢极化和介质导电所引起的损耗。通常用损耗功率和电容器的无功功率之比,即损耗角的正切值表示,有

$$\tan\delta=\frac{\text{损耗功率}}{\text{无功功率}}$$

不同介质电容器的 $\tan\delta$值相差很大,一般在$10^{-4}\sim10^{-2}$数量级。损耗角大的电容器不适合在高频情况下工作。

3. 电容器的选用

电容器的种类很多,应根据电路的需要,考虑以下因素,合理选用。

(1) 选用合适的介质

电容器的介质不同,性能差异较大,用途也不完全相同,应根据电容器在电路中的作用及实际电路的要求,合理选用。一般电源滤波、低频耦合、去耦、旁路等,可选用电解电容器;高频电路应选用云母或高频瓷介电容器。聚丙烯电容器可代替云母电容器。

(2) 标称容量及允许误差

因为电容器在制造中容量控制较难,不同精度的电容器其价格相差较大,所以应考虑电路的实际需要而选择。对精度要求不高的电路,选用容量相近或容量大些的即可,如旁路、去耦及低频耦合等;但在精度要求高的电路中,应按设计值选用。在确定电容器的容量时,要根据标称系列来选择。

(3) 额定工作电压

电容器的耐压是一个很重要的参数,在选用时,器件的额定工作电压一定要为实际电路工作电压的 1~2 倍。但电解电容器是个例外,它通常使电路的实际工作电压为电容器额定工作电压的 50% ~70%。如果额定工作电压远高于实际电路的电压,会使成本增高,电解电容器的容量下降。

4. 性能测量

准确测量电容器的容量,需要专用的电容表。有的数字万用表也有电容挡,可以测量电容值。通常可以用模拟万用表的电阻挡,检测电容的性能。

① 用万用表的电阻挡检测电容器的性能,要选择合适的挡位。大容量的电容器,应选小电阻挡;反之,选大电阻挡。一般 50 μF 以上的电容器宜选用 $R\times100$ 或更小的电阻挡,1~50 μF 之间用 $R\times1$ k 挡;1 μF 以下用 $R\times10$ k 挡。

利用 LCR 数字电桥测电容的量程为 2000 pF ~ 2000 μF。

② 检测电容器的漏电电阻的方法如下。用万用表的表笔与电容器的两引线接触，随着充电过程结束，指针应回到接近无穷大处，此处的电阻值即为漏电电阻。一般电容器的漏电电阻为几百至几千兆欧。测量时，若表针指到或接近欧姆零点，表明电容器内部短路；若指针不动，始终指在无穷大处，则表明电容器内部开路或失效。对于容量在 0.1 μF 以下的电容器，因漏电电阻接近无穷大，难以分辨，故不能用此方法检查电容器内部是否开路。

技能知识十四 电感认知

1. 电感器的分类

电感器的种类很多，可按不同的方式分类。按结构可分为空心电感器、磁芯电感器、铁心电感器；按工作参数可分为固定式电感器、可变电感器、微调电感器；按功能可分为振荡线圈、耦合线圈、偏转线圈。一般低频电感器大多数采用铁心（铁氧体芯）或磁芯，中高频电感器则采用空心或高频磁芯。

2. 电感器的参数

电感器的主要参数有电感量、允许偏差、品质因数、分布电容、额定电流等。

（1）电感量

电感量也称自感系数，是表示电感器产生自感应能力的一个物理量。电感量的大小，主要取决于线圈的圈数（匝数）、绕制方式、有无磁芯及磁芯的材料等等。通常，线圈匝数越多，绕制的线圈越密集，电感量就越大。有磁芯的线圈比无磁芯的线圈电感量大；磁芯磁导率越大的线圈，电感量也越大。

（2）允许偏差

允许偏差是指电感器上标称的电感量与实际电感的允许误差值。一般用于振荡或滤波等电路中的电感器要求精度较高，允许偏差为 ±(0.2% ~0.5%)；而用于耦合、高频阻流等线圈的精度要求不高，允许偏差为 ±(10% ~15%)。

（3）品质因数

品质因数也称 Q 值，是衡量电感器质量的主要参数。它是指电感器在某一频率的交流电压下工作时，所呈现的感抗与其等效损耗电阻之比。电感器的 Q 值越高，其损耗越小，效率越高。

电感器品质因数的高低与线圈导线的直流电阻、线圈骨架的介质损耗及铁心、屏蔽罩等引起的损耗等有关。

（4）分布电容

分布电容是指线圈的匝与匝之间、线圈与磁芯之间存在的电容。电感器的分布电容越小，其稳定性越好。

（5）额定电流

额定电流是指电感器在正常工作时，允许通过的最大电流值。若工作电流超过额定电流，则电感器就会因发热而使性能参数发生改变，甚至还会因过流而烧毁。

3. 电感的测量及好坏判断

（1）电感测量

将万用表调到欧姆挡或蜂鸣二极管挡，把表笔分别放在电感的两引脚上，看万用表读数。

（2）好坏判断

电感器的参数可用专用仪器测量，如 Q 表、数字电桥等。用万用表电阻挡测量电感器阻值的大小时，可大致判断其好坏（注意，如果是指针式万用表，使用欧姆挡之前应先调零）。一般电感线圈的直流电阻值很小（为零点几欧姆至几十欧姆）。将万用表置于 $R\times1$ 挡或 $R\times10$ 挡，用两表笔分别接触电感的两端，若被测电感器阻值为无穷大，则表明线圈内部或引出端已断路。

技能训练八　电容识别

1. 训练目标

① 掌握电容器的类型和参数，掌握电容器的测量。

② 避免电容电压超过额定值而发生击穿，提高安全意识和严谨性。

2. 训练要求

① 识读电容参数。

② 会选择合适的电容器。

3. 工具器材

电容、万用表。

4. 技能知识储备

技能知识十三。

5. 完成流程

① 学习技能知识储备。

② 读取电容的标称值，记录在表 5－2 中。

表 5－2　读取的电容量

被测电容	C_1	C_2	C_3
读取电容量			
漏电电阻			

早发现

电容的放电情况与所接外围电路有关。在电容断电后，能否直接触摸它的引脚？

③ 使用万用表的电阻挡测量容量在 0.1 μF 以上电容器的漏电电阻，填入表 5－2。

④ 注意事项：测量电容器的漏电电阻前应先放电。

6. 思考总结

① 漏电电阻测量应注意什么问题？

② 读取电容容量时，它的单位是什么？

7. 评价

电容识别实训结束，撰写实训报告，并在小组内进行自我评价、组员评价、最后由教师给出评价，三个评价相结合作为本次实训完成情况的综合评价。

技能训练九　电感识别

1. 训练目标

① 了解电感器的分类和参数，掌握电感的测量及好坏判断。

② 考虑电感设计时最大电流和发热情况，培养科学思维习惯。

2. 训练要求

① 了解电感类型、结构。

② 识别电感好坏。

3. 工具器材

漆包线、电感骨架、电感。

4. 技能知识储备

技能知识十四。

5. 完成流程

① 学习技能知识储备。

② 读取电感的标称值，记录在表 5－3 中。

表 5－3　读取的电感量

被测电感	L_1	L_2
读取电感量		

③ 使用万用表的电阻挡判断电感好坏。

④ 注意事项如下。

a. 电感的频率特性在低频时，一般呈现电感特性，起到蓄能、滤高频的作用。在高频时，它的阻抗特性表现得很明显，有耗能发热、感性效应降低等现象。

b. 电感设计要承受的最大电流及相应的发热情况。

6. 总结与评价

实训结束,撰写实训报告,并在小组内进行自我评价、组员评价,最后由教师给出评价。三个评价相结合,作为本次实训完成情况的综合评价。

小结

1. 电容是用绝缘体分隔开的两个导电极板组成的电路元件,具有存储电荷的能力。线性电容元件的库伏特性曲线是通过坐标原点的一条直线,电容定义为 $C=\frac{q}{u}$,是一个常量,单位为法拉(F)。在关联参考方向下电容电压与电流的关系为$i=C\frac{\mathrm{d}u}{\mathrm{d}t}$,其储能为 $W=\frac{1}{2}Cu^2$。电容隔离直流通交流。

2. 电感是一个基本的无源元件,当线圈中的电流变化时,线圈中将产生感应电压,它总是阻碍线圈中电流的变化。线性电感元件的韦安特性曲线是通过坐标原点的一条直线,电感定义为 $L=\frac{\Psi}{i}$,是一个常量,单位为亨利(H)。在关联参考方向下电压与电流的关系为 $u=L\frac{\mathrm{d}i}{\mathrm{d}t}$,其储能为 $W=\frac{1}{2}Li^2$。电感对直流电路相当于短路,通过电感的电流不能突变。

3. 并联电容的总电容是各个电容之和。串联电容的总电容值小于最小的电容值,总电容值的倒数等于各个电容倒数之和。并联电感的总电感量等于各个电感的倒数之和的倒数。串联电感的总电感量等于各个电感之和。

自测题

一、判断题

1. 不存在有极性陶瓷电容。(　　)

2. 5 H 电感的电流在 0.2 s 内变化了 3 A,则电感两端产生的电压为 3 V。(　　)

3. 电感并联等效与电阻并联等效相同。(　　)

4. 40 mH 和 60 mH 的电感串联后的等效电感为 24 mH。(　　)

5. 电容器的两端加上直流电时,阻抗为无限大,相当于“开路”。(　　)

6. 交流电流通过电感线圈时,线圈中会产生感应电动势来阻止电流的变化,因而有一种阻止交流电流流过的作用,它称为电感。(　　)

7. 电容器储存的电量与电压的平方成正比。(　　)

8. 电容器具有隔断直流电,通过交流电的性能。(　　)

9. 在直流回路中串入一个电感线圈,回路中的灯就会变暗。(　　)

10. 在电容电路中,电流的大小完全取决于交流电压的大小。(　　)

二、选择题

1. 电容的计量单位为(　　)。

A. 库仑　　B. 焦耳　　C. 亨利　　D. 法拉

2. 当电容储存的总电荷量翻倍时,其储存能量(　　)。

A. 保持不变　　B. 减半　　C. 翻倍　　D. 变为四倍

3. 电容器在充电过程中,其(　　)。

A. 充电电流不能发生变化　　B. 两端电压不能发生突变

C. 储存能量发生突变　　D. 储存电场发生突变

4. 与线圈感应电压相关的是(　　)。

A. 线圈的内电阻　B. 线圈的初始能量　C. 线圈的电感、电流的变化率

5. 如果 10 mH 电感的电流由 0 增长到 2 A,该电感中储存的能量是(　　)。

A. 40 mJ　　B. 20 mJ　　C. 10 mJ　　D. 5 mJ

6. 两个 40 mF 电容串联,然后再与一个 4 mF 电容并联,总电容为(　　)。

A. 3.8 mF　　B. 44 mF　　C. 24 mF　　D. 84 mF

7. 电感元件的基本工作性能是(　　)。

A. 消耗电能　　B. 产生电能　　C. 储存能量　　D. 传输能量

8. 自感系数 L 与(　　)有关。

A. 电流大小　　B. 电压大小

C. 电流变化率　　D. 线圈自身结构及材料性质

9. 已知某元件的 $u=100\sqrt{2}\sin(\omega t+30^\circ)$ V,$i=10\sqrt{2}\sin(\omega t-60^\circ)$ A,则该元件为(　　)。

A. 电阻　　B. 电感　　C. 电容　　D. 无法确定

10. 几个电容器串联连接时,其总电容量等于(　　)。

A. 各串联电容量的倒数和　　B. 各串联电容量之和

C. 各串联电容量之和的倒数　　D. 各串联电容量之倒数和的倒数

习题

5-1　电容元件和电感元件中电压、电流参考方向如图 5-7 所示,已知 $u_C(0)=0$,$i_L(0)=0$,分别写出电压用电流表示、电流用电压表示的约束方程。

5-2　某 20 μF 电容所加电压 u 的波形如图 5-8 所示。求电容电流 i、电容电荷 q、电容吸收的功率 p。

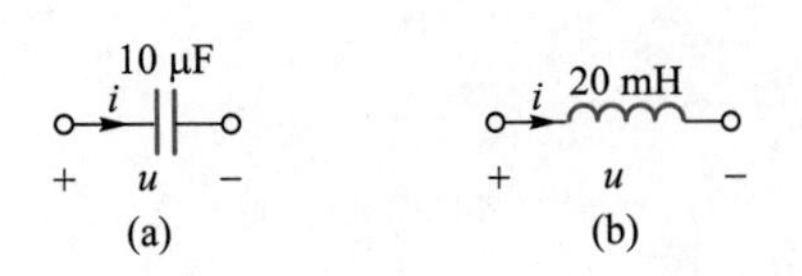

图 5-7

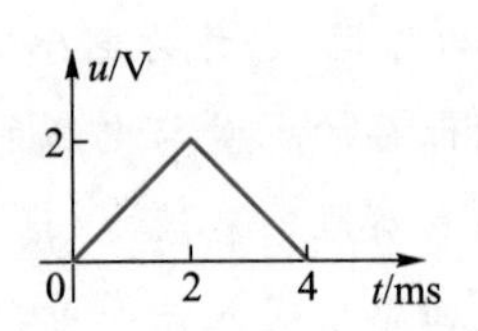

图 5-8

5－3　某 100 μF 电容所加电压如图 5－9 所示。求流过该电容的电流 i。

5－4　某 4 H 电感的电流 i 关于 t 的波形如图 5－10 所示。画出 u 对于 t 的图形。

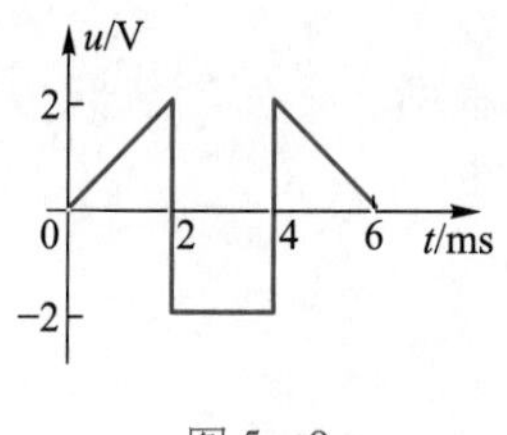

图 5－9

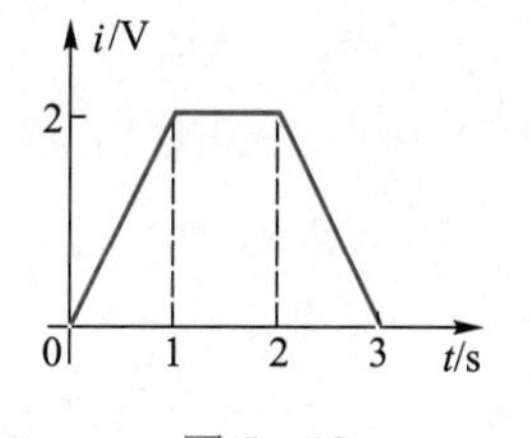

图 5－10

5－5　连接在线圈两端的电压表读数为 26 mV。如果每 1.5 ms 电流增加 12 mA，求线圈的电感。

5－6　如果 10 H 电感中通以 2 A 的电流，那么电感中储存的能量是多少？

5－7　4 个 30 mF 的电容串联、并联时的总电容各为多少？

5－8　如图 5－11 所示电路中，求 a、b 两端的等效电容或等效电感。

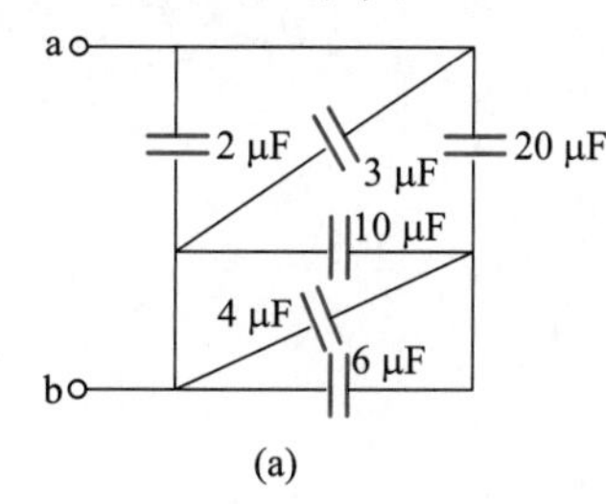

(a)

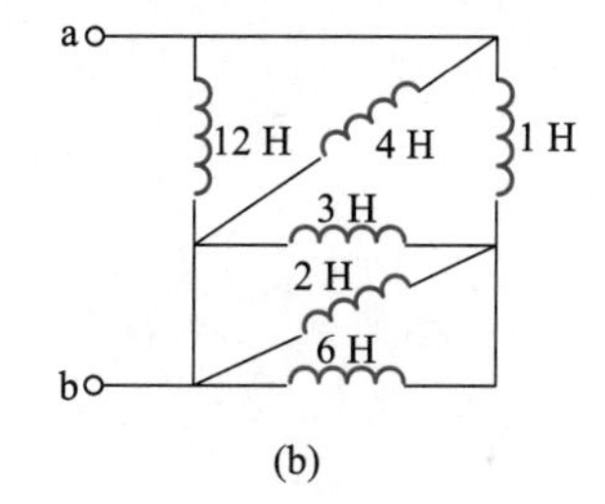

(b)

图 5－11

5－9　某同学用指针式万用表判断电容器的好坏，应选用什么挡位？测量 C_1(3 300 μF) 时，发现表针始终指在 0 的位置，不能回摆；测量电容器 C_2(4 700 μF) 时，发现表针始终不偏转，试说明电容器 C_1、C_2 的好坏。

5－10　两个电容 C_1 和 C_2，其中 $C_1=2$ μF，$C_2=6$ μF，将它们串联接到 $U_S=80$ V 的电源上，每个电容两端的电压是多少？每个电容所带的电荷量是多少？若将它们并联接到 $U_S=80$ V 的电源上，每个电容所储存的电量是多少？

单元六 相量法

通过本单元的学习,应掌握正弦稳态电路的基础知识、正弦量的相量表示法;理解基尔霍夫定律的相量形式,电阻、电感及电容中电路定律的相量形式。

6.1 正弦量

按正弦规律变化的物理量称为正弦量,正弦量如何表示?从正弦量的三要素开始介绍一些正弦量的基本概念。

学习目标

知识技能目标:掌握正弦量的三要素及其相量表示方法。

素质目标:认识直流电和交流电的区别,提高安全用电与节能意识。

电路中电压和电流均按照同频率正弦时间函数变化的线性电路,称为正弦稳态电路。按照正弦时间函数变化的电路变量,统称为正弦量。

6.1.1 稳态正弦电压、电流的三要素

正弦交流电就是按正弦规律变化的电压或电流,又称为正弦量。对正弦量的数学描述可以用 sin 函数,也可以用 cos 函数。本书采用 sin 函数。

正弦量的大小和方向都是随时间变化的,任一时刻的数值称为瞬时值,电压、电流的瞬时值是时间的函数,用 $u(t)$、$i(t)$ 表示,简记为 u、i。图 6-1 表示一段正弦交流电路,在图示的参考方向下,电压、电流的瞬时表达式为

$$\begin{cases} u = U_{m}\sin(\omega t + \phi_{u}) \\ i = I_{m}\sin(\omega t + \phi_{i}) \end{cases} \tag{6-1}$$

课件 6.1

以式中电流为例,i 的 3 个常数 I_{m}、ω、ϕ_{i} 称为正弦量的三要素,波形如图

6－2所示。

I_m称为正弦量的振幅，它是正弦量在整个振荡过程中的最大值，即$\sin(\omega t+\phi_i)=1$时，$i_{max}=I_m$。当$\sin(\omega t+\phi_i)=-1$时，有最小值$i_{min}=-I_m$。$i_{p-p}=i_{max}-i_{min}=2I_m$称为正弦量的峰-峰值。

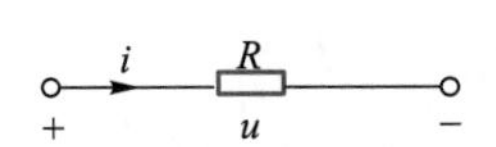

图6－1　一段正弦交流电路

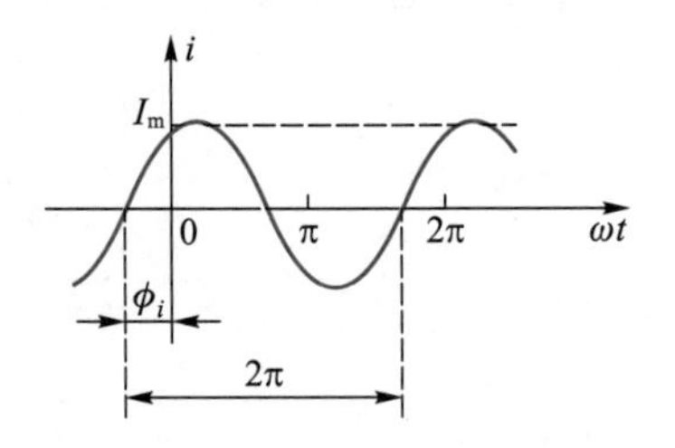

图6－2　正弦电压的波形

正弦量的幅角$\omega t+\phi_i$称为正弦量的相角或相位，单位为弧度(rad)。它可确定正弦量在任意瞬时的量值、方向和变化趋势。由于$d(\omega t+\phi_u)/dt=\omega$，所以$\omega$是相位随时间变化的速率，称为角频率。反映正弦量变化的快慢，单位为弧度/秒(rad/s)。正弦量的角频率与周期T或频率f的关系为

$$\omega=\frac{2\pi}{T}=2\pi f \tag{6-2}$$

频率的单位为1/秒(1/s)，称为赫兹(Hz)。

当$t=0$时式(6－1)的相位等于ϕ_i，称为正弦量的初相角或初相位，简称初相，单位为弧度或度，通常在$-\pi\sim\pi$之间取值。初相角确定正弦量的起始位置，以ωt为横坐标轴时，它直接表示坐标原点与正弦曲线起点间的距离。对任意一个正弦量，初相允许任意指定，对同一电路系统中的许多相关的正弦量，采用相对于一个共同的计时零点确定各自的相位。

根据三要素正弦量就被唯一确定了，这也是比较和区分正弦量的依据。

6.1.2 正弦量的相位差

两个同频率的正弦量间的相位之差，称为相位差，可表示两者之间的相位关系。图6－1所示电路电压与其同频率的电流之间的相位差为

$$\varphi_{12}=(\omega t+\phi_u)-(\omega t+\phi_i)=\phi_u-\phi_i \tag{6-3}$$

可见，正弦量间的相位差是与时间无关的常量，等于初相位之差。相位差反映了两个同频率正弦量在时间上的超前和滞后关系。

如果$\varphi_{12}>0$，称u超前于i的角度为φ_{12}，也可表述为i滞后于u的角度为φ_{12}；如果$\varphi_{12}<0$，称u滞后于i的角度为φ_{12}。如果$\varphi_{12}=0$，称电压u与电流i同相，如图6－3(a)所示。如果$\varphi_{12}=\pm\frac{\pi}{2}$，称电压$u$与电流$i$正交，如图6－3

(b)所示。如果 $\varphi_{12}=\pm\pi$，称电压 u 与电流 i 反相，如图 6－3(c)所示。

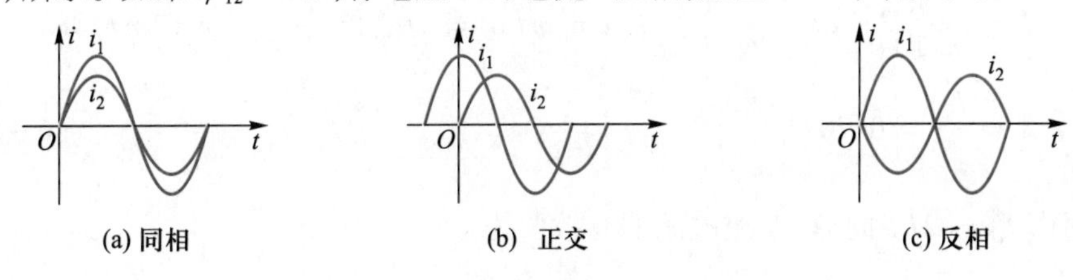

(a) 同相　　(b) 正交　　(c) 反相

图 6－3　同频率正弦量的相位差

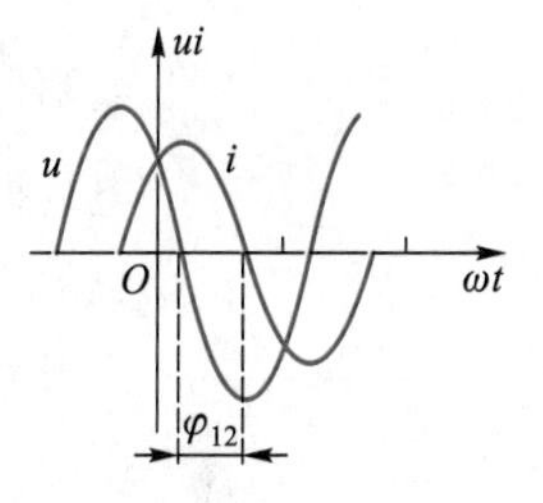

图 6－4　同频率正弦量的相位差

需要注意的是，只有同频率的正弦量才可以比较相位差。虽然初相角随着起始时间的选择而不同，但它们之间的相位差是固定不变的。正弦电路中，人们关心的是相位差，而不是初相的大小。相位差通过观察波形可以确定，如图 6－4 所示，在同一个周期内两个波形与横坐标的两个交点(正斜率过零点或负斜率过零点)之间的坐标值即为两者的相位差。沿着时间轴正方向，先达到最大值的为超前波。图中电压 u 超前电流 i。需要强调的是，相位差与计时起点无关。

6.1.3　正弦量的有效值

微课　正弦量的有效值

在分析问题时常规定电流、电压的参考方向。在某一瞬间，若从曲线或函数式求得的交流电(电流或电压等)为正值，表明交流电的实际方向与参考方向一致；为负值，表明交流电的实际方向与参考方向相反。为了避免混淆，在电路图中只标出参考方向。同样，要完整地表示周期量信号，必须写出表达式或画出波形图。在实际工作中，常用有效值来衡量周期量的作用，有效值是按能量等效的概念定义的。

如图 6－5 所示电路，两个阻值相等的电阻 R，一个电阻通过正弦交流电流 i，另一个通过直流电流 I。如果在正弦交流电流的一个周期 T 内，直流电流与正弦交流电流在电阻上消耗的电能相等，则认为两个电流的作用相同，把直流电流 I 称为正弦交流电流 i 的有效值。有

$$W=\int_0^T i^2R\mathrm{d}t=I^2RT$$

所以正弦交流电流的有效值为

$$I=\sqrt{\frac{1}{T}\int_0^T i^2\mathrm{d}t}\tag{6-4}$$

i　R　　I　R

(a) 正弦交流电流　　(b) 直流电流

图 6－5　有效值定义

设正弦交流电流 $i=I_\mathrm{m}\sin\omega t$，代入式(6－4)，则有效值为

$$I=\sqrt{\frac{1}{T}\int_0^T i^2\mathrm{d}t}=\sqrt{\frac{1}{T}\int_0^T I_m^2\sin^2\omega t\mathrm{d}t}=\sqrt{\frac{I_m^2}{T}\int_0^T\frac{1}{2}(1-\cos 2\omega t)\mathrm{d}t}$$

$$=\frac{I_m}{\sqrt{2}}=0.707I_m \tag{6-5}$$

或写作 $I_m=\sqrt{2}I$。同理，交流电压的有效值为

$$U=\frac{U_m}{\sqrt{2}} \tag{6-6}$$

或写作 $U_m=\sqrt{2}U$。即正弦交流电的有效值是振幅的 0.707 倍，或者说，正弦交流电的振幅是有效值的$\sqrt{2}$倍。正弦量的有效值与正弦量的频率和初相无关。正弦量的应用较为广泛，如交流电压表、电流表指示的是有效值；工程中使用的电气设备和器件上标明的额定电压、额定电流也是有效值（除电容器的额定电压是振幅）。式(6-1)的瞬时值表达式写成有效值的形式为

$$u=\sqrt{2}U\sin(\omega t+\phi_u)$$

$$i=\sqrt{2}I\sin(\omega t+\phi_i)$$

上式的有效值也可代替幅值，作为正弦量三要素之一。

通常所说的电力线路中的电压为 220 V、电动机的额定电流为 5 A 等都是有效值。交流电流表、电压表的标尺上也都是有效值。

知识闯关

1. 两个不同频率的正弦量的相位差是一个常数。(　　)

2. 某电器设备的两端最大电压超过 250 V 就会被烧毁，那么就可以把它用于 220 V 的正弦电路中。(　　)

3. 不同频率的正弦电量之间通过初相位来计算相位差。(　　)

4. 正弦量的三要素为有效值、角频率、初相位。(　　)

5. $i=10\sin(\omega t+40°)$ mA 的有效值为(　　)。

A. 0　　B. 5 mA　　C. 10 mA　　D. 7.07 mA

6. 周期为 5 ms 的正弦波的频率是(　　)。

A. 5 Hz　　B. 100 Hz　　C. 2 kHz　　D. 200 Hz

7. 电压为 $u=30\sin(\omega t+10°)$ V，电流为 $i=10\sin(\omega t+40°)$ mA，则下列叙述中正确的是(　　)。

A. 电压超前电流　　B. 电流超前电压

6.2 正弦量的相量表示法

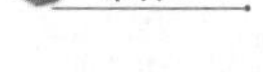

一个正弦量既可以用三角函数表示，也可以用正弦曲线表示，但是用这两种方法直接计算电路比较烦琐。本节引入相量，将正弦量用相量表示，会使计算方便很多。

学习目标

知识技能目标：掌握复数的四则运算，能将正弦量用相量表示，学会用相量法分析正弦交流电路。

素质目标：将相量这一数学工具引入正弦电路分析，认识数学问题和工程实际问题之间的联系，培养跨学科思维和灵活解决问题的能力。

6.2.1 相量法的数学基础

复数及其运算是应用相量法的数学基础。为了导出正弦量与相量（复数）的对应关系，本节简单介绍复数的表示形式及其四则运算。

1. 复数的表示形式

复数常用的四种表达式，分别为

代数形式

$$A = a + \mathrm{j}b \tag{6-7}$$

三角函数形式

$$A = |A|(\cos\theta + \mathrm{j}\sin\theta) \tag{6-8}$$

指数形式

$$A = |A|\mathrm{e}^{\mathrm{j}\theta} \tag{6-9}$$

极坐标形式

$$A = |A|\angle\theta \tag{6-10}$$

其中 a、b 为实数，$\mathrm{j}=\sqrt{-1}$为虚数单位（数学中用 i 表示虚数单位，因电工学中 i 表示电流，改用 j 作虚数单位），a 为复数的实部，b 为复数的虚部。复数 A 在复平面上是一个坐标点，常用原点至该点的相量表示，如图 6-6 所示。根据图可得复数 A 的三角函数形式如式(6-8)，同样指数形式、极坐标形式如式(6-9)、式(6-10)。$|A|=\sqrt{a^2+b^2}$称为复数 A 的模或幅值，为正值，$\theta=\arctan\dfrac{b}{a}$称为复数 A 的辐角，用弧度或度表示。$a=|A|\cos\theta, b=|A|\sin\theta$。

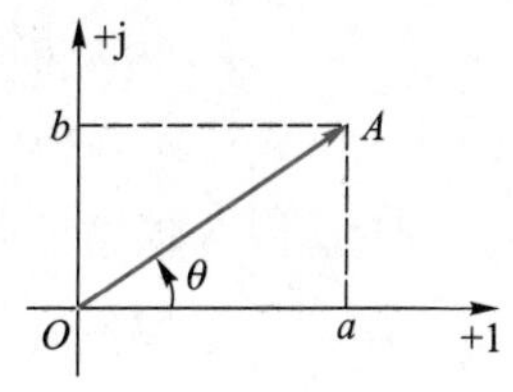

图 6-6 复数的表示

2. 复数的四则运算

(1) 加、减运算

复数的相加或相减就是把它们的实部和虚部分别相加或相减,因此复数的加或减运算宜采用代数式来进行。如两个复数 $A_1=a_1+\mathrm{j}b_1$ 和 $A_2=a_2+\mathrm{j}b_2$,则

$$A_1 \pm A_2=(a_1 \pm a_2)+\mathrm{j}(b_1 \pm b_2)$$

复数的加或减也可以按平行四边形法则在复平面上进行。当复数相加时,应用平行四边形的求和法则来完成,如图 6-7(a)所示。当复数相减时,如 A_1-A_2,则可以看成是 $A_1+(-A_2)$,如图 6-7(b)所示。

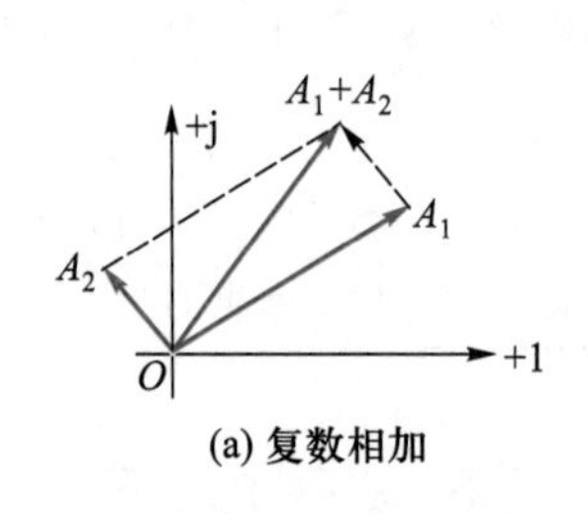

(a) 复数相加

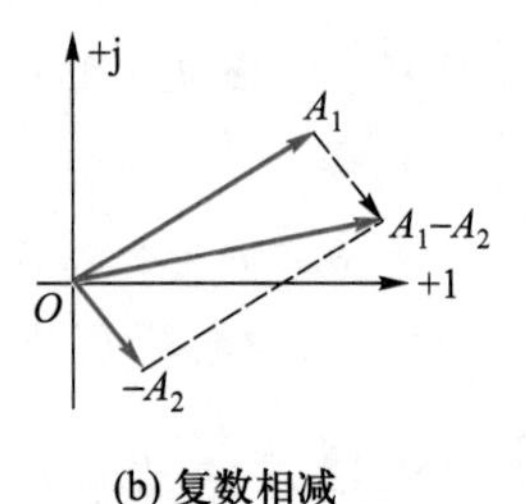

(b) 复数相减

图 6-7 复数加减运算

(2) 乘、除运算

复数的乘除,采用指数形式或极坐标形式较为方便,如两个复数 $A_1=|A_1|\mathrm{e}^{\mathrm{j}\theta_1}=|A_1|\underline{/\theta_1}$ 和 $A_2=|A_2|\mathrm{e}^{\mathrm{j}\theta_2}=|A_2|\underline{/\theta_2}$,相乘为

$$A_1A_2=|A_1|\mathrm{e}^{\mathrm{j}\theta_1}|A_2|\mathrm{e}^{\mathrm{j}\theta_2}=|A_1||A_2|\mathrm{e}^{\mathrm{j}(\theta_1+\theta_2)}$$

或表示为 $A_1A_2=|A_1|\underline{/\theta_1}|A_2|\underline{/\theta_2}=|A_1||A_2|\underline{/\theta_1+\theta_2}$

即分别将两个复数的模相乘,辐角相加得到乘积后的复数模和辐角。

若相除为

$$\frac{A_1}{A_2}=\frac{|A_1|\mathrm{e}^{\mathrm{j}\theta_1}}{|A_2|\mathrm{e}^{\mathrm{j}\theta_2}}=\frac{|A_1|}{|A_2|}\mathrm{e}^{\mathrm{j}(\theta_1-\theta_2)} \text{或} \frac{A_1}{A_2}=\frac{|A_1|\underline{/\theta_1}}{|A_2|\underline{/\theta_2}}=\frac{|A_1|}{|A_2|}\underline{/\theta_1-\theta_2}$$

即将两个复数的模相除,辐角相减得到了商的模和辐角。

两复数相乘或相除均可在复平面上进行。如图 6-8(a)(b)所示,乘、除表示为模的放大或缩小,辐角表示为逆时针或顺时针旋转。乘即两个复数模相乘,辐角是在一个辐角的基础上逆时针旋转另一个辐角的角度。即复数 A_1 放大到 $|A_2|$ 倍,且辐角增大为 $\theta_1+\theta_2$。同样,相除为复数 A_1 缩小到 $1/|A_2|$,且辐角减小为 $\theta_1-\theta_2$。

(3) 旋转因子

复数 $\mathrm{e}^{\mathrm{j}\theta}=1\underline{/\theta}$ 是一个模等于 1,辐角为 θ 的复数。任意复数 A 乘以 $\mathrm{e}^{\mathrm{j}\theta}$,则复数 A 的模不变,等于把复数 A 在复平面上逆时针旋转角度 θ。故 $\mathrm{e}^{\mathrm{j}\theta}$ 称为旋转因子。根据欧拉公式 $\mathrm{e}^{\mathrm{j}\theta}=\cos\theta+\mathrm{j}\sin\theta$, $\mathrm{e}^{\mathrm{j}\frac{\pi}{2}}=\mathrm{j}$, $\mathrm{e}^{-\mathrm{j}\frac{\pi}{2}}=-\mathrm{j}$, $\mathrm{e}^{\mathrm{j}\pi}=-1$,因此 j、-j、

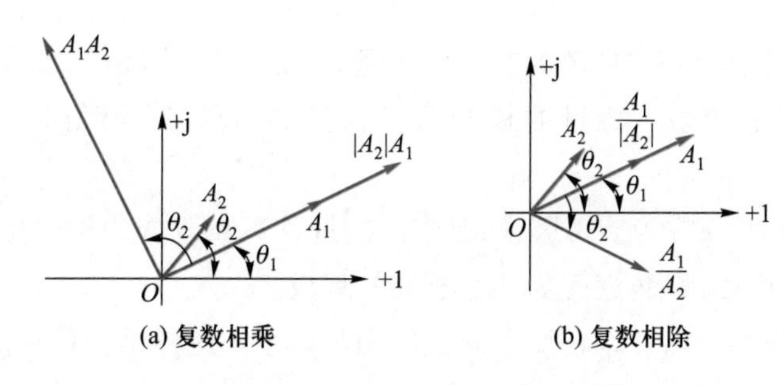

图 6－8 两个复数相乘和相除运算

－1都是旋转因子。例如，一个复数乘以 j，等于把复数在复平面上逆时针旋转$\frac{\pi}{2}$。

【例 6－1】 已知 $A=20\angle 36.9^\circ$，$B=6+\mathrm{j}8$，求 $A+B$，$A-B$，AB。

解：将 A 转换为代数形式 $A=20\angle 36.9^\circ=20\cos 36.9^\circ+\mathrm{j}20\sin 36.9^\circ=16+\mathrm{j}12$

从而求得 $A+B=16+\mathrm{j}12+6+\mathrm{j}8=22+\mathrm{j}20=29.73\angle 42.3^\circ$

$A-B=16+\mathrm{j}12-6-\mathrm{j}8=10+\mathrm{j}4=10.77\angle 21.8^\circ$

将 B 转换为极坐标形式 $B=6+\mathrm{j}8=\sqrt{6^2+8^2}\angle \arctan\frac{8}{6}=10\angle 53.1^\circ$

从而求得 $AB=20\angle 36.9^\circ\times 10\angle 53.1^\circ=200\angle 90^\circ$

6.2.2 正弦量的相量表示

根据正弦量的三要素可以写出正弦量的瞬时值表达式。在线性时不变的正弦交流电路中，所有的激励和响应都是同频率的正弦量，故在分析正弦交流电路时，不需要表示出频率这一要素，只需表述正弦量的另外两个要素幅值和初相角即可。其中幅值也可以用有效值来表示。而复数具有模和辐角，故可以用来表示正弦量的幅值和初相角两个要素。

设有一正弦量 $i=\sqrt{2}I\sin(\omega t+\phi_i)$，根据欧拉公式，有

$$\mathrm{e}^{\mathrm{j}(\omega t+\phi_i)}=\cos(\omega t+\phi_i)+\mathrm{j}\sin(\omega t+\phi_i)$$

则

$$i=\sqrt{2}I\sin(\omega t+\phi_i)=I_{\mathrm{m}}\left[\sqrt{2}I\mathrm{e}^{\mathrm{j}(\omega t+\phi_i)}\right]=I_{\mathrm{m}}\left[\sqrt{2}\dot{I}\mathrm{e}^{\mathrm{j}\omega t}\right] \quad (6-11)$$

正弦量的相量表示

式(6－11)中 I_{m}[ ] 表示取复数的虚部。式(6－11)表明，可以通过数学的方法，把一个实数范围的正弦时间函数与一个复数范围的复指数函数一一对应起来，复常数部分把正弦量的有效值和初相角结合成一个复数表示出来。这个复数称为正弦量的相量，记为

$$\dot{I}=I\mathrm{e}^{\mathrm{j}\phi_i}=I\angle\phi_i \quad (6-12)$$

式(6－12)表示正弦电流的有效值相量，$\dot{I}$ 表示正弦电流的有效值相量，上面的小圆点代表相量。相量的模即为正弦量的有效值，辐角为正弦量的初相位。

式(6－11)中 $e^{j\omega t}$ 为旋转因子，是随时间推移不断改变的相位角，在复平面上是以原点为中心，以角速度 ω 不断旋转的复数。

相量和复数一样，可以在复平面上用相量表示。这种用相量在复平面上表示的图形称为相量图，如图 6－9 所示即为上述电流相量。相量也可用最大值表示为 $\dot{I}_m = I_m e^{j\phi_i} = I_m \angle \phi_i$。

根据式(6－12)可以看出，将相量 $\dot{I}$ 放大至$\sqrt{2}$倍，并乘上旋转因子 $e^{j\omega t}$ 后，取虚部便是正弦量。需要说明的是，正弦量与复数有着一一对应关系，不是相等关系。对同频率正弦量的加减运算，采用相量图的方法更直观、方便。

【例 6－2】 已知正弦量 $i = 311\sin(\omega t + 60°)$ A 和 $u = 537\sin(\omega t + 30°)$ V，写出它们的相量形式，并作出相量图。

解：$\dot{I} = \frac{311}{\sqrt{2}} \angle 60°$ A $= 220 \angle 60°$ A，$\dot{U} = \frac{537}{\sqrt{2}} \angle 30°$ A $= 380 \angle 30°$ A

对应相量图如图 6－10 所示。

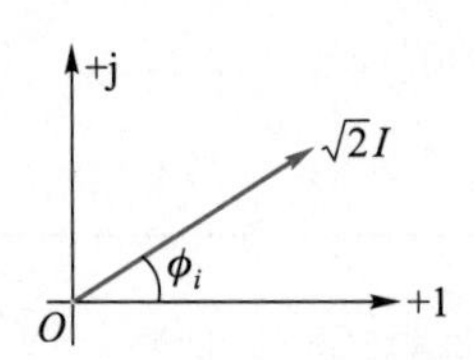

图 6－9 正弦电流量的相量图

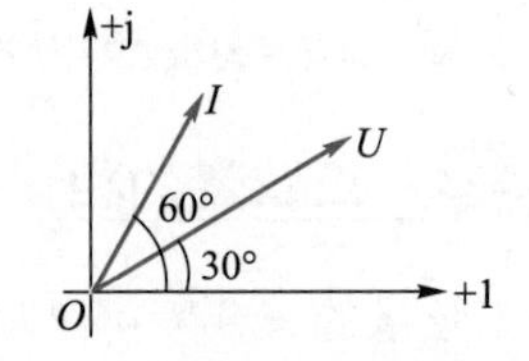

图 6－10 例 6－2 相量图

【例 6－3】 已知正弦量的相量为 $\dot{I}_1 = 5 \angle 30°$ A，$\dot{I}_2 = 10 \angle -60°$ A，写出正弦量的瞬时表达式(频率为 50 Hz)。

解：计算正弦量的角频率 $\omega = 2\pi f = 314$ rad/s

则瞬时表达式为 $i_1 = 5\sqrt{2}\sin(314t + 30°)$ A

$i_2 = 10\sqrt{2}\sin(314t - 60°)$ A

知识闯关

1. 复数加减运算最好使用复数的指数形式。( )

2. 在分析正弦交流电路时，只需表述正弦量的两个要素幅值和初相角即可。( )

3. 正弦量与复数有着一一对应关系，不是相等关系。( )

4. 相量包含提供它所示的正弦信号的频率信息。( )

5. 复数 6＋j6 等于( )。

A. $6\angle 45^\circ$　　B. $36\angle 0^\circ$　　C. $8.485\angle 45^\circ$　　D. $8.485\angle 135^\circ$

6. $(12+\mathrm{j}5)+(3-\mathrm{j}6)$等于(　　)。

A. $15-\mathrm{j}$　　B. $18-\mathrm{j}6$　　C. $17-\mathrm{j}6$　　D. $17-\mathrm{j}3$

7. $(10\angle 30^\circ)(2\angle -15^\circ)$可以表示为(　　)。

A. $12\angle -45^\circ$　　B. $20\angle 15^\circ$　　C. $5\angle -55^\circ$　　D. $5\angle 15^\circ$

6.3 电路定律的相量形式

电路基本元件的相量形式如何表示？本节介绍电阻、电容、电感元件的相量形式。

学习目标

知识技能目标：应用相量的形式来表示电路的基本元件。

素质目标：能够将复杂问题简单化，提高多角度分析和解决问题的意识。

本节主要讨论电路中基本定律和基本元件的相量形式。具体地说，电路基本定律主要包括 KCL 定律和 KVL 定律，基本元件主要包括电阻、电容以及电感。

1. KCL 的相量形式

对电路中任一节点，根据 KCL 定律，有

$$i_1+i_2+\cdots+i_k=0$$

当电流全部都是同频率的正弦量时，将上式转换成对应的相量形式为

$$\dot{I}_1+\dot{I}_2+\cdots+\dot{I}_k=0$$

即任一节点上，同频率的正弦电流的对应相量的代数和为零。

2. KVL 的相量形式

对电路的任一回路，根据 KVL 定律，有

$$u_1+u_2+\cdots+u_k=0$$

当电压全部都是同频率的正弦量时，将上式转换成相量形式为

$$\dot{U}_1+\dot{U}_2+\cdots+\dot{U}_k=0$$

即任一回路中，同频率的正弦电压的对应相量的代数和为零。

拓展阅读

电气工程师的职业素养

3. 电阻、电感、电容元件电压、电流关系的相量形式

(1) 电阻元件的电压、电流关系的相量形式

图 6-11 所示为电阻元件电压、电流之间的相量关系。

图 6-11(a)中，电阻元件的电压、电流为关联参考方向，设流过电阻的电

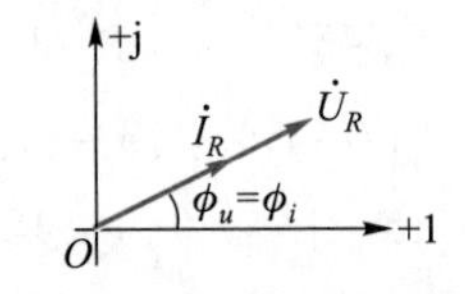

(a) 电阻元件电压、电流关系　(b) 电阻元件的相量模型　(c) 电阻元件电压、电流的相量图

图 6－11　电阻元件电压、电流之间的相量关系

流为 $i_R=\sqrt{2}I_R\sin(\omega t+\phi_i)$，电阻两端的电压为 u_R，根据欧姆定律，则有

$$u_R=Ri_R=R\sqrt{2}I_R\sin(\omega t+\phi_i)=\sqrt{2}U_R\sin(\omega t+\phi_u)。$$

则电阻元件的电压、电流关系对应的相量形式为

$$\dot{U}_R=U_R\angle\phi_u=RI_R\angle\phi_i=R\dot{I}_R$$

$$U_R=RI_R$$

$$\phi_u=\phi_i$$

根据上述相量形式可知：

① 电阻元件的电压与电流的有效值依然满足欧姆定律，电阻元件的相量模型如图 6－11(b)所示。

② 关联参考方向时，电阻元件的电压与电流同相位，即相位差等于零，电阻元件的电压、电流相量图如图 6－11(c)所示。

(2) 电感元件的电压、电流关系的相量形式

图 6－12 所示为电感元件电压、电流之间的相量关系。

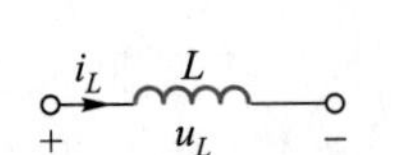

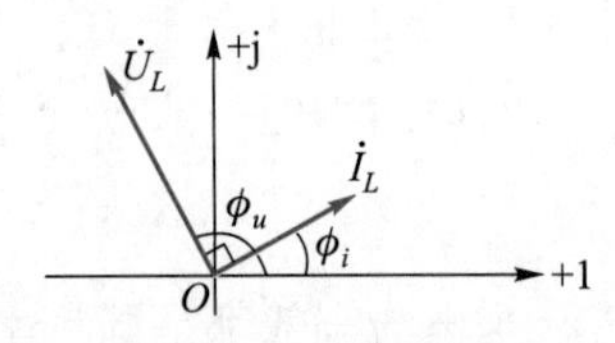

(a) 电感元件电压、电流关系　(b) 电感元件的相量模型　(c) 电感元件电压、电流的相量图

图 6－12　电感元件电压、电流之间的相量关系

图 6－12(a)中，电感元件的电压、电流为关联参考方向，设流入电感的正弦电流瞬时值为 $i_L=\sqrt{2}I_L\sin(\omega t+\phi_i)$，电感两端的电压为 u_L，则有

$$u_L=L\frac{\mathrm{d}i_L}{\mathrm{d}t}=\sqrt{2}\omega LI_L\cos(\omega t+\phi_i)=\sqrt{2}\omega LI_L\sin\left(\omega t+\phi_i+\frac{\pi}{2}\right)=\sqrt{2}U_L\sin(\omega t+\phi_u)$$

可以发现，电感元件上的电压和电流为同频率正弦量，则对应的相量形式为

$$\dot{U}_L=\mathrm{j}\omega L\dot{I}_L\qquad\left(\text{或 } U_L\angle\phi_u=\omega LI_L\angle\phi_i+\frac{\pi}{2}\right)$$

$$U_L=\omega LI_L$$

$$\phi_u=\phi_i+\frac{\pi}{2}\left(\text{或 } \varphi=\phi_u-\phi_i=\frac{\pi}{2}\right)$$

由上述电感元件的相量形式，可知：

① 电感元件的电压与电流的关系类似欧姆定律，与角频率 ω 有关，电感元件的相量模型如图 6－12(b)所示。

其中，$U/I=\omega L=X_L$，$X_L=\omega L=2\pi fL$ 称为电感电抗，简称“感抗”，单位为 Ω(欧姆)。

令 $I/U=\dfrac{1}{\omega L}=B_L$，$B_L$ 称为电感电纳，简称“感纳”，单位为 S(西门子)。

感抗 X_L 与正弦电源的频率 f 成正比关系：频率 f 越高，感抗 X_L 越大；频率 f 越低，感抗 X_L 越小。

直流稳态电路中，当频率 $f=0$，感抗 $X_L=0$，此时电感相当于短路；当频率 $f\to\infty$，$\omega L\to\infty$，此时电感相当于开路。

② 电感元件的电压相位超前于电流相位 90°，电感元件电压、电流的相量图如图 6－12(c)所示。

【例 6－4】 已知某一电感为 100 mH，接在 $u=15\sqrt{2}\sin(314t-30°)$ V 的电源上，求感抗的大小和电感电流瞬时值表达式。

解：电感的感抗 $X_L=\omega L=314\times100\times10^{-3}\ \Omega=31.4\ \Omega$

电感电压的相量形式 $\dot{U}=15\angle-30°$ V

电感电流的相量形式 $\dot{I}=\dfrac{\dot{U}}{\mathrm{j}\omega L}=\dfrac{15\angle-30°}{31.4\angle 90°}\ \mathrm{A}=0.48\angle-120°$ A

电感电流瞬时值表达式 $i=0.48\sqrt{2}\sin(314t-120°)$ A

(3) 电容元件的电压、电流关系的相量形式

图 6－13 所示为电容元件电压、电流之间的相量关系。

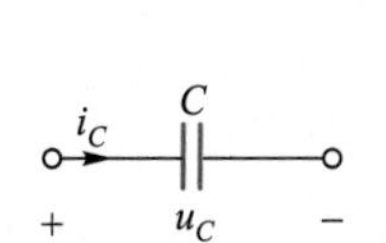

(a) 电容元件电压、电流关系

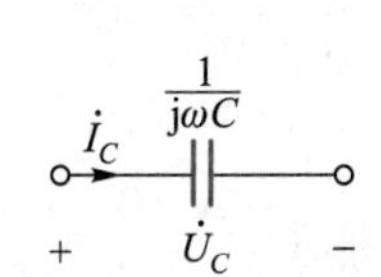

(b) 电容元件的相量模型

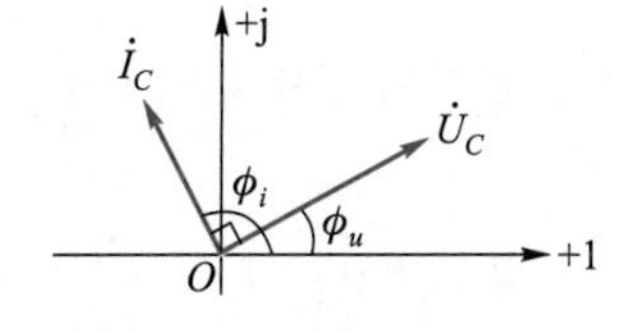

(c) 电容元件电压、电流的相量图

图 6－13 电容元件电压、电流之间的相量关系

电容的相量形式

图 6－13(a)中，电容元件的电压、电流为关联参考方向，设电容的两端电压为 $u_C=\sqrt{2}U_C\sin(\omega t+\phi_u)$，则电容上流过的电流为

$$i_C=C\frac{\mathrm{d}u_C}{\mathrm{d}t}=\sqrt{2}\omega CU_C\cos(\omega t+\phi_u)=\sqrt{2}\omega CU_C\sin\left(\omega t+\phi_u+\frac{\pi}{2}\right)$$

$$=\sqrt{2}I_C\sin(\omega t+\phi_i)$$

电容元件的电压、电流关系对应的相量形式为

$$\dot{U}_C = \frac{1}{j\omega C}\dot{I}_C = -jX_C\dot{I}_C \quad \left(或\ U_C\angle\phi_u = \frac{1}{\omega C}I_C\angle\left(\phi_i - \frac{\pi}{2}\right)\right)$$

$$U_C = \frac{I_C}{\omega C}$$

$$\phi_u = \phi_i - \frac{\pi}{2} \quad \left(或\ \varphi = \phi_u - \phi_i = -\frac{\pi}{2}\right)$$

根据上述相量形式可知:

① 电容元件的电压与电流的关系也类似欧姆定律,与角频率 ω 有关。电容元件的相量模型如图 6-13(b)所示。

其中,$U/I = \frac{1}{\omega C} = X_C$,$X_C$称为电容电抗,简称“容抗”,单位为 Ω(欧姆);容抗是表示电容器在充放电过程中对电流阻碍作用的物理量。

令 $I/U = \omega C = B_C$,B_C称为电容电纳,简称“容纳”,单位为 S(西门子)。

容抗 X_C与正弦电源的频率 f 成反比关系,频率 f 越高,容抗 X_C越小;频率 f 越低,容抗 X_C越大。

直流稳态电路中,当频率 $f=0$,容抗 $X_C \to \infty$,此时电容元件相当于开路,有电压作用于电容,但电流为零;当频率 $f \to \infty$,容抗 $X_C \to 0$,电容电压为零,电容相当于短路。

② 电容元件的电压相位滞后于电流相位 90°。电容元件电压、电流的相量图如图 6-13(c)所示。

【例 6-5】 已知 10 μF 电容两端的正弦交流电压 $u = 9\sqrt{2}\sin(314t - 60°)$ V,求电容流过的电流值并写出瞬时表达式。

解:电容电压的相量形式 $\dot{U}_C = 9\angle -60°$

电容的容抗 $X_C = \frac{1}{\omega C} = \frac{1}{314 \times 10 \times 10^{-6}}\ \Omega = 318\ \Omega$

电容电流 $\dot{I}_C = \frac{\dot{U}_C}{-jX_C} = \frac{9\angle -60°}{318\angle -90°}\ \text{A} = 0.03\angle 30°\ \text{A}$

则电容电流的瞬时值表达式 $i = 0.03\sqrt{2}\sin(314t + 30°)$ A

用复数代数方程描述电路定律的相量形式是相量法体系的基础。应用相量法分析正弦稳态电路时,其电路方程的相量形式与电阻电路相似。因而线性电阻电路的电路定理和各种分析方法同样可应用于线性电路的正弦稳态分析。区别在于相量形式的代数方程用复数计算。

【例 6-6】 如图 6-14 所示电路,其中电流表 A_1、A_2 的读数都是 20 mA,求电流表 A 的读数。

解:设电阻 R 和电感 L 并联的端电压为 $\dot{U} = U\angle 0°$。

设电流的参考方向如图 6－14 所示。

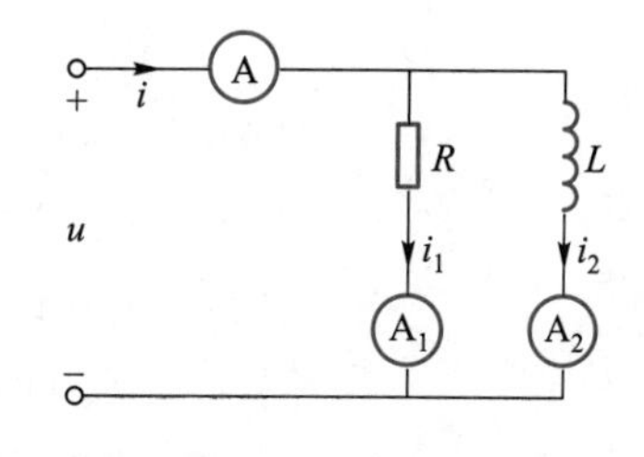

图 6－14 例 6－6 电路

电阻的电压和电流相位差为零，则 $\dot{I}=20\angle 0^\circ$ mA。

电感的电压超前电流 90°，则 $\dot{I}_2=20\angle -90^\circ$ mA。

列 KCL 方程的相量形式，可得

$$\dot{I}=\dot{I}_1+\dot{I}_2=(20\angle 0^\circ+20\angle -90^\circ)\ \text{mA}=20\sqrt{2}\angle -45^\circ\ \text{mA}$$

知识闯关

1. 关联参考方向时，电阻元件的电压与电流的相位差等于零。（ ）
2. 电容元件的电流相位滞后于电压相位 90°。（ ）
3. 电感两端的电压较流过它的电流超前 90°。（ ）
4. 电容的阻抗随频率的增加而增加。（ ）
5. 2 H 电感经过 1 MHz 频率的阻抗比经过 50 Hz 频率的阻抗小。（ ）
6. 在直流稳态电路中，电容相当于开路，其电流为零。（ ）
7. 串联 RC 电路中 $U_R=8$ V，$U_C=6$ V，则供电电压为（ ）。

A. 10 V　　B. 14 V　　C. －2 V　　D. 2 V

技能知识十五 函数信号发生器的使用

1. 面板介绍

AFG－2225 函数信号发生器的前面板如图 6－15 所示，Power switch 为电源开关，开关下方有标识，按下为开机，弹出为关闭。Scroll wheel 可调旋钮用于编辑值和参数，顺时针调节增加，逆时针调节减小。下方左右方向键用于选择数字，常与数字键盘 Number pad 配合使用。CH1/CH2 键用于切换右侧 OUTPUT 中两个输出端口的对应通道。OUTPUT 键用于打开或关闭波形输出。

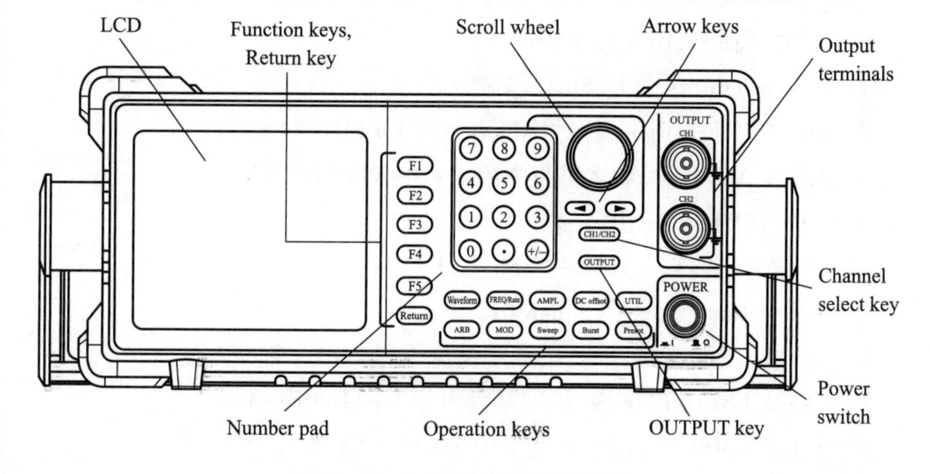

图 6－15 函数信号发生器前面板

LCD 显示屏右侧 F1 ~ F5 为功能键，用于功能激活。面板下方的操作键 Operation keys 中 Waveform 键用于选择波形类型，FREQ/Rate 键用于设置频率或采样率，AMPL 键用于设置波形幅值，DC offset 键用于设置直流偏值，UTIL 键用于进入存储和调取选项、更新和查阅固件版本、进入校正选项、系统设置、耦合功能、计频计等信息。其他操作键将在后续使用中介绍。

2. 开机操作

① 将电源线接入后面板插座，如图 6 – 16(a)所示。

② 打开位于前面板的开关键，如图 6 – 16(b)所示。此时 LCD 显示屏会显示启动信息，表示信号发生器可以使用。

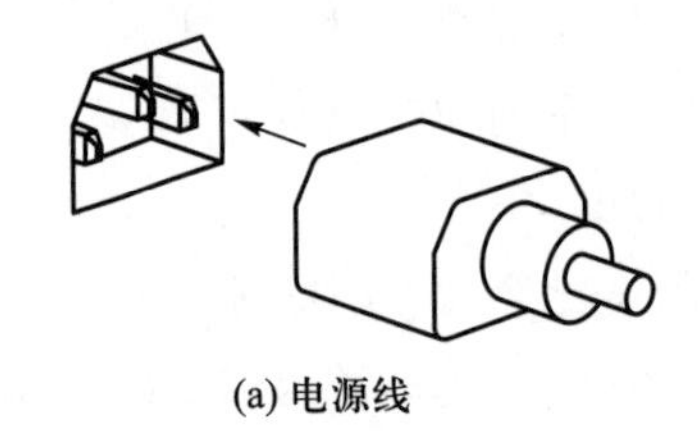

(a) 电源线

(b) 开关键

图 6 – 16 电源线和开关键

实训

函数信号发生器的使用方法

3. 使用数字输入

函数信号发生器有三类数字输入：数字键盘、方向键和可调旋钮。使用方法如下。

① 按下 Waveform 键后，功能键 F1 ~ F5 对应选择菜单项。例如，功能键 F1 对应软键“Sine”。

② 使用方向键将光标移至需要编辑的数字。

③ 使用可调旋钮 Scroll wheel 编辑数字，顺时针增大，逆时针减小。

④ 数字键盘用于设置高光处的参数值。

4. 选择波形

下面对正弦波和方波设置进行说明。

(1) 正弦波输出，10 $V_{P\text{-}P}$，1 kHz

① 按 Waveform 键，选择 Sine(F1 键)。

② 分别按 FREQ/Rate 键，数字键盘中的 1 + kHz(F4 键)。

③ 分别按 AMPL 键，数字键盘中的 1 + 0 + VPP(F5 键)。

④ 按 OUTPUT 键，输出波形。

(2) 方波输出，3$V_{P\text{-}P}$，75% 占空比，1 kHz

提示

信号的输出需要连接专用输出探头，实现波形输出。

① 按 Waveform 键，选择 Square(F2 键)。

② 分别按 F1 键选择 Duty，按数字键盘中的 7 + 5 + %(F2 键)。

③ 分别按 FREQ/Rate 键，数字键盘中的 1 + kHz(F4 键)。

④ 分别按 AMPL 键，数字键盘中的 3 + $V_{P\text{-}P}$(F5 键)。

⑤ 按 OUTPUT 键，输出波形。

技能知识十六　示波器的使用

1. 面板介绍

图 6－17 所示是 GDS2102E 示波器的前面板，LCD 显示屏左下方为电源开关（Power button），屏幕右侧为各种按键。

按底部菜单按钮（Bottom menu keys）可以选择全屏幕显示模式（Fit Screen Mode）和 AC 优先模式（AC Priority Mode）。AC 优先模式在显示屏上只优先显示交流信号波形。

旋转 Horizontal controls 旋钮可以左右移动波形，按下旋钮可以将水平位置重设为 0。水平位置显示在屏幕下方的右侧。旋转水平 SCALE 旋钮，选择时基；左（慢）或右（快）刻度显示在屏幕下方的左侧。

旋转 Vertical controls 旋钮可以上下移动波形，按下旋钮可以将位置重设为 0。移动波形时，屏幕显示光标的垂直位置。旋转垂直 SCALE 旋钮，改变垂直刻度；左（下）或右（上）刻度位于屏幕下方。

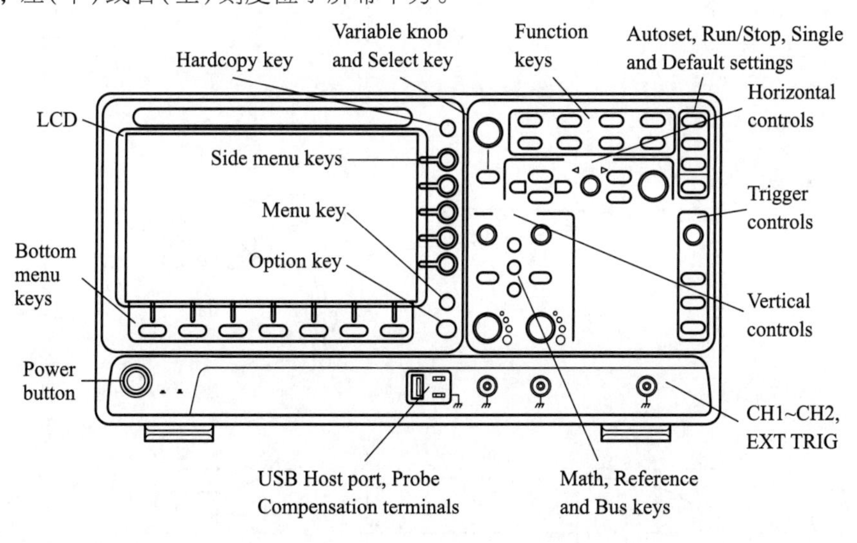

图 6－17　GDS2102E 示波器前面板

2. 连接探棒

如图 6－18 所示，将探棒连接 CH1 输入和 CAL 信号输出。默认该输出提供一个 $2V_{P-P}$，1 kHz 方波补偿。

按 Autoset 键，屏幕中心显示方波波形。

选择相量波形，按 Display 键，在底部菜单设置相量（Vector）显示。查看是否显示标准方波，如果正确显示，说明示波器在良好、稳定地工作。否则需要补偿探棒，调节时的波形如图 6－19 所示，旋转探棒可调点，平滑方波边沿，如图 6－19(b)所示。

若需要调整探棒衰减量,将探棒衰减调整到×10。

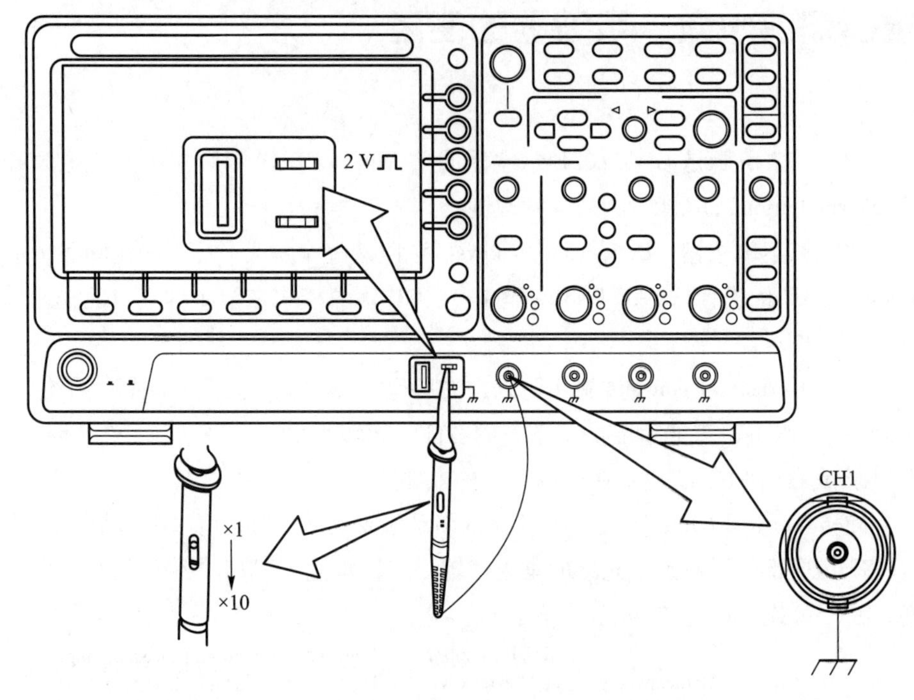

图 6-18 查看标准信号连接方式

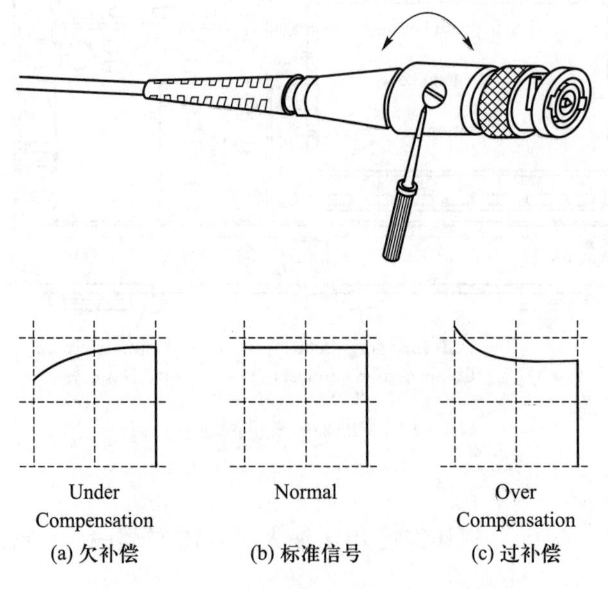

图 6-19 补偿探棒调节时的波形

3. 其他功能

正确情况下 Run/Stop 键的指示灯为绿色。按一次 Run/Stop 键,指示灯变红,此时冻结波形和信号获取。再按 Run/Stop 键,取消冻结,指示灯再次变绿。

技能训练十　函数信号发生器和示波器的使用

1. 训练目标

初步掌握函数信号发生器和示波器的基本使用方法;会调节函数信号发生器的幅度和频率,会用示波器测量电信号的幅度和频率。

2. 训练要求

① 初步掌握函数信号发生器的使用方法。

② 掌握示波器的基本使用方法,会用示波器测量电信号的幅度和频率。

③ 通过模拟、数字示波器的区别,认识科技进步的重要意义。

3. 工具器材

函数信号发生器、示波器。

4. 技能知识储备

技能知识十五和技能知识十六。

5. 完成流程

① 调节函数信号发生器,产生表 6－1 所示的正弦波、方波、三角波。

表 6－1　产生交流信号的参数

测试项目	正弦波	方波	三角波
频率/Hz	50	100	1 000
峰-峰值/mV	20	30	150

早发现

你是否发现示波器和函数信号发生器的探棒有所区别?

② 将函数信号发生器产生的信号接至示波器 CH1 或 CH2 通道。调节示波器,使荧光屏上出现稳定波形。利用示波器的“V/cm”灵敏度测量信号的峰-峰值。记录实验数据在表 6－2 中,并绘制波形。

表 6－2　示波器测试信号结果

峰-峰值 U/mV	频率 f/Hz	灵敏度 V/div	$U_{p\text{-}p}$		U_m		波形
			div	V	div	V	
20	50						
30	100						
150	1000						

实训

函数信号发生器和示波器的使用方法

③ 信号频率的测量。

保持函数信号发生器输出幅度不变,改变信号频率,调节示波器,使波形稳定,利用扫描速率(SEC/div)测量信号的周期,求出频率。记录实验数据在表 6－3 中,并绘制波形。

表 6－3 示波器测试正弦波信号周期和频率的结果

峰-峰值 U/mV	频率 f/Hz	灵敏度 T/div	T		频率
			div	SEC	
20	50				
30	100				
150	1000				

④ 注意事项如下。

a. 实验前需认真学习示波器及函数发生器的使用方法及注意事项，动手操作时，操作各旋钮和开关不要用力过猛。

b. 示波器接通电源后需预热数分钟再开始使用。使用过程中，应避免频繁开关电源，以免损坏示波器。荧光屏上显示的亮点或波形的亮度要适当，光点不要长时间停留在一点上，以免损伤荧光屏。

c. “共地”问题，在弱电系统中，为避免外界干扰，大多数电子仪器采用单端输入和单端输出，即输入（输出）的两个端点中，有一个端点与仪器外壳相连，并与输入（输出）电缆线的外层屏蔽线连接在一起。仪器外壳通过带接地线的电源插头与地相通，测量时所有“⊥”记号点都必须直接连接在一起，即“共地”。因此，单端输入（输出）的测量仪器的两个输入（输出）端是不能互换的，不像变压器输出的交流电压那样，两个端钮可以互换且不影响测量结果。

6. 总结与评价

撰写实训报告，总结函数信号发生器、示波器的使用方法。对自己和小组成员进行评价。

技能训练十一　正弦交流电压的测量

1. 训练目标

加深理解正弦量的有效值、最大值和峰-峰值；学会测量相应物理量。

2. 训练要求

① 初步掌握函数信号发生器的基本使用方法。

② 初步掌握示波器的基本使用方法，会用示波器测量波形的电压幅值、频率。

③ 用万用表测量交流电压有效值。

④ 通过测量正弦波形，培养从复杂现象归纳简单规律的科学思维。

3. 工具器材

函数信号发生器、示波器、万用表。

4. 技能知识储备

① 会调节函数信号发生器的电压、频率旋钮。

② 会使用示波器读取信号电压、频率。

③ 会使用万用表的交流电压挡。

5. 完成流程

(1) 调节函数信号发生器产生峰-峰值 10 V,1 kHz 的正弦波

打开电源开关,调节频率旋钮,频率显示 1 kHz 时停止调节。调节幅值旋钮,峰-峰值显示 10 V。

(2) 万用表测量信号有效值

万用表调节至交流电压 10 V 挡,使用万用表的表笔测量函数信号发生器的鳄鱼夹的输出端,读取万用表测量值,填入表 6－4,移除万用表。

表 6－4　万用表读数

函数信号发生器		万用表读数			
		电压	挡位	测量值	指示值
信号	$f=1$ kHz				
	$U_{p-p}=10$ V				

(3) 示波器测量信号峰-峰值

打开示波器电源开关,选择示波器通道 1(或通道 2),调节示波器通道 1(或通道 2)相应的竖直位移和水平位移旋钮,使得正弦波形位于示波器屏幕的中央;选择合适的电压挡位,正弦波形极大值和极小值之间的距离尽可能占显示屏竖直方向大约 2/3;选择合适的扫描时间挡位,使水平方向出现 2～3 个波峰。

> 提示
> 通道 1 和通道 2 对应各自的电压挡位旋钮,应学会切换显示调节。

在表 6－5 中记录显示屏上正弦波形极大值与极小值之间的部分,在竖直方向所占正方形的边长个数和电压挡位值。记录显示屏上正弦波形一个周期,在水平方向所占正方形的边长个数和扫描时间挡位值。

表 6－5　示波器读数

信号发生器		示波器波形读数				示波器直读
		项目	挡位	格数	测量值	
信号	$f=1$ kHz	周期				
	$U_{p-p}=10$ V	电压				

(4) 数据处理

由表 6－4 和表 6－5 计算测量信号的电压峰-峰值,与信号发生器显示电压比较,分析误差大小,再计算有效值,比较两者误差。

比较示波器所测信号频率与信号发生器显示频率,分析误差。

6. 总结与评价

撰写实训报告,写出电压峰-峰值、幅值、有效值之间的关系。对自己和小组成员进行评价。

小结

1. 随时间按正弦规律变化的电量称为正弦量,其由三要素(幅值、频率、初相位)表示。同频率正弦量的相位差等于其初相位之差。相位关系有超前、滞后、同相、反相、正交等。在工程上,一般所说的正弦电压、正弦电流都是指有效值,有效值的$\sqrt{2}$倍等于幅值。

2. 正弦量可以由瞬时表达式、波形图、相量等表示。相量和正弦量是一一对应关系,不是相等关系。相量是复数,遵守复数的运算规则。正弦量最常用的是相量表示法,用相量表达式和相量图表示,相量表达式可以是代数式、三角函数式、指数式、极坐标式。相量的模表示正弦量的幅值或有效值,辐角表示正弦量的初相位。用相量分析计算正弦电流电路的方法称为相量法,在复平面上用有向线段表示相量的图称为相量图。

3. 基尔霍夫定律的相量形式为$\sum \dot{I}=0$和$\sum \dot{U}=0$。正弦交流电路中,电压与电流取关联参考方向时,电阻上电压、电流伏安关系的相量形式为$\dot{U}_R=R\dot{I}_R$,电压、电流同相位。电感上电压、电流伏安关系的相量形式为$\dot{U}_L=\mathrm{j}\omega L\dot{I}_L$,电压超前电流90°。电容上电压、电流伏安关系的相量形式为$\dot{U}_C=\dfrac{1}{\mathrm{j}\omega C}\dot{I}_C$,电压滞后电流90°。

4. 许多交流仪表的读数都是有效值,如万用表测量交流量的数值是有效值。但示波器可以读取交流电压的幅值,也可以读取其峰-峰值。

自测题

一、判断题

1. 角频率与周期之间的关系为 $\omega=2\pi f$。(   )

2. 我国工频交流电的频率为50 Hz,周期为20 s。(   )

3. 交流电的有效值等于最大值的$\sqrt{2}$倍。(   )

4. 复数加减运算最好使用复数的指数形式。(   )

二、选择题

1. 正弦交流电的三要素是(   )。

A. 幅值　　B. 角频率　　C. 初相位　　D. 频率

2. 在纯电容正弦交流电路中,增大电源频率时,其他条件不变,电路中电流将(   )。

A. 增大　　B. 减小　　C. 不变

3. 在纯电容正弦交流电路中,当电流 $i=I_{\mathrm{m}}\sin(314t+\pi/2)$,电容上电压为(   )。

A. $u=\dfrac{I_{\mathrm{m}}}{\omega C}\sin(314t+\pi/2)$　　B. $u=\dfrac{I_{\mathrm{m}}}{\omega C}\sin(314t)$　　C. $u=\dfrac{I_{\mathrm{m}}}{C}\sin(314t)$

4. 若电路中某元件两端的电压 $u=10\sin(314t+45°)$ V,电流 $i=5\sin(314t+135°)$ A,则该元

件是(　　)。

A. 电阻　　　　B. 电感　　　　C. 电容

习题

6－1　将下列复数化为代数式。

(1) $8\angle 30^\circ$　　(2) $220e^{-j120^\circ}$　　(3) $30\angle 90^\circ$

(4) $3\angle -150^\circ$　　(5) $0.6e^{j150^\circ}$　　(6) $25\angle -190^\circ$

6－2　将下列复数化为指数式或极坐标式。

(1) $3-j4$　　(2) $1.2+j1.6$　　(3) $-118+j90$

(4) $-30-j20$　　(5) $-40+j10$　　(6) $3-j40$

6－3　已知 $i=50\sqrt{2}\sin(314t+30^\circ)$ A,求频率、周期、振幅和初相位。

6－4　写出下列正弦量的相量,画出相量图并求出电流、电压的相位差,说明超前或滞后关系。

(1) $u=220\sqrt{2}\sin(\omega t+30^\circ)$ V, $i=5\sqrt{2}\sin(\omega t-45^\circ)$ A

(2) $u=80\sqrt{2}\sin(\omega t-60^\circ)$ V, $i=20\sqrt{2}\sin(\omega t+30^\circ)$ A

6－5　写出下列各相量的正弦时间函数。

(1) $\dot{U}_1=30+j40$, $\dot{I}_1=60e^{-j45^\circ}$　　(2) $\dot{U}_2=-10+j6$, $\dot{I}_2=5\angle 30^\circ$

6－6　用相量法求正弦电流 $i_1=15\sqrt{2}\sin(\omega t+30^\circ)$ A 和 $i_2=8\sqrt{2}\sin(\omega t-55^\circ)$ A 的和与差。

6－7　一正弦电流,它的相量为 $\dot{I}=5+j6$,且 $f=50$ Hz,求在 0.002 s 时的瞬时值。

6－8　一个 $f=50$ Hz 正弦电流的最大值为 537 A,在 $t=0$ 时的值为 -268 A。求它的瞬时值表达式并画出波形图。

6－9　已知一正弦电压的振幅为 311 V,频率为 50 Hz,初相为 $-\pi/6$,写出其瞬时值表达式,并画出波形图。

6－10　正弦电压 $u=311\sin(314t+150^\circ)$ V 加在 100 Ω 电阻两端,用相量法求电阻流过的电流,并画出电压和电流的相量图。

6－11　已知 $L=0.2$ H,外加电压 $u=220\sqrt{2}\sin(100t-30^\circ)$ V,求通过电感的电流,并画出电流和电压的相量图。

6－12　已知电感元件两端电压的初相位为 40°,$f=50$ Hz,$t=0.5$ s 时的电压值为 232 V,电流的有效值为 20 A。求电感值。

6－13　一电容 $C=50$ pF,通过该电容的电流 $i=20\sqrt{2}\sin(10^6t+30^\circ)$ mA,求电容两端的电压,写出其瞬时值表达式。

6－14　设电感元件的电压为 $u=311\sin(314t+30^\circ)$ V,$L=100$ mH。求电流 i 和它的有效值 I。

6－15 已知电流$\dot{I}_1 = 10\angle -45^\circ$A，$\dot{I}_2 = 10\angle -135^\circ$A。求 $\dot{I} = \dot{I}_1 + \dot{I}_2$。

6－16 一个电容 $C = 31.85 \times 10^{-6}$F，接到 $f = 50$ Hz，$\dot{U} = 220\angle 0^\circ$ V 的正弦电源上，求电容的电流 $\dot{I}$。

6－17 在图 6－20 所示正弦交流电路中，已知电流表 A、A_2、A_3 的读数分别为 5 A、8 A、4 A，求电流表 A_1 的读数。

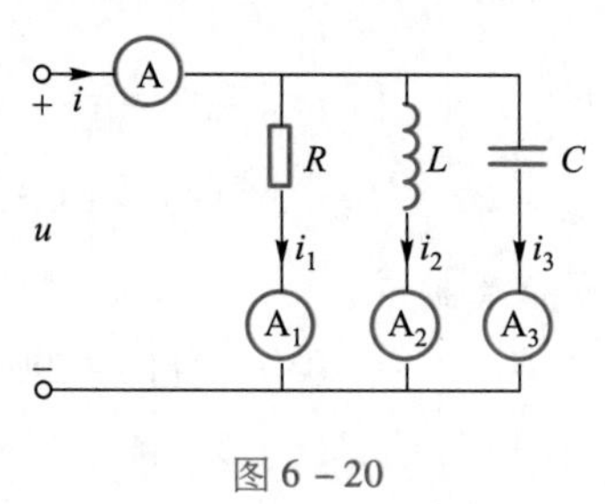

图 6－20

单元七 正弦稳态电路的分析

通过本单元的学习，掌握复阻抗、复导纳的概念，并能分析相应电路；理解有功功率、无功功率、视在功率和功率因数，会画功率三角形；掌握提高功率因数的方法；理解最大传输功率。

7.1 复阻抗与复导纳

实际常用的交流电路往往同时具有几个元件，并按一定的方式连接起来，本节介绍 RLC 串并联电路的复阻抗和复导纳的表达形式。

学习目标

知识技能目标：掌握 RLC 交流电路的分析方法及电路特点。

素质目标：学习复阻抗和复导纳时联系电阻和电导的定义，学会从事物的联系中分析问题。

7.1.1 RLC 串联电路的复阻抗

1. 复阻抗的定义

如图 7-1(a)所示无源二端网络中，当电压、电流为关联参考方向，复阻抗的定义为端口电压相量与端口电流相量的比值

$$Z=\frac{\dot{U}}{\dot{I}} \tag{7-1}$$

课件 7.1

式(7-1)中的复阻抗 Z 也简称为阻抗，单位是欧姆(Ω)，是电路中的一个复数参数，由式可将图 7-1(a)所示二端网络等效为图 7-1(b)所示电路模型。

需要说明的是，复阻抗 Z 是一个复数，但它并不是一个正弦时间函数，为了与表示电压或电流正弦量的复数 $\dot{U}$ 或 $\dot{I}$ 区别，复阻抗 Z 字母上不加点。

(a) 无源二端网络　　(b) 电路模型

图 7－1　复阻抗

由复阻抗定义式可得阻抗 Z 的极坐标形式为

$$Z=\frac{U\angle\phi_u}{I\angle\phi_i}=\frac{U}{I}\angle\phi_u-\phi_i=|Z|\angle\varphi_Z \quad (7-2)$$

式(7－2)中$|Z|$是复阻抗的模,简称阻抗的模,它等于电压有效值与电流有效值之比。φ_Z是复阻抗的辐角,又称阻抗角,它等于电路中电压与电流的相位差。即

$$|Z|=\frac{U}{I} \quad (7-3)$$

$$\varphi_Z=\phi_u-\phi_i \quad (7-4)$$

由阻抗的定义可得,单一元件 R、L、C 的阻抗分别为

$$Z_R=R$$

$$Z_L=\mathrm{j}\omega L=\mathrm{j}X_L$$

$$Z_C=-\mathrm{j}\frac{1}{\omega C}=-\mathrm{j}X_C$$

2. *RLC* 串联电路的复阻抗

RLC 串联电路如图 7－2(a)所示,各元件电压 u_R、u_L、u_C的参考方向与电流为关联参考方向,由 KVL 得,串联电路的电压

$$u=u_R+u_L+u_C$$

相应的相量形式为

$$\dot{U}=\dot{U}_R+\dot{U}_L+\dot{U}_C \quad (7-5)$$

相应的相量电路模型如图 7－2(b)所示。

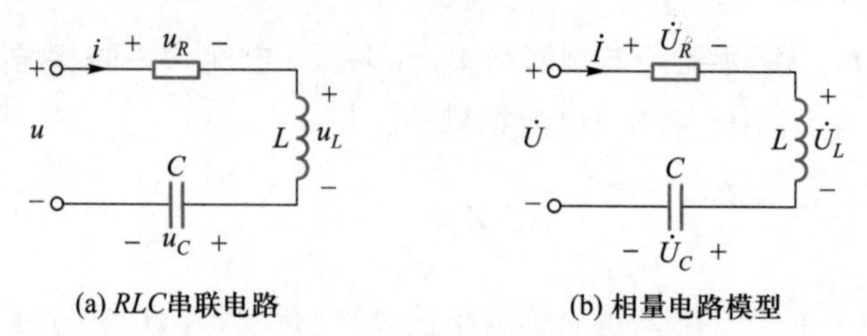

(a) *RLC*串联电路　　(b) 相量电路模型

图 7－2　串联电路

根据上一单元的内容,将各元件的相量形式代入式(7－5),可得

$$\dot{U}_R=R\dot{I}$$

$$\dot{U}_L = \mathrm{j}\omega L\dot{I}$$

$$\dot{U}_C = -\mathrm{j}\frac{1}{\omega C}\dot{I}$$

$$\dot{U} = \dot{U}_R + \dot{U}_L + \dot{U}_C = R\dot{I} + \mathrm{j}\omega L\dot{I} + \frac{\dot{I}}{\mathrm{j}\omega C} = \left(R + \mathrm{j}\omega L + \frac{1}{\mathrm{j}\omega C}\right)\dot{I} = Z\dot{I} \quad (7-6)$$

式(7-6)中 Z 为复阻抗，是电阻、电感和电容串联电路的总阻抗，且

$$Z = \frac{\dot{U}}{\dot{I}} = R + \mathrm{j}\omega L + \frac{1}{\mathrm{j}\omega C} = R + \mathrm{j}\left(\omega L - \frac{1}{\omega C}\right) = R + \mathrm{j}(X_L - X_C) = R + \mathrm{j}X \quad (7-7)$$

式(7-7)是复阻抗的代数形式，它的数值等于电路中各个元件(R、L、C)阻抗之和。式中，$X = X_L - X_C$，称为电路的电抗，由式可得，阻抗的模为

$$|Z| = \sqrt{R^2 + X^2} = \sqrt{R^2 + (X_L - X_C)^2}$$

阻抗角为
$$\varphi = \arctan\frac{X}{R} = \arctan\frac{X_L - X_C}{R}$$

由此可见阻抗模 $|Z|$、电阻 R 和电抗 X 可以构成一个直角三角形，称为阻抗三角形，如图 7-3 所示。

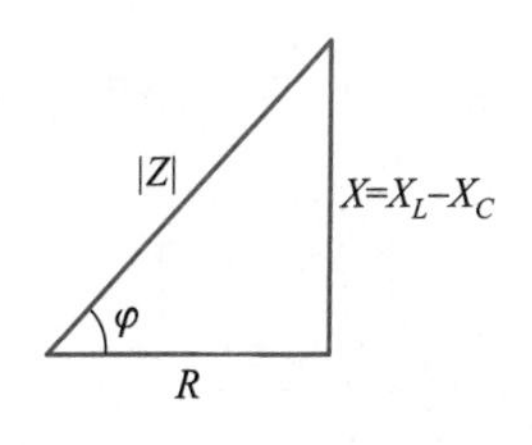

图 7-3 阻抗三角形

如图 7-3 所示，复阻抗 Z 的实部为 $R = |Z|\cos\varphi$，虚部为 $X = |Z|\sin\varphi$。

由此可得：

在串联电路中，当感抗 X_L 等于容抗 X_C 时，阻抗角 $\varphi = 0$，复阻抗 $Z = R$，此时电路呈电阻性，电压与电流同相位，即 $\phi_u = \phi_i$。

当感抗 X_L 大于容抗 X_C 时，阻抗角 $\varphi > 0$，此时电路呈电感性，电压超前于电流，超前的角度为 φ。

当感抗 X_L 小于容抗 X_C 时，阻抗角 $\varphi < 0$，此时电路呈电容性，电压滞后于电流，滞后的角度为 φ。

选取电流 $\dot{I}$ 为参考相量时，可画出 RLC 串联电路的相量图，如图 7-4(a)所示。在相量图中可以看出，电阻电压 $\dot{U}_R$、电抗电压 $\dot{U}_X$ 和总电压 $\dot{U}$ 构成一个直角三角形，称为串联电路的电压三角形。该三角形反映了三个电压相量之间的相位关系和有效值关系，如图 7-4(b)所示。显然，同一串联电路，其阻抗三角形与电压三角形为相似三角形。

3. 复阻抗串联电路

图 7-5 给出了多个复阻抗串联的电路，电流和电压的参考方向如图所示，由 KVL 可得

$$\dot{U} = \dot{U}_1 + \dot{U}_2 + \cdots + \dot{U}_n = \dot{I}(Z_1 + Z_2 + \cdots + Z_n)$$

令 Z 为串联电路的等效阻抗。由上式可得

$$Z = Z_1 + Z_2 + \cdots + Z_n$$

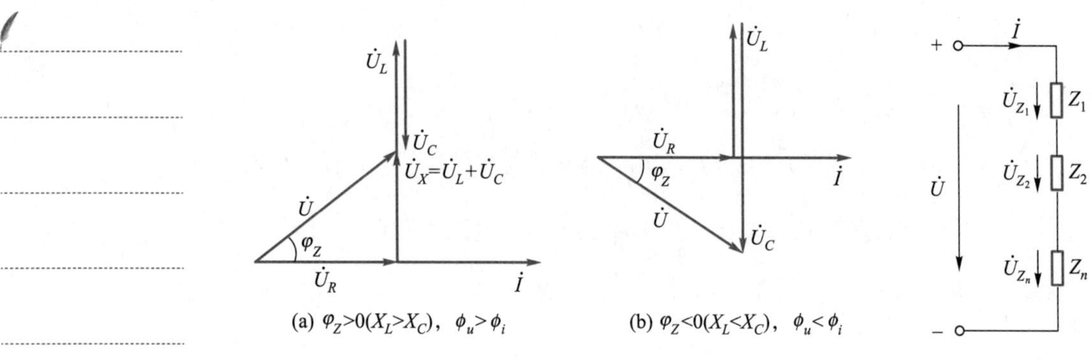

图 7－4 *RLC* 串联电路的相量图　　图 7－5 串联电路

也就是串联电路的等效复阻抗等于各串联复阻抗之和。

【例 7－1】 某 *RLC* 串联电路，其中 $R=30\ \Omega$，$L=382\ \text{mH}$，$C=39.8\ \mu\text{F}$，外加电压 $u=220\sqrt{2}\sin(314t+60°)\ \text{V}$。（1）求复阻抗 Z，并确定电路的性质；（2）求串联电流 $\dot{I}$、元件端电压 $\dot{U}_R$、$\dot{U}_L$、$\dot{U}_C$，并绘出相量图。

解：（1）根据公式（7－4）有

$$Z=R+\text{j}\left(\omega L-\frac{1}{\omega C}\right)=\left[30+\text{j}\left(314\times0.382-\frac{1}{314\times39.8\times10^{-6}}\right)\right]\ \Omega$$

$$=(30+\text{j}40)\ \Omega=50\underline{/53.1°}\ \Omega$$

因为 $\varphi=53.1°>0$，故电路为电感性质。

（2）$$\dot{I}=\frac{\dot{U}}{Z}=\frac{220\underline{/60°}}{50\underline{/53.1°}}\ \text{A}=4.4\underline{/6.9°}\ \text{A}$$

$$\dot{U}_R=R\dot{I}=(30\times4.4\underline{/6.9°})\ \text{V}=132\underline{/6.9°}\ \text{V}$$

$$\dot{U}_L=\text{j}X_L\dot{I}=120\underline{/90°}\times4.4\underline{/6.9°}\ \text{V}=528\underline{/96.9°}\ \text{V}$$

$$\dot{U}_C=-\text{j}X_C\dot{I}=80\underline{/-90°}\times4.4\underline{/6.9°}\ \text{V}=352\underline{/-83.1°}\ \text{V}$$

绘得相量图，如图 7－6 所示。

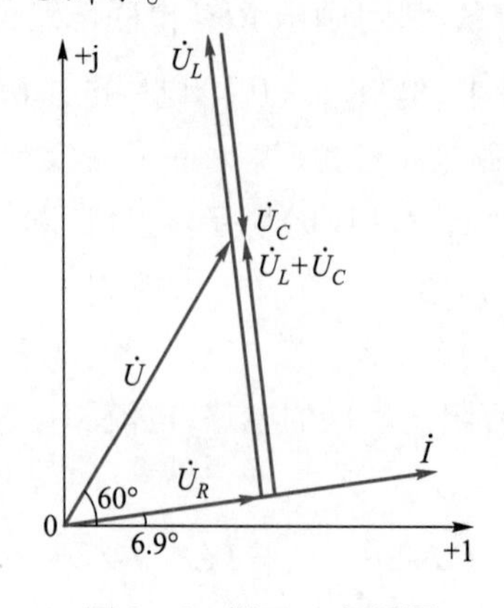

图 7－6 例 7－1 相量图

7.1.2 *RLC* 并联电路

如图7-7(a)所示电阻、电感和电容并联的电路中，各元件的电压与电流为关联参考方向。

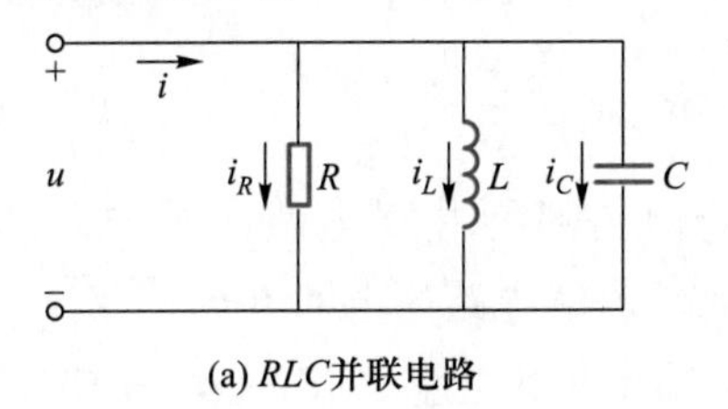

(a) *RLC*并联电路

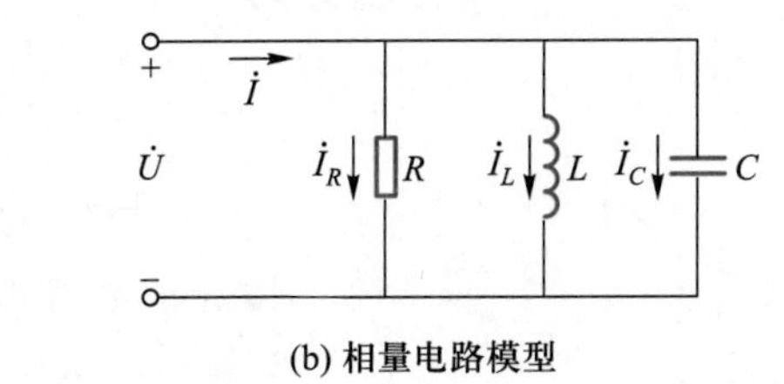

(b) 相量电路模型

图7-7 并联电路

在关联参考方向下，复导纳等于端口电流相量与端口电压相量的比值，即

$$Y=\frac{\dot{I}}{\dot{U}} \tag{7-8}$$

$$\varphi_Y=\phi_i-\phi_u \tag{7-9}$$

式(7-8)中 Y 为复导纳，简称导纳，单位为 S(西门子)，和阻抗一样，也是一个复数，但不是正弦量的相量。

由导纳定义式可得导纳 Y 的极坐标形式为

$$Y=\frac{I\angle\phi_i}{U\angle\phi_u}=\frac{I}{U}\angle\phi_i-\phi_u=|Y|\angle\varphi_Y \tag{7-10}$$

式(7-10)中，$|Y|$是复导纳的模，简称导纳模，它等于电流有效值与电压有效值的比值。φ_Y 是复导纳的辐角，又称导纳角，就是电路中电流与电压相位差。

RLC 并联电路中，设端电压为 u，各元件电流为 i_R、i_L、i_C。根据 KCL 可得

$$i=i_R+i_L+i_C$$

可以画出相应的相量电路模型，如图7-7(b)所示。

KCL 的相量形式为

$$\dot{I}=\dot{I}_R+\dot{I}_L+\dot{I}_C \tag{7-11}$$

将各元件的相量形式代入式(7-11)可得

$$\dot{I}=\dot{I}_R+\dot{I}_L+\dot{I}_C=\frac{\dot{U}}{R}+\frac{\dot{U}}{\mathrm{j}\omega L}+\frac{\dot{U}}{\frac{1}{\mathrm{j}\omega C}}=\left[\frac{1}{R}-\mathrm{j}\left(\frac{1}{\omega L}-\omega C\right)\right]\dot{U}$$

$$=[G-\mathrm{j}(B_L-B_C)]\dot{U}=(G-\mathrm{j}B)\dot{U}=Y\dot{U} \tag{7-12}$$

Y 是电阻、电感和电容并联电路的总导纳，G 称为电导，$B=B_L-B_C$ 称为电纳，电纳是以感性为基准，当 $B>0$ 时为感性电纳，当 $B<0$ 时为容性电纳。且

$$Y=G-\mathrm{j}B=|Y|\angle-\varphi_Y \tag{7-13}$$

$$= |Y|\cos\varphi_Y - \mathrm{j}|Y|\sin\varphi_Y \tag{7-14}$$

根据复数的代数式与三角函数式之间的互换关系，可以写出两者之间的关系式

$$|Y| = \sqrt{G^2 + B^2} = \sqrt{G^2 + (B_L - B_C)^2} \tag{7-15}$$

$$\varphi_Y = -\arctan\frac{B}{G} = -\arctan\frac{B_L - B_C}{G} \tag{7-16}$$

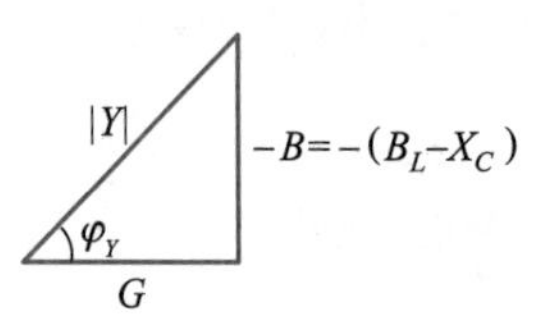

图 7-8　导纳三角形

复导纳 Y 的实部为并联电路中的电导 $G = |Y|\cos\varphi_Y$，虚部为并联电路的电纳 $B = -|Y|\sin\varphi_Y$，复导纳 Y 为感纳和容纳之差。$|Y|$、φ_Y 与 G、B 之间的关系也可用直角三角形来表示，称为并联电路的导纳三角形，如图7-8所示。当并联电路各元件的值确定后，复导纳 Y 与电源的角频率 ω（或频率 f）有关。

在并联电路中，当感纳 B_L等于容纳 B_C时，导纳角 $\varphi_Y = 0$，复导纳 $Y = G$，此时电路呈电阻性，电流与电压同相位，即$\phi_u = \phi_i$。

当感纳 B_L小于容纳 B_C时，导纳角 $\varphi_Y > 0$，此时电路呈电容性，电流超前于电压角度 φ_Y，如图 7-9(a)所示。

当感纳 B_L大于容纳 B_C时，导纳角 $\varphi_Y < 0$，此时电路呈电感性，电流滞后于电压角度 φ_Y，如图 7-9(b)所示。

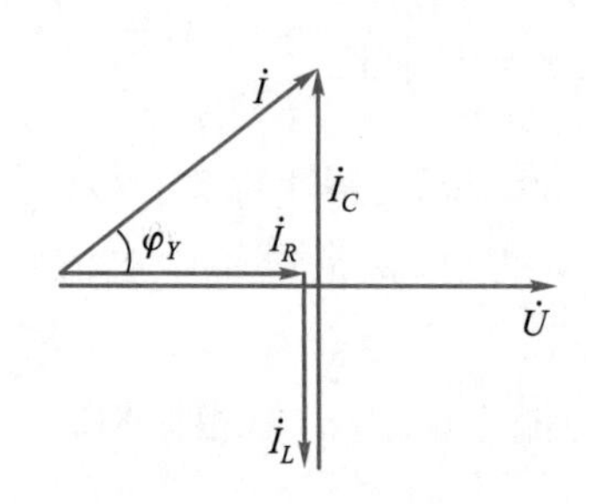

(a) $\varphi_Y>0(B_C>B_L)$，$\phi_i>\phi_u$

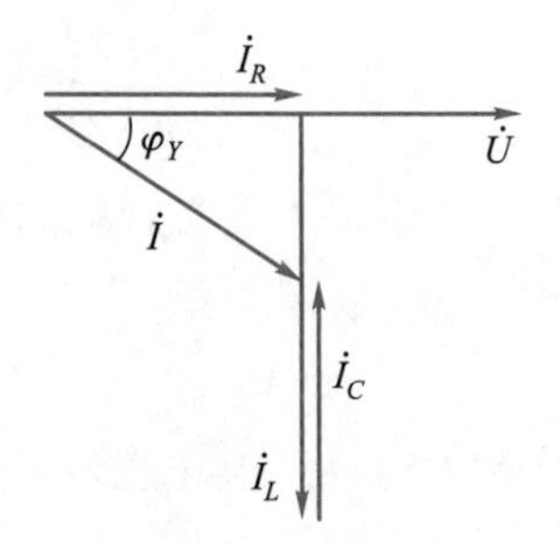

(b) $\varphi_Y<0(B_C<B_L)$，$\phi_i<\phi_u$

图 7-9　RLC 并联电路的相量图

微课
导纳三角形

$+\circ$ $\dot{I}$ → $\dot{U}$ Y $-\circ$

图 7-10　并联等效的复导纳

当用复导纳 Y 代表并联电路的各元件之后，电路图可简化成图 7-10。当$\dot{U}$和 Y 为已知变量时，电流相量为

$$\dot{I} = Y\dot{U} = |Y|\underline{/\varphi_Y} \times U\underline{/\phi_u}$$
$$= |Y|U\underline{/\phi_u + \varphi_Y} = I\underline{/\phi_i}$$

可得到电流的有效值为 $I = |Y|U$，电流的初相位为 $\phi_i = \phi_u + \varphi_Y$。电流的瞬时值为 $i = \sqrt{2}I\sin(\omega t + \phi_i)$。

【例 7-2】 某一 RLC 并联电路，其中 $R = 25\ \Omega$，$L = 2\ \mathrm{mH}$，$C = 5\ \mu\mathrm{F}$，总电流$\dot{I} = 0.51\underline{/0^\circ}\ \mathrm{A}$，$\omega = 5\ 000\ \mathrm{rad/s}$。求并联电路的电压和各元件流过的电流。

解:RLC 并联电路的总导纳为

$$Y=\frac{1}{R}-\mathrm{j}\left(\frac{1}{\omega L}-\omega C\right)=\left[\frac{1}{25}-\mathrm{j}\left(\frac{1}{5000\times2\times10^{-3}}-5000\times5\times10^{-6}\right)\right]\ \mathrm{S}$$

$$=[0.04-\mathrm{j}(0.1-0.025)]\ \mathrm{S}=(0.04-\mathrm{j}0.075)\ \mathrm{S}=0.085\angle-61.9^\circ\ \mathrm{S}$$

从而可求得电压为

$$\dot{U}=\frac{\dot{I}}{Y}=\frac{0.51\angle0^\circ}{0.085\angle-61.9^\circ}\ \mathrm{V}=6\angle61.9^\circ\ \mathrm{V}$$

各元件流过的电流分别为

$$\dot{I}_R=\frac{\dot{U}}{R}=G\dot{U}=0.04\times6\angle61.9^\circ\ \mathrm{A}=0.24\angle61.9^\circ\ \mathrm{A}$$

$$\dot{I}_L=\frac{\dot{U}}{\mathrm{j}\omega L}=-\mathrm{j}0.1\times6\angle61.9^\circ\ \mathrm{A}=0.1\angle-90^\circ\times6\angle61.9^\circ\ \mathrm{A}=0.6\angle-28.1^\circ\ \mathrm{A}$$

$$\dot{I}_C=\frac{\dot{U}}{\frac{1}{\mathrm{j}\omega C}}=\mathrm{j}0.025\times6\angle61.9^\circ\ \mathrm{A}=0.025\angle90^\circ\times6\angle61.9^\circ\ \mathrm{A}=0.15\angle151.9^\circ\ \mathrm{A}$$

7.1.3 复阻抗和复导纳的等效变换

根据上述所讲,对于 RLC 串联电路,其复阻抗为 $Z=R+\mathrm{j}X$。对于 RLC 并联电路,其复导纳为 $Y=G-\mathrm{j}B$。而对于任意线性无源二端网络,保持端电压和输入电流不变,其对外可以等效为复阻抗或复导纳的模型,如图7－11所示。下面来分析两种模型的转换关系。

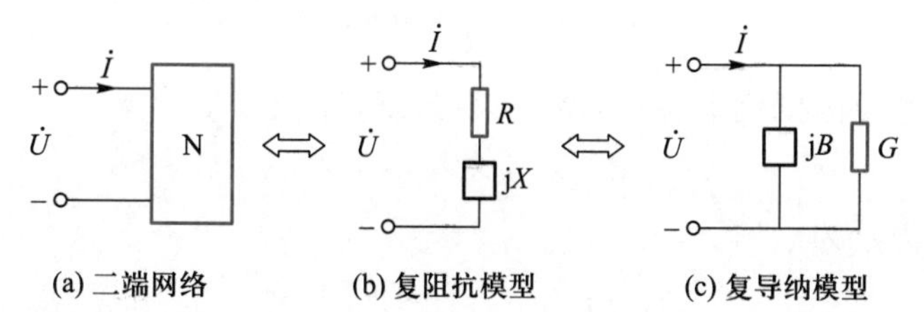

图 7－11 二端网络的等效模型

如图 7－11(a)所示串联电路,已知其复阻抗为

$$Z=\frac{\dot{U}}{\dot{I}}=R+\mathrm{j}X$$

等效为如图 7－11(b)所示电路,则其复导纳等效为如图 7－11(c)所示电路

$$Y=\frac{\dot{I}}{\dot{U}}=\frac{1}{R+\mathrm{j}X}=\frac{R}{R^2+X^2}-\mathrm{j}\frac{X}{R^2+X^2}=G-\mathrm{j}B \qquad (7-17)$$

其并联电导和电纳分别为

$$G = \frac{R}{R^2 + X^2} \tag{7-18}$$

$$B = \frac{X}{R^2 + X^2} \tag{7-19}$$

可见，式(7－18)和式(7－19)为串联电路变换为并联等效电路时的计算公式。同理，若已知图7－11(c)所示并联电路，其复导纳为

$$Y = \frac{\dot{I}}{\dot{U}} = G - \mathrm{j}B$$

等效为如图7－11(b)所示串联电路，则其复阻抗为

$$Z = \frac{\dot{U}}{\dot{I}} = \frac{1}{G - \mathrm{j}B} = \frac{G}{G^2 + B^2} + \mathrm{j}\frac{B}{G^2 + B^2} = R + \mathrm{j}X \tag{7-20}$$

其串联电阻和电抗分别为

$$R = \frac{G}{G^2 + B^2} \tag{7-21}$$

$$X = \frac{B}{G^2 + B^2} \tag{7-22}$$

式(7－21)和式(7－22)为并联电路变换为串联等效电路时的计算公式。对应于 $Z = |Z|\angle\varphi$ 和 $Y = |Y|\angle-\varphi$，显然有

$$|Z| = \frac{1}{|Y|} \tag{7-23}$$

$$\varphi = \arctan\frac{X}{R} = \arctan\frac{B}{G} \tag{7-24}$$

对于 n 个复阻抗相串联的电路，其等效复阻抗为

$$Z = Z_1 + Z_2 + \cdots + Z_n$$

其等效导纳为

$$Y = \frac{1}{Z} = \frac{1}{Z_1 + Z_2 + \cdots + Z_n}$$

对于 n 个复导纳相并联的电路，其等效复导纳为

$$Y = Y_1 + Y_2 + \cdots + Y_n$$

其等效阻抗为

$$Z = \frac{1}{Y} = \frac{1}{Y_1 + Y_2 + \cdots + Y_n}$$

复阻抗 $Z = R + \mathrm{j}X$ 和复导纳 $Y = G - \mathrm{j}B$ 在虚部上分别为“＋j”和“－j”，是以感性为基准写出来的，复阻抗是电压相量与电流相量之比，以分母上的相量(即电流相量)为参考相量。复导纳是电流相量和电压相量之比，也是以分母上的相量(即电压相量)为参考相量。故同为感性条件下，前者“＋”表示电压相位超前于电流相位，后者“－”表示电流相位滞后于电压相位。可见，电路的性

质不会由于采用阻抗或导纳而发生改变。

【例 7-3】 有两个导纳$Y_1=0.1$ S, $Y_2=\mathrm{j}0.25$S 相串联,求串联电路的等效复阻抗 Z 和等效复导纳 Y。

解:串联电路的复阻抗为各复阻抗相加,故复阻抗为

$$Z=Z_1+Z_2=\frac{1}{Y_1}+\frac{1}{Y_2}=\left(\frac{1}{0.1}+\frac{1}{\mathrm{j}0.25}\right)\ \Omega=(10-\mathrm{j}4)\ \Omega$$

复导纳为

$$Y=G-\mathrm{j}B=\frac{R}{R^2+X^2}-\mathrm{j}\frac{X}{R^2+X^2}$$

$$=\left[\frac{10}{10^2+(-4)^2}-\mathrm{j}\frac{-4}{10^2+(-4)^2}\right]\ \mathrm{S}=(0.086+\mathrm{j}0.034)\ \mathrm{S}$$

知识闯关

1. RLC 并联电路:$i=i_R+i_L+i_C$。(　　)

2. RLC 并联电路:$Y=\frac{1}{R}-\mathrm{j}\left(\frac{1}{\omega L}-\omega C\right)$。(　　)

3. RLC 并联电路中,当 $\omega C>\frac{1}{\omega L}$时,电路呈现(　　)。

A. 电阻性　　B. 电容性　　C. 电感性

4. 阻抗Z_1 和Z_2 串联,在(　　)时,其等效阻抗$|Z|=|Z_1|+|Z_2|$。

A. Z_1 和Z_2 均为 RC 串联电路

B. Z_1 和Z_2 均为纯电阻电路

C. Z_1 和Z_2 均为 RL 串联电路

7.2 正弦交流电路的分析

课件 7.2

可以把直流电路中的电阻换以复阻抗、电导换以复导纳,所有正弦量均用相量表示,那么直流电路所采用的各种网络分析方法、原理和定理都完全适用于线性正弦交流电路。

学习目标

知识技能目标:用相量法分析正弦稳态电路。

素质目标:将直流电路分析方法引入正弦交流电路分析,注重定理之间的知识迁移,培养举一反三的能力。

在正弦交流电路中,假如电阻、电容、电感都是线性的,且电路中的电源都

是同频率的，则电路中各部分的电压和电流也是同频率的正弦量，那么在分析正弦交流电路时就可以采用相量法。

前面已经介绍过相量形式的基尔霍夫定律，直流电路中各个量都是实数相比较，正弦交流电路中各个量都是复数，如果把直流电路中的电阻用复阻抗替换，电导用复导纳替换，所有正弦量用相量来表示，那么讨论直流电路时所采用的各种网络分析方法、原理和定理都可以适用于线性正弦交流电路。

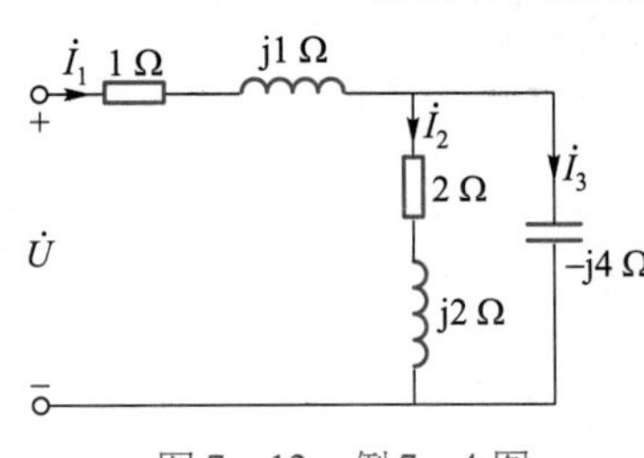

图 7－12 例 7－4 图

【例 7－4】 图 7－12 中 $\dot{U}=200\angle 0^\circ$ V，求电流 $\dot{I}_1$、$\dot{I}_2$、$\dot{I}_3$。

解：图 7－12 的电路包含三个支路，各支路的阻抗分别为

$$Z_1=1+\mathrm{j}$$
$$Z_2=2+\mathrm{j}2$$
$$Z_3=-\mathrm{j}4$$

电路总阻抗

$$Z=Z_1+\frac{Z_2Z_3}{Z_2+Z_3}=\left[(1+\mathrm{j})+\frac{(2+\mathrm{j}2)(-\mathrm{j}4)}{(2+\mathrm{j}2)+(-\mathrm{j}4)}\right]\ \Omega=5+\mathrm{j}=5.099\angle 11.31^\circ\ \Omega$$

微课

例题讲解

总电流 $\dot{I}_1=\dfrac{\dot{U}}{Z}=\dfrac{220\angle 0^\circ}{5.099\angle 11.31^\circ}\ \mathrm{A}=43.15\angle -11.31^\circ\ \mathrm{A}$

用分流公式计算 $\dot{I}_2$、$\dot{I}_3$ 得 $\dot{I}_2=\dfrac{Z_3}{Z_2+Z_3}\dot{I}_1=61.2\angle -56.31^\circ \mathrm{A}$

$$\dot{I}_3=\frac{Z_2}{Z_2+Z_3}\dot{I}_1=43.15\angle 78.69^\circ \mathrm{A}$$

【例 7－5】 已知 $i_{S_1}=0.5\sin(4t)$ A，$i_{S_2}=\sin(4t-45^\circ)$ A，$u_S=6\cos(4t)$ V，用叠加定理，求图 7－13(a) 所示电流 i。

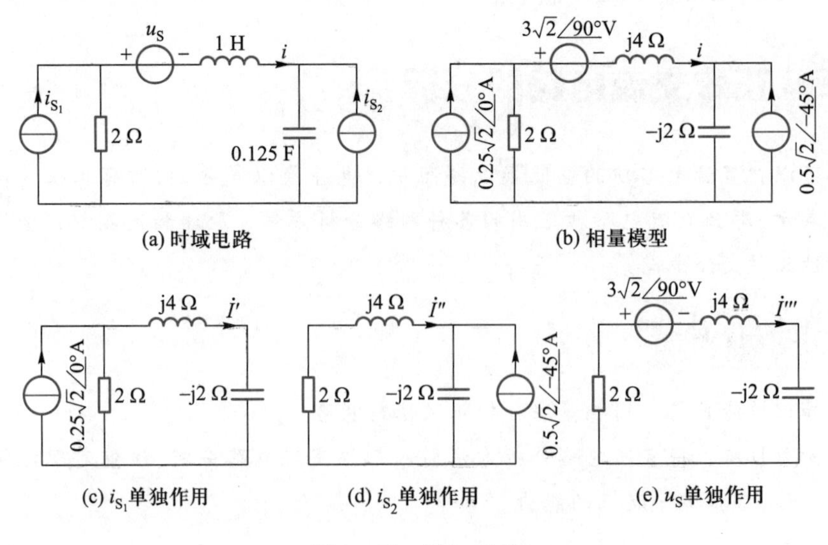

图 7－13 例 7－5 图

解:(1) 根据图 7－13(a)给定的时域电路画出对应的相量模型,如图 7－13(b)所示。

(2) i_{S_1}单独作用时,电路如图 7－13(c)所示,由分流公式得

$$\dot{I}'=\frac{2}{2+j4-j2}0.25\sqrt{2}\ \text{A}=0.25\angle-45°\text{A}$$

(3) i_{S_2}单独作用时,电路如图 7－13(d)所示,由分流公式得(方向相反)

$$\dot{I}''=-\frac{-j2}{2+j4-j2}0.5\sqrt{2}\angle-45°\ \text{A}=0.5\ \text{A}$$

(4) u_S单独作用时,电路如图 7－13(e)所示,得(非关联方向)

$$\dot{I}'''=-\frac{3\sqrt{2}\angle 90°}{2+j4-j2}\ \text{A}=1.5\angle-135°\ \text{A}$$

(5) 总电流为

$$\begin{aligned}\dot{I}&=\dot{I}'+\dot{I}''+\dot{I}'''\\&=(0.25\angle-45°+0.5+1.5\angle-135°)\ \text{A}\\&=(-0.384-j1.24)\ \text{A}\\&=1.298\angle-107.24°\ \text{A}\end{aligned}$$

则 $$i(t)=1.298\sqrt{2}\sin(4t-107.24°)\ \text{A}$$

【例 7－6】 已知 $u_S=5\sin(5t)$V,用戴维南定理求解图 7－14(a)中的电压 u。

解:(1) 根据图 7－14(a)给定的时域电路画出对应的相量模型,如图 7－14(b)所示。

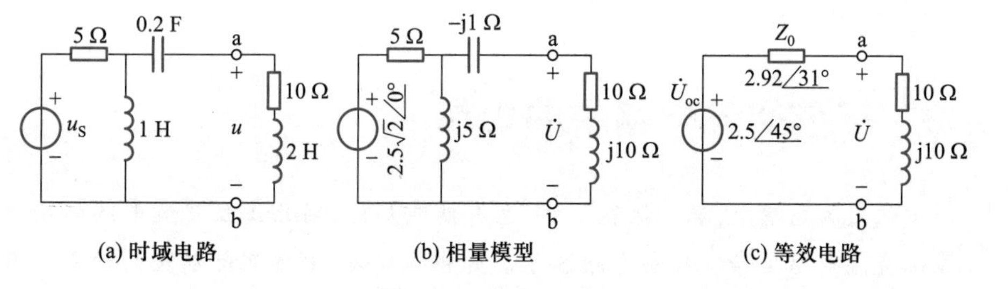

图 7－14 例 7－6 图

(2) 计算$\dot{U}_{oc}$:$\dot{U}_{oc}=\frac{j5}{5+j5}\times 2.5\sqrt{2}\angle 0°\ \text{V}=2.5\angle 45°\ \text{V}$。

(3) 从 a、b 端看进去的等效阻抗Z_0为

$$Z_0=\left(-j+\frac{5\times j5}{5+j5}\right)\ \Omega=\left[-j+\frac{j25\times(5-j5)}{50}\right]\ \Omega=(2.5+j1.5)\ \Omega=2.92\angle 31°\ \Omega$$

其对应的等效电路如图 7－14(c)所示,由分压公式得

$$\begin{aligned}\dot{U}&=\frac{10+j10}{Z_0+10+j10}\dot{U}_{oc}=\frac{10+j10}{12.5+j11.5}\times 2.5\angle 45°\ \text{V}\\&=\frac{25\sqrt{2}\angle 90°}{17\angle 42.6°}\ \text{V}=2.08\angle 47.4°\ \text{V}\end{aligned}$$

则 $u=2.08\sqrt{2}\sin(5t+47.4°)\text{ V}$

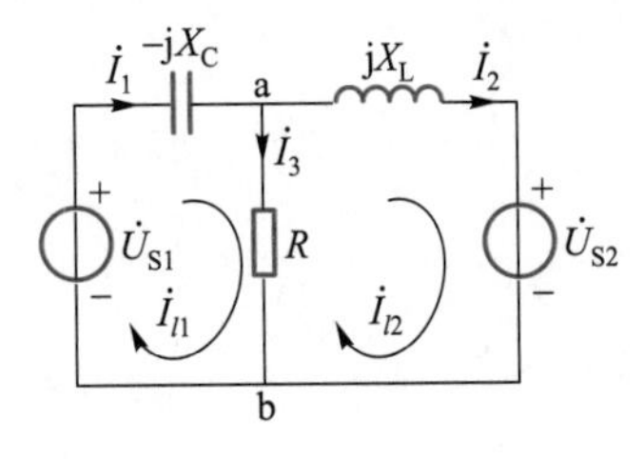

图 7－15 例 7－7 图

【例 7－7】 图 7－15 所示电路，试用网孔电流法列写电流 $\dot{I}_1$、$\dot{I}_2$、$\dot{I}_3$ 方程。

解： 根据图 7－15 给定的电路，列出网孔方程

$$\begin{cases}\dot{I}_{l1}(R-jX_C)-\dot{I}_{l2}R=\dot{U}_{S1}\\-\dot{I}_{l1}R+\dot{I}_{l2}(R+jX_L)=-\dot{U}_{S2}\end{cases}$$

则

$$\dot{I}_1=\dot{I}_{l1}$$

$$\dot{I}_2=\dot{I}_{l2}$$

$$\dot{I}_3=\dot{I}_{l1}-\dot{I}_{l2}$$

【例 7－8】 用节点电压法列写图 7－15 所示电路的方程。

解： 以节点 b 为参考节点，a 节点电压为 $\dot{U}_a$，则节点电压方程为

$$\left(-\frac{1}{jX_C}+\frac{1}{jX_L}+\frac{1}{R}\right)\dot{U}_a=-\frac{\dot{U}_{S1}}{jX_C}+\frac{\dot{U}_{S2}}{jX_L}$$

如果已知各元件参数，则可求出电压 $\dot{U}_a$。

知识闯关

线性直流电路所采用的各种网络分析方法、原理和定理都完全适用于线性正弦交流电路。（　　）

7.3 正弦交流电路中的功率

正弦交流电路中，既有耗能元件，也有储能元件，因此正弦交流电路的功率计算比直流电路复杂。反映电路容量的是视在功率，电路实际消耗的功率是有功功率，建立交变电场或交变磁场与外电路交换的功率是无功功率。利用电源设备的容量，减少电路的损耗，可以提高功率因数。本节任务是理解各种功率，以及学习如何提高功率因数。

学习目标

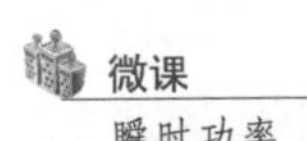

微课
瞬时功率

知识技能目标：理解功率因数的概念；掌握提高功率因数的方法。

素质目标：通过分析计算正弦交流电路功率，提升安全用电、节约用电意识。

在正弦交流电路中，由于电感和电容的存在，功率的计算比在直流电阻电路中要复杂得多，并引入了一些新的概念，如无功功率、视在功率、功率因数、复功率等。本节讨论交流电路各项功率的定义与计算。

1. 瞬时功率

在单元一中已知电功率的定义为电压和电流的乘积，即 $p=ui$。此功率主要来自发电机或电池，在电路中可经电阻转变为热能，经电感转变为电磁能，经电动机或传声器转变为机械能，经荧光灯转变为光能，经充电电池转变为化学能等。前者供给电功率，称为电源；后者吸收电功率，称为负载。

在交流电路中，u 和 i 表示瞬时电压和瞬时电流，都是时间的函数，故 p 也为时间的函数，称为瞬时电功率。

以图 7－16(a)所示端口为例，若电压、电流分别为 $u=\sqrt{2}U\sin(\omega t+\phi_u)$、$i=\sqrt{2}I\sin(\omega t+\phi_i)$，则功率为

$$\begin{aligned}p&=ui=\sqrt{2}U\sin(\omega t+\phi_u)\times\sqrt{2}I\sin(\omega t+\phi_i)\\&=UI\cos(\phi_u-\phi_i)-UI\cos(2\omega t+\phi_u+\phi_i)\end{aligned}$$

令 $\varphi=\phi_u-\phi_i$，则变为

$$p=ui=UI\cos\varphi-UI\cos(2\omega t+\phi_u+\phi_i) \tag{7-25}$$

由式(7－25)可见，瞬时功率有两个分量，$UI\cos\varphi$ 不随时间变化，而 $UI\cos(2\omega t+\phi_u+\phi_i)$ 是以电压(电流)频率的 2 倍变化的正弦量。功率随时间变化的波形如图 7－16(b)所示。从而得到：随着时间的变化，该端口的瞬时功率可正，也可负。若 $p>0$，该无源网络从外部吸收能量；若 $p<0$，该无源网络向外部输出能量。可见该网络与外部存在能量交换。因无源网络不含独立源，故能量交换是由网络内部的储能元件(L 或 C)引起的。

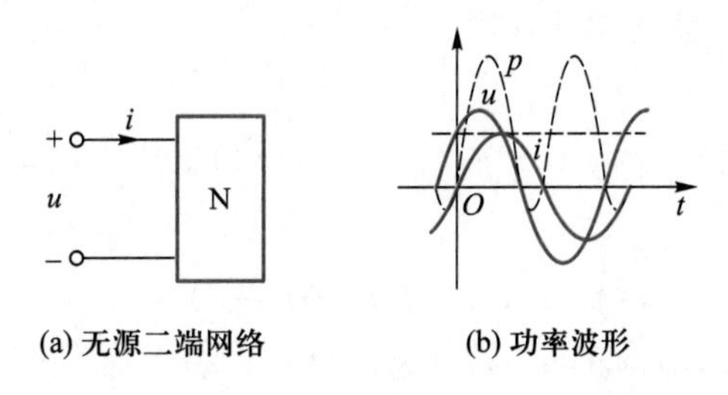

图 7－16 无源二端网络及其功率波形

2. 有功功率和功率因数

由于瞬时功率随时间不断变化，实用意义不大，在工程上，为了便于分析计算，常用平均功率。平均功率是指瞬时功率在一个周期内的平均值，用 P 表示。

$$P=\frac{1}{T}\int_0^T p\,\mathrm{d}t=\frac{1}{T}\int_0^T[UI\cos\varphi-UI\cos(2\omega t+\phi_u+\phi_i)]\,\mathrm{d}t=UI\cos\varphi \tag{7-26}$$

平均功率又称为有功功率，表示二端网络实际消耗的功率，即式(7－25)中不随时间变化的分量。它不仅与电压、电流的有效值有关，还与两者的相位差有关。如图7－16(b)中的水平虚线所示，与直流电路的功率计算相比较，它多乘了一个$\cos\varphi$，如同折扣系数，因此称为功率因数，用λ表示。

为了能更深入地认识有功功率的实际含义，下面分析电阻、电容和电感等不同电路元件上的情形。

在电阻元件上，其电压和电流同相位，瞬时功率为

$$p = ui = \sqrt{2}U\sin\omega t \times \sqrt{2}I\sin\omega t = UI(1-\cos2\omega t) \tag{7-27}$$

有功功率为 $P = UI$

可见，应用电流和电压的有效值计算有功功率，与直流电路中的功率计算没有什么不同。

在电容元件上，电压在相位上滞后电流90°，$\varphi = -90°$，瞬时功率为

$$p = -UI\sin2\omega t \tag{7-28}$$

有功功率为 $P=0$

因此电容不消耗有功功率，从瞬时功率的表达式可以看出，瞬时功率波形以正弦规律变化，正、负波形完全对称，为正时从电源中吸收功率，为负时将吸收的电能还给电源。这样反复地与电源进行能量交换，而不消耗能量。

在电感元件上，电压在相位上超前电流90°，$\varphi=90°$，瞬时功率为

$$p = UI\sin2\omega t \tag{7-29}$$

有功功率为 $P=0$

因此电感也不消耗有功功率，同样从瞬时功率的表达式可以看出，瞬时功率波形以正弦规律变化，正、负波形完全对称，为正时从电源中吸收功率，为负时将吸收的电能还给电源，也是这样反复地与电源进行能量交换，而不消耗能量。电容、电感又称为无损元件。

3. 无功功率

无功功率是相对于有功功率而言的。瞬时功率的式(7－25)运用三角函数展开，写为

$$\begin{aligned} p &= UI\cos\varphi - UI\cos(2\omega t+\phi_u+\phi_i) \\ &= UI\cos\varphi - UI\cos(2\omega t+2\phi_u-\varphi) \\ &= UI\cos\varphi[1-\cos(2\omega t+2\phi_u)] - UI\sin\varphi\sin(2\omega t+2\phi_u) \end{aligned}$$

从上式可以看出右侧第一项始终大于或等于零，它是瞬时功率中不可逆的部分，它在一个周期内的平均值是有功功率。右侧第二项正负交替变化，是瞬时功率中的可逆部分，表明能量在外部和二端网络之间交换。这个交换的能量称为无功功率，定义为

$$Q = UI\sin\varphi \tag{7-30}$$

$\varphi>0$时Q为感性，称为感性无功功率。由于实际负载电路中存在的无功功

率大多数为感性无功功率，故把它说成负载消耗的无功功率；$\varphi<0$ 时 Q 为容性，称为容性无功功率，且相对应地把它说成是产生无功功率或发出无功功率。可见容性无功功率和感性无功功率具有相互补偿的特性，工程上常用感性负载和容性负载的互补作用进行功率因数调整。

电阻元件上，阻抗角 $\varphi=0$，故无功功率为 0。

电容元件上，阻抗角 $\varphi=-90°$，因此无功功率为

$$Q_C=UI\sin\varphi=-UI=-I^2X_C=-\frac{U^2}{X_C}$$

电感元件上，阻抗角 $\varphi=90°$，因此无功功率为

$$Q_L=UI\sin\varphi=UI=I^2X_L=\frac{U^2}{X_L}$$

上式电容无功功率和电感无功功率的正负号表示电压和电流的超前、滞后关系。

4. 视在功率和功率三角形

许多电力设备的容量是它们的额定电流和额定电压的乘积决定的，为此引入视在功率的概念。视在功率为端口电压、电流有效值的乘积，即

$$S=UI \tag{7-31}$$

视在功率不是电路实际所消耗的功率，在已知电压的条件下，运用视在功率便于计算电流。同时可知功率因数也可表示为 $\lambda=\cos\varphi=P/S$。一般情况下，不含独立源的二端网络的入端阻抗可表示为 $Z=R+\mathrm{j}X$，φ 就是该二端网络的阻抗角。同时三个功率都具有功率的量纲，为便于区分，有功功率的单位为 W（瓦），无功功率的单位为 Var（乏），视在功率的单位为 V · A（伏安）。三者也构成一个直角三角形，称为功率三角形，如图 7-17 所示。

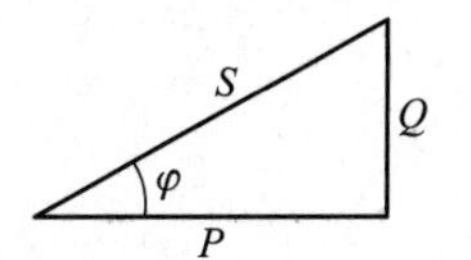

图 7-17 功率三角形

一般情况下，输入端阻抗 $R\neq0$，$X\neq0$。R 为正值时，即 $\varphi\in[-\pi/2,\pi/2]$。若 $X>0$，输入端阻抗呈现感性，则 $0<\varphi\leqslant90°$，阻抗角为正值，此时电流滞后电压，因此称为滞后的功率因数。若 $X<0$，输入端阻抗呈现容性，则 $-90°\leqslant\varphi<0$，阻抗角为负值，此时电流超前电压，因此称为超前的功率因数。在 $\varphi\in[-\pi/2,\pi/2]$ 时 $\cos\varphi$ 始终大于或等于零，故使用功率因数时应注明超前还是滞后。

微课
功率三角形

5. 复功率

有功功率、无功功率和视在功率之间的关系可以用复功率来描述。二端网络的复功率定义为

$$\tilde{S}=P+\mathrm{j}Q=UI\angle\varphi=UI\angle\phi_u-\phi_i=\dot{U}\dot{I}^*=UI\cos\varphi+\mathrm{j}UI\sin\varphi \tag{7-32}$$

式中，$\dot{U}$ 为电压相量，$\dot{U}=U\angle\phi_u$；$\dot{I}^*$ 为电流 $\dot{I}$ 的共轭，$\dot{I}^*=I\angle-\phi_i$。由公式可以看出：复功率的实部是有功功率，虚部是无功功率，它的模是视在功率。φ 是二端网络的阻抗

角。复功率将正弦稳态电路的三种功率集中在一个公式中表示,单位为 V·A。

在正弦稳态电路中,有功功率、无功功率和复功率都分别守恒(即电路中所有元件吸收的每种功率的代数和为零),但视在功率不守恒。

6. 功率因数的提高

在实际电力系统中,多采用并联供电的方式,用电设备都并联在供电线路上。输电线所获得的功率为 $P=UI\cos\varphi$,除了与负载上的电压、电流有关外,还与负载的功率因数有关。在实际的用电设备中,大多数负载为感性负载,即功率因数滞后。如电动机功率因数在负载工作时为 0.85 左右,轻载或空载时可能低至 0.5。

功率因数过低对输电线路、用电设备和电源本身都会产生不良的影响。这是由于负载功率因数过低时,传输有功功率相同的情况下,电源向负载提供的电流必然要大。因为输电线路具有一定的阻抗,电流增大会使输电线路上的压降和功率损耗增大,压降的增大使负载的用电电压降低,功率损耗的增加造成较大的能量损耗。从电源设备本身的角度来看,电源的电压、电流一定时,负载功率因数越低,电源能够输出的有功功率就越小,从而限制了电源输出有功功率的能力,造成电源设备容量的浪费。因此,在实际生产中有必要提高功率因数。

提高负载的功率因数可以从两方面入手,一是改造用电设备,提高功率因数。这种方法技术难度大、投资大、周期长。二是在感性负载上并联电容,提高负载整体的功率因数,提高电源的利用率。

【例 7-9】 已知图 7-18 所示电路中的负载端电压有效值为 U,功率为 P,功率因数为 $\cos\varphi_1$(滞后),电源角频率为 ω。为了使电路的功率因数提高到 $\cos\varphi_2$(滞后),需要并联多大的电容器?

解: 以电源电压为参考相量,画出其相量图,如图 7-19 所示。

由于并联电容后电路的有功功率没有变化,因此并联电容后有

$$P=UI_Z\cos\varphi_1=UI\cos\varphi_2$$

故

$$I_Z=\frac{P}{U\cos\varphi_1},I=\frac{P}{U\cos\varphi_2}$$

根据相量图可知

$$I_C=I_Z\sin\varphi_1-I\sin\varphi_2=\frac{P}{U}(\tan\varphi_1-\tan\varphi_2)$$

把 $I_C=\omega CU$ 代入,可得所需并联电容的容量

$$C=\frac{I_C}{\omega U}=\frac{P}{\omega U^2}(\tan\varphi_1-\tan\varphi_2)$$

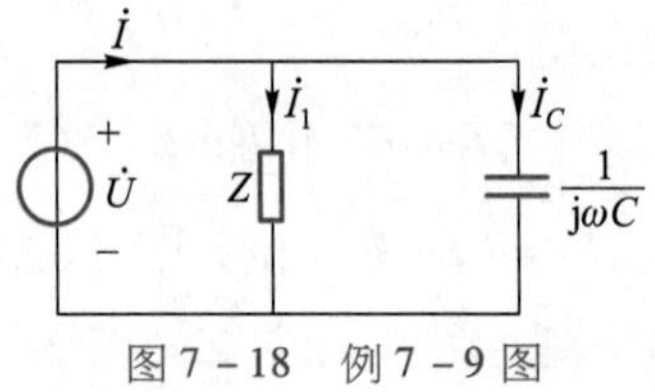

$\dot{I}$ $\dot{I}_1$ $\dot{I}_C$ + $\dot{U}$ − Z $\frac{1}{j\omega C}$

图 7-18 例 7-9 图

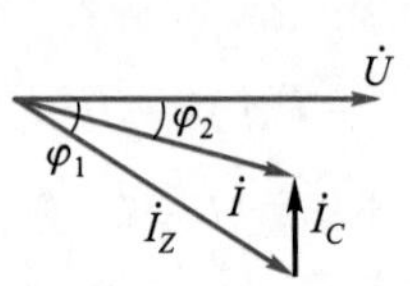

$\dot{U}$ φ_2 φ_1 $\dot{I}$ $\dot{I}_Z$ $\dot{I}_C$

图 7-19 相量图

从相量图中可以看出，当 $I_C = I_Z\sin\varphi_1$ 时，补偿后电源的电压、电流同相，功率因数为1。若电容再大则功率因数再次减小，为过补偿。一般考虑到性价比，功率因数提高到0.9即可。

早发现

电器的额定功率是本节提到的哪种功率？

知识闯关

1. 视在功率的单位为瓦(W)。(　　)
2. 电容不消耗有功功率。(　　)
3. 电阻元件无功功率为零。(　　)
4. 二端网络实际消耗的功率用(　　)表示。

A. 有功功率　　B. 无功功率　　C. 视在功率

5. 额定电流和额定电压的乘积为(　　)。

A. 有功功率　　B. 无功功率　　C. 视在功率

7.4 最大功率传输

对于有源线性二端网络，根据戴维南定理和诺顿定理，可以将其等效为一个电源模型。如果二端网络端口外接负载，对其传输功率的分析就是电源供电问题。在传输微弱信号时，一般要求最大功率传输，并不看重效率；但对于电力传输，尽可能提高功率传输效率，以便充分利用能源。

学习目标

知识技能目标：理解最大功率传输；掌握最大功率计算方法。

素质目标：加强理论联系实际的意识，将知识应用于解决最大功率传输问题。

当电源向负载传输功率时，如果传输的功率很小(如通信系统、电子电路)，不需要计较传输效率时，常要求负载从信号源中获取最大功率。图7-20(a)中有源二端网络向负载阻抗 Z 传输功率，根据戴维南定理，可等效为图7-20(b)所示电路。其中 $Z_S = R_S + jX_S$ 是等效电源阻抗；$Z = R + jX$ 是负载阻抗。

电路中电流的相量为

$$\dot{I} = \frac{\dot{U}_S}{Z_S + Z} = \frac{\dot{U}_S}{(R_S + R) + j(X_S + X)}$$

从而电流的有效值为

$$I = \frac{U_S}{\sqrt{(R_S + R)^2 + (X_S + X)^2}}$$

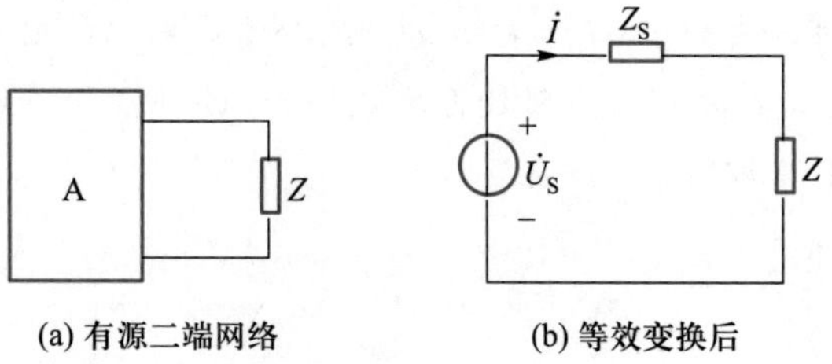

(a) 有源二端网络　　(b) 等效变换后

图 7－20　最大功率传输

负载吸收的有功功率为

$$P=I^2R=\frac{U_S^2R}{(R_S+R)^2+(X_S+X)^2}$$

根据负载阻抗的不同，讨论如下。

1. 只有负载阻抗的虚部可以改变

$X_S+X=0$ 时，负载从给定电源中获得最大功率为

$$P_m=I^2R=\frac{U_S^2R}{(R_S+R)^2}$$

2. 负载阻抗的实部和虚部都可以改变

若 R 和 X 任意变动，其他参数不变时，负载从给定电源中获得最大功率的条件为

$$\begin{cases}X+X_S=0\\ \dfrac{d}{dR}\left(\dfrac{U_S^2R}{R+R_S}\right)=0\end{cases}$$

求得 $R=R_S,X=-X_S$。

此时 $Z=Z_S^*$，负载阻抗是电源等效阻抗的共轭，称为最佳匹配或共轭匹配。负载获得的最大功率为

$$P_m=\frac{U_S^2}{4R_S}$$

此时，有功功率的传输效率为 50%。

可见在最大功率传输的条件下，电能的传输效率为 50%，因而不适用于电力传输，在信号传输方面应用较多。

【例 7－10】 图 7－21 所示电路中的正弦电源 $\dot{U}_S=10\angle-45°$ V，负载 Z_L 可任意变动。求 Z_L 可能获得的最大功率。

解： 求二端网络 1－1′的戴维南等效电路。

$$\left(\frac{1}{1-j}+\frac{1}{j}\right)\dot{U}_{10}=\frac{\dot{U}_S}{1-j}+0.5\dot{U}_{10}$$

解：$\dot{U}_{10}=10\sqrt{2}\angle 90°$ V，二端网络开路电压为 $\dot{U}_{oc}=2\times0.5\dot{U}_{10}+\dot{U}_{10}=\dot{U}_{10}+\dot{U}_{10}=20\sqrt{2}\angle 90°$ V。

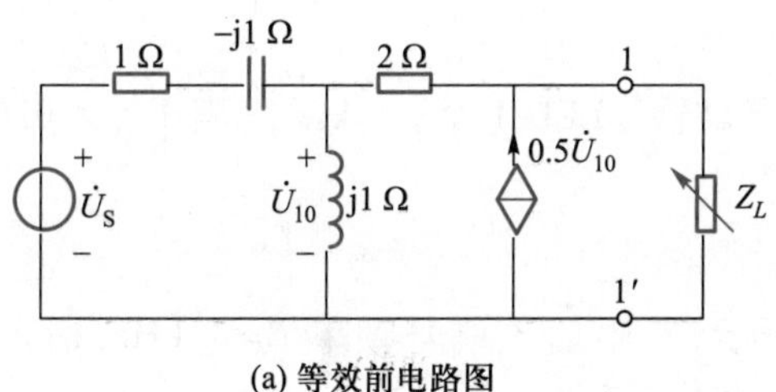

(a) 等效前电路图

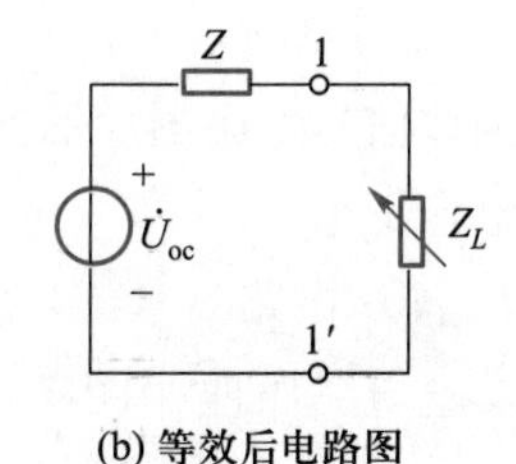

(b) 等效后电路图

图 7－21　例 7－10 图

$$Z=(2+\mathrm{j}4)\ \Omega$$

当 $Z_L=(2-\mathrm{j}4)\ \Omega$ 时，获得最大功率为

$$P_{\max}=\frac{\dot{U}_{oc}^2}{4\times2}=100\ \mathrm{W}$$

知识闯关

1. 最大功率传输，传输效率一定最高。（　　）
2. 最大功率传输不适用于电力传输。（　　）
3. 最大功率传输适用小功率传输。（　　）

技能训练十二　双踪示波器测量同频率正弦量相位差

1. 训练目标

① 利用双踪示波器测量各种信号参数。

② 熟练使用函数信号发生器和双踪示波器。

③ 通过双踪示波器同时捕捉两个信号，认识科技进步的重要意义。

2. 训练要求

① 正确焊接，并将函数信号发生器和示波器连接到图 7－22 所示电路。

② 掌握示波器测量相位差的方法。

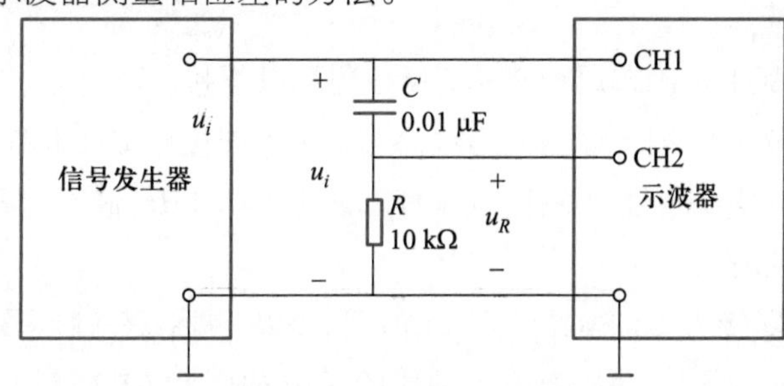

图 7－22　实验电路原理图

拓展阅读

科学道路上一颗晶莹的铺路石——电子学家毕德显

3. 工具器材

函数信号发生器、示波器、电烙铁、LED 1 个、1 kΩ 电阻 1 个、0.01 μF 瓷片电容 1 个。

4. 测试电路

实验电路原理如图 7－22 所示，其中输入信号频率 $f=1$ kHz，输入信号 $u_i(t)=2$ V，$R=10$ kΩ，$C=0.01$ μF。

5. 技能知识储备

选用双踪法测量相位差，利用示波器的多波形显示进行测量，最为直观、简便。

① 将两个同频率被测信号 $u_R(t)$、$u_i(t)$ 分别接入示波器的两个通道。

② 模拟示波器设置为双踪显示方式。数字示波器两通道都打开。

③ 模拟示波器的同步触发源信号选择为两个被测信号中的一个（一般选其中幅值较大的一个）。调节触发电平，使两个波形与水平扫描信号同步，调节水平、垂直两个方向上的位置和灵敏度，使两个被测信号波形在垂直方向上尺寸最大且显示完整，在水平方向上显示 1～2 个周期，如图 7－23 所示。

数字示波器使用默认设置，按自动设置键（Autoset）或调节水平（时间）、垂直（幅值）旋钮显示完整波形，便于显示观察。

函数信号发生器和示波器的使用方法

④ 模拟示波器利用示波器显示屏上的坐标测得信号的一个周期在水平方向所占的长度 x_T，再测出两波形上对应点（如过零点、峰值点等）之间的水平距离 x，即可计算相位差 $\Delta\varphi$ 为

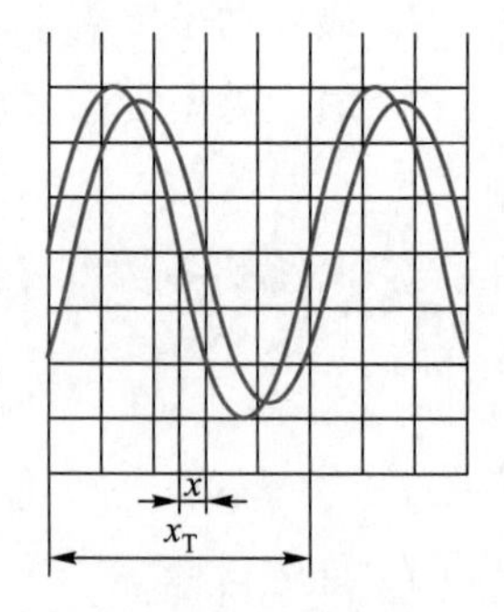

图 7－23 同频率正弦量相位差

$$\Delta\varphi=\frac{x}{x_T}\times 360^\circ$$

数字示波器使用垂直光标，读取周期 x_T 和水平时间差 x，根据上式计算相位差 $\Delta\varphi$。

⑤ 最后根据波形的超前滞后关系确定相位差的符号，从图 7－23 可以看到 $u_i(t)$ 滞后于 $u_R(t)$，则 $\Delta\varphi=\varphi_i-\varphi_R$ 为负。

6. 完成流程

① 在实验板上正确布局图 7－22 所示电路并焊接。

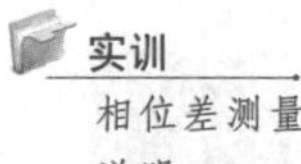
相位差测量说明

② 按照图 7－22 把示波器和函数信号发生器连接至实训电路。

③ 将函数信号发生器的输出电压频率调至 $f=1$ kHz，输入信号 $u_i=2$ V，并选择波形为正弦波。

④ 将示波器接入实训电路，调节示波器，经 RC 网络获取频率相同但相位不同的两路信号 u_i 和 u_R。分别接入示波器的通道 CH1 和 CH2。

⑤ 将两路波形相位差填入表 7－1，并计算相位差。

表 7-1 测量结果

周期长度 x_T	两波形水平距离 x	相位差	
		实测值 $\Delta\varphi/^{\circ}$	计算值 $\Delta\varphi/^{\circ}$

7. 思考总结

① 检查实验板上布局、连线是否正确。

② 检查接地端是否连接在一起,否则有可能测不到信号,造成局部短路,损坏电路中的元器件,也可能造成信号源的短路,损坏信号源。

③ 如何用示波器测量电流?

④ 用示波器显示波形,并要求比较相位时,为在显示屏上得到稳定波形,应怎样选择水平、垂直调节的位置?

8. 评价

同频率正弦量相位差测量结束,撰写实训报告,并在小组内进行自我评价、组员评价,最后由教师给出评价。三个评价相结合,作为本次实训完成情况的综合评价。

小结

1. 无源二端网络中,当电压、电流为关联参考方向时,复阻抗的定义为端口电压相量与端口电流相量的比值,即 $Z=\dfrac{\dot{U}}{\dot{I}}=R+\mathrm{j}X=|Z|\underline{/\varphi_Z}$,$R$ 为电阻,X 为电抗,$|Z|$为模,φ_Z 为阻抗角,单位为欧姆。在关联参考方向下,复导纳等于端口电流相量与端口电压相量的比值,即 $Y=\dfrac{\dot{I}}{\dot{U}}=G+\mathrm{j}B=|Y|\underline{/\varphi_Y}$,$G$ 为电阻,B 为电抗,$|Y|$为模,φ_Y为阻抗角,单位为西门子。根据定义可知,复导纳是复阻抗的倒数,有 $Z=1/Y$。

2. 分析计算线性正弦稳态电路常用的方法是相量法,即正弦信号用相量表示,负载用复阻抗或复导纳表示后,就可以采用分析直流电路的各种方法分析交流稳态电路。分析直流电路时所采用的各种网络分析方法、原理和定理都可以适用于线性正弦交流电路。

3. 在交流电路中,u 和 i 表示瞬时电压和瞬时电流,都是时间的函数,故 p 也为时间的函数,称为瞬时电功率。平均功率是指瞬时功率在一个周期内的平均值用 P 表示,平均功率又称为有功功率,表示二端网络实际消耗的功率,$P=UI\cos\varphi$,有功功率的单位为 W(瓦)。无功功率是相对于有功功率而言的,$Q=UI\sin\varphi$,无功功率的单位为 Var(乏)。视在功率为端口电压、电流有效值的乘积,即 $S=UI$,视在功率的单位为 V · A(伏安)。功率因数过低对输电线路、用电设备和电源本身都会产生不良的影响,在实际生产中有必要提高功率因数。

4. 当电源向负载传输的功率很小(如通信系统、电子电路),不需要考虑传输效率时,常要求负载从信号源中获取最大功率。负载获得最大功率的条件是负载阻抗 Z 和电源中等效阻抗Z_S共轭匹配，此时获得最大功率 $P_m = \dfrac{U_S^2}{4R_S}$。

自测题

一、填空题

1. ________两端的电压与其中电流的_____称为该支路的复阻抗，单位为________。

2. 复阻抗的模 $|Z|$ 等于电压与电流________的比，即________。

3. 复阻抗的幅角又称为__________，它等于电路中电压与电流的相位差，即__________。

二、选择题

1. RLC 并联电路中，$G=4$ S，$\omega C=5$ S，$1/\omega L=8$ S，则该电路的阻抗（模）$|Z|$ 为（　　）。

A. 0.2　　B. 0.25　　C. 0.5　　D. 0.12

2. 图 7-24 所示正弦交流电路中，已知 $R=\omega L=16\ \Omega$，$1/\omega C=14\ \Omega$，复阻抗 Z 和复导纳 Y 分别为（　　）。

A. $10\angle -36.9°$，$0.1\angle 36.9°$　　B. $15\angle -36.9°$，$0.1\angle 36.9°$

C. $10\angle -53.1°$，$0.1\angle 53.1°$　　D. $15\angle -53.1°$，$0.1\angle 53.1°$

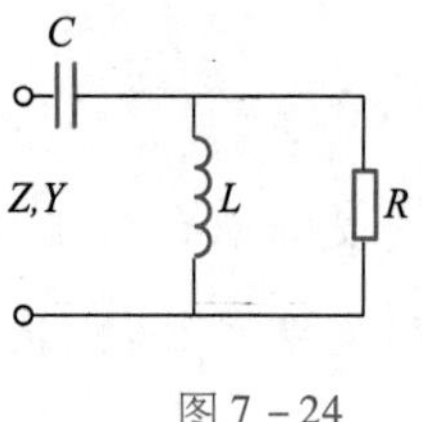

图 7-24

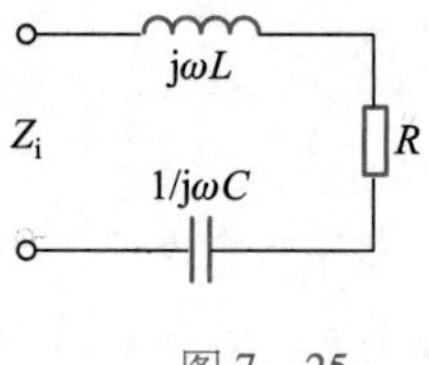

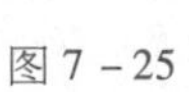
图 7-25

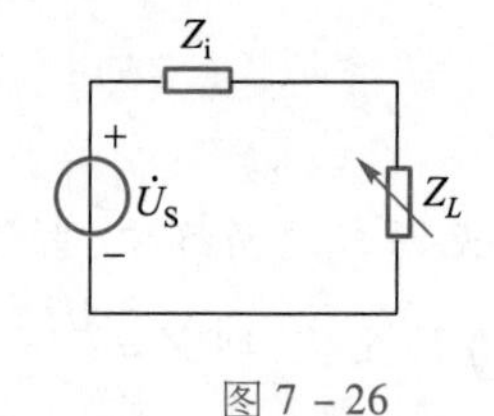

图 7-26

3. 图 7-25 所示电路中 $R=16\ \Omega$，$L=22$ mH，$C=100\ \mu$F，$\omega=1\ 000$ rad/s，则电路输入阻抗的模 $|Z_i|$ 为（　　）。

A. 12 Ω　　B. 16 Ω　　C. 20 Ω　　D. 32 Ω

4. 下列公式可用来计算 RLC 串联电路平均功率的是（　　）。

A. $P=UI$　　B. $P=I^2|Z|$　　C. $P=U^2/|Z|$　　D. $P=I^2R$

5. 正弦稳态电路如图 7-26 所示，已知 $Z_i=(4-j3)\ \Omega$，若负载 Z_L 可调，则当 Z_L 为（　　）时，Z_L 获得最大功率。

A. $-j3\ \Omega$　　B. $4\ \Omega$　　C. $(4+j3)\ \Omega$　　D. $(4-j3)\ \Omega$

习题

7-1　有一 RLC 串联电路，其中 $R=15\ \Omega$，$L=60$ mH，$C=25\ \mu$F，外加电压 $u=100\sqrt{2}\sin(1000t)$ V。(1) 求复阻抗 Z，并确定电路的性质；(2) 求 $\dot{I}$、$\dot{U}_R$、$\dot{U}_L$、$\dot{U}_C$，并绘出相量图。

7－2　已知 RLC 并联电路中，$R=200\ \Omega$，$L=0.15$ H，$C=50\ \mu F$，设电流与电压为关联参考方向，端口总电流 $i=100\sqrt{2}\sin(100\pi t+30°)$ mA。(1) 求电导、感纳、容纳和导纳，并说明电路的性质；(2) 求端口电压 u；(3) 求各元件上的电流。

7－3　已知某负载在频率为 500 Hz 的正弦电压作用下，其阻抗为 $Z=2-j4\ \Omega$。求此负载在同频率的电压作用下，其并联等效电路的参数为多少？

7－4　图 7－27 所示为 RC 并联电路，用相量图求电流表的读数。

7－5　在图 7－28 所示电路中，已知 $R=3\ \Omega$，$X_L=4\ \Omega$，$X_C=8\ \Omega$，$u=220\sqrt{2}\sin(314t+30°)$ V，求 $\dot{I}_1$、$\dot{I}_2$、$\dot{I}$。

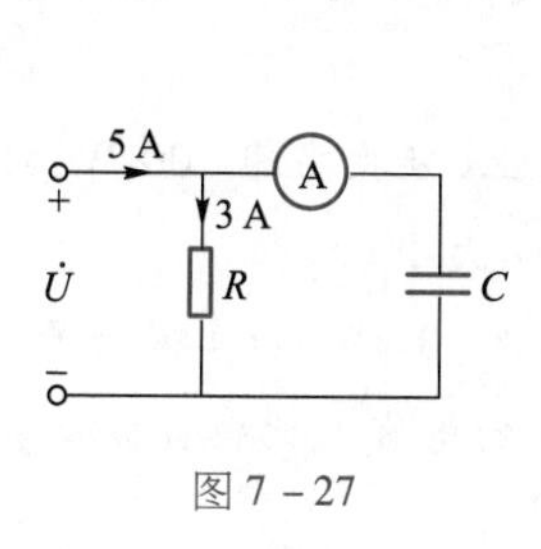

图 7－27

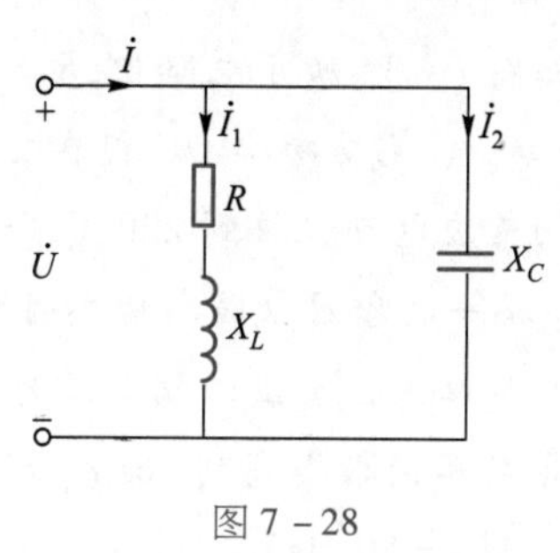

图 7－28

7－6　图 7－29 所示电路中，电源电压 $\dot{U}=220\angle 0°$ V。(1) 求等效阻抗 Z；(2) 求电流 $\dot{I}$、$\dot{I}_1$、$\dot{I}_2$。

7－7　图 7－30 所示电路中，已知 $Z_0=1+j1\ \Omega$，$Z_1=6-j8\ \Omega$，$Z_2=10+j10\ \Omega$，电流源 $\dot{I}_S=2\angle 0°$ A。求 $\dot{I}_1$、$\dot{I}_2$。

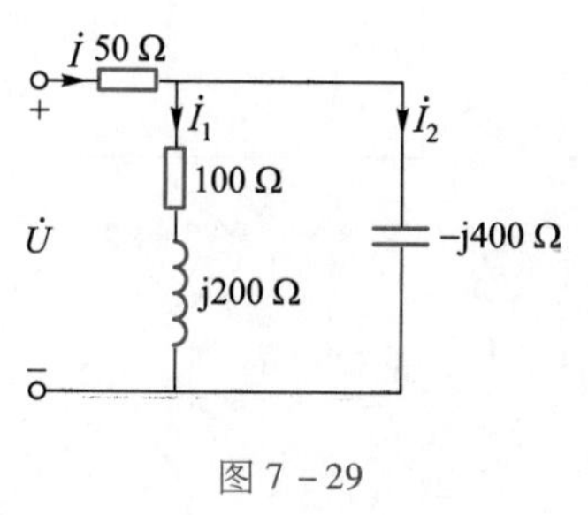

图 7－29

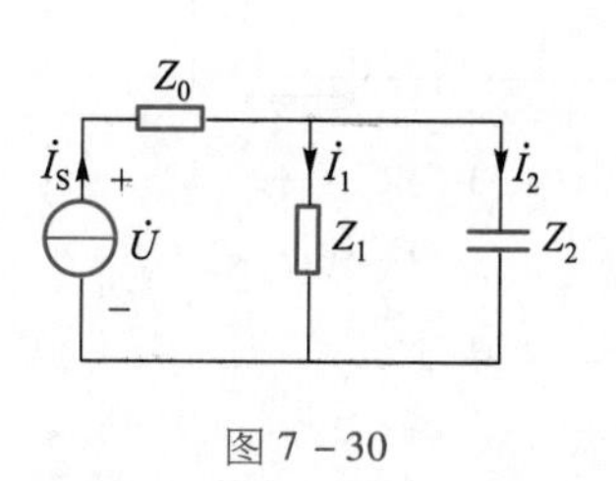

图 7－30

7－8　电路如图 7－31 所示，已知 $u_{S_1}=10\sin(10^4 t)$ V，$u_{S_2}=20\sin(10^4 t+60°)$ V，采用网孔电流法和节点电压法求 i_1、i_2。

7－9　分别用网孔电流法和节点电压法求图 7－32 电路中的电流 $\dot{I}$。

7－10　一阻抗接在交流电路中，其电压、电流分别为 $\dot{U}=220\angle 30°$ V，$\dot{I}=5\angle -30°$ A，求 Z、$\cos\varphi$、P、Q、S。

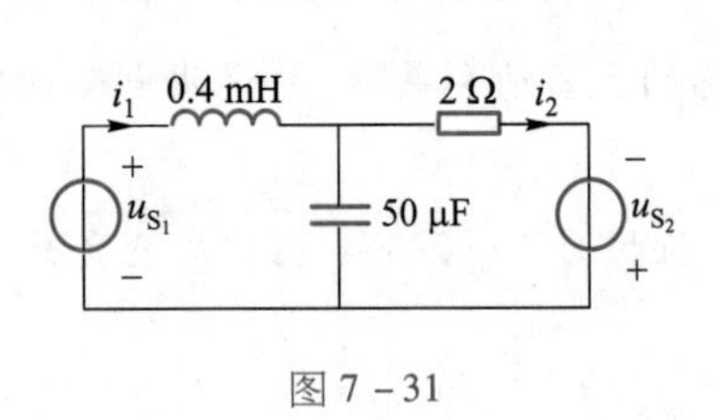

图 7-31

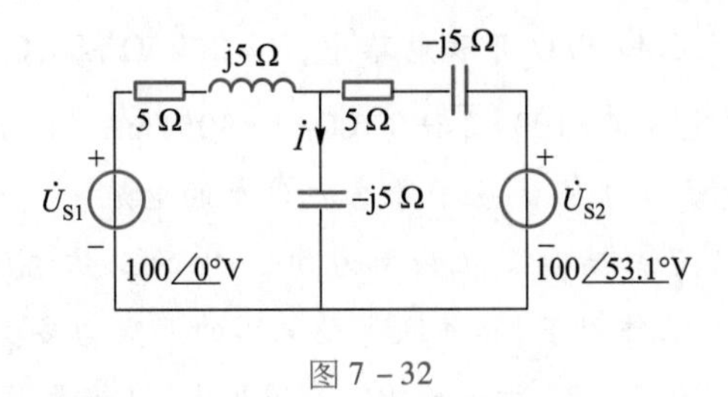

图 7-32

7-11　已知图 7-33 所示电路中，电压表读数为 50 V，电流表读数为1 A，功率表读数为（线圈电阻所吸收的有功功率）30 W，电源频率为 50 Hz。求线圈的参数 R、L。

7-12　已知图 7-34 所示电路中，$R=8\ \Omega$，$X_L=10\ \Omega$，$X_C=4\ \Omega$，端口电压 $\dot{U}=100\angle 10°$ V。求输入端的有功功率 P、无功功率 Q、视在功率 S。

7-13　单相感应电动机接到 220 V，$f=50$ Hz 的正弦交流电源上，吸收功率 700 W，功率因数 $\cos\varphi=0.7$。现并联一电容器以提高功率因数至 0.9，求并联电容器的大小。

7-14　已知某电感性负载的端电压为 220 V，吸收的有功功率为 10 kW，功率因数为 $\cos\varphi_1=0.7$（滞后）。若把功率因数提高到 $\cos\varphi_2=0.95$（滞后），应并联多大的电容？比较并联电容前后的电流（设电源频率为 $f=50$ Hz）。

7-15　图 7-35 所示电路中的正弦电源 $\dot{U}_S=20\angle -45°$ V，负载 Z_L 可任意变动。求 Z_L 可能获得的最大功率。

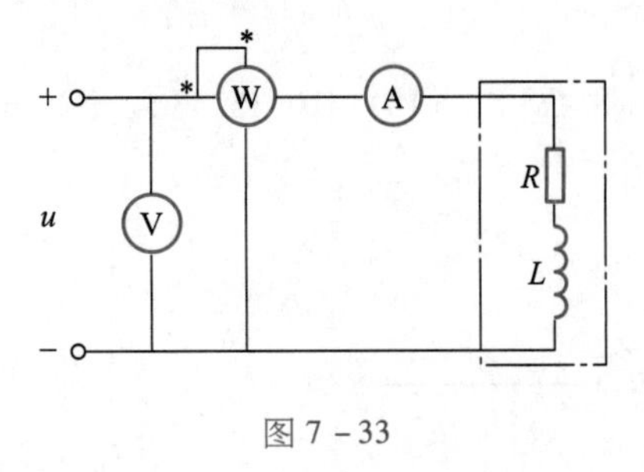

图 7-33

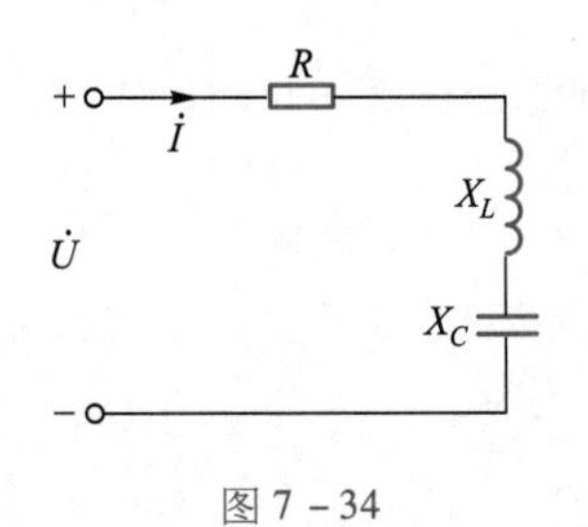

图 7-34

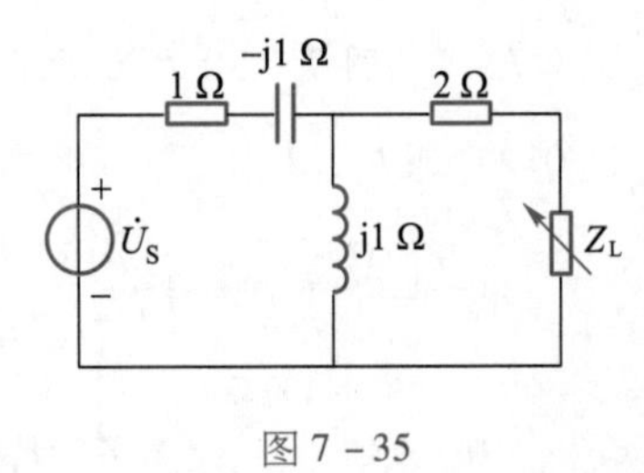

图 7-35

单元八
谐振与具有耦合电感的电路

通过本单元的学习，应理解谐振电路的基本概念，掌握其谐振条件，以及谐振时电路的特点和选频特性；深刻理解理想变压器一次、二次线圈间的电压、电流、阻抗之间的关系；掌握互感耦合电路的分析方法，空心变压器及理想变压器的分析与计算。

本单元的重点为谐振的概念及谐振电路特点，互感耦合电路的分析，理想变压器的计算分析；难点为谐振电路的选频特性，互感耦合线圈的等效去耦，互感耦合电路的分析等。

8.1 串联谐振电路

无线电通信的关键问题是谐振。电子线路中为了提高电路的性能，需要避免各类谐振。本节为 RLC 串联谐振电路的认知与分析。

学习目标

课件 8.1

知识技能目标：理解串联谐振电路的概念，掌握 RLC 串联谐振电路的特点，理解串联谐振电路的选频特性。

素质目标：掌握串联谐振的多种实现方法和特点，提高多角度分析和解决问题的意识。

8.1.1 谐振电路

谐振是正弦稳态电路中可能发生的一种特殊现象。若某电路的端口电压与电流同相位，且电路中含有储能元件，则称该电路发生了谐振。

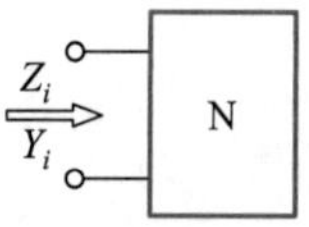

Z_i Y_i N

图 8-1 单口网络

图 8-1 中，设电路网络 N 的复阻抗和复导纳分别为 Z_i 和 Y_i，由谐振的要求可以得到该网络的谐振条件为

$$I_m[Z_i]=0 \text{ 或 } I_m[Y_i]=0 \qquad (8-1)$$

即电路网络中的复阻抗或复导纳的虚部为零。

含储能元件的电路发生谐振时，其输入端阻抗或导纳呈电阻性质。

正弦稳态电路中的电路元件参数与频率密切相关，因此电路的状态与频率密切相关，电路发生谐振时角频率 ω_0 和频率 f_0 称为谐振角频率（固有角频率）和谐振频率（固有频率）。

8.1.2 RLC 串联谐振电路

1. 串联谐振的条件

图 8-2 中，电路网络由电阻 R、电感 L、电容 C 串联组成，电路总阻抗为

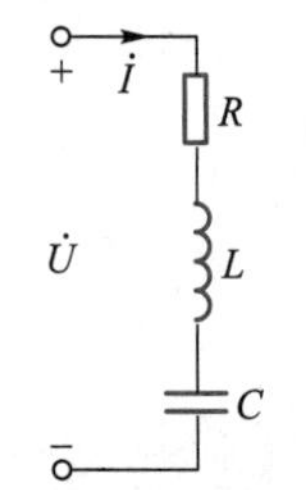

图 8-2 RLC 串联谐振网络

$$Z = R + j\omega L + \frac{1}{j\omega C} = R + j\left(\omega L - \frac{1}{\omega C}\right)$$

式中，令 $I_m[Z_i]=0$，得

$$\omega = \omega_0 = \frac{1}{\sqrt{LC}} \tag{8-2}$$

此时，电路的复阻抗 $Z=R$，电路的性质是电阻性的，电路中 $\dot{U}$ 与电流 $\dot{I}$ 同相位，电路发生谐振。

式(8-2)中，ω_0 称为谐振角频率，此时对应的谐振频率 f_0 为

$$f_0 = \frac{1}{2\pi\sqrt{LC}} \tag{8-3}$$

式(8-2)与式(8-3)为串联 RLC 电路的谐振条件，说明谐振条件仅取决于电路的电感 L 和电容 C。

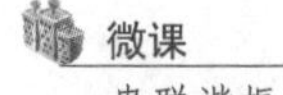

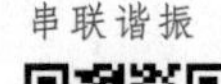

根据谐振条件可知，串联电路实现谐振或避免谐振的方法如下。

① 假设 L、C 固定不变，通过改变电源频率 f 可使电路发生谐振，称为调频调谐。

谐振频率是电路固有频率，由电路参数决定，对串联 RLC 电路来说，只有当外加电压频率与电路固有频率 f_0 相等时，电路才发生谐振。

② 若电源频率 f 和电容 C 不变，通过改变电感 L 使电路发生谐振称为调感调谐。

③ 若电源频率 f 和电感 L 不变，通过改变电容 C 使电路发生谐振称为调容调谐。

收音机就是通过改变可调电容达到谐振的办法来选台的。

【例 8-1】 某收音机输入回路 $L=0.3\ \text{mH}$，$R=10\ \Omega$。(1) 为收到广播电台 560 kHz信号，求调谐电容 C 值；(2) 如果输入电压为 1.5 V，求谐振电流和此时的电容电压。

解：收音机收到电台信号是由于输入回路发生谐振，所以

（1）$C=\frac{1}{(2\pi f)^2L}=\frac{1}{(2\times3.14\times560\times10^3)^2\times0.3\times10^{-3}}\text{ F}=269\text{ pF}$

（2）$I_0=\frac{U}{R}=\frac{1.5}{10}\text{ A}=0.15\text{ A}$

$$U_C=I_0X_C=0.15\times\frac{1}{2\times3.14\times560\times10^3\times269\times10^{-12}}\text{ V}$$

$$=158.5\text{ V}>>1.5\text{ V}$$

2. 串联谐振的基本特点

（1）谐振时，电路阻抗最小且为纯电阻。

网络阻抗为 $Z=\sqrt{R^2+\mathrm{j}\left(\omega L-\frac{1}{\omega C}\right)^2}=\sqrt{R^2+X^2}$

谐振时，$X=0$，则

$$Z_0=|Z|=R \tag{8-4}$$

谐振时，电路的电抗为0，感抗与容抗相等并等于特性阻抗，即

$$\omega_0L=\frac{1}{\omega_0C}=\sqrt{\frac{L}{C}}=\rho \tag{8-5}$$

式中，ρ为电路特性阻抗，单位为Ω，由电路参数决定。

（2）谐振时，电路中的电流最大，且与外加电源电压同相。

若电源电压一定时，谐振阻抗最小，则

$$\dot{I}_0=\frac{\dot{U}}{Z_0}=\frac{\dot{U}}{R}\text{或}I_0=\frac{U}{R}$$

（3）谐振时，电感电压和电容电压大小相等、相位相反，其大小是电源电压的Q倍。

$$\dot{U}_L=\mathrm{j}\omega_0L\dot{I}=\mathrm{j}\omega_0L\frac{\dot{U}}{R}=\mathrm{j}Q\dot{U}$$

$$\dot{U}_C=-\mathrm{j}\frac{1}{\omega_0C}\dot{I}=-\mathrm{j}\frac{\dot{U}}{\omega_0CR}=-\mathrm{j}Q\dot{U}$$

式中

$$Q=\frac{U_L}{U_0}=\frac{U_C}{U_0}=\frac{\omega_0L}{R}=\frac{1}{\omega_0CR}=\frac{\rho}{R} \tag{8-6}$$

Q称为谐振电路的品质因数，它是一个无量纲的量。由于L、C上的电压大小相等，相位相反，串联总电压$\dot{U}_C+\dot{U}_L=0$，L、C相当于短路，此时电源电压全部加在电阻上，即$\dot{U}_R=\dot{U}$。

对于一般实用的串联谐振电路，R很小，且常用电感线圈导线内阻代替，Q值很高，从几十到上千，于是谐振时电感和电容上的电压很高，所以串联谐振也称电压谐振。

（4）谐振时，电路的无功功率为零，电源提供的能量全部消耗在电阻上。

电路谐振时有功功率为 $P=UI\cos\varphi=UI$，电阻上的功率达到最大。

电路谐振时无功功率为 $P=UI\sin\varphi=Q_L+Q_C=0$，即电源不向电路输送无功功率。

电感中的无功功率与电容中的无功功率大小相等，互相补偿，相互进行能量转换。

3. 串联谐振电路的选择性和相频特性

RLC 串联电路的输入阻抗为

$$Z=R+\mathrm{j}\left(\omega L-\frac{1}{\omega C}\right)=|Z(\omega)|\angle\phi(\omega) \tag{8-7}$$

$$|Z(\omega)|=\sqrt{R^2+\left(\omega L-\frac{1}{\omega C}\right)^2} \tag{8-8}$$

$$\phi(\omega)=\arctan\frac{\omega L-\frac{1}{\omega C}}{R} \tag{8-9}$$

式(8-8)表示阻抗的模随频率的变化关系，称为阻抗幅频特性；式(8-9)表示阻抗角随频率的变化关系，称为阻抗相频特性，二者统称为频率特性，如图8-3(a)(b)所示。

(1) 电流谐振曲线

电路中电流为

$$I(\omega)=\frac{U}{\sqrt{R^2+\left(\omega L-\frac{1}{\omega C}\right)^2}}=|Y(\omega)|U$$

$I(\omega)$ 与 $|Y(\omega)|$ 相似，谐振曲线如图8-4所示。

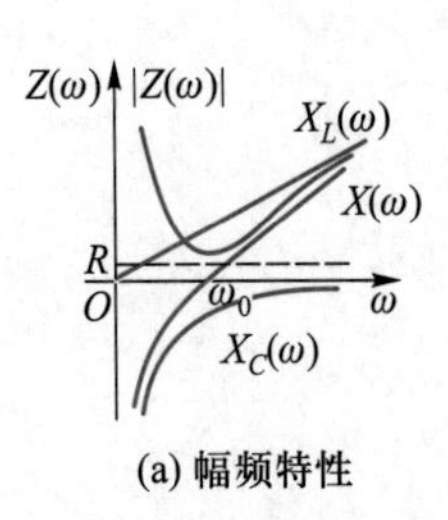

(a) 幅频特性

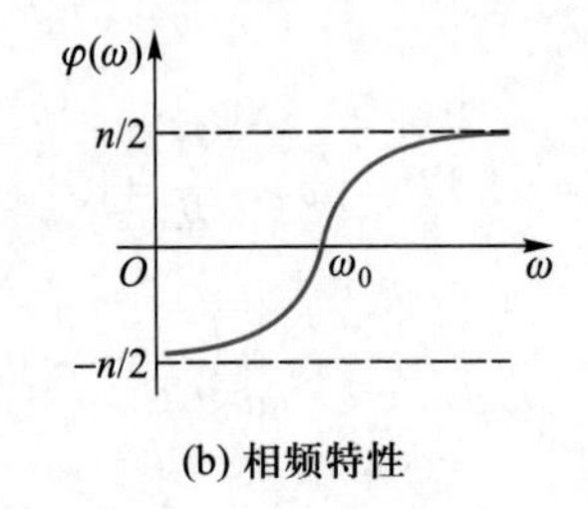

(b) 相频特性

图8-3 频率特性

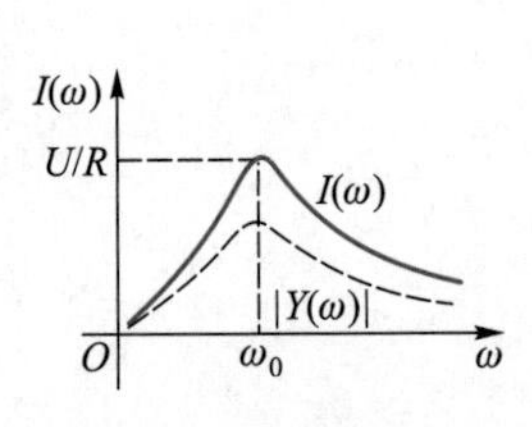

图8-4 电流谐振曲线

(2) 选择性

从电流谐振曲线看到，谐振时电流达到最大，当 ω 偏离 ω_0 时，电流从最大值 U/R 降下来。即串联谐振电路对不同频率的信号有不同的响应，对谐振信号最突出(表现为电流最大)，而对远离谐振频率的信号加以抑制(电流小)。这种对不同输入信号的选择能力称为"选择性"。

(3) 通用谐振曲线

为了在不同谐振回路之间进行比较，把电流谐振曲线的横、纵坐标分别除以 ω_0 和 $I(\omega_0)$，即可得到通用谐振曲线，如图8-5所示。

$$\omega \to \frac{\omega}{\omega_0} = \eta, \quad I(\omega) \to \frac{I(\omega)}{I(\omega_0)} = \frac{I(\eta)}{I_0}$$

$$\frac{I(\omega)}{I(\omega_0)} = \frac{\dfrac{U}{|Z|}}{\dfrac{U}{R}} = \frac{R}{\sqrt{R^2 + \left(\omega L - \dfrac{1}{\omega C}\right)^2}} = \frac{1}{\sqrt{1 + \left(\dfrac{\omega L}{R} - \dfrac{1}{\omega RC}\right)^2}}$$

$$= \frac{1}{\sqrt{1 + \left(\dfrac{\omega_0 L}{R} \cdot \dfrac{\omega}{\omega_0} - \dfrac{1}{\omega_0 RC} \cdot \dfrac{\omega_0}{\omega}\right)^2}} = \frac{1}{\sqrt{1 + \left(Q \cdot \dfrac{\omega}{\omega_0} - Q \cdot \dfrac{\omega_0}{\omega}\right)^2}}$$

$$\frac{I(\eta)}{I_0} = \frac{1}{\sqrt{1 + Q^2\left(\eta - \dfrac{1}{\eta}\right)^2}}$$

根据图 8－5 可知，Q 越大，谐振曲线越尖。当稍微偏离谐振点时，曲线就急剧下降，电路对非谐振频率下的电流具有较强的抑制能力，所以选择性好。因此，Q 是反映谐振电路性质的一个重要指标。

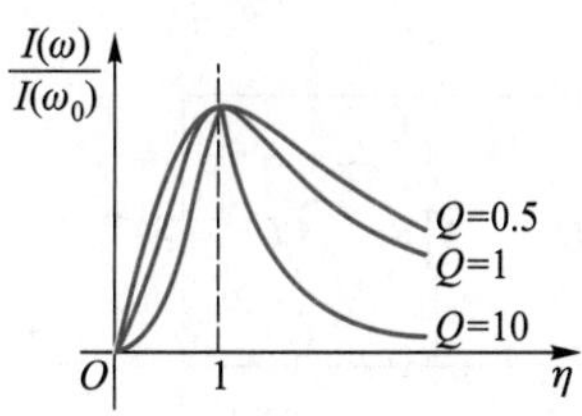

图 8－5　通用谐振曲线

【例 8－2】 已知 RLC 串联电路中的 $L = 0.01$ mH，$C = 100$ pF，$R = 10$ Ω，电源电压 $U_S = 0.1$ mV，若电路发生谐振，求 f_0、ρ、Q、U_{C0}、I_0。

解： 电路发生谐振有

$$f_0 = \frac{1}{2\pi\sqrt{LC}} = \frac{1}{2 \times 3.14 \times \sqrt{0.01 \times 10^{-3} \times 100 \times 10^{-12}}} \text{ Hz}$$

$$= \frac{1}{2 \times 3.14 \times \sqrt{10^{-15}}} \text{ Hz} \approx 5000 \text{ kHz}$$

$$\rho = \sqrt{\frac{L}{C}} = \sqrt{\frac{0.01 \times 10^{-3}}{100 \times 10^{-12}}} \ \Omega \approx 316 \ \Omega$$

$$Q = \frac{\rho}{R} = \frac{316}{10} \approx 31.6$$

$$U_{C0} = QU_S = 31.6 \times 0.1 \text{ mV} = 3.16 \text{ mV}$$

$$I_0 = \frac{U_S}{R} = \frac{0.1 \times 10^{-3}}{10} \text{ A} = 10 \ \mu\text{A}$$

知识闯关

1. 40 pF 的电容和 90 μH 的电感串联的电路谐振频率为(　　)。

A. 36 MHz　　B. 2.65 MHz　　C. 24.5 MHz

2. 2.2 nF 的电容与(　　)的电感串联才能在频率为 5 kHz 时发生谐振。

A. 11.84 μH　　B. 3.33 H　　C. 461 mH

3. RL 串联电路中，品质因数 Q 正比于 R。(　　)

8.2 并联谐振电路

并联谐振是与串联谐振相对应的电路现象，在电路中发挥了重要的作用。通过本节的学习，理解并联谐振的概念，掌握并联谐振电路的使用方法。

课件 8.2

学习目标

知识技能目标：理解并联谐振电路的概念，掌握 RLC 并联谐振电路的特点，理解并联谐振电路的选频特性及计算方法。

素质目标：掌握并联谐振的条件和特点，培养分析把握事物特点和规律的意识。

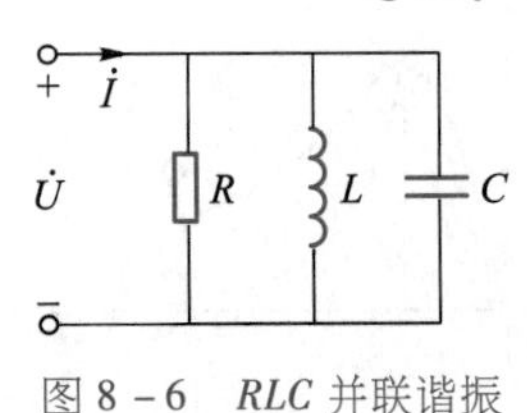

图 8－6 RLC 并联谐振

当信号源内阻较大时，为了获得较好的选频特性，必须采用在谐振频率及其频率附近范围内具有高阻抗的并联谐振电路。

1. 并联谐振的条件

图 8－6 中，复导纳为 $Y=G+\mathrm{j}\left(\omega C-\dfrac{1}{\omega L}\right)$，若电路网络谐振，导纳的虚部为零，由此可得，谐振角频率为

$$\omega_0=\frac{1}{\sqrt{LC}} \tag{8-10}$$

并联谐振时，$Y=G$，导纳最小，阻抗最大。并联谐振的特性阻抗 ρ 与串联谐振时相同，为谐振时的感抗或容抗值，即

$$\rho=\omega_0 L=\frac{1}{\omega_0 C}=\sqrt{\frac{L}{C}} \tag{8-11}$$

并联谐振电路的品质因数

$$Q=\frac{I_L}{I_0}=\frac{I_C}{I_0}=\frac{U/\omega_0 L}{UG}=\frac{U\omega_0 C}{UG}=\frac{R}{\omega_0 L}=\omega_0 RC \tag{8-12}$$

2. 谐振特点

① 电路发生谐振时，输入阻抗达最大值。

$$Z(\omega_0)=R \tag{8-13}$$

② 谐振时，因阻抗最大，在电流一定时，总电压达最大值。

$$U_0=I_0 Z=I_0 R \tag{8-14}$$

③ 电感和电容支路电流相等，其电流是总电流的 Q 倍。

$$I_L=I_C=\frac{U}{\omega_0 L}=U\omega_0 C$$

$$\frac{I_L}{I_0}=\frac{I_C}{I_0}=\frac{R}{\omega_0 L}=\omega_0 RC=Q \tag{8-15}$$

$$\Rightarrow I_L = I_C = QI_0 >> I_0$$

3. 实际并联谐振电路

实际电感线圈有一定的内阻，故实际的并联谐振电路如图 8－7 所示。这时

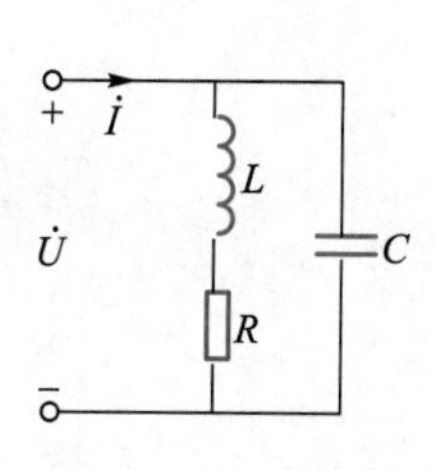

图 8－7 实际并联谐振电路

$$Y = \frac{1}{R + \mathrm{j}\omega L} + \mathrm{j}\omega C = \frac{R}{R^2 + (\omega L)^2} - \mathrm{j}\left[\frac{\omega L}{R^2 + (\omega L)^2} - \omega C\right]$$

那么谐振条件为

$$\frac{\omega L}{R^2 + (\omega L)^2} = \omega C$$

即谐振角频率为

$$\omega_0 = \sqrt{\frac{\frac{L}{C} - R^2}{L^2}} = \frac{1}{\sqrt{LC}}\sqrt{1 - \frac{CR^2}{L}}$$

谐振频率为

$$f_0 = \frac{1}{2\pi\sqrt{LC}}\sqrt{1 - \frac{CR^2}{L}}$$

可见，只有当 $1 - \frac{CR^2}{L} > 0$，即 $R < \sqrt{\frac{L}{C}}$ 时，ω_0 才为实数，电路才有可能发生谐振。

在发生谐振时 $$Y = \frac{R}{R^2 + (\omega L)^2} = \frac{RC}{L}$$

这时，并联支路为纯阻性，用 R_0 表示为

$$R_0 = \frac{1}{Y} = \frac{L}{RC} = \frac{\omega_0 L}{R}\frac{1}{\omega_0 RC}R = \frac{R}{Q^2}$$

【例 8－3】 在 *RLC* 并联谐振电路中，已知 $\omega_0 = 5 \times 10^6$ rad/s，$Q = 100$，谐振时的阻抗模为 $|Z_0| = 2\ \mathrm{k\Omega}$，求 *R*、*L*、*C*。

解：

$$R = |Z_0| = 2\ \mathrm{k\Omega}$$

在 *RLC* 并联谐振电路中有 $Q = \frac{R}{\omega_0 L} = \omega_0 RC$，因此

$$L = \frac{R}{\omega_0 Q} = \frac{2 \times 10^3\ \Omega}{5 \times 10^6\ \mathrm{rad/s} \times 100} = 4\ \mu\mathrm{H}$$

$$C = \frac{Q}{\omega_0 R} = \frac{100}{5 \times 10^6\ \mathrm{rad/s} \times 2 \times 10^3\ \Omega} = 10\ \mathrm{nF}$$

知识闯关

1. 若电源为电流源，并联谐振时，由于谐振阻抗最大，回路端电压最高。（ ）

2. 并联谐振电路工作在自身谐振频率时,相等的参数是(　　)。

A. L 和 C　　B. R 和 C　　C. X_C 和 X_L

8.3 互感

一个独立线圈由于自身电流的变化引起线圈中磁链变化而产生自感应电压。当两个或多个线圈彼此互相邻近时,无论哪一个线圈电流发生变化,除存在自感现象外,还会在其他线圈产生互感电压。

学习目标

知识技能目标:理解互感的概念,掌握互感的定义、同名端的概念;确定耦合电感的互感电压及确定正、负号,了解耦合系数的物理意义和概念。

素质目标:理解互感的分析方法,运用事物之间的联系解决问题。

N_1 匝的线圈 1 中通入电流 i_1 时,在线圈 1 中产生磁通 Φ_{11},称为自感磁通;同时,有部分磁通 Φ_{21} 穿过临近 N_2 匝的线圈 2,这部分磁通称为互感磁通,两线圈间有磁的耦合,如图 8－8 所示。

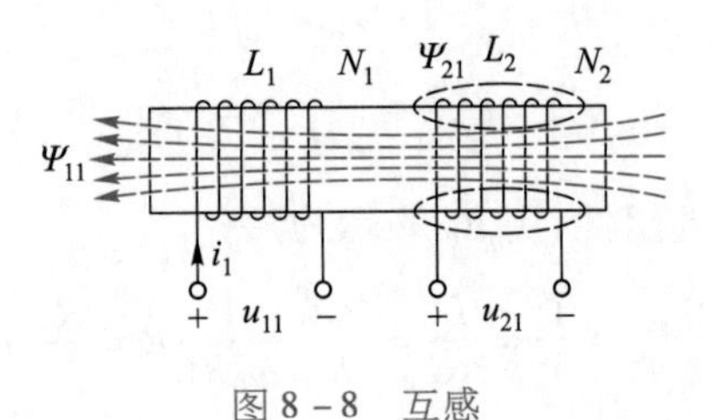

图 8－8　互感

1. 磁链

磁链定义为

$$\Psi = N\Phi$$

课件 8.3

当线圈周围无铁磁物质,即为空心线圈时,Ψ 与 i 成正比,当只有一个线圈时

$$\Psi_1 = \Psi_{11} = L_1 i_1$$

式中,L_1 称为自感系数,单位为亨(H)。

当两个线圈都有电流时,每一线圈的磁链为自磁链与互磁链的代数和。

$$\Psi_1 = \Psi_{11} \pm \Psi_{12} = L_1 i_1 \pm M_{12} i_2$$

$$\Psi_2 = \Psi_{22} \pm \Psi_{21} = L_2 i_2 \pm M_{21} i_1$$

式中,M_{12}、M_{21} 称为互感系数,单位为亨(H)。

提示:

① M 值与线圈的形状、几何位置、空间磁介质有关,与线圈中的电流无

关，满足$M_{12}=M_{21}$。

② L总为正值，M值有正有负。

2. 耦合系数

用耦合系数k表示两个线圈磁耦合的紧密程度。

$$k \stackrel{\text{def}}{=} \frac{M}{\sqrt{L_1 L_2}} \leqslant 1$$

当$k=1$时，称为全耦合。一般有

$$k=\frac{M}{\sqrt{L_1 L_2}}=\sqrt{\frac{M^2}{L_1 L_2}}=\sqrt{\frac{(Mi_1)(Mi_2)}{L_1 i_1 L_2 i_2}}=\sqrt{\frac{\Psi_{12}\Psi_{21}}{\Psi_{11}\Psi_{22}}} \leqslant 1$$

耦合系数k与线圈的结构、相互几何位置、空间磁介质有关。

3. 耦合电感上的电压、电流关系

当i_1为时变电流时，磁通也将随时间变化，从而在线圈两端产生感应电压。

当i_1、u_{11}、u_{21}方向与Φ符合右手螺旋定则时，根据电磁感应定律和楞次定律有

$$u_{11}=\frac{\mathrm{d}\Psi_{11}}{\mathrm{d}t}=L_1\frac{\mathrm{d}i_1}{\mathrm{d}t} \Rightarrow \text{自感电压}$$

$$u_{21}=\frac{\mathrm{d}\Psi_{21}}{\mathrm{d}t}=M\frac{\mathrm{d}i_1}{\mathrm{d}t} \Rightarrow \text{互感电压}$$

当两个线圈同时通以电流时，每个线圈两端的电压均包含自感电压和互感电压。

$$\begin{cases}\Psi_1=\Psi_{11}\pm\Psi_{12}=L_1 i_1 \pm M_{12} i_2 \\ \Psi_2=\Psi_{22}\pm\Psi_{21}=L_2 i_2 \pm M_{21} i_1\end{cases} \tag{8-16}$$

$$\begin{cases}u_1=u_{11}+u_{12}=L_1\dfrac{\mathrm{d}i_1}{\mathrm{d}t}\pm M\dfrac{\mathrm{d}i_2}{\mathrm{d}t} \\ u_2=u_{22}+u_{21}=L_2\dfrac{\mathrm{d}i_2}{\mathrm{d}t}\pm M\dfrac{\mathrm{d}i_1}{\mathrm{d}t}\end{cases} \tag{8-17}$$

在正弦交流电路中，其相量形式的方程为

$$\begin{cases}\dot{U}_1=\mathrm{j}\omega L_1\dot{I}_1\pm\mathrm{j}\omega M\dot{I}_2 \\ \dot{U}_2=\mathrm{j}\omega L_2\dot{I}_2\pm\mathrm{j}\omega M\dot{I}_1\end{cases} \tag{8-18}$$

同名端

若两线圈的自磁链和互磁链相互增强，则互感电压取正，否则取负。这表明互感电压的正、负与电流的参考方向有关，也与线圈的相对位置和绕向有关。

4. 互感线圈的同名端

对自感电压，当u，i取关联参考方向，u、i与Φ符合右手螺旋定则，其表达式为

$$u_{11}=\frac{\mathrm{d}\Psi_{11}}{\mathrm{d}t}=N_1\frac{\mathrm{d}\Phi_{11}}{\mathrm{d}t}=L_1\frac{\mathrm{d}i_1}{\mathrm{d}t}$$

上式说明，对于自感电压，如果电压、电流为同一线圈上的，只要参考方向确定了，其数学描述就容易写出，不用考虑线圈绕向。

对互感电压，因产生该电压的电流在另一线圈上，因此，要确定其符号，就必须知道两个线圈的绕向。这在电路分析中显得很不方便。为解决这个问题，引入同名端的概念。

提示

线圈的同名端必须两两确定。

同名端的定义：当两个电流分别从两个线圈的对应端子同时流入或流出，若产生的磁通相互加强，则这两个对应端子称为两互感线圈的同名端。

(1) 交流法和直流法这两种判断同名端的方法

① 在确定各线圈后，当两个线圈中电流同时由同名端流入(或流出)时，两个电流产生的磁场相互增强。

② 当随时间增大的时变电流从一线圈的一端流入时，将会引起另一线圈相应同名端的电位升高。

(2) 同名端的实验测定(直流法)

如图 8-9 所示电路，当闭合开关 S 时，i 增加，$\frac{\mathrm{d}i}{\mathrm{d}t}>0$，若 1、2 为同名端则 $u'_{22}=M\frac{\mathrm{d}i}{\mathrm{d}t}>0$，若电压表正极与 2 相连则电压表正偏。

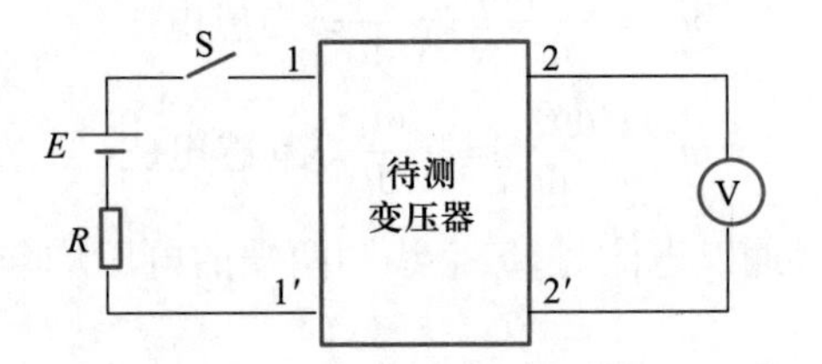

图 8-9 变压器同名端的确定

当两组线圈的同名端未知时，就可以利用上面的结论来判断。

有了同名端，以后表示两个线圈相互作用，就不再考虑实际绕向，而只画出同名端及参考方向即可。

明确同名端后，具有互感耦合的电路方程就可以按如下规则列写。

① 自感电压的符号由电感自身的电压、电流方向确定，若关联取正，反之取负。

② 互感电压的符号取决于设定的参考电流方向，若一、二次线圈电流从同名端进入，则互感电压与对应的自感电压符号相同，若一、二次线圈电流从异名端进入，则互感电压与对应的自感电压符号相反。

【例 8-4】 列出图 8-10(a)(b)所示两个电路的方程。

解：图 8-10(a)中一次线圈电流与电压为非关联参考方向，二次线圈电流与电压为关联参考方向，电流均从所标的同名端流出，所以方程为

$$\begin{cases} u_1=-L_1\frac{\mathrm{d}i_1}{\mathrm{d}t}-M\frac{\mathrm{d}i_2}{\mathrm{d}t} \\ u_2=L_2\frac{\mathrm{d}i_2}{\mathrm{d}t}+M\frac{\mathrm{d}i_1}{\mathrm{d}t} \end{cases}$$

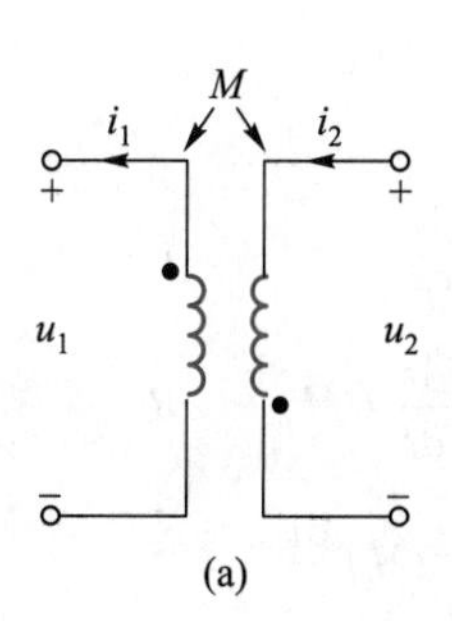

(a)

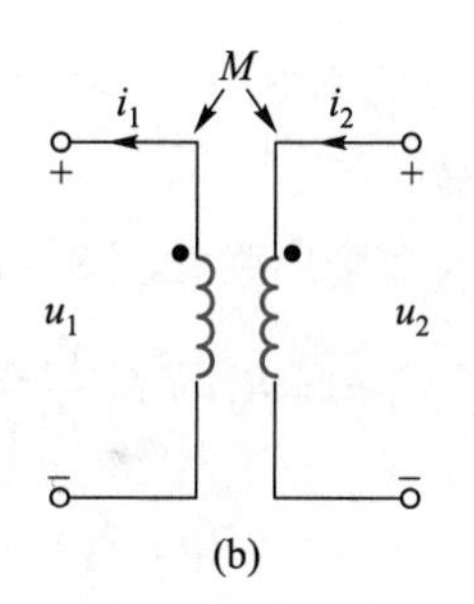

(b)

图 8-10 例 8-4 图

图 8-10(b)中一次线圈电流与电压为非关联参考方向,二次线圈电流与电压为关联参考方向,而电流从异名端流入或流出,所以方程为

$$\begin{cases} u_1 = -L_1 \dfrac{di_1}{dt} + M \dfrac{di_2}{dt} \\ u_2 = L_2 \dfrac{di_2}{dt} - M \dfrac{di_1}{dt} \end{cases}$$

知识闯关

1. 当两个线圈中的电流同时由同名端流入(或流出)时,两个电流产生的磁场相互减弱。(　　)

2. 耦合系数 k 与线圈的结构、相互几何位置、空间磁介质有关。(　　)

3. 线圈几何尺寸确定后,其互感电压的大小正比于相邻线圈中电流的(　　)。

A. 大小　　　B. 变化量　　　C. 变化率

8.4 去耦等效电路

课件 8.4

由于耦合的影响,互感电路难以分析。如能通过去耦将电路等效为无耦合的电感电路,电路的分析将大大简化。

学习目标

知识技能目标:理解去耦方法,掌握含有耦合电感电路的分析方法。

素质目标:引入数学方法解决耦合电感去耦等效问题,将复杂电路问题简单化,培养数学思维能力和跨学科解决问题的能力。

具有耦合电感的电路由磁场连接两个部分。在这种情况下,一个电路所感应的电压与另外一个电路中的时变电流有关,这就是所要研究的互感。

1. 耦合电感的串联

(1) 顺接串联

耦合电感的顺接串联如图 8 - 11 所示,其中

$$u = R_1 i + L_1 \frac{\mathrm{d}i}{\mathrm{d}t} + M\frac{\mathrm{d}i}{\mathrm{d}t} + L_2\frac{\mathrm{d}i}{\mathrm{d}t} + M\frac{\mathrm{d}i}{\mathrm{d}t} + R_2 i$$

$$= (R_1 + R_2)i + (L_1 + L_2 + 2M)\frac{\mathrm{d}i}{\mathrm{d}t}$$

$$= Ri + L\frac{\mathrm{d}i}{\mathrm{d}t}$$

则

$$R = R_1 + R_2 \qquad L = L_1 + L_2 + 2M \tag{8-19}$$

用 R 替换 R_1+R_2、L 替换 L_1+L_2+2M,即可获得去耦等效电路,如图 8 - 12 所示。

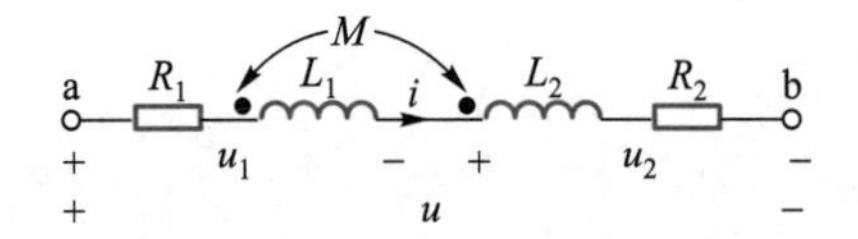

图 8 - 11 顺接串联耦合电路

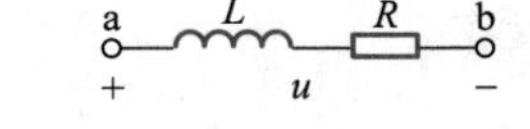

图 8 - 12 顺接串联耦合电路的去耦等效电路

(2) 反接串联

耦合电感的反接串联如图 8 - 13 所示,其中

$$u = R_1 i + L_1 \frac{\mathrm{d}i}{\mathrm{d}t} - M\frac{\mathrm{d}i}{\mathrm{d}t} + L_2\frac{\mathrm{d}i}{\mathrm{d}t} - M\frac{\mathrm{d}i}{\mathrm{d}t} + R_2 i$$

$$= (R_1 + R_2)i + (L_1 + L_2 - 2M)\frac{\mathrm{d}i}{\mathrm{d}t} = Ri + L\frac{\mathrm{d}i}{\mathrm{d}t}$$

则

$$R = R_1 + R_2 \qquad L = L_1 + L_2 - 2M \tag{8-20}$$

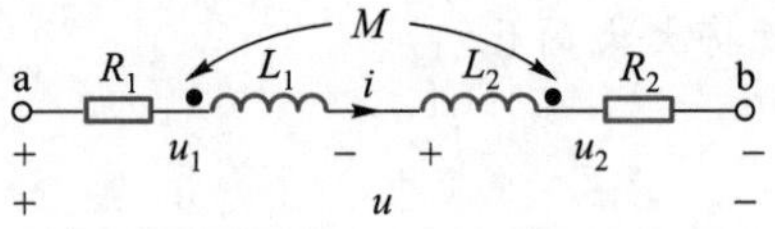

图 8 - 13 反接串联耦合电路

由 $L = L_1 + L_2 - 2M \geqslant 0$ 得 $M \leqslant \frac{1}{2}(L_1 + L_2)$。

互感不大于两个自感的算术平均值。

微课
同侧并联

2. 耦合电感的并联

(1) 同侧并联

耦合电感的同侧并联如图 8 - 14 所示,其中

$$\begin{cases}\dot{U}=\mathrm{j}\omega L_1\dot{I}_1+\mathrm{j}\omega M\dot{I}_2\\ \dot{U}=\mathrm{j}\omega L_2\dot{I}_2+\mathrm{j}\omega M\dot{I}_1\\ \dot{I}=\dot{I}_1+\dot{I}_2\end{cases}\tag{8-21}$$

$$Z=\frac{\dot{U}}{\dot{I}}=\mathrm{j}\omega\frac{L_1L_2-M^2}{L_1+L_2-2M}$$

等效电感 $$L=\frac{L_1L_2-M^2}{L_1+L_2-2M}$$

(2) 异侧并联

耦合电感的异侧并联如图 8-15 所示,其中

$$\begin{cases}\dot{U}=\mathrm{j}\omega L_1\dot{I}_1-\mathrm{j}\omega M\dot{I}_2\\ \dot{U}=\mathrm{j}\omega L_2\dot{I}_2-\mathrm{j}\omega M\dot{I}_1\\ \dot{I}=\dot{I}_1+\dot{I}_2\end{cases}\tag{8-22}$$

$$Z=\frac{\dot{U}}{\dot{I}}=\mathrm{j}\omega\frac{L_1L_2-M^2}{L_1+L_2+2M}$$

等效电感 $$L=\frac{L_1L_2-M^2}{L_1+L_2+2M}$$

总之,当两互感线圈并联时,等效电感为 $L_{\mathrm{eq}}=\dfrac{L_1L_2-M^2}{L_1+L_2\mp2M}$(同侧取“-”,异侧取“+”)。

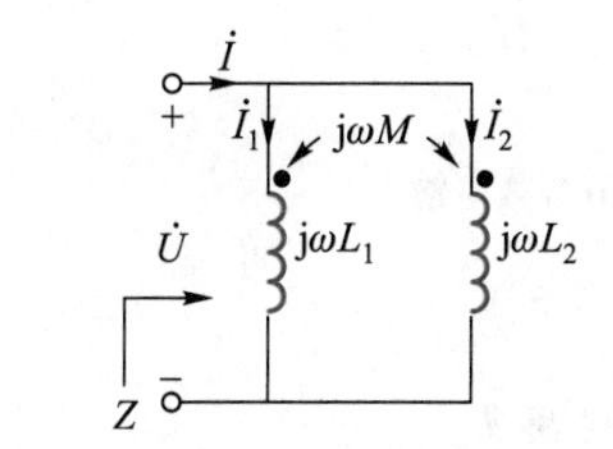

图 8-14 同侧并联

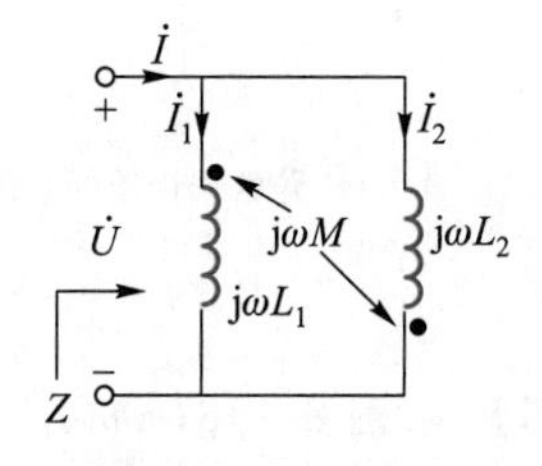

图 8-15 异侧并联

3. 耦合电感的 T 型等效

(1) 同名端相接的 T 型去耦等效

如图 8-16(a)所示同名端相接的 T 型电路,去耦等效电路如图 8-16(b)所示,其中

$$\begin{cases}\dot{I}=\dot{I}_1+\dot{I}_2\\ \dot{U}_{\mathrm{ac}}=\mathrm{j}\omega L_1\dot{I}_1+\mathrm{j}\omega M\dot{I}_2=\mathrm{j}\omega(L_1-M)\dot{I}_1+\mathrm{j}\omega M\dot{I}\\ \dot{U}_{\mathrm{bc}}=\mathrm{j}\omega L_2\dot{I}_2+\mathrm{j}\omega M\dot{I}_1=\mathrm{j}\omega(L_2-M)\dot{I}_2+\mathrm{j}\omega M\dot{I}\end{cases}\tag{8-23}$$

(a) 同名端相接的T型　(b) 等效电路

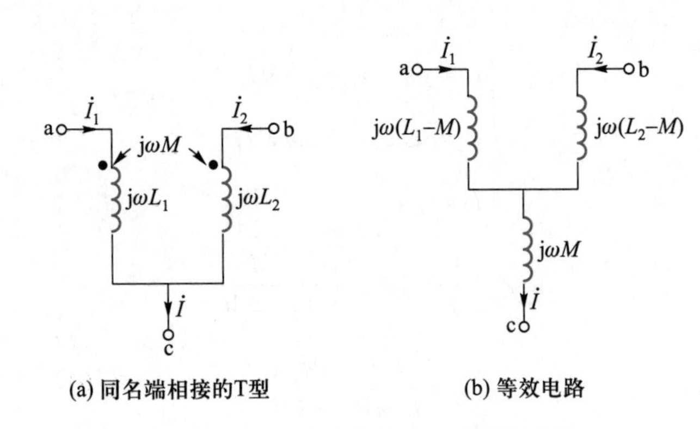

图 8－16　同名端相接的 T 型等效电路

（2）异名端相接的 T 型去耦等效

图 8－17(a)所示异名端相接的 T 型电路，去耦等效电路如图 8－17(b)所示，其中

$$\begin{cases}\dot{I}=\dot{I}_1+\dot{I}_2\\ \dot{U}_{13}=j\omega L_1\dot{I}_1-j\omega M\dot{I}_2=j\omega(L_1+M)\dot{I}_1-j\omega M\dot{I}\\ \dot{U}_{23}=j\omega L_2\dot{I}_2-j\omega M\dot{I}_1=j\omega(L_2+M)\dot{I}_2-j\omega M\dot{I}\end{cases} \tag{8－24}$$

(a) 异名端相接的T型　(b) 等效电路

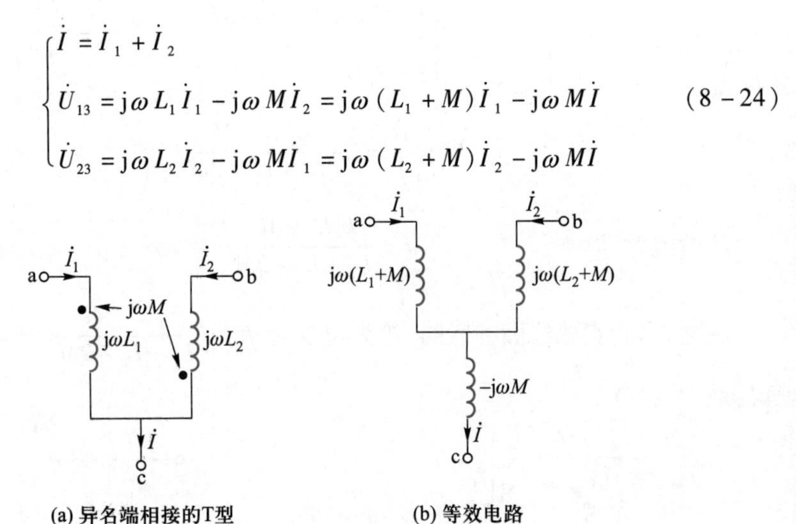

图 8－17　异名端相接的 T 型等效电路

【例 8－5】 求图 8－18(a)(b)所示电路的等效电感 L_{ab}。

解：图 8－18(a)中 4H 电感和 6H 电感为同名端相接的 T 型结构，应用 T 型去耦等效得图 8－18(c)所示电路。则等效电感为

$$L_{ab}=\left[2+0.5+7+\frac{9\times(-3)}{9-3}\right]\ \text{H}=5\ \text{H}$$

图 8－18(b)中 5H 和 6H 电感成同名端相接的 T 型结构，2H 和 3H 电感为异名端相接的 T 型结构，应用 T 型去耦等效得图 8－18(d)所示电路。则等效电感为

$$L_{ab}=\left[1+3+\frac{(4-1)\times(2+4)}{(4-1)+(2+4)}\right]\ \text{H}=6\ \text{H}$$

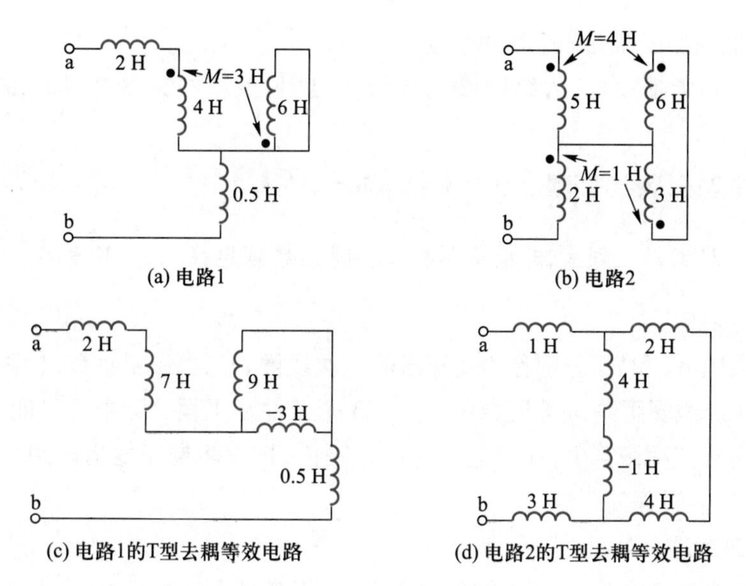

(a) 电路1　(b) 电路2

(c) 电路1的T型去耦等效电路　(d) 电路2的T型去耦等效电路

图 8－18　例 8－5 图

知识闯关

1. 互感大于两个自感的算术平均值。(　　)

2. 已知 $L_1 = 2\text{H}, L_2 = 8\text{H}, M = 3\text{H}$ 的两个耦合线圈的耦合系数为 0.75。(　　)

8.5　理想变压器

变压器应用广泛，可以实现能量传输、信息变换等。常见变压器可近似用理想变压器的模型来分析，简化计算。

学习目标

知识技能目标：理解理想变压器的抽象条件；能熟练运用理想变压器端口电压与电流关系；掌握理想变压器在能量守恒与传输，电压、电流、阻抗变换，电路隔离中的作用。

素质目标：利用储能元件的谐振与互感现象分析变压器，理解将知识和技能的创新应用于生产实践的意义。

早发现

在确定变压器的输入、输出电压后，生产时要固定它的哪一个参数？

理想变压器是实际变压器的理想化模型，是对互感元件的理想科学抽象，是极限情况下的耦合电感。

1. 理想变压器的三个理想化条件

条件 1：无损耗，认为绕线圈的导线无电阻，做芯的铁磁材料的磁导率无限大。

条件 2：全耦合，即耦合系数 $k=1 \Rightarrow M=\sqrt{L_1 L_2}$。

条件 3：参数无限大，即自感系数和互感系数满足：L_1，L_2，$M \Rightarrow \infty$，$\sqrt{\frac{L_1}{L_2}}=\frac{N_1}{N_2}=n$，为有限值。

上式中 N_1 和 N_2 分别称为变压器的一次线圈、二次线圈匝数，也称为初级线圈、次级线圈匝数，n 为匝数比。以上 3 个条件在工程实际中不可能满足，但在一些实际工程概算中，在误差允许的范围内，把实际变压器当理想变压器对待，可使计算过程简化。

2. 理想变压器的主要性能

满足上述 3 个理想条件的理想变压器与互感线圈有本质区别，具有以下特殊性能。

(1) 变压关系

耦合线圈 $k=1$，$\Phi_{12}=\Phi_{22}$，$\Phi_{21}=\Phi_{11}$，所以

$$\Psi_1=\Psi_{11}+\Psi_{12}=N_1(\Phi_{11}+\Phi_{12})=N_1(\Phi_{11}+\Phi_{22})=N_1\Phi$$

$$\Psi_2=\Psi_{22}+\Psi_{21}=N_2(\Phi_{22}+\Phi_{21})=N_2(\Phi_{22}+\Phi_{11})=N_2\Phi$$

式中，$\Phi=\Phi_{11}+\Phi_{22}$。

因此 $$u_1=\frac{\mathrm{d}\Psi_1}{\mathrm{d}t}=N_1\frac{\mathrm{d}\Phi}{\mathrm{d}t},\quad u_2=\frac{\mathrm{d}\Psi_2}{\mathrm{d}t}=N_2\frac{\mathrm{d}\Phi}{\mathrm{d}t}$$

$$\frac{u_1}{u_2}=\frac{N_1}{N_2}=n \tag{8-25}$$

根据式(8-25)得，理想变压器模型如图 8-19 所示。

理想变压器的变压关系与两线圈中电流参考方向的假设无关，但与电压极性的设置有关。若 u_1、u_2 的参考方向的"+"极性端一个设在同名端，一个设在异名端，如图 8-20 所示，则 u_1 与 u_2 之比为

$$\frac{u_1}{u_2}=-n \tag{8-26}$$

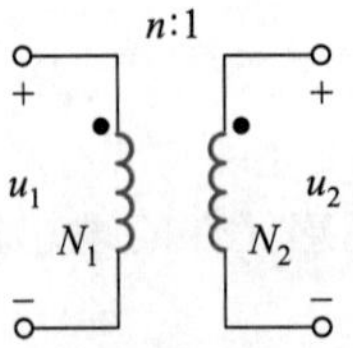

图 8-19 同名端相接的理想变压器

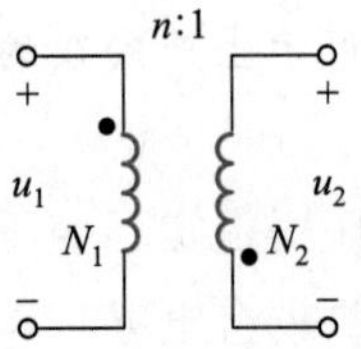

图 8-20 异名端相接的理想变压器

(2) 变流关系

根据互感线圈的电压、电流关系(电流参考方向设为从同名端同时流入或流出),代入理想化条件,有

$$\dot{U}_1 = \mathrm{j}\omega L_1\dot{I}_1 + \mathrm{j}\omega M\dot{I}_2$$

$$\dot{I}_1 = \frac{\dot{U}_1}{\mathrm{j}\omega L_1} - \frac{M}{L_1}\dot{I}_2 = \frac{\dot{U}_1}{\mathrm{j}\omega L_1} - \sqrt{\frac{L_2}{L_1}}\dot{I}_2$$

根据条件3,$L_1 \Rightarrow \infty$,$\sqrt{\dfrac{L_1}{L_2}} = \dfrac{N_1}{N_2} = n$,所以上式变为

$$\dot{I}_1 = -\sqrt{\frac{L_2}{L_1}}\dot{I}_2 = -\frac{1}{n}\dot{I}_2$$

从而得到图8-21所示理想变压器的变流关系

$$\frac{i_1}{i_2} = -\frac{1}{n} = -\frac{N_2}{N_1} \tag{8-27}$$

理想变压器的变流关系与两线圈上电压参考方向的假设无关,但与电流参考方向的设置有关。若 i_1、i_2 一个从同名端流入,一个从同名端流出,如图8-22所示,则 i_1 与 i_2 之比为

$$\frac{i_1}{i_2} = \frac{1}{n} \tag{8-28}$$

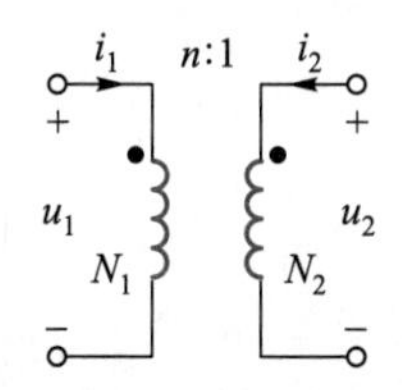

图8-21 同名端流入电流的理想变压器

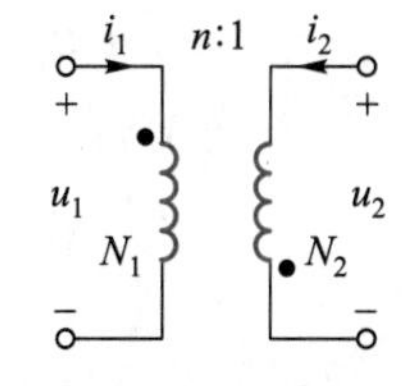

图8-22 异名端流入电流的理想变压器

(3) 变阻抗关系

设理想变压器二次侧接阻抗 Z,如图8-23(a)所示。由理想变压器的变压、变流关系可以得到一次侧的输入阻抗为

$$Z_{\mathrm{ab}} = Z_{\mathrm{i}} = \frac{\dot{U}_1}{\dot{I}_1} = \frac{n\dot{U}_2}{-\frac{1}{n}\dot{I}_2} = n^2\left(-\frac{\dot{U}_2}{\dot{I}_2}\right) = n^2 Z \tag{8-29}$$

提示

理想变压器的阻抗变换性质只改变阻抗的大小,不改变阻抗的性质。

由此得理想变压器的一次侧等效电路如图8-23(b)所示,把 Z_{i} 称为二次侧对一次侧的折合等效阻抗。

(4) 功率性质

由理想变压器的变压、变流关系得一次侧端口与二次侧端口吸收的功率和为0。

(a)

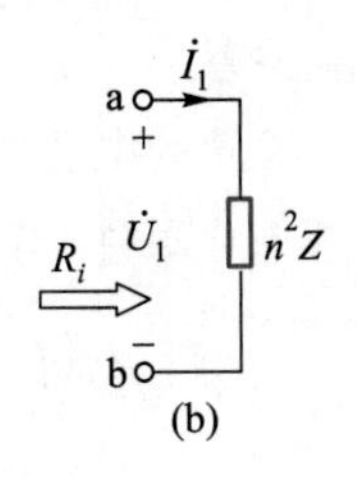

(b)

图 8-23 理想变压器阻抗等效

以上各式表明：

① 理想变压器既不储能，也不耗能，在电路中只起传递信号和能量的作用。

② 理想变压器的特性方程为代数关系，因此它是无记忆的多端元件。

【例 8-6】 求图 8-24 所示电路中的电压$\dot{U}_2$。

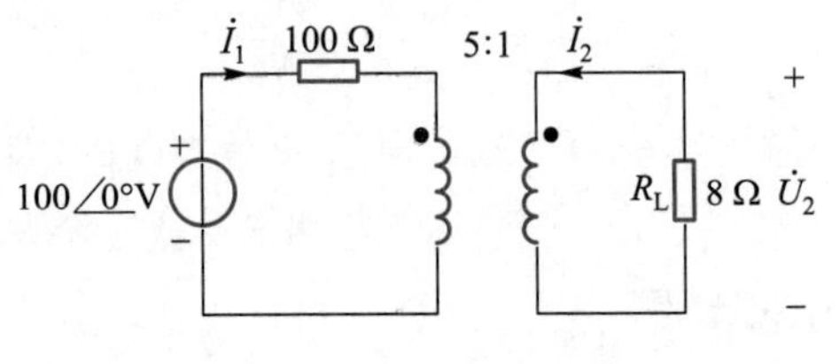

图 8-24 例 8-6 图

解：一次线圈的输入阻抗为

$$R_i = n^2 R_L = 5^2 \times 8\ \Omega = 200\ \Omega$$

因此输入回路的 KVL 为

$$100\angle 0°\text{V} = (100\ \Omega + R_i)\dot{I}_1$$

得

$$\dot{I}_1 = \frac{1}{3}\angle 0°\text{A}$$

$$\dot{I}_2 = -n\dot{I}_1 = \frac{5}{3}\angle 180°\text{A}$$

$$\dot{U}_2 = -R_L\dot{I}_2 = -8\,\Omega \times \frac{5}{3}\angle 180°\text{A} = \frac{40}{3}\angle 0°\text{V}$$

知识闯关

1. 理想变压器可以改变一次绕组和二次绕组的功率关系。（ ）

2. 变压器匝数比 n 大于 1 时，该变压器可以称为降压变压器。（ ）

3. 符合全耦合、参数无穷大、无损耗 3 个条件的变压器称为（ ）。

A. 空芯变压器　　B. 理想变压器　　C. 实际变压器

技能训练十三　串联谐振电路

1. 训练目标

① 掌握串联谐振电路的测试方法，加深对串联谐振电路特性的理解。

② 通过对串联谐振电路的分析，培养辩证思维。

2. 训练要求

① 掌握谐振电路频率特性的测量方法。

② 理解频率对正弦交流电路响应的影响。

3. 工具器材

电烙铁、函数信号发生器、示波器、万用表、电路板、300 Ω 电阻、220 nF电容、100 mH 电感各一个。

4. 测试电路

实验电路原理图如图 8－25 所示。

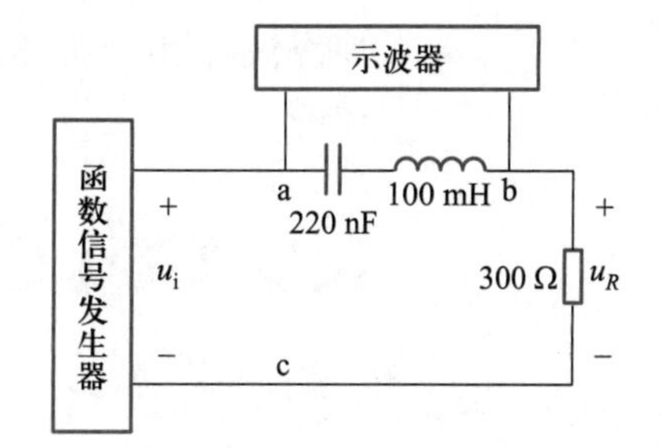

图 8－25　实验电路原理图

5. 技能知识储备

① 会使用万用表交流电压挡。

② 会使用函数信号发生器产生相应信号。

③ 使用示波器观察被测信号，测量信号的幅值、周期及同频信号的相位差。

6. 完成流程

① 根据实验电路给出的元件参数值，估算电路的谐振频率 f_t；调节函数信号发生器，送入谐振频率，使电路发生谐振。记录实际使用频率 f_m；计算相对误差 η，填入表 8－1。

追求科学、艰苦奋斗——“两弹一星”元勋陈芳允

表 8－1　实验数据 1

理论计算值 f_t/kHz	实际使用值 f_m/kHz	$\eta=\frac{f_m-f_t}{f_t}$

② 电路谐振时，用万用表测量电感上电压 U_L 与电容上电压 U_C，填入表 8－2。

表 8－2　实验数据 2

测量参数	U_L / V	U_C/V	U_{ac}/V	U_{bc}/V
万用表测量				
示波器测量				

③ 电路谐振时，用示波器测量电感上电压 U_L 与电容上电压 U_C，填入表 8－2，并记录此时 u_i 和 u_R 的图形在图 8－26 中。

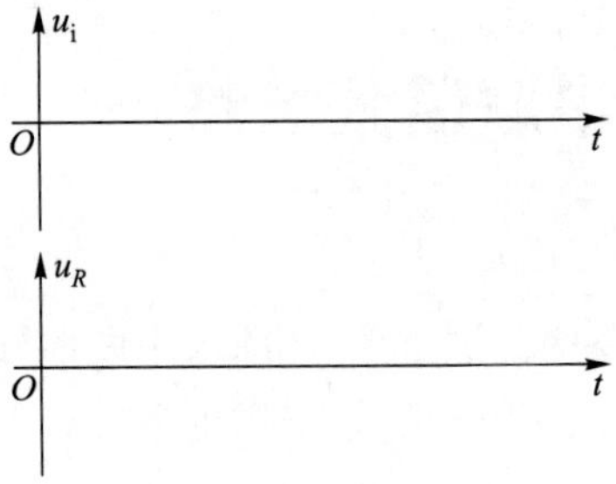

图 8－26 测量波形

7. 思考总结

实际测量时，电感上电压 U_L 与电容上电压 U_C 是否相等？若不相等，分析原因。

8. 评价

在认真完成电路的测试后，撰写实训报告，并在小组内进行自我评价、组员评价，最后由教师给出评价，三个评价相结合作为本次实训完成情况的综合评价。

技能训练十四　变压器同名端的判断

1. 训练目标

① 理解同名端标注法在实际工程中的意义。

② 学会用直流法和交流法两种方法测定变压器的同名端。

③ 通过互联网查询中国电力发展史，学习“电力精神”，提升产业自信。

2. 训练要求

正确连接电路，合理选择量程，测试结论正确。

3. 工具器材

万用表、单相调压器、直流稳压电源、待测单相变压器。

4. 测试电路

测试电路如图 8－27 和图 8－28 所示。

5. 技能知识储备

① 稳压电源的使用。

② 万用表测量交流电压。

③ 使用示波器观察被测信号，测量信号的幅值、周期及同频信号的相位差。

6. 完成流程

（1）直流判断法

① 用万用表测量变压器 4 根引线的电阻，判断变压器的好坏。若变压器正常，标出一次侧 A、X 和二次侧 B、Y。

② 按照图 8－27 在二次侧接入万用表（调至交流电压挡），B 端接红表笔，Y 端接黑表笔。假设 A 与 B 为同名端，在一次侧接入稳压电源 5 V、开关等。

③ 开关闭合瞬间，观察二次侧 B 端的电位情况，根据现象判断出同名端。若闭合瞬间电压表读数为正值，则 A 与 B 互为同名端或 X 与 Y 互为同名端；为负值，则 A 与 Y 互为同名端或 B 与 X 互为同名端。

④ 判断后，在同名端标注“·”或“*”号。

（2）交流判断法

① 用万用表测量变压器 4 根引线的电阻，判断变压器的好坏。若变压器正常，标出一次侧 A、X 和二次侧 B、Y。

② 按图 8－28 连接电路。将一次侧 N_1 的一端 X 与二次侧线圈 N_2 的一端 Y 用导线相连。

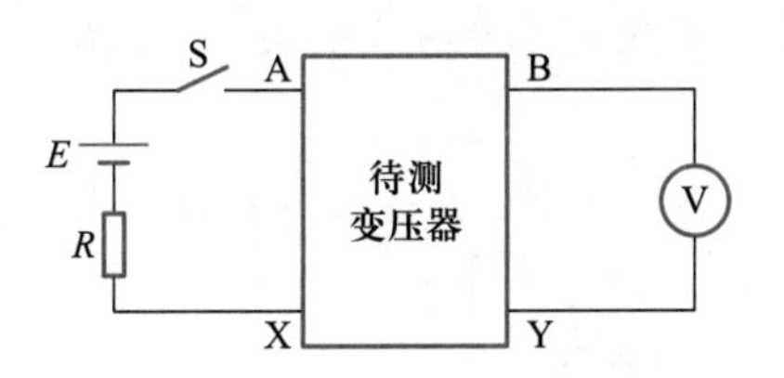

图 8－27　直流法判断同名端

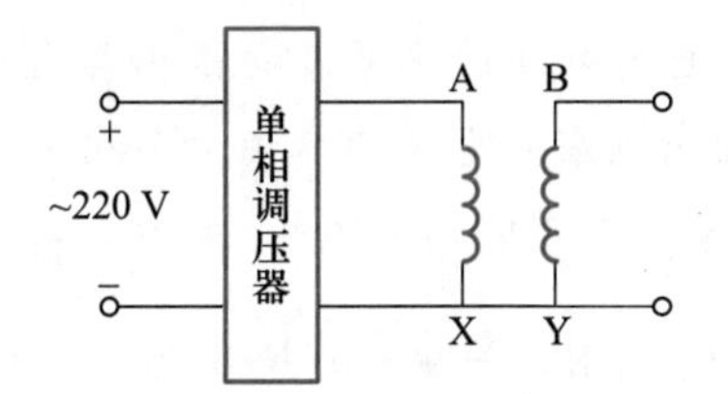

图 8－28　交流法判断同名端

③ 在线圈 N_1 的两端加单相交流电压（注意流过线圈的电流不能太大）。用交流电压表分别测出 u_{BY}、u_{AB}、u_{AX}，记入表 8－3。

表 8－3　测量数据

测量参数	测量值/V	计算值/V
u_{BY}		$u_{AX}+u_{BY}=$
u_{AB}		
u_{AX}		$u_{AX}-u_{BY}=$

④ 若 $u_{AB}=\|u_{AX}-u_{BY}\|$，说明 A 与 B 互为同名端或 X 与 Y 互为同名端，若 $u_{AB}=\|u_{AX}+u_{BY}\|$，说明 A 与 Y 互为同名端或 B 与 X 互为同名端，在同名端标注“·”或“*”号。

实训
变压器同名端判断

7. 思考总结

直流法判断同名端时，如果直流电源电压过高会产生什么严重后果？

8. 评价

在认真完成电路的测试后，撰写实训报告，并在小组内进行自我评价、组员评价，最后由教师给出评价，三个评价相结合作为本次实训完成情况的综合评价。

小结

1. 谐振是交流电路中的特殊现象，实质是电路中 L 和 C 的无功功率实现相互补偿，使电路呈现阻性。谐振的条件是$\omega_0 = 1/\sqrt{LC}$，改变电路参数或电源频率时，电路可发生谐振。RLC 串联电路中发生的谐振称为串联谐振，阻抗最小，电流最大。RLC 并联电路中发生的谐振称为并联谐振，阻抗最大，电流最小。谐振时，端口处电压、电流同相位。

2. 两个及以上线圈的磁场存在相互作用，称为磁耦合。对于耦合电感首先要明确自感、互感、耦合系数、同名端的定义及意义。其中，自感、互感、耦合系数是电路参数，同名端由线圈的结构决定。

3. 在分析互感电路时，线圈电压含有自感电压和互感电压两部分，只有知道同名端才能选定互感电压的参考方向。自感电压的参考方向根据其自身电压、电流的参考方向相关联，互感电压的参考方向和产生该互感电压的电流的参考方向相关联。

4. 在含有耦合电感的正弦交流电路中，耦合电感不外乎串联、并联、T 型三种接法。串联时的等效电感为 $L = L_1 + L_2 \pm 2M$。并联时的等效电感为 $L = \dfrac{L_1 L_2 - M^2}{(L_1 + L_2) \mp M}$。

5. 理想变压器具有全耦合，功耗电阻为零，电感、互感均趋于∞，但$\sqrt{\dfrac{L_1}{L_2}} = \dfrac{N_1}{N_2} = n$ 为有限值。在分析计算理想变压器时，有必要应用电压、电流和阻抗的变换关系式。

自测题

一、判断题

1. 串联谐振的特点：电路总电流达到最小值，电路总阻抗达到最大值，在理想情况下($R=0$)，总电流可达到零。(　　)

2. 并联谐振的特点：电路的总阻抗最小，即 $Z=R$，电路中电流最大，在电感和电容上可能出现比电源电压高得多的电压。(　　)

3. RLC 并联电路在谐振频率附近呈现高阻抗值，因此当电流一定时，电路两端将呈现高电压。(　　)

4. 在 RLC 串联电路中，当发生串联谐振时，电路呈现出纯电阻性质，也就是说电路中的感抗和容抗都等于零。(　　)

5. RLC 串联谐振电路的谐振频率为 $1/\sqrt{LC}$。(　　)

6. 并联谐振时，X_L 和 X_C是相等的。(　　)

7. 两个串联互感线圈的感应电压极性取决于电流流向，与同名端无关。(　　)

8. 同侧并联的两个互感线圈，其等效电感量比它们异侧并联时的大。(　　)

9. 由同一电流引起的感应电压，其极性始终保持一致的端子称为同名端。(　　)

10. 线圈几何尺寸确定后，其互感电压的大小正比于相邻线圈中电流的大小。(　　)

二、选择题

1. 符合无损耗、$K=1$ 和自感量、互感量均为无穷大条件的变压器是(　　)。

A. 理想变压器　　B. 全耦合变压器　　C. 空心变压器

2. 线圈几何尺寸确定后，其互感电压的大小正比于相邻线圈中电流的(　　)。

A. 大小　　B. 变化量　　C. 变化率

3. 两互感线圈的耦合系数 K 为(　　)。

A. $\dfrac{\sqrt{M}}{L_1L_2}$　　B. $\dfrac{M}{\sqrt{L_1L_2}}$　　C. $\dfrac{M}{L_1L_2}$

4. 两互感线圈同侧相并时，其等效电感量 $L_{同}$ 为(　　)。

A. $\dfrac{L_1L_2-M^2}{L_1+L_2-2M}$　　B. $\dfrac{L_1L_2-M^2}{L_1+L_2+2M^2}$　　C. $\dfrac{L_1L_2-M^2}{L_1+L_2-M^2}$

5. 两互感线圈顺向串联时，其等效电感量 $L_{顺}$ 为(　　)。

A. L_1+L_2-2M　　B. L_1+L_2+M　　C. L_1+L_2+2M

习题

8－1　已知一串联谐振电路的参数 $R=10\ \Omega$，$L=0.13\ \text{mH}$，$C=558\ \text{pF}$，外加电压 $U=5\ \text{mV}$。求电路在谐振时的电流、品质因数及电感和电容上的电压。

8－2　已知串联谐振电路的谐振频率 $f_0=700\ \text{kHz}$，电容 $C=2\ 000\ \text{pF}$，求电路中的电感。

8－3　已知串联电路的线圈参数为 $R=1\ \Omega$，$L=2\ \text{mH}$，接在角频率 $\omega=2\ 500\ \text{rad/s}$ 的10 V电压源上。(1) 电容 C 为何值时电路发生谐振？(2) 求谐振电流 I_0、电容两端电压 U_C、线圈两端电压 U_L 及品质因数 Q。

8－4　RLC 串联谐振电路中，电源电压 $u=2\sqrt{2}\sin(10\ 000t+30°)\ \text{V}$，电流 $I=0.5\ \text{A}$，$U_L=200\ \text{V}$，求 R、L、C 和品质因数 Q。

8－5　求图 8－29 所示电路的等效阻抗。

8－6　已知两耦合线圈的 $L_1=0.2\ \text{H}$，$L_2=0.3\ \text{H}$，$M=0.1\ \text{H}$，求耦合系数。

8－7　如图 8－30 所示的两耦合线圈，已知 $L_1=L_2=25\ \text{mH}$，耦合系数 $K=0.5$。

(1) 求互感 M 的值；

(2) 若已知 $i_2=10\sin(800t-30°)\ \text{A}$，求互感电压 u_{12}。

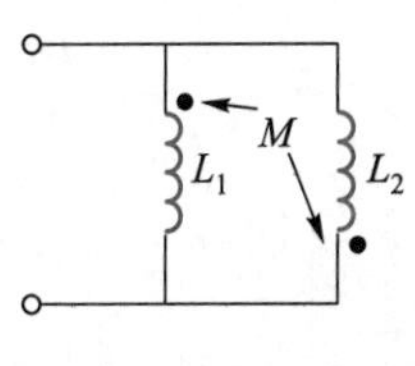

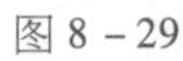
图 8－29

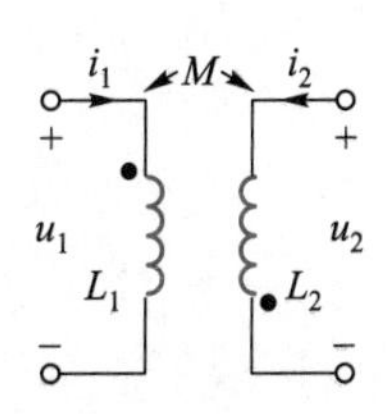

图 8－30

8－8 耦合电感 $L_1=6$ H,$L_2=4$ H,$M=3$ H。求耦合电感串联、并联时的各等效电感值。

8－9 耦合电感 $L_1=6$ H,$L_2=4$ H,$M=3$ H。(1) 若 L_2 短路,求 L_1 端的等效电感值;(2) 若 L_1 短路,求 L_2 端的等效电感值。

8－10 求图 8－31 所示电路的等效阻抗。

8－11 电路如图 8－32 所示,求输出电压 $\dot{U}_2$。

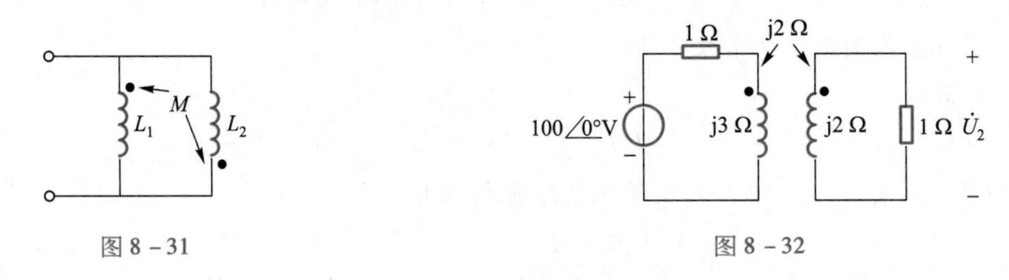

图 8－31　　图 8－32

8－12 电路如图 8－33 所示。(1) 选择合适的匝数比,使传输到负载上的功率达到最大;(2) 求 1 Ω 负载上获得的最大功率。

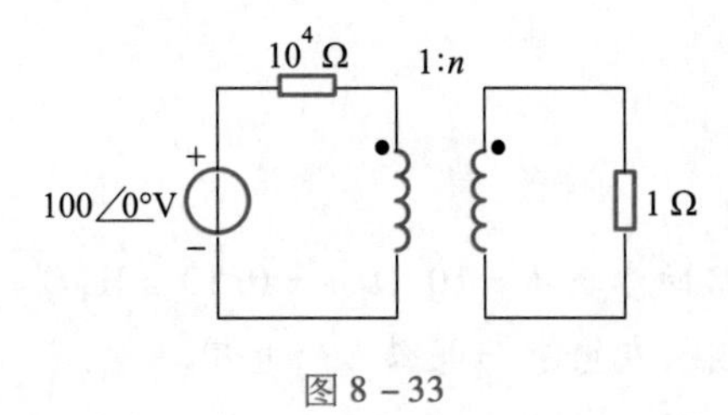

图 8－33

单元九 三相电路

通过本单元的学习，应理解三相电源、三相负载及其连接方式；掌握不同连接方式下相电压与线电压、相电流与线电流的关系，对称三相电路和不对称三相电路的分析和计算，三相电路功率的计算。

本单元的重点为理解三相电源、三相负载的连接方式，会分析不同连接方式下相电压与线电压、相电流与线电流的关系，分析计算对称三相电路和不对称三相电路及其功率；难点为不同连接方式下相电压与线电压、相电流与线电流的关系的分析，对称三相电路的分析和计算。

9.1 三相电路的基本概念

实际生产生活中，广泛使用的三相电是如何产生的？对称三相电源的连接方式有几种？三相负载的连接方式又有几种？

学习目标

知识技能目标：理解三相交流电的产生；熟悉三相电源和三相负载的星形及三角形联结特性；掌握不同连接方式下，线电压和相电压及线电流和相电流的关系。

素质目标：掌握三相电路的特点，树立安全用电意识、规范意识，保障生命财产安全。

9.1.1 对称三相电源

课件 9.1

目前，电力系统的发电、输电、配电绝大多数都采用三相制。三相电路主要由三相电源、三相负载和三相输电线路三部分组成。三相电路是一种在结构上和参数上具有特殊关系的正弦交流电路，这种特殊关系决定了三相电路分析方法的特殊性，使其具有众多优点。

三相交流电通常由三相交流发电机产生。图9-1(a)所示为三相交流发电机原理示意图。图中AX、BY、CZ为发电机的三相绕组,其参数相同,在空间上对称分布。转子绕组通入直流电流,建立磁场,当转子以均匀角速度ω转动时形成旋转磁场,分别在绕组AX、BY、CZ中产生三个频率相同、振幅相同、相位互差120°的感应电压u_A、u_B、u_C,如图9-1(b)所示。它们的正极性端标记为A、B、C,负极性端标记为X、Y、Z,其瞬时值和相量表达式为(以u_A为参考正弦量)

$$u_A = U_m \sin\omega t \qquad \dot{U}_A = U\angle 0^\circ$$

$$u_B = U_m \sin(\omega t - 120^\circ) \qquad \dot{U}_B = U\angle -120^\circ$$

$$u_C = U_m \sin(\omega t - 240^\circ) = U_m \sin(\omega t + 120^\circ) \qquad \dot{U}_C = U\angle 120^\circ$$

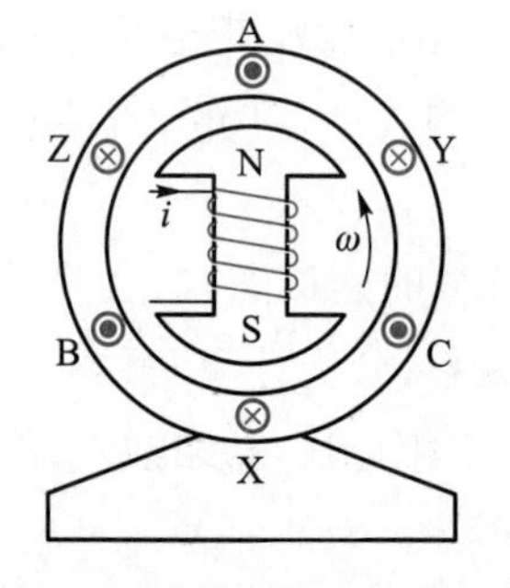

(a) 三相交流发电机原理示意图

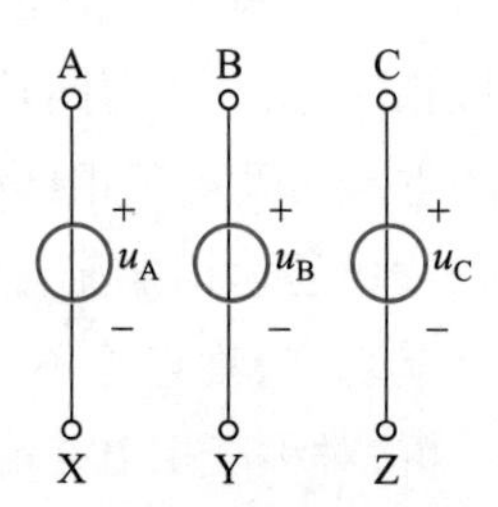

(b) 三相电源符号

图9-1 三相交流电的产生

这样3个同频率、等幅值、相位依次相差120°的正弦电压源连接成星形(Y)或三角形(△)组成的电源,称为对称三相电源。每一个电压源为对称三相电源的一相,依次称为A相、B相、C相。

三相电源电压u_A、u_B、u_C的相位从超前到滞后的次序称为相序。如果各相电压的次序为A、B、C,称为正序或顺序。与此相反,C、B、A这种相序称为负序或逆序。相位差为零的相序称为零序。电力系统一般采用正序。

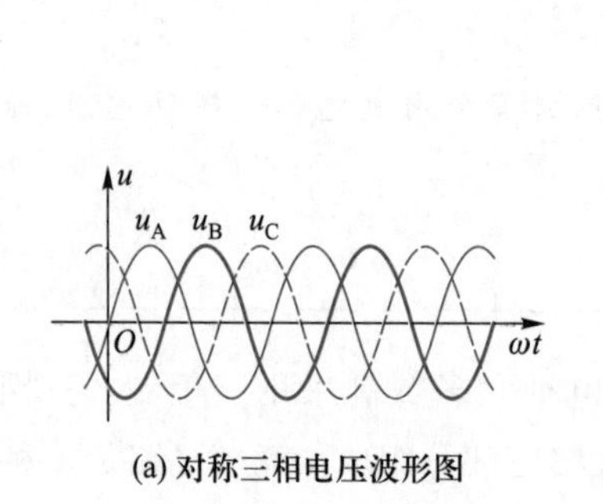

(a) 对称三相电压波形图

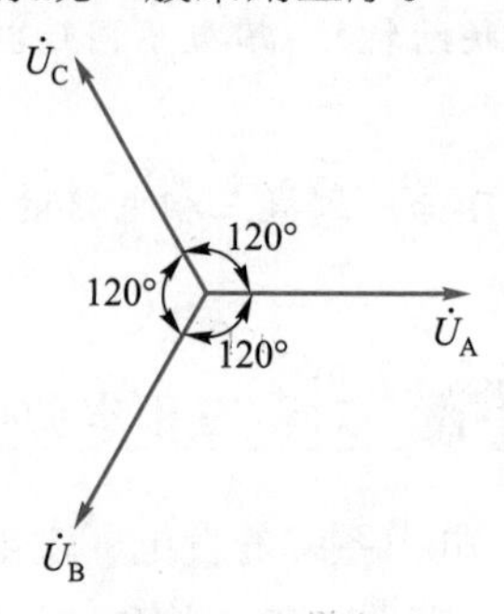

(b) 对称三相电压相量图

图9-2 对称三相电压源电压波形和相量图

对称三相电压各相的波形图和相量图如图 9－2(a)(b)所示。对称三相电压满足

$$u_A+u_B+u_C=0 \quad 或 \quad \dot{U}_A+\dot{U}_B+\dot{U}_C=0 \tag{9-1}$$

可见，如果三相电压是对称的，则各相电压的瞬时值之和等于零，各相电压对应的相量之和也必然等于零。

9.1.2 对称三相电源和三相负载

1. 三相电源的连接

在三相制中，对称三相电源有星形联结和三角形联结两种连接方式。

图 9－3(a)所示为三相电源的星形联结，简称星形或 Y 形电源。把 3 个电压源的负极性端 X、Y、Z 连接在一起，形成中性点 N，从 N 引出的导线称为中性线(俗称零线)，从 3 个电压源的正极性端 A、B、C 向外引出的导线称为端线(俗称火线)。

三相电源的三角形联结如图 9－3(b)所示，把 3 个电源的始端和末端依次相连，即 X 接 B，Y 接 C，Z 接 A，再从各连接点引出端线，称为三角形或△形电源。三角形电源不能引出中性线，连接时切记要将电源正确连接。

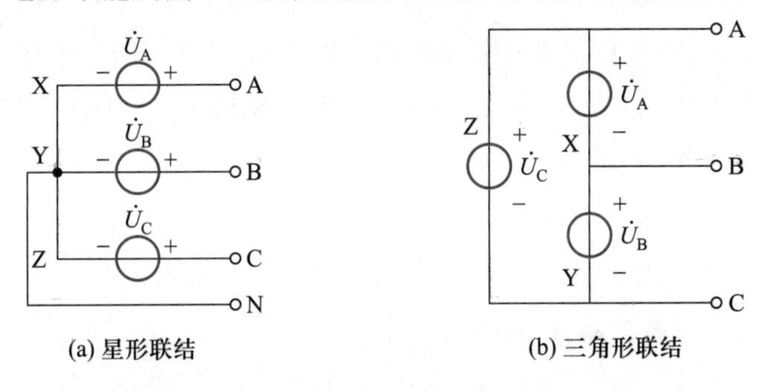

图 9－3 对称三相电源的星形和三角形联结

2. 三相负载的联结

在三相电路中，负载一般也是三相的，即由三部分组成，每部分称为负载的一相。如果三相负载的 3 个阻抗相等，就称为对称三相负载。三相负载也可以连接成星形(Y)或三角形(△)，如图 9－4 所示。

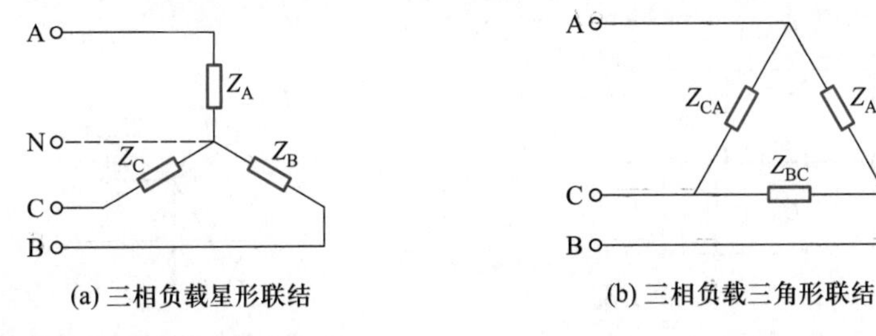

图 9－4 三相负载的联结

3. 对称三相电源和负载的连接

将上述三相电源和三相负载用输电线连接起来便形成三相电路。三相电源为星形联结，三相负载为星形联结，为 Y－Y 联结，如图 9－5(a)所示。三相电源为星形联结，三相负载为三角形联结，为 Y－△联结，如图 9－5(b)所示。另外还可以构成△－Y 联结和△－△联结。

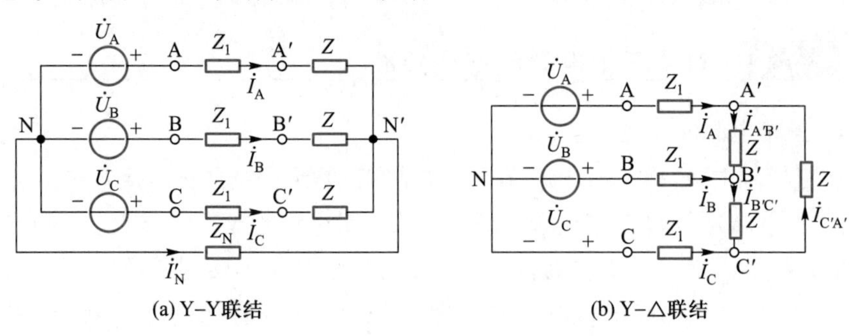

图 9－5 三相电路中电源和负载的连接

9.1.3 线电压(电流)与相电压(电流)的关系

三相系统中，流经输电线的电流称为线电流(I_L)。各输电线端线与端线之间的电压称为线电压(U_L)。三相电源和三相负载中每一相的电压、电流称为相电压(U_P)和相电流(I_P)。三相系统中线电压和相电压、线电流和相电流之间的关系都与连接方式有关。

1. 对称三相电源线电压与相电压的关系

对称星形电源的线电压为$\dot{U}_{AB}$、$\dot{U}_{BC}$、$\dot{U}_{CA}$，相电压为$\dot{U}_A$、$\dot{U}_B$、$\dot{U}_C$，如图 9－6(a)所示，根据基尔霍夫电压定律，有

$$\left.\begin{aligned}\dot{U}_{AB}&=\dot{U}_A-\dot{U}_B=\sqrt{3}\dot{U}_A\angle 30^\circ\\ \dot{U}_{BC}&=\dot{U}_B-\dot{U}_C=\sqrt{3}\dot{U}_B\angle 30^\circ\\ \dot{U}_{CA}&=\dot{U}_C-\dot{U}_A=\sqrt{3}\dot{U}_C\angle 30^\circ\end{aligned}\right\}\tag{9-2}$$

对称星形三相电源的线电压与相电压之间的关系，可用相量图 9－6(b)表示。

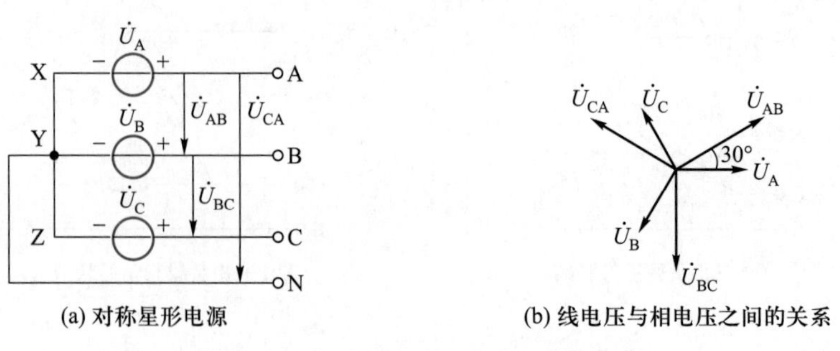

图 9－6 星形联结时的线电压和相电压

分析表明:对称三相电源星形联结时,线电压也有序对称,它是相电压的$\sqrt{3}$倍,相位上依次超前相应相电压 30°。

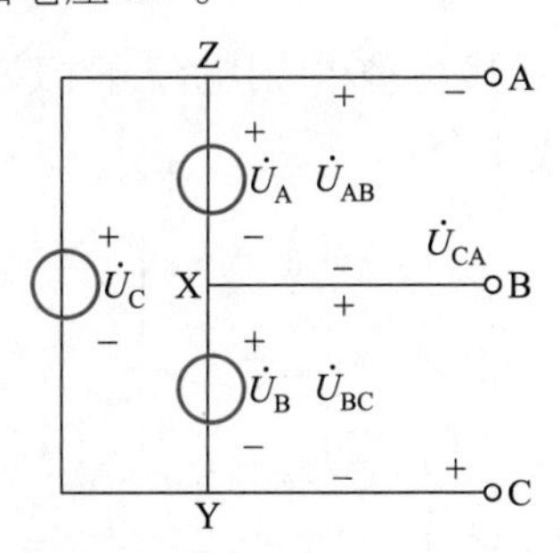

图 9－7　三角形联结线电压和相电压

对于三角形电源,如图 9－7 所示,有

$$\dot{U}_{AB}=\dot{U}_A,\dot{U}_{BC}=\dot{U}_B,\dot{U}_{CA}=\dot{U}_C$$

所以线电压等于相电压,相电压对称时,线电压对称。

实际三相电源三角形联结时,如果接法正确,则电源回路中没有电流。但是如果有一相绕组接反,使电源三角形回路总电压不为零,由于电源阻抗很小,在回路内会形成很大的环流,将会烧坏三相电源设备。

以上有关线电压和相电压的关系,也适用于对称星形负载端和三角形负载端。

2. 三相负载中线电流和相电流的关系

三相负载星形联结时,如图 9－8 所示,流经各相负载的相电流分别为$\dot{I}_{AN'}$、$\dot{I}_{BN'}$、$\dot{I}_{CN'}$;流经各端线的线电流分别为$\dot{I}_A$、$\dot{I}_B$、$\dot{I}_C$;流经中性线的电流为$\dot{I}_N$,各相负载承受相电压,这种连接方式称为三相四线制。显然对于星形联结,线电流等于相电流。

在三相四线制系统中,中性线电流等于

$$\dot{I}_N=\dot{I}_A+\dot{I}_B+\dot{I}_C \tag{9-3}$$

如果三相负载的阻抗相等,即 $Z_A=Z_B=Z_C$,则称此三相负载为对称三相负载。如果电源为三相对称电源,则流过各相负载的电流也对称,中性线电流为零,即$\dot{I}_N=0$。此时可将中性线去掉,对电路没有任何影响,称为三相三线制电路。

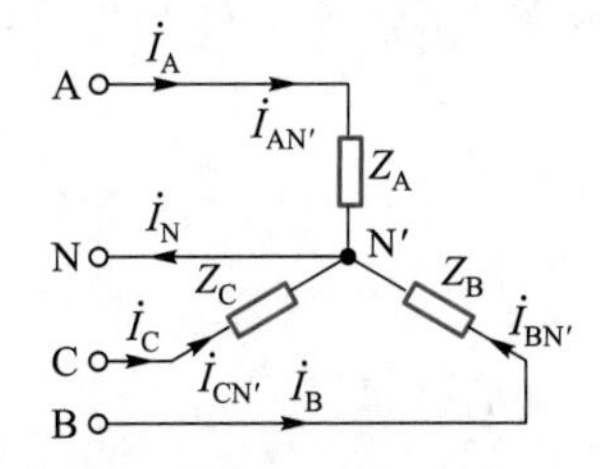

图 9－8　星形联结线电流和相电流

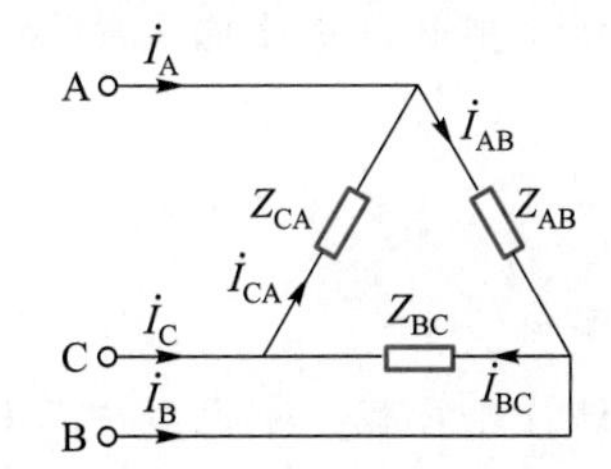

图 9－9　三角形联结线电流和相电流

三相负载三角形联结时，如图 9－9 所示，负载接在两根端线之间承受线电压。流过每相负载的相电流，分别为 $\dot{I}_{AB}$、$\dot{I}_{BC}$、$\dot{I}_{CA}$，流过每根端线的线电流，分别为 $\dot{I}_{A}$、$\dot{I}_{B}$、$\dot{I}_{C}$，显然线电流和相电流不相等。根据基尔霍夫电流定律，有

$$\left.\begin{aligned}\dot{I}_{A}=\dot{I}_{AB}-\dot{I}_{CA}\\ \dot{I}_{B}=\dot{I}_{BC}-\dot{I}_{AB}\\ \dot{I}_{C}=\dot{I}_{CA}-\dot{I}_{BC}\end{aligned}\right\}\qquad(9-4)$$

三相电源对称，若三相负载也对称，$Z_{AB}=Z_{BC}=Z_{CA}$，则每相负载的相电流对称，根据相量间的几何关系，可以得出

$$\left.\begin{aligned}\dot{I}_{A}=\dot{I}_{AB}-\dot{I}_{CA}=\sqrt{3}\dot{I}_{AB}\angle-30^{\circ}\\ \dot{I}_{B}=\dot{I}_{BC}-\dot{I}_{AB}=\sqrt{3}\dot{I}_{BC}\angle-30^{\circ}\\ \dot{I}_{C}=\dot{I}_{CA}-\dot{I}_{BC}=\sqrt{3}\dot{I}_{CA}\angle-30^{\circ}\end{aligned}\right\}\qquad(9-5)$$

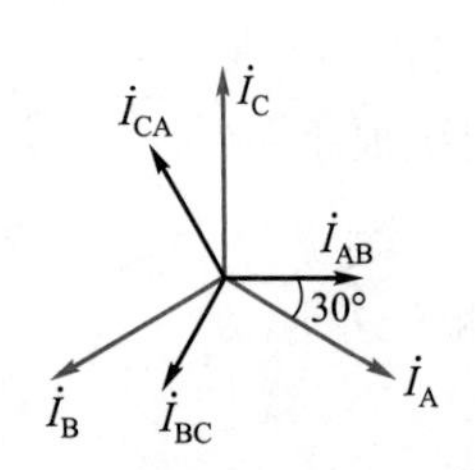

图 9－10　三角形联结负载的电流相量图

在相电流对称的情况下，线电流（I_{L}）也必然对称，在相位上滞后相应的相电流（I_{P}）30°，电流相量图如图 9－10 所示。

综上所述，三相负载既可以接成星形也可以接成三角形，采用什么方式连接，应根据负载的额定电压和电源线电压的数值而定，必须使每相负载所承受的电压等于其额定电压。

知识闯关

1. 三相电源电压 u_{A}、u_{B}、u_{C} 的相位从超前到滞后的次序称为相序。如果各相电压的次序为 A、B、C，称为正序。（　　）

2. 对称三相电源星形联结时，线电压等于相电压。（　　）

课件 9.2

9.2　对称三相电路

对称三相电路由于电源对称、负载对称、线路对称，可以引入简便的计算方法。

学习目标

知识技能目标：掌握对称三相电路电压、电流的计算。

素质目标：掌握对称电路计算特点，利用对称之“美”简化分析，培养良好思维习惯。

在三相电路中，如果三相电源和三相负载都对称，则称为对称三相电路。对称三相电路是一类特殊的正弦交流电路，可以采用正弦交流电路的相量法分析。

图 9－5(a)所示对称三相电路，电源和阻抗均为星形联结，其中 Z_1 为线路阻抗，Z_N 为中性线阻抗，对称三相阻抗为 Z，N、N′分别为电源和负载的中性点。此电路有 4 条支路，2 个节点，一般采用节点分析法进行分析。以 N 为参考节点，可得

$$\left(\frac{3}{Z+Z_1}+\frac{1}{Z_N}\right)\dot{U}_{N'N}=\frac{\dot{U}_A}{Z+Z_1}+\frac{\dot{U}_B}{Z+Z_1}+\frac{\dot{U}_C}{Z+Z_1}$$

因为 $\dot{U}_A+\dot{U}_B+\dot{U}_C=0$，所以 $\dot{U}_{N'N}=0$，负载中的相电流等于线电流，它们是

$$\dot{I}_A=\frac{\dot{U}_A}{Z+Z_1}$$

$$\dot{I}_B=\frac{\dot{U}_B}{Z+Z_1}$$

$$\dot{I}_C=\frac{\dot{U}_C}{Z+Z_1}$$

因为相电压 $\dot{U}_A$、$\dot{U}_B$、$\dot{U}_C$ 对称，所以相电流 $\dot{I}_A$、$\dot{I}_B$、$\dot{I}_C$ 也对称，此时中性线电流

$$\dot{I}_N=\dot{I}_A+\dot{I}_B+\dot{I}_C=0$$

这表明，对称 Y－Y 三相电路，在理论上不需要中性线，可以移去。

综上所述，对称 Y－Y 电路分析可分列为三个独立的单相电路。因为三相电源和三相负载的对称性，线电流构成对称组，所以只要计算三相中任意一相的线电流(A 相)，如图 9－11 所示，其他两相的电流就能按对称顺序写出，这种方法称为对称 Y－Y 三相电路一相计算法。

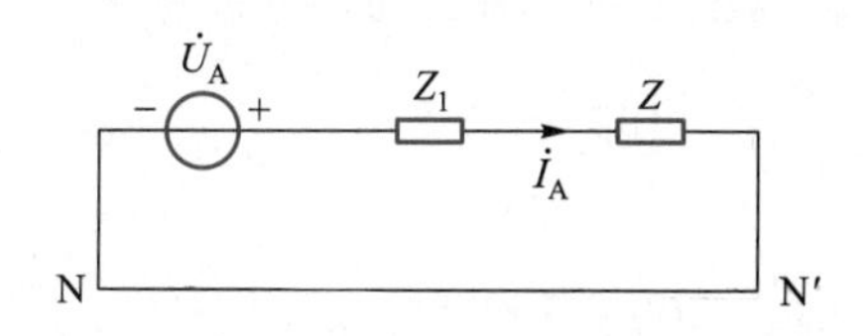

图 9－11 一相计算电路

对于其他连接方式的对称三相电路，可以根据星形和三角形的等效互换，化为对称 Y－Y 三相电路，然后用一相计算法求解。

【例9-1】 对称三相电路如图9-5(a)所示,已知 $Z_1=(4.8+\mathrm{j}6.4)\ \Omega$,$Z=(1.2+\mathrm{j}1.6)\ \Omega$,$u_{AB}=380\sqrt{2}\cos(\omega t+30°)$ V。求负载中各电流相量。

解:根据前面式(9-2)的关系有 $\dot{U}_A=\dfrac{\dot{U}_{AB}}{\sqrt{3}}\angle -30°=220\angle 0°$ V

可画出一相计算电路,如图9-11所示。可以求得

$$\dot{I}_A=\frac{\dot{U}_A}{Z+Z_1}=\frac{220\angle 0°}{6+\mathrm{j}8}\ \mathrm{A}=22\angle -53.1°\ \mathrm{A}$$

根据对称性可得 $\dot{I}_B=22\angle -173.1°$ A,$\dot{I}_C=22\angle 66.9°$ A。

【例9-2】 对称三相电路如图9-5(b)所示。已知 $Z=(48+\mathrm{j}36)\ \Omega$,$Z_1=(1+\mathrm{j}2)\ \Omega$,对称线电压 $U_{AB}=380$ V。求负载端的相电流、相电压。

解:该Y-△电路可以变换为对称的Y-Y电路,如图9-12所示。图中 Z' 为(三角形负载变换为星形负载)

$$Z'=\frac{1}{3}Z=(16+\mathrm{j}12)\ \Omega=20\angle 36.9°\ \Omega$$

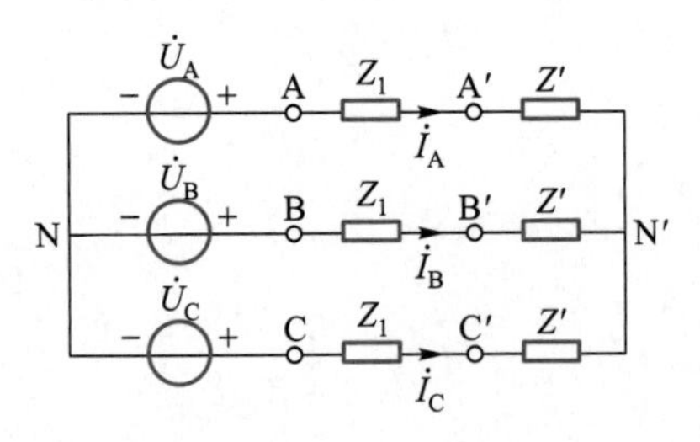

图9-12　例9-2电路图

设 $\dot{U}_A=220\angle 0°$ V,则A相电流为

$$\dot{I}_A=\frac{\dot{U}_A}{Z+Z'}=\frac{220\angle 0°}{1+\mathrm{j}2+16+\mathrm{j}12}\mathrm{A}=10\angle -39.5°\ \mathrm{A}$$

根据对称性可直接写出其他两个线电流

$$\dot{I}_B=10\angle -159.5°\ \mathrm{A}$$

$$\dot{I}_C=10\angle 80.5°\ \mathrm{A}$$

星形负载的线电流,即为原三角形负载的线电流。根据对称三角形负载线电流和相电流的关系,可得原三角形负载的相电流为

$$\dot{I}_{A'B'}=\frac{\dot{I}_A}{\sqrt{3}}\angle 30°=\frac{10\angle -39.5°}{\sqrt{3}}\angle 30°\ \mathrm{A}=5.77\angle -9.5°\ \mathrm{A}$$

$$\dot{I}_{B'C'}=\frac{\dot{I}_B}{\sqrt{3}}\angle 30°=\frac{10\angle -159.5°}{\sqrt{3}}\angle 30°\ \mathrm{A}=5.77\angle -129.5°\ \mathrm{A}$$

$$\dot{I}_{C'A'}=\frac{\dot{I}_C}{\sqrt{3}}\angle 30°=\frac{10\angle 80.5°}{\sqrt{3}}\angle 30°\ \mathrm{A}=5.77\angle 110.5°\ \mathrm{A}$$

三角形负载的相电压为

$$\dot{U}_{A'B'}=\dot{I}_{A'B'}Z=5.77\angle-9.5°(48+j36)=346.2\angle27.4°\ V$$

$$\dot{U}_{B'C'}=\dot{I}_{B'C'}Z=5.77\angle-129.5°(48+j36)=346.2\angle-92.6°\ V$$

$$\dot{U}_{C'A'}=\dot{I}_{C'A'}Z=5.77\angle110.5°(48+j36)=346.2\angle147.4°\ V$$

知识闯关

一对称三相负载接入三相交流电源后，若其相电压等于电源线电压，则此三相负载是(　　)联结。

A. 三角形　　B. 星形　　C. 三角形或星形

9.3 不对称三相电路

课件 9.3

在三相电路中，只要有一部分不对称就称为不对称三相电路。引起三相电路不对称的主要原因是三相负载的不对称。对这类电路，采用复杂电路交流分析法。

学习目标

知识技能目标：掌握不对称电路的分析方法。

素质目标：面对较难解决问题，寻找有效方法攻坚克难。

对于不对称电路的分析，一般情况下，不能引用上一节介绍的一相计算法，而要用其他方法求解。本节只分析由于负载不对称而引起的三相电路不对称。

如图 9－13 所示，Y－Y 联结电路中三相电源是对称的，但三相负载不对称。如果开关 S 打开，即不接中性线。利用节点电压法分析电路，可求得节点电压

$$\dot{U}_{N'N}=\frac{\dfrac{\dot{U}_A}{Z_A}+\dfrac{\dot{U}_B}{Z_B}+\dfrac{\dot{U}_C}{Z_C}}{\dfrac{1}{Z_A}+\dfrac{1}{Z_B}+\dfrac{1}{Z_C}}$$

由于负载不对称，一般情况下$\dot{U}_{N'N}\neq0$，即 N′点和 N 点电位不同了。这种情况下负载各相电压为

$$\dot{U}_{A'N'}=\dot{U}_A-\dot{U}_{N'N}$$

$$\dot{U}_{B'N'} = \dot{U}_B - \dot{U}_{N'N}$$

$$\dot{U}_{C'N'} = \dot{U}_C - \dot{U}_{N'N}$$

画出电压相量图,如图9－14所示。由相量关系清楚看出,N′点和N点不重合,这一现象称为中性点位移。在电源对称情况下,可以根据中性点位移的情况来判断负载端不对称的程度。当中性点位移较大时,会造成负载相电压严重不对称,使负载的工作状态不正常。

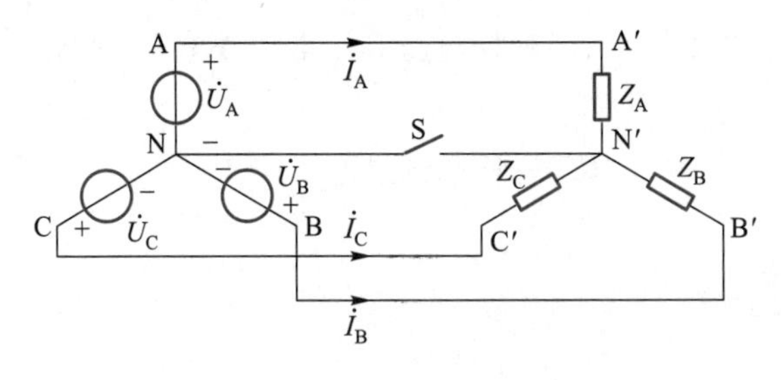

图9－13 不对称三相电路

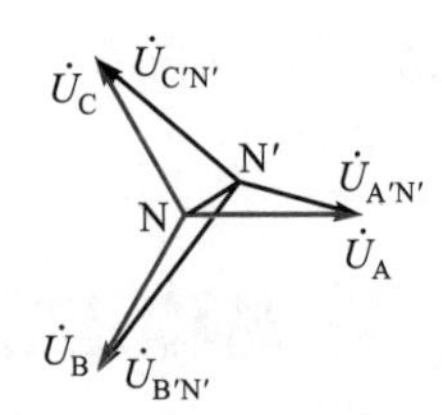

图9－14 无中性线电压相量图

再讨论合上开关S(即接上中性线)的情况。如果忽略中性线阻抗,则可强使$\dot{U}_{N'N}=0$,使各相负载保持独立,因而各相的工作互不影响,可以分别单独计算。

$$\dot{I}_A = \frac{\dot{U}_A}{Z_A}, \dot{I}_B = \frac{\dot{U}_B}{Z_B}, \dot{I}_C = \frac{\dot{U}_C}{Z_C}$$

虽然三相电压对称,但三相负载不对称,所以各相电流不对称,中性线电流不为零,即

$$\dot{I}_N = \dot{I}_A + \dot{I}_B + \dot{I}_C \neq 0$$

所以,三相不对称电路接上中性线能确保各相负载在相电压下安全工作,起到保证安全供电的作用。为确保中性线可靠连接,中性线上不允许接入熔断器和开关,并且要具有较高的机械强度。

【例9－3】 图9－15所示电路为一种相序指示器电路,用来测定三相电源的相序,由一个电容器和两个白炽灯(电阻为R)组成,且$R=1/\omega C$。任意指定电源的一相为A相,把电容接到该相上,两个白炽灯分别接到另外两相上。如何根据白炽灯的亮度确定电源的相序?

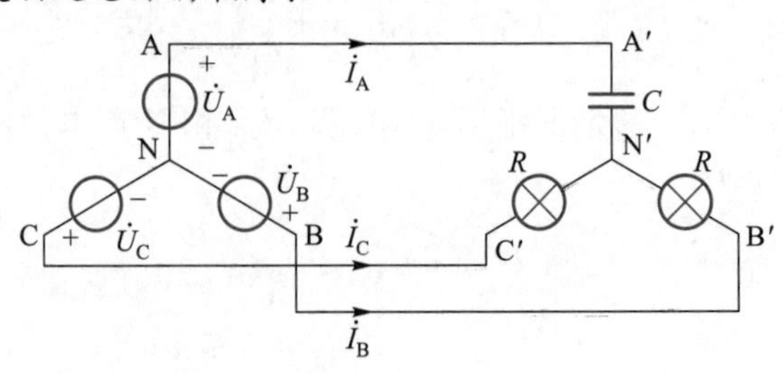

图9－15 例9－3电路

解:电路中性点电压为

$$\dot{U}_{N'N}=\frac{\dot{U}_{A}j\omega C+\dfrac{\dot{U}_{B}}{R}+\dfrac{\dot{U}_{C}}{R}}{j\omega C+\dfrac{1}{R}+\dfrac{1}{R}}$$

令$\dot{U}_{A}=U\angle 0^{\circ}$ V,代入给定的参数关系后,有

$$\dot{U}_{N'N}=\frac{j\dot{U}_{A}+\dot{U}_{B}+\dot{U}_{C}}{j+2}=\frac{-1+j}{j+2}U=0.632U\angle 108.4^{\circ}$$

B 相白炽灯承受的电压为

$$\dot{U}_{B'N'}=\dot{U}_{B}-\dot{U}_{N'N}=U\angle -120^{\circ}-0.632U\angle 108.4^{\circ}=1.5U\angle -101.6^{\circ}$$

C 相白炽灯承受的电压为

$$\dot{U}_{C'N'}=\dot{U}_{C}-\dot{U}_{N'N}=U\angle -120^{\circ}-0.632U\angle 108.4^{\circ}=0.4U\angle 138.4^{\circ}$$

根据计算结果,B 相电压的有效值大于 C 相电压,根据灯泡亮度可以判断,灯泡较亮的一相为 B 相,较暗的一相为 C 相。

【例 9-4】 在图 9-16(a)所示照明电路中,各灯泡工作正常。分别求当 A 相负载短路和开路时,其他灯泡的工作情况。

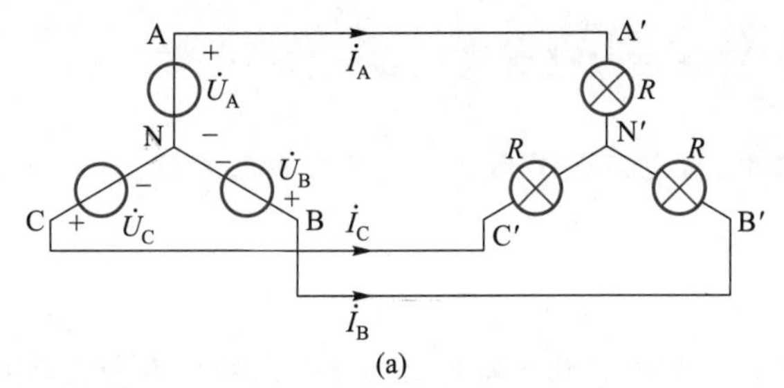

(a)

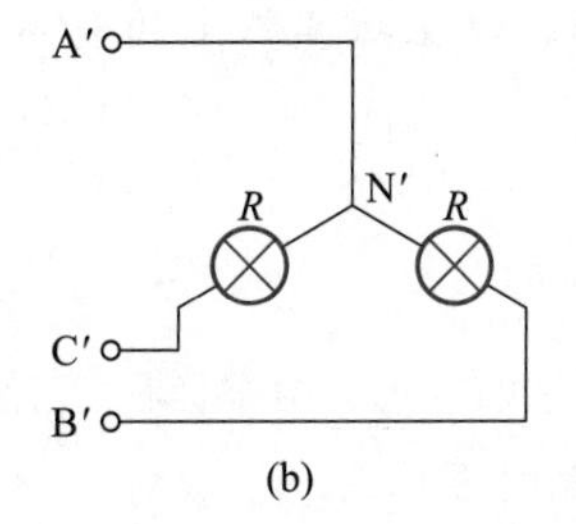

(b)

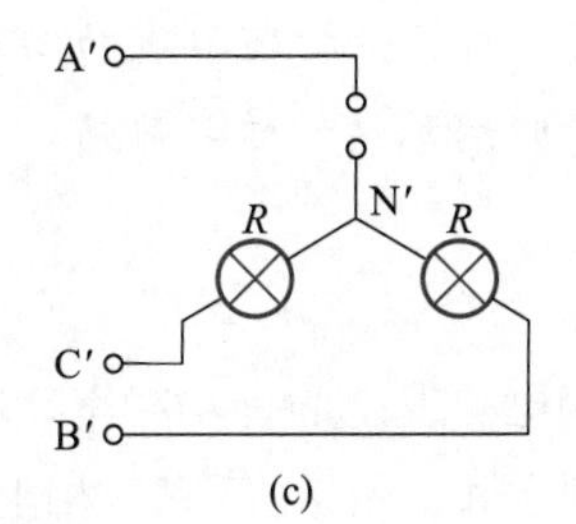

(c)

图 9-16 例 9-4 电路

解:设三相电源相电压$\dot{U}_{A}=U\angle 0^{\circ}$,$\dot{U}_{B}=U\angle -120^{\circ}$,$\dot{U}_{C}=U\angle 120^{\circ}$。

(1) A 相短路,如图 9-16(b)所示,则

$$\dot{U}_{A'N'}=0,\dot{U}_{C'N'}=\dot{U}_{B'N'}=U_{AC}=U_{BC}$$

根据计算,短路后其他两相灯泡电压超过额定电压,灯泡可能烧坏。

短路电流

$$\dot I_B=\frac{\dot U_{BA}}{Z}=-\sqrt{3}\frac{\dot U_A\angle 30^\circ}{Z},\dot I_C=\frac{\dot U_{CA}}{Z}=\sqrt{3}\frac{\dot U_C\angle 30^\circ}{Z}$$

$$\dot I_A=-(\dot I_B+\dot I_C)=\frac{\sqrt{3}\dot U_A}{Z}(\angle 30^\circ-\angle 150^\circ)=3\frac{\dot U_A}{Z}$$

短路电流是正常工作电流的 3 倍。

(2) A 相断路如图 9-16(c)所示,则

$$\dot U_{C'N'}=\dot U_{B'N'}=\frac{1}{2}U_{BC}$$

根据计算,其他两相灯泡电压小于额定电压,灯光昏暗。

知识闯关

1. 对称三相电路与不对称三相电路的分析方法一样,中线电流都为零。( )

2. 不对称三相电路一般是指三相负载不对称。( )

9.4 三相电路的功率

在三相电路中,当负载是星形联结或三角形联结时,负载功率怎么计算?

学习目标

知识技能目标:掌握三相电路有功功率、无功功率和视在功率的计算。

素质目标:分析理解有功功率、无功功率、视在功率三者的联系和区别,培养善于归纳总结的学习习惯。

1. 有功功率

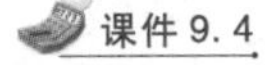
课件 9.4

三相电源发出的有功功率,或者三相负载吸收的有功功率,等于它们各相的有功功率之和。所以,任意三相电路的有功功率可表示为

$$P=P_A+P_B+P_C$$

拓展阅读 核物理学家吴健雄事迹简介

当三相负载对称时,各相电压和相电流都分别相等,而且各相电压和相电流之间的相位差也相同,此时 $P_A=P_B=P_C$。

$$P=3P_A=3U_PI_P\cos\varphi$$

式中,φ 角是负载相电压与相电流的相位差,即各相负载的阻抗角。

负载星形联结时,线电流 I_L 等于相电流 I_P,三相负载承受相电压 U_P。三相电路有功功率为

$$P=3P_A=3U_PI_P\cos\varphi=3\frac{1}{\sqrt{3}}U_LI_L\cos\varphi=\sqrt{3}U_LI_L\cos\varphi$$

负载三角形联结时，线电流 I_L 为相电流 I_P 的$\sqrt{3}$倍，三相负载承受线电压 U_L。三相电路有功功率为

$$P=3P_A=3U_PI_P\cos\varphi=3U_L\frac{1}{\sqrt{3}}I_L\cos\varphi=\sqrt{3}U_LI_L\cos\varphi$$

所以，不论负载是星形联结还是三角形联结，只要电路对称，则三相电路的有功功率都可表示为

$$P=\sqrt{3}U_LI_L\cos\varphi$$

2. 无功功率

三相电路的无功功率也等于各相无功功率之和，即

$$Q=Q_A+Q_B+Q_C$$

同理，在对称三相电路中，各相的无功功率也相等，可表示为

$$Q=3\ Q_A=3U_PI_P\sin\varphi=\sqrt{3}U_LI_L\sin\varphi$$

3. 视在功率

三相电路的视在功率

$$S=\sqrt{P^2+Q^2}$$

三相电路的功率因数

$$\lambda=\frac{P}{S}$$

在三相电路对称的情况下

$$S=\sqrt{P^2+Q^2}=3U_PI_P=\sqrt{3}U_LI_L$$

同时在对称三相电路中，功率因数 $\lambda=\cos\varphi$，即为一相负载的功率因数。

【例 9－5】 有一台三相电动机，每相的等效电阻 $R=30\ \Omega$，感抗 $X_L=40\ \Omega$，接在线电压为 380 V 的三相电源上。分别计算在星形联结和三角形联结时三相电路的有功功率。

解：每相负载的阻抗模

$$|Z|=\sqrt{R^2+X_L^2}=\sqrt{30^2+40^2}=50\ \Omega$$

负载的功率因数

$$\cos\varphi=\frac{R}{|Z|}=0.6$$

(1) 负载连接成星形时，各相负载相电压

$$U_P=\frac{U_L}{\sqrt{3}}=220\ \text{V}$$

各相负载的线电流等于相电流

$$I_P = I_L = \frac{U_P}{|Z|} = \frac{220}{50}\ \text{A} = 4.4\ \text{A}$$

有功功率

$$P = \sqrt{3}U_L I_L \cos\varphi = \sqrt{3} \times 380 \times 4.4 \times 0.6\ \text{W} = 1.74\ \text{kW}$$

(2) 负载连接成三角形时,各相负载电压

$$U_P = U_L = 380\ \text{V}$$

各相负载的相电流

$$I_P = I_L = \frac{U_L}{|Z|} = \frac{380}{50}\ \text{A} = 7.6\ \text{A}$$

线电流 $I_L = \sqrt{3}I_P = \sqrt{3} \times 7.6\ \text{A} = 13.2\ \text{A}$

有功功率

$$P = \sqrt{3}U_L I_L \cos\varphi = \sqrt{3} \times 380 \times 13.2 \times 0.6\ \text{W} = 5.21\ \text{kW}$$

当电源电压不变,同一负载由星形联结变换为三角形联结时,有功功率增加到原来的3倍。所以,要使负载正常工作,必须保证负载的接线正确。

知识闯关

1. 不论负载是星形联结还是三角形联结,只要电路对称,则三相电路的有功功率为 $P = \sqrt{3}U_L I_L \cos\varphi$。(　　)

2. φ 角是各相负载的阻抗角。(　　)

技能知识十七　实验室供电和安全用电

在实验室做实验时,要用到各种电子仪器,这些电子仪器都是在动力电(或称"市电")下工作的。因此,了解实验室的供电系统及一些安全用电常识是必要的。

早发现

你知道接地所用双色线的颜色了吗?

1. 实验室供电系统

实验室通常使用的动力电是频率为50 Hz、线电压380 V、相电压220 V的三相交流电。由于在实验室里很难做到三相负载平衡工作,因此常采用 Y-Y 联结。从配电室到实验室的供电系统如图9-17所示。

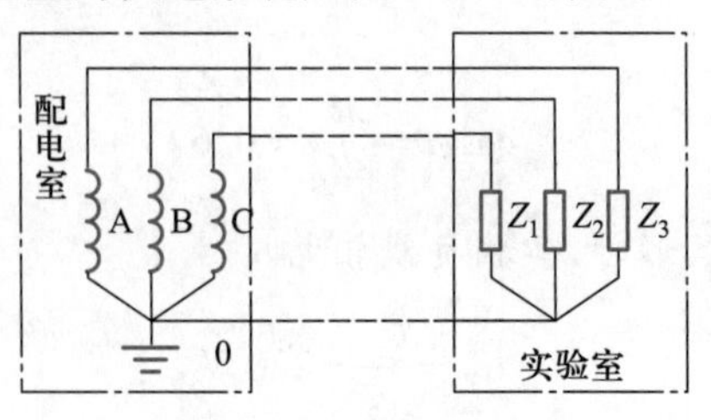

图9-17　供电系统

A、B、C 为三根火线,0 为回流线。回流线通常在配电室一端接地,因此又称零线(地线),其对地电位为 0,该供电系统称为三相四线制供电系统。

实验室的仪器通常采用 220 V 供电,并经常是多台仪器一起使用。为了保证操作人员的人身安全,使其免遭电击,需要将多台仪器的金属外壳连在一起并与大地连接,因此在用电端的实验室需要引入一条与大地连接良好的保护地线。从实验室配电盘(电源总开关)到实验台的供电线路如图 9－18 所示。

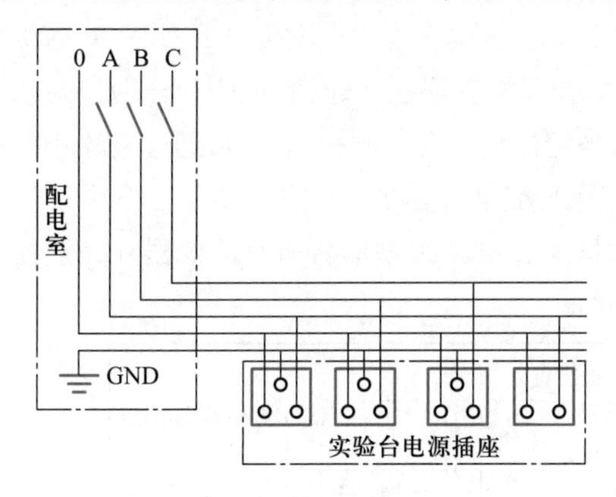

图 9－18　实验室供电线路图

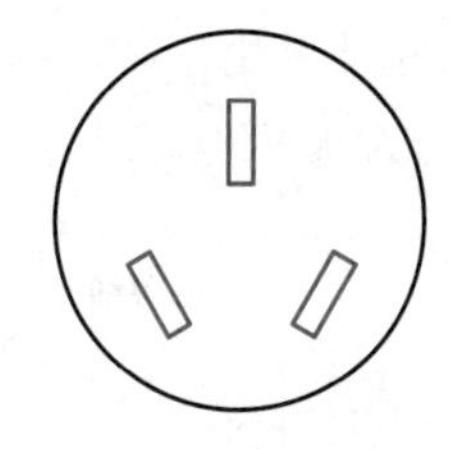

图 9－19　三芯插座示意图

220 V 的交流电从配电盘分别引到各个实验台的电源接线盒上,电源接线盒上有两芯插座和三芯插座供用电器使用。按照电工操作规程要求,两芯插座与动力电的连接是“左零右火”。三芯插座为“左零右火中间地”。图 9－19 所示三芯插座中,左、右分别是三相电源中的中线和某一相的端线,它们之间的电压是 220 V,而中间插孔连接的,原则上应该是真正的大地(实际接线视系统而定)。特别要注意的是,日常中使用的也是这种三芯插座,连接的并不是三相电源。

实验室的供电系统确切的名称是三相四线一地制,即三根火线、一根零线、一根保护地线。

2. 零线与保护地线的区别

零线与保护地线虽然都与大地相接,但它们之间有本质区别。

① 接地的地点不同。零线通常在低压配电室即变压器二次侧接地,而保护地线则在靠近用电器端接地,两者之间有一定距离。

② 零线中有电流。即零线电压为 0、电流不为 0,且零线中的电流为三条火线中电流的矢量和。保护地线在一般情况下电压为 0、电流也为 0,只有当漏电产生时或发生对地短路故障时,保护地线中才有电流。

③ 零线与火线及用电负载构成回路,保护地线不与任何部分构成回路,只为仪器的操作者提供一个与大地相同的等电位。因此零线和保护地线虽说都与大地相接,但不能把它们视为等电位,在同一幅电路图中不能使用相同的接地符号,在实验室里更不能把零线作为保护地线、测量参考点,了解这一点非常重

要,否则会造成短路,在瞬间产生大电流,烧毁仪器、实验电路等。

了解零线与保护地线的区别是有实际意义的,因为在实验室内,要求所有一起使用的电子仪器,其外壳要连在一起并与大地相连接,各种测量也都是以大地(保护地线)为参考点的,而不是零线。

3. 电子仪器的动力电引入及其信号输入、输出线的连接

(1) 电子仪器动力电的引入

目前多采用三芯电源线将动力电引入电子仪器,连接方式如图 9－20 所示。电源插头的中间插针与仪器的金属外壳连在一起,其他两针分别与内部变压器一次线圈的两端相连。这样,当把插头插在电源插座上时,通过电源线即把仪器外壳连到大地上,火线和零线也接到变压器的一次线圈上。当多台仪器一起使用并都采用三芯电源线时,这样通过电源线就能将所有的仪器外壳连在一起,并与大地相连。

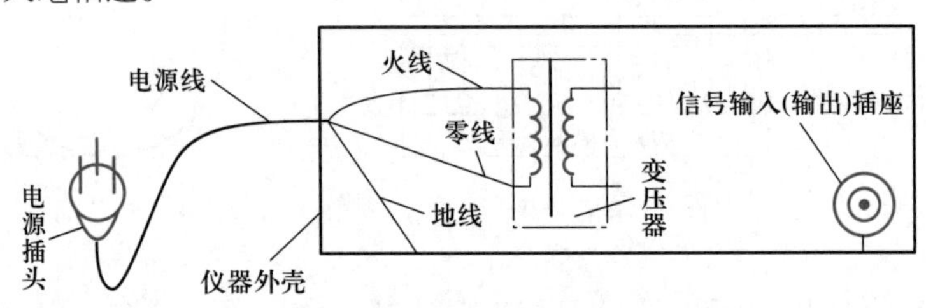

图 9－20 电源线和信号输入、输出线的连接

(2) 电子仪器的输入、输出线

在使用的电子仪器中,有的是向外输出电量,称为电源或信号源;有的是对内输入电量,以便对其进行测量。不管是输入电量还是输出电量,仪器对外的联系都是通过接线柱或插座(普通仪器多用 Q9 型插座)来实现的。若用接线柱,通常将其中之一与仪器外壳直接相接并标上接地符号“⊥”,该柱常用黑色,另一个与外壳绝缘并用红色。若用测量线插座实现对外联系,通常将插座的外层金属部分直接固定在仪器的金属外壳上,如图 9－20 所示。实验室使用的测量线大多数为 75 Ω 的同轴电缆。一般电缆的芯线接一红色鳄鱼夹,网状屏蔽线接一黑色鳄鱼夹,网状屏蔽线的另一端与测量线插头的外部金属部分相接。当把测量线插到插座上时,黑夹子线即和仪器外壳连在一起;也可以说,黑夹子线端即接地点,因为仪器外壳是与大地相接的。由此可见,实验室的测量系统实际上均是以大地为参考点的测量系统。如果不想以大地为参考点,就必须把所有仪器改为两芯电源线,或者把三芯电源线的接地线断开,否则就要采用隔离技术。

若使用两芯电源线,测量线的黑夹子线一端仍和仪器外壳连在一起,但外壳却不能通过电源线与大地连接,这种情况称为悬浮地。当测量仪器为悬浮地时,可以测量任意支路电压。当黑夹子接在参考点上时,测得的量为对地电位。

以上的讨论可以得出这样一个结论:信号源一旦采用三芯电源线,那么由它参与的系统就是一个以大地为参考点的系统,除非采取对地隔离(如使用变压器、光耦);一旦测量仪器(如示波器、毫伏表)采用三芯电源线,它就只能测量对地电位,而不能直接测量支路电压。因此,在所有仪器都使用三芯电源线的实验系统中,其黑夹子必须都接在同一点(接地点)上,否则就会造成短路。

技能训练十五　三相交流电路仿真分析

1. 训练目标

① 能自行完成三相负载星形联结和三角形联结的仿真分析。

② 通过仿真分析,认识安全用电的意义,加强职业规范意识。

2. 训练要求

① 掌握三相负载的星形和三角形联结方法。

② 理解中线在三相四线制中的作用。

③ 学会利用 Multisim 软件中的虚拟仪器“四通道示波器”观察三相交流电的相序。

3. 工具器材

计算机中安装有 Multisim 软件。

4. 训练内容

三相负载星形联结时和三角形联结时的电压、电流关系。

5. 技能知识储备

复习三相交流电路中线电压、相电压的概念和负载的连接方式。学会使用 Multisim 软件。

6. 完成流程

(1) 负载星形联结测试

按照图 9－21 连接电路,在 C 相负载中利用开关 J2 实现对称(J2 闭合)或不对称(J2 断开)负载。按下列步骤调用元件、仪表。

① V1 为三相交流电压源(星形电源)。选择 Multisim 软件菜单中的“放置/Component”命令,进入“选择元件”窗口,选择“Sources”组,选择“THREE_PHASE_WYE”元件,单击“确定”按钮,放置元件,如图 9－22 所示。双击电源图标,弹出三相交流电压源的属性对话框,在“Value”标签下将有效值“Voltage(L－N,RMS)”设置为 220 V,频率“Frequency”设置为 50Hz。

② X1 ~ X6 是虚拟灯泡。选择菜单中的“放置/Component”命令,进入“选择元件”窗口,选择“Indicators”组,选择“LAMP_VIRTUAL”元件。放置元件后,双击虚拟灯泡,打开属性对话框中“Value”标签,将额定值“Maximum Rated Voltage(Volts)”设置为 220 V。

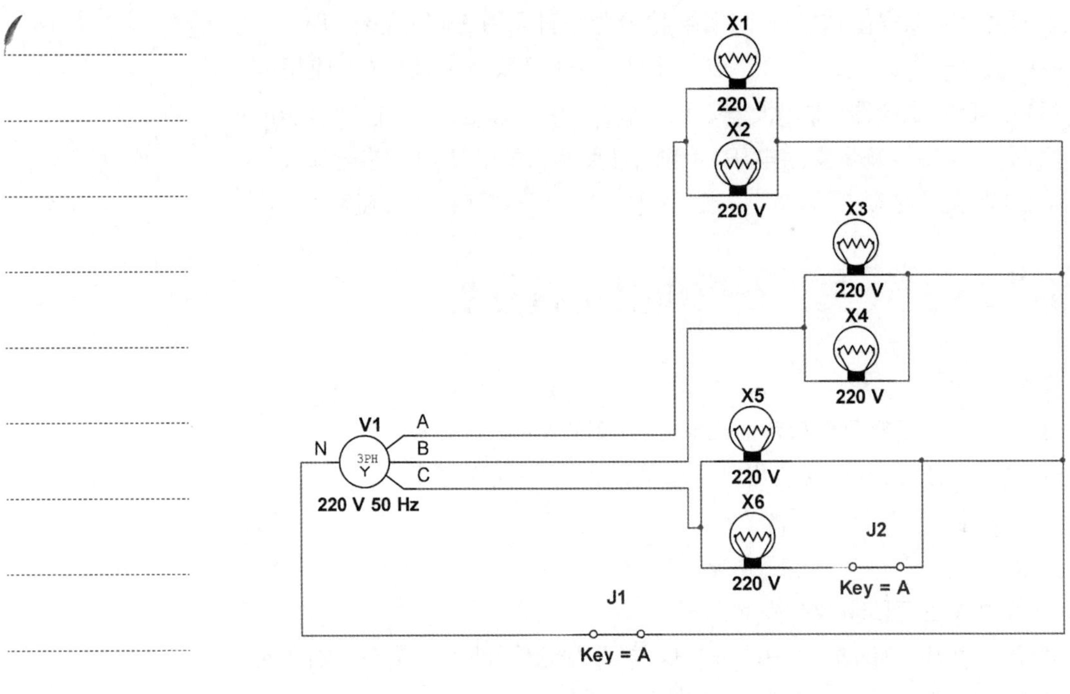

图 9－21　负载星形联结

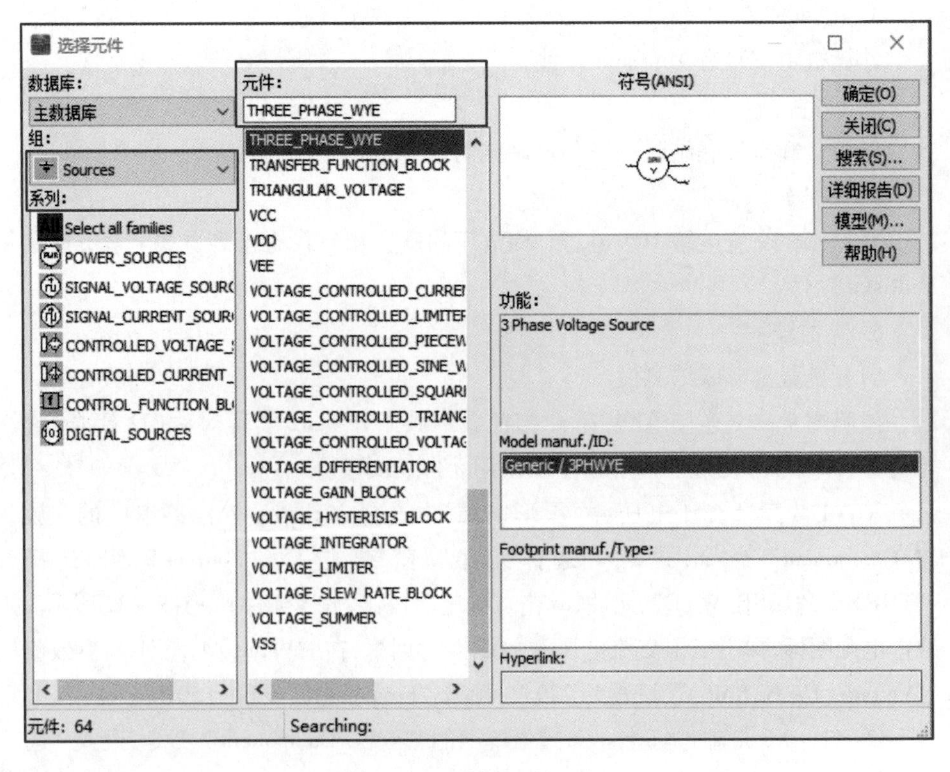

图 9－22　“选择元件”窗口

③ 选择开关。选择菜单中的“放置/Component”命令,进入“选择元件”窗口,选择“Basic”组,选择“DIPSW1”元件,放置元件。

④ 选择交流电压表。选择菜单中的“放置/Component”命令,进入“选择元件”窗口,选择“Indicators”组,选择“VOLTMETER_V”元件。放置元件后,双击交流电压表,打开“属性”对话框中“Value”标签,将模式“Mode”设置为AC(交流),交流电流表选择为“AMMETER_H”,同样模式“Mode”设置为AC(交流)。

⑤ 将电路连接好后,控制开关J1、J2,按表9-1测量相关数据。J1闭合为有中线;J1断开为无中线。J2闭合负载对称;J2断开负载不对称。

表9-1　负载星形联结的测量数据

项目		负载对称		负载不对称	
		有中线	无中线	有中线	无中线
相电压/V	U_{AN}				
	U_{BN}				
	U_{CN}				
电流/mA	I_A				
	I_B				
	I_C				
	I_N				

虚拟仿真

负载三角形联结

(2) 负载三角形联结测试

按图9-23连接电路,三组灯泡负载为三角形联结。此时三相电源改为三角形电源。选择菜单中的“放置/Component”命令,进入“选择元件”窗口,选择“Sources”组,选择“THREE_PHASE_DELTA”元件,单击“确定”按钮,放置元件。双击元件,打开“属性”对话框“Value”标签,将有效值“Voltage(Phase,RMS)”设置为220 V,频率“Frequency”设置为50Hz。将电路连接好后,控制开关J1,按表9-2测量相关数据。

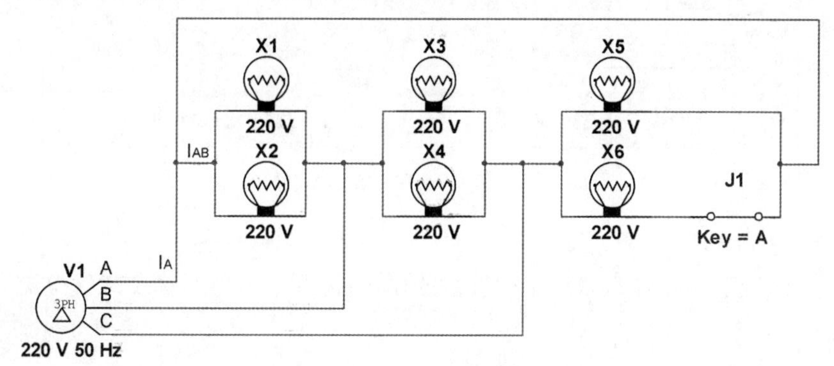

图9-23　负载三角形联结

表 9-2 负载三角形联结的测试数据

项目	U_{AB}	U_{BC}	U_{CA}	I_A	I_{AB}
对称负载时测量值/V					
不对称负载时测量值/V					

(3) 观察三相交流电的相序

按图 9-24 连接电路，从虚拟仪器栏中选择“四通道示波器”，双击图标，打开显示面板，适当调节参数设置，从而可以清楚地观察三相交流电的相序，如图 9-25 所示。

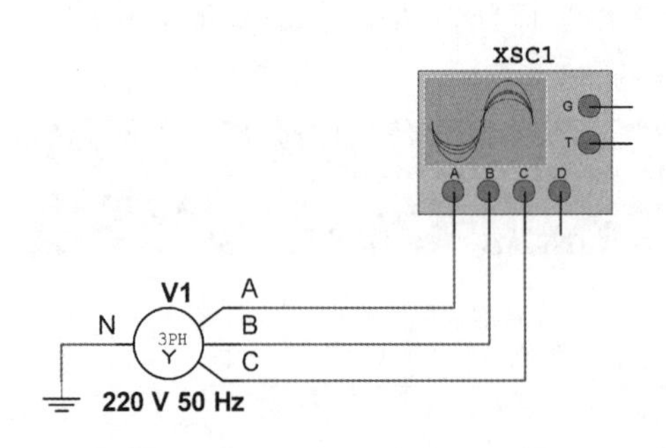

图 9-24 观察三相交流电相序

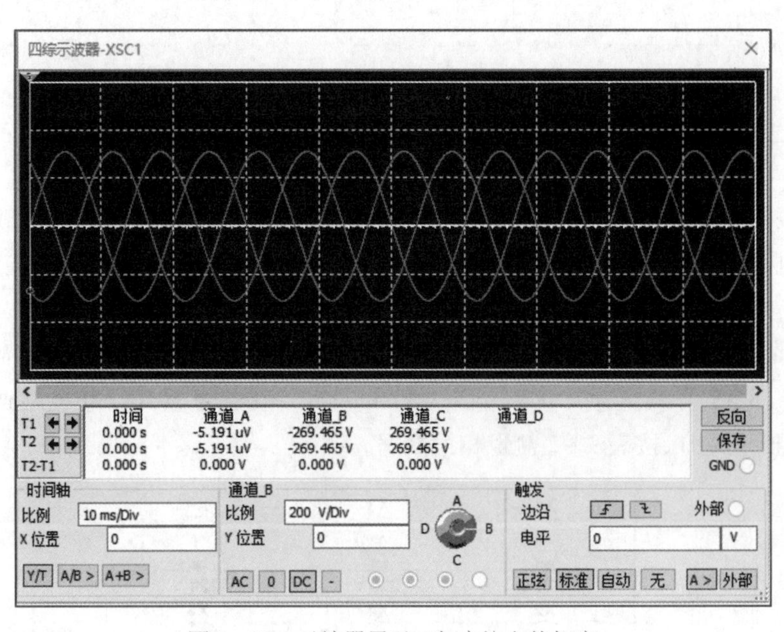

图 9-25 示波器显示三相交流电的相序

7. 总结与评价

① 试说明星形负载联结中中性线的作用；说明三角形对称负载线电流和相电流的关系。

② 对自己和小组成员进行评价。

小结

1. 三相电路主要是由三相电源、三相负载和三相输电线路三部分组成。对称三相电源是由3〖频率相同、幅值相同、相位依次相差120°的正弦电压源连接成星形(Y)或三角形(△)而组成的电源。

2. 三相系统中,流经输电线中的电流称为线电流(I_L)。各输电线端线与端线之间的电压称为线电压(U_L)。三相电源和三相负载中每一相的电压、电流称为相电压(U_P)和相电流(I_P)。

3. 在三相电路中,如果三相电源和三相负载都对称,则称为对称三相电路。由于各相电压或电流为对称正弦量,且电源中性点与负载中性点等电位,因此可归结为一相计算法求解,再按对称及相位关系,确定其他两相。

4. 对于不对称三相电路应按复杂交流电路的分析方法进行分析。

5. 三相电源发出的有功功率P(无功功率Q),或者三相负载吸收的有功功率P(无功功率Q),等于它们各相的有功功率(无功功率)之和,总视在功率$S=\sqrt{P^2+Q^2}$。当三相电路对称时,计算三相电路总有功功率、无功功率、视在功率的公式分别为$P=\sqrt{3}U_L I_L\cos\varphi, Q=\sqrt{3}U_L I_L\sin\varphi, S=\sqrt{3}U_L I_L$。式中,$\varphi$角是负载相电压与相电流的相位差,即各相负载的阻抗角。

自测题

一、判断题

1. 对称三相负载中的相电流对称时,线电流也必然对称。(　　)

2. 在对称三相电路中,三相电路的功率因数即为一相负载的功率因数。(　　)

3. 在三相电路中,不论三相负载为何种连接方式以及是否对称,三相负载吸收的有功功率都是指各相负载吸收的有功功率之和。(　　)

二、选择题

1. 对称三相电源星形联结时,线电压也有序对称,它是相电压的(　　)倍。

A. $\sqrt{3}$　　B. 1　　C. $\sqrt{2}$

2. 对称三相电源星形联结时,线电压与相应相电压的相位关系为(　　)。

A. 线电压超前相电压120°　　B. 线电压超前相电压30°　　C. 线电压与相电压同相

3. 三相负载三角形联结时,在相电流对称的情况下,线电流也必然对称,在相位上(　　)。

A. 线电流超前相电流120°　　B. 线电流超前相电流30°　　C. 线电流滞后相电流30°

习题

9-1　什么是对称三相电源?对称三相电源有什么特点?

9－2 设对称三相电源中的$\dot{U}_{AB}=220\angle -40^\circ$ V，写出另两相电压$\dot{U}_{BC}$、$\dot{U}_{CA}$的相量及瞬时值表达式。

9－3 当对称三相电源连接成星形时，设线电压$u_A=380\sqrt{2}\sin(\omega t-50^\circ)$ V，试写出相电压u_A的表达式。

9－4 对称三相电源相电压为220 V，三相负载中每相阻抗为$(30+j40)\ \Omega$，线路阻抗忽略不计，电源为星形联接。求负载分别为星形联结（带中性线）和三角形联结时各相负载的相电压、相电流和线电流。

9－5 图9－26所示对称Y－Y三相电路中，电压表的读数为1 143.16 V，$Z=(15+j15\sqrt{3})\ \Omega$，$Z_1=(1+j2)\ \Omega$。

(1) 求图中电流表的读数及线电压U_{AB}；

(2) 求三相负载吸收的功率；

(3) 如果A相负载阻抗等于零（其他不变），再求(1)(2)；

(4) 如果A相负载开路，再求(1)(2)；

(5) 如果加接零阻抗中性线$Z_N=0$，则(3)(4)将发生怎样的变化？

9－6 三相对称负载星形接法，每相负载$Z=3+j4\ \Omega$，$U_1=380$ V，求每相负载中的电流相量及各线电流相量。

9－7 图9－27所示对称电路中，$U_{A'B'}=380$ V，三相电动机吸收的功率为1.4 kW，其功率因数$\lambda=0.866$（滞后），$Z_1=j55\ \Omega$。求U_{AB}和电源端的功率因数λ'。

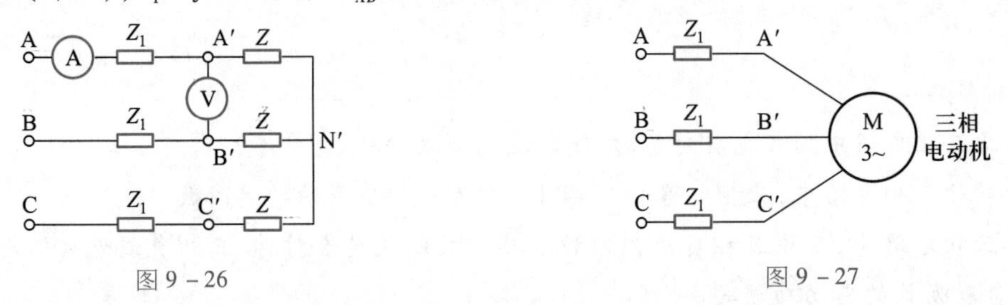

图9－26　　图9－27

9－8 三角形联结的对称三相负载，其功率P为3.6 kW，功率因数$\cos\varphi=0.9$，若将其接在线电压为380 V的三相电源上，求线电流。

9－9 三相对称感性负载的功率为4 kW，星形联结后接在线电压为380 V的三相电源上，测得线电流为16 A，求负载相电流、相电压、功率因数、每相复阻抗Z。

9－10 两组负载共同连接在对称三相电路中，电源线电压为380 V，一组负载阻抗为$Z_1=(5+j10)\ \Omega$，接成星形，另一组负载阻抗为$Z_2=25\ \Omega$，接成三角形。求每个三相负载吸收的有功功率、无功功率和视在功率。

单元十 动态电路的时域分析

通过本单元的学习，应理解换路定律；掌握初始值的计算，一阶电路的零输入响应、零状态响应和全响应的分析方法，一阶线性电路常用计算方法“三要素法”；在此基础上，进一步分析一阶电路的阶跃响应和冲激响应。

10.1 电路动态过程的初始条件

动态电路在换路时会出现过渡过程，描述动态电路的方程是微分方程。在电子电路中，利用动态电路的过渡过程产生需要的各类波形；在电力系统中，由于出现过渡过程产生了过电流或过电压，常采取保护措施，来保证电力设备的安全运行。因此研究动态电路的过渡过程具有非常重要的意义。

学习目标

知识技能目标：理解电路的动态过程，掌握动态电路的分析步骤，学会计算电路的初始条件。

素质目标：通过分析电路动态过程的初始条件，认识事物不同条件间存在着联系和制约，理解不应孤立看待事物，培养全面思考问题的习惯。

课件 10.1

10.1.1 动态电路定义

单元五介绍了电容元件和电感元件。这两种元件的电压和电流的约束关系是通过微分（或积分）表达的，所以称为动态元件，又称为储能元件。电路含有动态元件时称为动态电路。描述动态电路的方程是微分方程或积分方程，微分方程的阶数取决于动态元件的个数和电路结构。如电路含有一个独立储能元件，称为一阶电路，描述这个电路的方程是一阶微分方程；电路含有两个独立储能元件，称为二阶电路，描述这个电路的方程是二阶微分方程，电路含有两

早发现

与暂态对应的状态是稳态。如何理解暂态与稳态？在电路中应该单独分析其中之一吗？

个及以上独立储能元件,称为高阶电路,描述这个电路的方程为二阶及以上微分方程。

动态电路的一个特征,是当电路的结构或元件的参数发生变化时(如电路中电源或无源元件的断开或接入,信号的突然注入),可能使电路改变原来的工作状态,转变到另一个工作状态,这种转变往往需要经历一个过程,在工程上称为过渡过程。实际电路的过渡过程往往很短暂,故又称为暂态过程,简称暂态。

上述电路结构或参数变化引起的电路变化统称为“换路”,并认为换路是在 $t=0$ 时刻进行的。为了以后分析方便,把换路前一瞬间记为 $t=0_-$,把换路后的最初时刻记为 $t=0_+$,换路经历的时间为0_-到0_+,换路后电路重新达到新的稳态,理论时间记为 $t=\infty$。

10.1.2 动态电路分析步骤

分析动态电路的经典方法:首先根据换路后的电路结构列写以时间为自变量的线性微分方程;然后求解出此微分方程的通解;最后根据电路的初始条件确定积分常数,求出满足电路初始条件的解。这种方法也称为时域分析法。对于线性非时变电路来说,建立的方程为常系数线性微分方程。

10.1.3 换路定律

对于任何一个电路,其初始条件都不是随意给定的,要根据电路在换路前后瞬间某些物理量应遵循的规律来确定。在换路前后瞬间储能元件电容电压和电感电流所遵循的规则如下。

对于线性电容来说,任意时刻的电压为

$$u_C(t) = u_C(t_0) + \frac{1}{C}\int_{t_0}^{t} i_C \mathrm{d}t$$

与之相应,有

$$q(t) = q(t_0) + \int_{t_0}^{t} i_C \mathrm{d}t$$

令 $t_0=0_-$,$t=0_+$,得

$$u_C(0_+) = u_C(0_-) + \frac{1}{C}\int_{0_-}^{0_+} i_C \mathrm{d}t$$

$$q(0_+) = q(0_-) + \int_{0_-}^{0_+} i_C \mathrm{d}t$$

在一般情况下,在换路前后瞬间即从时间0_-到0_+的瞬间,电容电流 i_C 为有限值,那么以上两式中的积分项就等于零,电容上的电压和电容上的电荷在换路前后瞬时保持不变,即电容上的电压和电荷在换路前后瞬间不能发生跃变,即

$$u_C(0_+) = u_C(0_-) \tag{10-1}$$

$$q(0_+) = q(0_-) \tag{10-2}$$

式(10-1)中的 $u_C(0_+)$ 称为电容的初始条件。在 $t=0_-$ 时刻,电容电压 $u_C(0_-)$ 为一个不为零的常数 U_0,那么在换路瞬间,$u_C(0_+) = u_C(0_-) = U_0$,该电容可视为一个电压值等于该常数 U_0 的电压源。若 $t=0_-$ 时刻电容电压 $u_C(0_-)$ 为零,$u_C(0_+) = u_C(0_-) = 0$,则在换路瞬间该电容相当于短路。

对于线性电感,任意时刻的电流

$$i_L(t) = i_L(t_0) + \frac{1}{L}\int_{t_0}^{t} u_L \mathrm{d}t$$

与之相应,有

$$\Psi(t) = \Psi(t_0) + \int_{t_0}^{t} u_L \mathrm{d}t$$

令 $t_0 = 0_-$,$t = 0_+$,得

$$i_L(0_+) = i_L(0_-) + \frac{1}{L}\int_{0_-}^{0_+} u_L \mathrm{d}t$$

$$\Psi(0_+) = \Psi(0_-) + \int_{0_-}^{0_+} u_L \mathrm{d}t$$

在一般情况下,在换路前后瞬间即从时间 0_- 到 0_+ 的瞬间,电感电压 u_L 为有限值,那么以上两式中的积分项就等于零,电感中的电流和磁链在换路前后瞬时保持不变。即电感中的电流和磁链在换路前后瞬间不能发生跃变。即

$$i_L(0_+) = i_L(0_-) \tag{10-3}$$

$$\Psi(0_+) = \Psi(0_-) \tag{10-4}$$

式(10-3)中的 $i_L(0_+)$ 称为电感的初始条件,该条件为独立初始条件。在 $t=0_-$ 时刻,电感电流 $i_L(0_-)$ 为一个不为零的常数 I_0,那么在换路瞬间,$i_L(0_+) = i_L(0_-) = I_0$,该电感可视为一个电流值等于该常数 I_0 的电流源。若 $t=0_-$ 时刻电感电流 $i_L(0_-)$ 为零,$i_L(0_+) = i_L(0_-) = 0$,则在换路瞬间该电感相当于开路。

式(10-1)至式(10-4)统称为动态电路的换路定律。可见在换路瞬间,若电容电流和电感电压为有限值,则电容电压和电感电流在换路前后保持不变。

10.1.4 初始条件

电路的过渡过程是从换路后瞬间($t=0_+$)开始,到电路达到新的稳定状态($t=\infty$)时结束。换路后电路中各电压及电流,将由初始值 $f(0_+)$ 逐渐变化到稳态值 $f(\infty)$。因此,确定初始值是分析过渡过程非常关键的一步。

对于一个动态电路,电容电压 u_C 和电感电流 i_L 的初始值,即 $u_C(0_+)$ 和 $i_L(0_+)$,根据它们在换路前 $t=0_-$ 时刻的值计算,称为独立初始条件。电路中其余变量的初始值为非独立初始条件,根据 $t=0_+$ 时刻等效电路计算。综上所述,如

果计算电路的初始值,可归纳为以下步骤:

① 根据换路前的电路,确定 $u_C(0_-)$ 和 $i_L(0_-)$;

② 依据换路定律确定 $u_C(0_+)$ 和 $i_L(0_+)$;

③ 作出 $t=0_+$ 时刻等效电路,根据已求得的 $u_C(0_+)$ 和 $i_L(0_+)$,画出 $t=0_+$ 时刻的等效电路。即根据替代定理将电容所在处用 $u_C(0_+)$ 的电压源替代,电感所在处电流用 $i_L(0_+)$ 电流源替代,若 $u_C(0_+)=0, i_L(0_+)=0$,则电容所在处用短路替代,电感所在处用开路替代。激励源用 $u_S(0_+)$ 和 $i_S(0_+)$ 的直流源替代,通过求解直流电路,即可确定非独立初始条件。

【例 10－1】 如图 10－1 所示电路在换路前已经达到稳定状态,$t=0$ 时打开开关 S。已知 $U=12$ V,$R_1=2$ Ω,$R=6$ Ω。求初始值 $u_C(0_+)$、$i(0_+)$、$u_R(0_+)$。

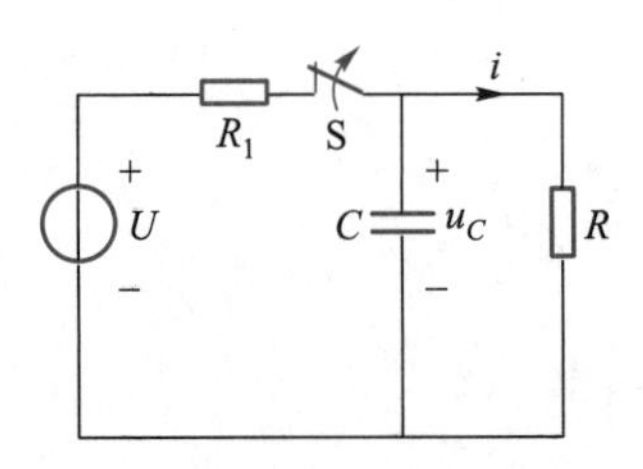

图 10－1 例 10－1 电路图

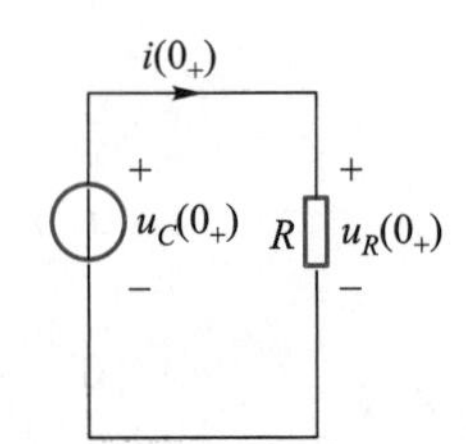

图 10－2 例 10－1$t=0_+$ 时刻等效电路图

解:(1) 求独立初始条件。在开关 S 闭合时,电路已经到达稳定状态,由于是直流激励,此时电容支路相当于开路,故电容电压等于 R 两端电压。

$$u_C(0_-)=U\times\frac{R}{R_1+R}=12\times\frac{6}{2+6}\ \text{V}=9\ \text{V}$$

(2) 画等效电路。根据换路定律即式(10－1),有 $u_C(0_+)=u_C(0_-)=9$ V。将换路后电路中的电容用一个电压源代替,这个电压源的值等于 $u_C(0_+)=9$ V;电路中的独立直流电源不变;这样就可以画出换路后 $t=0_+$ 时刻的等效电路如图 10－2 所示。

(3) 求非独立初始变量。根据图 10－2 可以求得

$$u_R(0_+)=u_C(0_+)=9\ \text{V}$$

$$i(0_+)=u_C(0_+)/R=9/6\ \text{A}=1.5\ \text{A}$$

【例 10－2】 图 10－3 所示电路在换路前已到达稳定状态,且电容上无电荷。$U=10$ V,$R=4$ Ω,$R_1=6$ Ω,$C=10$ μF,$L=3$ H。求开关 S 闭合后瞬间各条支路电流及电容、电感电压。

解:(1) 求独立初始条件。开关 S 闭合之前,电路已经到达稳定状态,电容上无电荷,由于是直流激励,此时电感相当于短路,有

$$u_C(0_-)=0\ \text{V}$$

$$i_L(0_-)=\frac{U}{R+R_1}=\frac{10}{4+6}\ \text{A}=1\ \text{A}$$

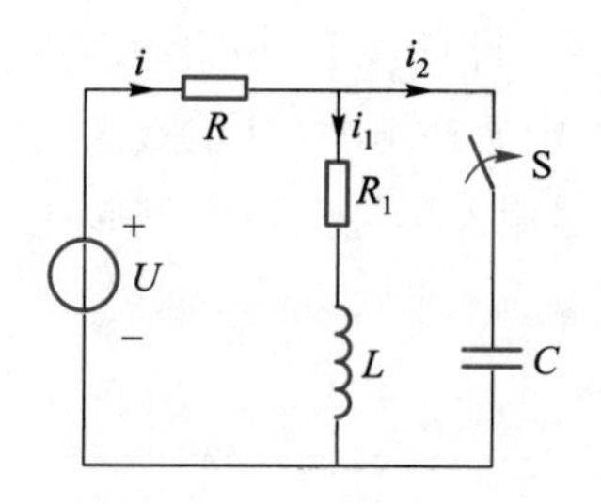

图 10－3 例 10－2 电路

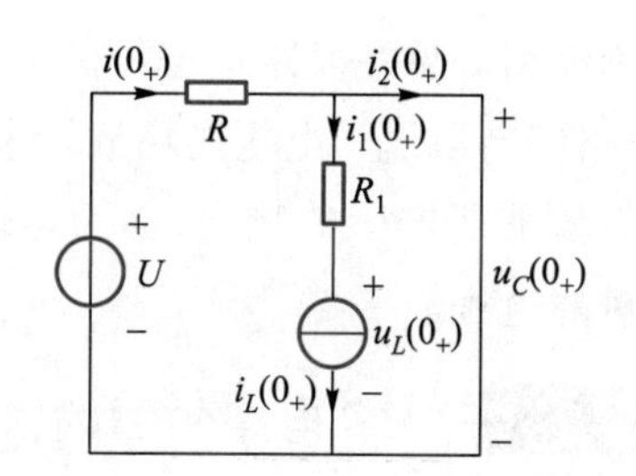

图 10－4 例 10－2$t=0_+$时刻等效电路

（2）画等效电路。根据换路定律，$u_C(0_+)=u_C(0_-)=0\ \text{V}$，$i_L(0_+)=i_L(0_-)=1\ \text{A}$。由于换路后电路中电容的电压为零，等效为短路；将换路后电路中的电感用一个电流源代替，这个电流源的值等于$i_L(0_+)=1\ \text{A}$；电路中的独立直流电源不变；画出换路后的等效电路如图 10－4 所示。

（3）求非独立初始变量。根据图 10－4 可以求得

$$i(0_+)=U/R=10/4\ \text{A}=2.5\ \text{A}$$

$$i_1(0_+)=i_L(0_+)=1\ \text{A}$$

$$i_2(0_+)=i(0_+)-i_1(0_+)=(2.5-1)\ \text{A}=1.5\ \text{A}$$

$$u_L(0_+)=-R_1 i_1(0_+)=-6\times1\ \text{V}=-6\ \text{V}$$

知识闯关

1. 电路有稳态和暂态两种状态。（　　）

2. 由于电路的接线方式或元件参数发生变化，电路出现了暂态过程。（　　）

3. 有一个独立储能元件的电路称为一阶电路。（　　）

10.2 一阶电路的零输入响应

课件 10.2

电路在换路前已经储能，在换路后没有外加激励（电源）存在，此时电路中的电流、电压是如何释放的？

学习目标

知识技能目标：学会分析一阶 RC 电路、RL 电路的零输入响应。

素质目标：利用基尔霍夫定律和元件伏安关系求解动态电路的过渡规律，培养数学思维和灵活解决问题的能力。

一阶电路如果在换路前已经储能，那么在换路后即使没有外加激励（电源）存在，电路仍有电流、电压的释放。这种动态电路中无外施激励电源，仅由动态元件初始储能所产生的响应，称为零输入响应。零输入响应实际上是储能元件释放能量的过程。

微课

RC 电路的零输入响应

10.2.1 *RC* 电路的零输入响应

如图 10－5 所示电路，在换路之前开关 S 接通触点 1，且电路已处于稳定状态，U_S为直流电压源。当 $t=0$ 时开关 S 由触点 1 切换至触点 2，试分析 $t>0$ 时，R、C 电路中 u_C、u_R、i 的变化规律。

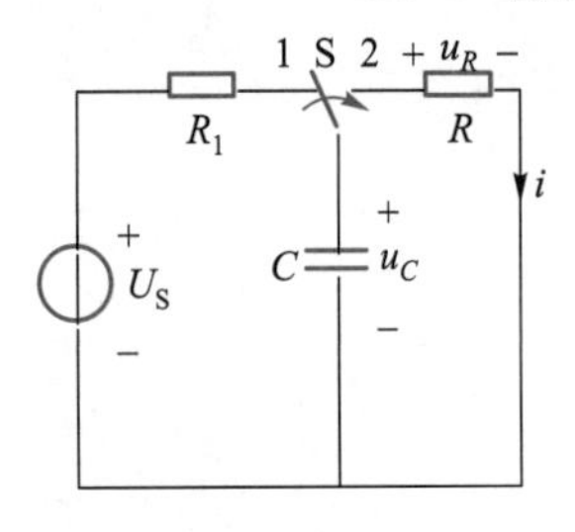

图 10－5 *RC* 电路的零输入响应

开关闭合后，由于电容电压不能跃变，电容初始值 $u_C(0_+)=u_C(0_-)=U_S$，此时放电电流初始值 $i(0_+)=U_S/R$。电容储存的能量将通过电阻以热能形式释放出来，随着放电过程的进行，电容储存的电荷越来越少，电容两端的电压 u_C越来越小，电路放电电流 i 也越来越小。接下来进一步讨论其放电变化规律。

在 *RC* 放电回路中，列写 KVL 方程 $u_C-u_R=0$。式中，$u_R=Ri$，$i=-C\mathrm{d}u_C/\mathrm{d}t$。代入 KVL 方程，得到一阶常系数线性齐次微分方程

$$RC\frac{\mathrm{d}u_C}{\mathrm{d}t}+u_C=0 \tag{10-5}$$

根据数学知识，其通解形式为

$$u_C(t)=A\mathrm{e}^{pt}$$

将上式代入式(10－5)，消去公因子 $A\mathrm{e}^{pt}$，得出微分方程的特征方程 $RCp+1=0$，从而求得特征根为 $p=-1/RC$。微分方程的通解为

$$u_C(t)=A\mathrm{e}^{-\frac{t}{RC}} \tag{10-6}$$

A 为积分常数，由换路初始条件 $u_C(0_+)=u_C(0_-)=U_S$，代入式(10－6)可求得积分常数 $A=U_S$。从而得到给定初始条件下电容电压的零输入响应

$$u_C(t)=U_S\mathrm{e}^{-\frac{t}{RC}}\quad t\geqslant 0 \tag{10-7}$$

式(10－7)就是换路之后 *RC* 电路中电容电压的变化规律。电阻电压和回路中的电流为

$$u_R(t)=u_C(t)=U_S\mathrm{e}^{-\frac{t}{RC}}\qquad t\geqslant 0 \tag{10-8}$$

$$i=-C\frac{\mathrm{d}u_C}{\mathrm{d}t}=-C\frac{\mathrm{d}}{\mathrm{d}t}(U_S\mathrm{e}^{-\frac{t}{RC}})=\frac{U_S}{R}\mathrm{e}^{-\frac{t}{RC}}\qquad t\geqslant 0 \tag{10-9}$$

令 $\tau=RC$，根据电容电压、电阻电压和电流的表达式，绘出换路之后它们的变化规律，如图 10－6(a)(b)所示。可以看出，两者电压都是按同样的指数衰减规律变化的。电容电压 $u_C(t)$在换路前后瞬间没有发生跃变，换路后从初始值 U_S开始按指数规律衰减。电路中的电阻电压在换路前后瞬间发生了跃变，换路

前瞬间其值为零，换路后瞬间其值为 U_S；电路中的电流在换路前后瞬间也发生了跃变，换路前其值为零，换路后瞬间其值为 U_S/R。

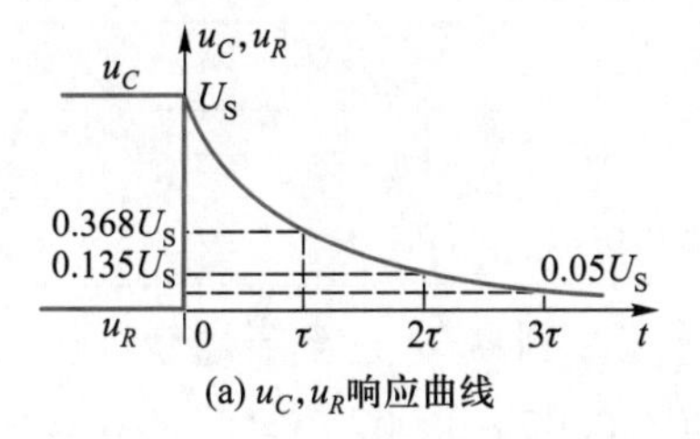

(a) u_C，u_R响应曲线

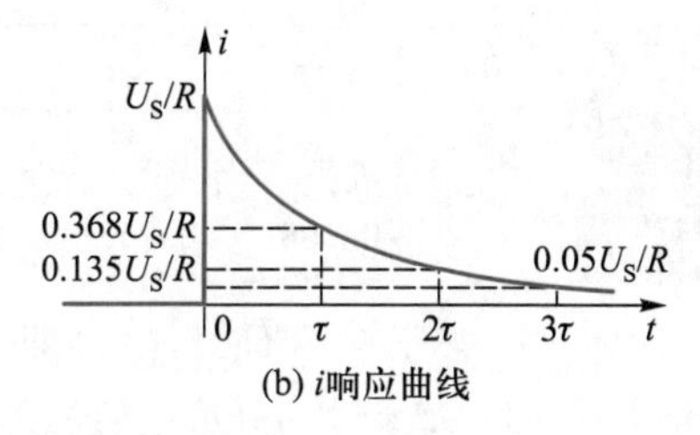

(b) i响应曲线

图 10－6 RC 电路的零输入响应曲线

从能量的角度分析 RC 电路的零输入响应，电容在换路之前储存有电场能量，而在换路之后，电容在放电过程中不断释放电场能量，电阻则不断消耗能量，将电场能量转为热能。换路之前电容储存的电场能量为

$$W_C = \frac{1}{2}CU_S^2$$

而换路之后，电阻消耗的能量为

$$W_R = \int_0^{\infty} i^2 R\mathrm{d}t = \int_0^{\infty}\left(\frac{U_S}{R}\mathrm{e}^{-\frac{t}{RC}}\right)^2 R\mathrm{d}t = \left[-\frac{RC}{2}\frac{U_S^2}{R}\mathrm{e}^{-\frac{2t}{RC}}\right]_0^{\infty} = \frac{1}{2}CU_S^2$$

可见，在放电过程中，原来储存在电容中的电场能量全部被电阻吸收而转换成热能。

10.2.2 时间常数

动态电路的过渡过程经历的时间长短，取决于电容电压衰减的快慢。电容电压衰减的快慢又取决于衰减指数 $1/RC$ 的大小。为了分析方便，引入时间常数 τ，令 $\tau = RC$，$[\tau] = [RC] = [\Omega][\mathrm{F}] = ([\mathrm{V}]/[\mathrm{A}])([\mathrm{C}]/[\mathrm{V}]) = ([\mathrm{V}]/[\mathrm{A}])([\mathrm{A}][\mathrm{s}]/[\mathrm{V}]) = [\mathrm{s}]$，$\tau$ 的单位为 s。

引入时间常数后，式(10－7)和式(10－9)可表示为

$$u_C(t) = U_S\mathrm{e}^{-\frac{t}{RC}} = U_S\mathrm{e}^{-\frac{t}{\tau}} \quad t \geqslant 0 \qquad (10-10)$$

$$i = \frac{U_S}{R}\mathrm{e}^{-\frac{t}{RC}} = \frac{U_S}{R}\mathrm{e}^{-\frac{t}{\tau}} \quad t \geqslant 0 \qquad (10-11)$$

令 $t = \tau$，代入公式(10－10)，有 $u_C(t) = U_S\mathrm{e}^{-1} = 0.368U_S$。可见，在时间为 τ 的一刻，电容电压衰减到初始电压值 U_S的 36.8%，如图 10－6(a)所示。也可以说，τ 是电容电压衰减到初始值的 0.368 倍所需要的时间。可见 τ 越大，衰减越慢，如图 10－7 所示曲线 $\tau_2 > \tau_1$，相对来说，τ_2 所对应的曲线比 τ_1 所对应的曲线衰减慢一些。电路的时间常数 τ 与 R、C 的乘积有关，与电路的初始状态无关。在时间控制的工程应用中，正是通过改变 R、C 的参数来改变放电曲线，以调整时间常数。

现将 $t=\tau,\ 2\tau,\ 3\tau\cdots$所对应的 $u_C(t)$ 列于表 10－1 中。

表 10－1　电压衰减趋势

t	0	τ	2τ	3τ	4τ	5τ	…	∞
$e^{-\frac{t}{\tau}}$	e^{0}	e^{-1}	e^{-2}	e^{-3}	e^{-4}	e^{-5}	…	$e^{-\infty}$
$u_C(t)$	U_S	$0.368U_S$	$0.135U_S$	$0.05U_S$	$0.018U_S$	$0.007U_S$	…	0

从表 10－1 中可以看出，$t=\infty$ 时，电压才衰减到零，才达到新的稳定状态。然而，当 $t=3\tau\sim5\tau$ 时，$u_C(t)$ 已衰减到初始值的 0.05～0.007 倍。此时电容电压已接近零，电容的放电过程已基本结束。所以工程上一般认为动态电路的暂态过程持续时间为 $3\tau\sim5\tau$。

【例 10－3】 一组电容器的电容量为 40 μF，从高压电网上退出运行。在退出前瞬间电容器的电压为 3.5 kV，退出后电容器经本身的泄漏电阻放电，其等效电路如图 10－8 所示。已知泄漏电阻 $R=100\ \text{M}\Omega$。求电路的时间常数、放电基本结束的时间、电压降至 1 kV 的时间。

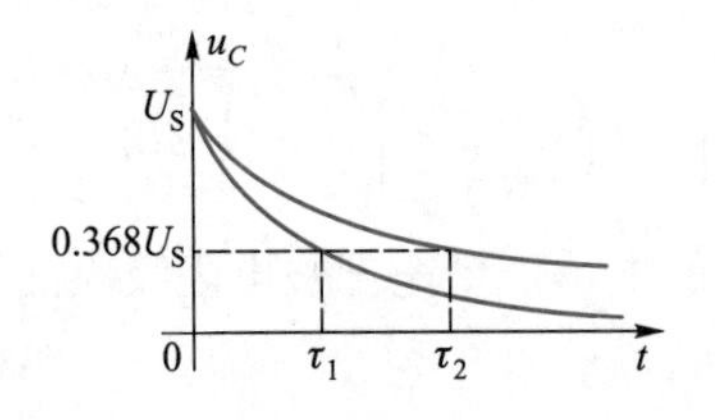

图 10－7　一阶 RC 电路的零输入响应曲线

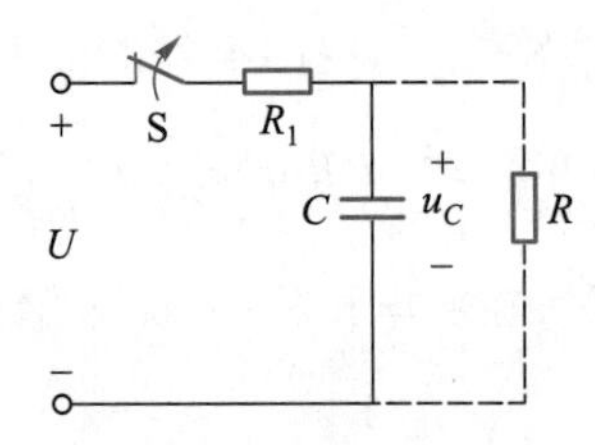

图 10－8　例 10－3 电路图

解：(1) 当电容器从高压电网退出运行，就是开关 S 断开后为一个 RC 放电电路。有

$$u_C(0_+)=u_C(0_-)=3\ 500\ \text{V}$$

电容放电电压的变化规律为

$$u_C(t)=3\ 500e^{-\frac{t}{RC}}(\text{V})\quad t\geqslant0$$

电路的时间常数 $\tau=RC=100\times10^{6}\times40\times10^{-6}\ \text{s}=4\ 000\ \text{s}$。

(2) 放电过程经历的时间为 $t=5\tau=5\times4\ 000\ \text{s}=20\ 000\ \text{s}=5\ \text{h}\ 33\ \text{min}\ 20\ \text{s}$

即电容器退出后经过 5 时 33 分 20 秒，放电基本结束。

(3) 设电容器电压降至 1 kV 需要的时间为 t_1，有

$$3\ 500e^{-\frac{t_1}{4\ 000}}=1\ 000$$

解得 $t_1=5\ 000\ \text{s}=1\ \text{h}\ 23\ \text{min}\ 20\ \text{s}$。故经过 1 时 23 分 20 秒电容器电压降至 1 kV。

通过例 10－3 可知，当储能元件电容从电路中退出后，电容器的两个极板仍带有电荷，其端电压不会立即为零，这一电压可能会危害人身安全和设备安全。电感电流也有类似的特点，故在实训学习中和以后的工作中应特别注意。

10.2.3 RL电路的零输入响应

图10－9所示电路中,设原先开关S接通触点1,且电路已稳定。当 $t=0$ 时开关S切换至触点2。当 $t\geqslant0$ 时分析RL电路中 i、u_L、u_R的变化规律。

当 $t=0$ 时电路已处于稳定状态,电感在直流稳态电路中相当于短路,故电感流过的电流 $i(0_-)=U_S/R_1$,令 $U_S/R_1=I_S$。由换路定律,$i(0_+)=i(0_-)=I_S$。

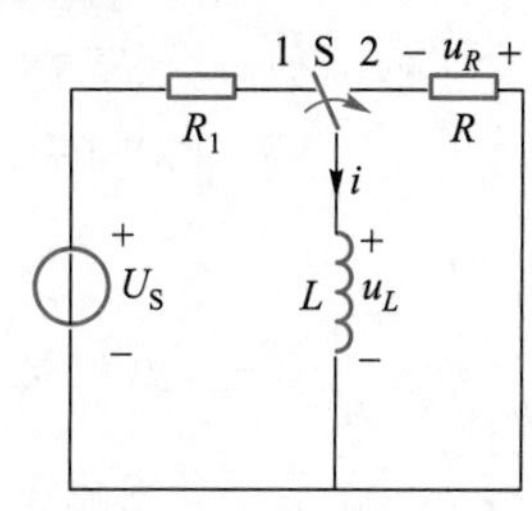

图10－9 一阶RL电路的零输入响应

当 $t\geqslant0$ 时,在RL回路中,列写KVL方程:$u_L+u_R=0$。将 $u_R=Ri$,$u_L=L\mathrm{d}i/\mathrm{d}t$ 代入KVL方程,得到一个一阶常系数线性齐次微分方程

$$L\frac{\mathrm{d}i}{\mathrm{d}t}+Ri=0$$

根据数学知识,其通解形式为 $i(t)=A\mathrm{e}^{pt}$。代入方程,消去公因子 $A\mathrm{e}^{pt}$,其特征方程为 $Lp+R=0$,特征根为 $p=-R/L$。故微分方程的通解为

$$i=A\mathrm{e}^{pt}=A\mathrm{e}^{-\frac{R}{L}t} \tag{10-12}$$

令 $\frac{L}{R}=\tau$,τ 为RL电路的时间常数,单位为秒。将 τ 代入式(10－12),得

$$i=A\mathrm{e}^{-\frac{t}{\tau}} \tag{10-13}$$

将初始条件 $i(0_+)=I_S$代入式(10－13),可求得积分常数 $A=I_S$,从而求得电感电流的零输入响应为

$$i=I_S\mathrm{e}^{-\frac{t}{\tau}} \qquad t\geqslant0$$

电感电压为

$$u_L=L\frac{\mathrm{d}i}{\mathrm{d}t}=-RI_S\mathrm{e}^{-\frac{t}{\tau}} \qquad t\geqslant0$$

电阻电压为

$$u_R=Ri=RI_S\mathrm{e}^{-\frac{t}{\tau}} \qquad t\geqslant0$$

根据电流、电感电压和电阻电压的表达式,绘出换路之后它们的变化规律,如图10－10所示。可以看出,三个变量按相同的指数衰减规律变化。电感电流在换路前后瞬间没有发生跃变,换路后从初始值 I_S开始按指数规律衰减。从理论上讲,当 $t=\infty$ 时,电感电流才衰减到零,此时才能达到新的稳态;电路中的电感电压在换路前后瞬间也发生了跃变,换路前其值为零,换路后瞬间其值为 $-RI_S$;电路中电阻电压在换路前后瞬间发生了跃变,换路前瞬间其值为零,换路后瞬间其值为 RI_S。

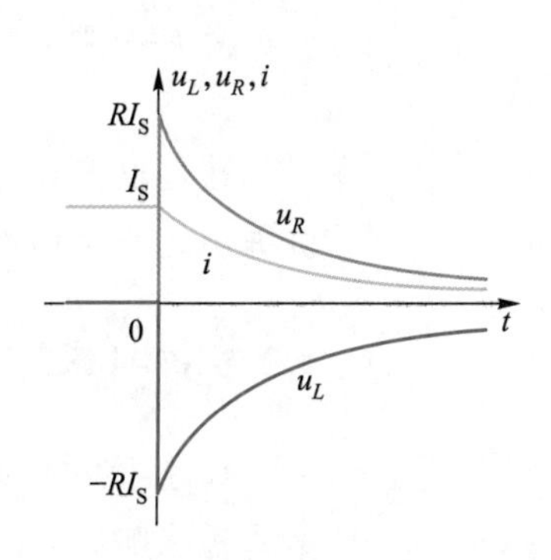

图10－10 RL电路的零输入响应曲线

进一步从能量的角度分析 *RL* 电路的零输入响应，电感在换路之前储存有磁场能量，而在换路之后，电感在放电过程中不断释放磁场能量，电阻则不断消耗能量，将磁场能量转换为热能。

必须注意的是，在 *RC* 电路中时间常数 τ 与电阻成正比，电阻越大，时间常数越大；而在 *RL* 电路中时间常数 τ 与电阻成反比，电阻越大，时间常数越小。

综上所述，*RC* 电路和 *RL* 电路中所有的零输入响应都具有以下相同的形式

$$f(t)=f(0_+)\mathrm{e}^{-\frac{t}{\tau}} \qquad t\geqslant 0 \tag{10-14}$$

式中，$f(t)$ 是零输入响应；$f(0_+)$ 是响应的初始值；τ 是换路后电路的时间常数，在 *RC* 电路中 $\tau=RC$，在 *RL* 电路中 $\tau=\frac{L}{R}$。其中，R 是换路后电路中储能元件 C 或 L 两端的等效电阻。

【例 10－4】 直流电压表测量电感线圈电压的电路如图 10－11 所示。已知电源电压 $U=10$ V，线圈电阻 $R=1$ Ω，电感 $L=2$ H，电压表内阻 $R_V=5\,000$ Ω，电路已处于稳定状态。分析开关 S 断开后流过电压表的电流和电压表承受的最高电压。

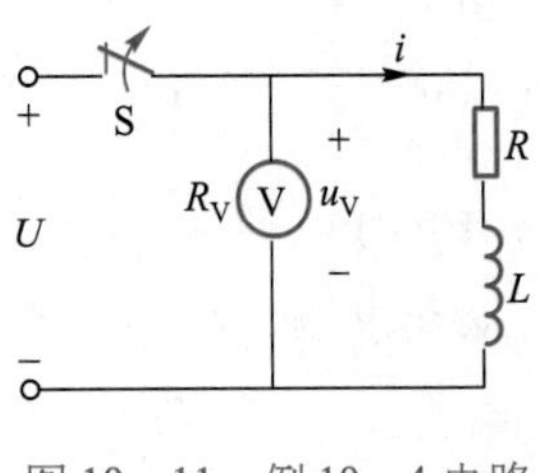

图 10－11 例 10－4 电路

解：当开关 S 断开后，电路的响应为零输入响应，根据换路定律，电感电流的初始值为

$$i_L(0_+)=i_L(0_-)=\frac{U}{R}=10\ \text{A}$$

电路的时间常数为

$$\tau=\frac{L}{R_V+R}=\frac{2}{5\,000+1}\ \text{s}\approx 0.4\times 10^{-3}\ \text{s}$$

因此换路后电压表的电流表达式为 $i=A\mathrm{e}^{-\frac{t}{\tau}}$。将电感电流初始值和时间常数代入，得

$$i=10\mathrm{e}^{-2\,500t} \qquad t\geqslant 0$$

电压表承受的电压为

$$u_V=-Ri=-5\,000\times 10\mathrm{e}^{-2\,500t}\ \text{V}=-50\,000\mathrm{e}^{-2\,500t}\ \text{V} \qquad t\geqslant 0$$

当 $t=0$ 时，电压表承受的电压最高，此时电压值为

$$u_V=-50\,000\ \text{V}$$

通过以上分析可知，电压表承受的电压很高，可能会损坏电压表。因此在断开开关之前应切除电压表，或并联电阻使其短路。

知识闯关

1. 换路后电路中无独立电源，换路前储能元件有储能，此时电路的响应称为零输入响应。（　　）

2. *RC* 电路中的时间常数与电阻 *R* 成正比。（　　）

10.3 一阶电路的零状态响应

本节讨论的 RC 或 RL 动态电路中的储能元件在换路前没有储存能量。讨论换路后由外施激励而引起的电路响应。

学习目标

知识技能目标：分析 RC、RL 电路的零状态响应。

素质目标：将直流电路分析方法引入动态电路分析，培养举一反三的能力。

如果动态电路在换路前，电路中的储能元件没有储存能量，即电容电压或电感电流为零，则这种换路前独立初始条件为零的情况称为零状态。这种电路在零状态下由外施激励引起的响应，称为零状态响应。零状态响应就是储能元件储存能量的过程。

微课

RC 电路的零状态响应

10.3.1 RC 电路的零状态响应

图 10-12 所示 RC 串联电路，开关 S 闭合前电路处于零初始状态，即 $u_C(0_-)=0$，U_S是直流电压源，开关 S 在 $t=0$ 时闭合。当 $t\geqslant 0$ 时，分析 RC 电路中 u_C、u_R、i 的变化规律。

当 $t\geqslant 0$ 时，根据闭合回路列 KVL 方程 $u_R+u_C=U_S$。将 $u_R=Ri$，$i=C\mathrm{d}u_C/\mathrm{d}t$ 代入 KVL 方程，就得到一个一阶线性常系数非齐次微分方程

$$RC\frac{\mathrm{d}u_C}{\mathrm{d}t}+u_C=U_S \tag{10-15}$$

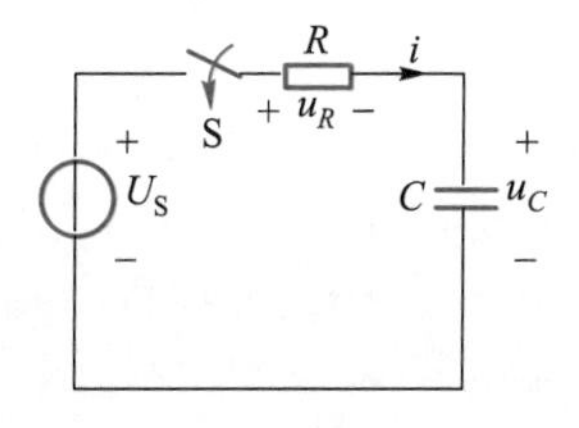

图 10-12 RC 电路的零状态响应

根据高等数学知识，式(10-15)的解由两部分组成，$u_C=u_{Ch}+u_{Cp}$。式中，u_{Ch}为式(10-15)对应的齐次方程

$$RC\frac{\mathrm{d}u_C}{\mathrm{d}t}+u_C=0 \tag{10-16}$$

的通解；u_{Cp}为式(10-15)的特解。

因为适合式(10-15)的解就是该方程的特解，所以当开关 S 闭合后电路达到新的稳态时，必定也满足方程。而达到新的稳态时，电容电压等于电源电压，故可求得特解

$$u_{Cp}=U_S \tag{10-17}$$

式(10-16)方程的特征方程为 $RCp+1=0$，特征根

$$p=-\frac{1}{RC}$$

式(10-16)齐次方程的通解

$$u_{Ch}=Ae^{pt}=Ae^{-\frac{t}{RC}} \quad t\geqslant 0 \tag{10-18}$$

因此,式(10-15)的通解

$$u_C=u_{Ch}+u_{Cp}=Ae^{-\frac{t}{RC}}+U_S \quad t\geqslant 0 \tag{10-19}$$

为了确定上式的积分常数 A,必须依照电路的初始条件。根据换路定率 $u_C(0_+)=u_C(0_-)=0$,将 $t=0_+$ 代入式(10-19)可得到积分常数 $A=-U_S$。故电容电压的响应

$$u_C=U_S-U_Se^{-\frac{t}{RC}}=U_S(1-e^{-\frac{t}{RC}}) \quad t\geqslant 0 \tag{10-20}$$

式(10-20)为换路之后电容电压的变化规律。同样可以计算出电路中的电流和电阻电压

$$i=C\frac{du_C}{dt}=C\frac{d}{dt}(U_S-U_Se^{-\frac{t}{RC}})=\frac{U_S}{R}e^{-\frac{t}{RC}} \quad t\geqslant 0 \tag{10-21}$$

$$u_R=Ri=U_Se^{-\frac{t}{RC}} \quad t\geqslant 0 \tag{10-22}$$

上述变量的波形如图 10-13 所示。RC 电路的零状态响应其实就是电源经过电阻给电容充电的过程。从图中可以看出,换路后电容电压没有发生跃变,当充电开始后电容电压逐渐上升,当电路达到稳定状态时,电容电压等于电源电压。电流在换路前后发生了跃变,由零突然上升至最大值,当充电开始后,电流逐渐下降,当电路达到新的稳定状态时,电流等于零。

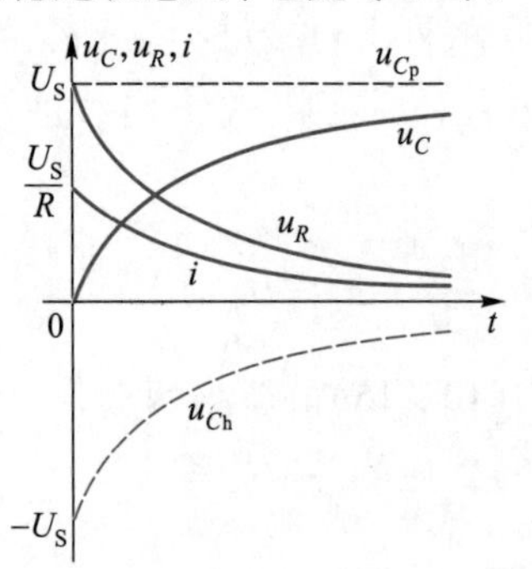

图 10-13 一阶 RC 电路的零状态响应

可以看出电容电压 u_C 由两部分组成,其中特解 u_{Cp} 是电容电压的稳态值,又称为稳态分量或稳态响应。稳态分量的函数形式与电源的函数形式相同,即当电源为直流、正弦交流或指数函数时,其稳态分量的函数形式也为直流、正弦交流或指数函数,故又称为强制分量或强制响应。齐次方程通解 u_{Ch} 的变化规律与电源无关,不管电源如何,它都按指数规律衰减到零,故称为暂态分量,又称为自由分量或自由响应。电路动态过程特点主要反映在自由分量上,同样动态过

程的变化快慢取决于自由分量的衰减快慢,即取决于时间常数 τ 的大小。

从能量的角度来看,电容在换路前没有储存电场能量,在换路后电源通过电阻给电容充电,将电能转换为电场能量,电容最后存储的电场能量

$$W_C = \frac{1}{2}CU_S^2$$

在充电过程中电阻消耗的能量

$$W_R = \int_0^\infty i^2 R\mathrm{d}t = \int_0^\infty \left(\frac{U_S}{R}\mathrm{e}^{-\frac{t}{RC}}\right)^2 R\mathrm{d}t = \frac{1}{2}CU_S^2$$

可以看出,电阻消耗的能量与电容器储存的电场能量相等。这说明电源输出的能量有一半储存在电容器中,另一半被电阻消耗了,充电的效率为 50%。

10.3.2 RL 电路的零状态响应

图 10-14 所示为 RL 电路,I_S是直流电流源,开关 S 在位置 1 时,电感中的电流为零。在 $t=0$ 时开关切换到位置 2。当 $t \geqslant 0$ 时,试分析电感电流 i_L的变化规律。

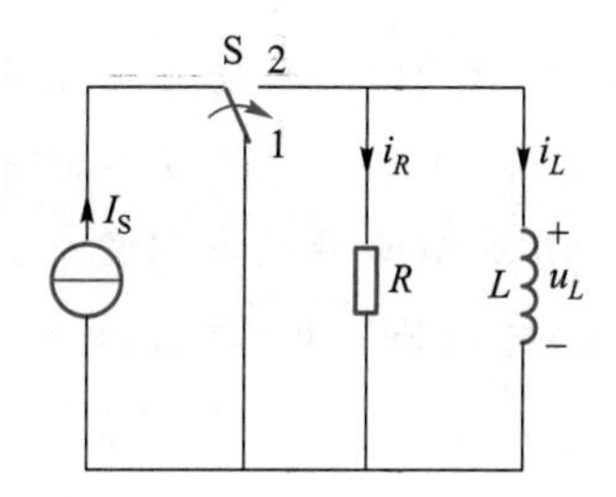

图 10-14 RL 电路的零状态响应

当 $t \geqslant 0$ 时,可列写 KCL 方程 $i_R + i_L = I_S$。由于 $u_L = L\frac{\mathrm{d}i_L}{\mathrm{d}t}$,$i_R = \frac{u_L}{R} = \frac{L}{R}\frac{\mathrm{d}i_L}{\mathrm{d}t}$,代入 KCL 方程,得到一阶常系数线性非齐次方程

$$\frac{L}{R}\frac{\mathrm{d}i_L}{\mathrm{d}t} + i_L = I_S \tag{10-23}$$

从而可求得它的解

$$i_L = i_{Lh} + i_{Lp} = A\mathrm{e}^{-\frac{R}{L}t} + I_S \tag{10-24}$$

根据换路定律,电感电流的初始条件

$$i_L(0_+) = i_L(0_-) = 0$$

将 $t=0_+$ 代入式(10-24),得到积分常数 $A = -I_S$。在给定的初始条件下,电感电流的响应

$$i_L = I_S - I_S\mathrm{e}^{-\frac{R}{L}t} = I_S(1-\mathrm{e}^{-\frac{R}{L}t}) \quad t \geqslant 0 \tag{10-25}$$

可见,电感电流的变化规律是按指数规律上升,如图 10-15 所示。i_L 同样也分为自由分量和强制分量。

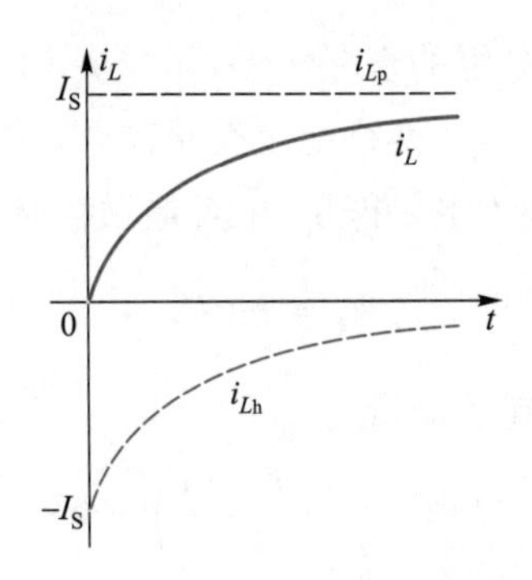

图 10－15 电感电流的响应曲线

根据以上分析,可以得出经典法求解一阶电路的一般步骤:

① 建立描述电路的微分方程;

② 求齐次微分方程的通解和非齐次微分方程的一个特解;

③ 将齐次微分方程的通解和非齐次微分方程的一个特解相加,得到非齐次微分方程的通解,利用初始条件确定通解中的系数。

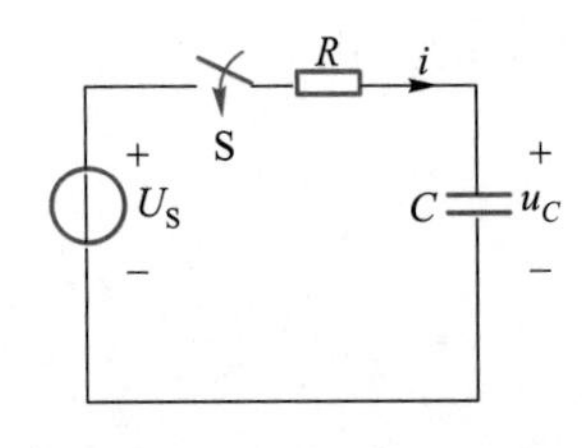

图 10－16 例 10－5 电路

【例 10－5】 图 10－16 所示电路中,$U_S=20\ \text{V}$,$R=500\ \Omega$,$C=2\ \mu\text{F}$,$u_C(0_-)=0$。求开关 S 闭合后的电容电压。

解:开关 S 闭合后,电路的时间常数为 $\tau=RC=1\times10^{-3}\ \text{s}$,根据式(10－20)可以计算电路中的电容电压

$$u_C=U_S-U_S\text{e}^{-\frac{t}{RC}}=U_S(1-\text{e}^{-\frac{t}{RC}})=20(1-\text{e}^{-1000t})\ \text{V}\quad t\geqslant0$$

知识闯关

1. 零状态响应是储能元件储存能量的过程。(　　)
2. 电路的时间常数越大,电路引入稳态的时间越短。(　　)

课件 10.4

10.4 一阶电路的全响应

一阶电路中,当动态元件在换路前有初始储能,在换路后有外加激励作用时,电路的响应又如何?本节对这种情况进行介绍。

学习目标

知识技能目标:掌握三要素法求解一阶电路的全响应。

素质目标:加强理论联系实际的意识,寻找一阶电路全响应在实际生产和生活中的实例。

10.4.1 RC 电路的全响应

当一个非零初始状态的一阶电路受到激励时，电路的响应称为一阶电路的全响应。

求解一阶电路的全响应，仍然是求解一阶常系数线性非齐次微分方程的问题，如同求解一阶电路的零状态响应一样。但在计算积分常数时初始条件不为零。

图 10－16 所示电路中，U_S为直流电源，电容原已充电，电压为 U_0。$t=0$ 时开关 S 闭合，分析开关闭合后电路中的 u_C、i 的变化规律。

当 $t \geqslant 0$ 时，可列出 KVL 方程 $u_C+u_R=U_S$。同样，将 $u_R=Ri$、$i=C\dfrac{du_C}{dt}$代入 KVL 方程，得到一个一阶常系数线性非齐次微分方程

$$RC\frac{du_C}{dt}+u_C=U_S \tag{10－26}$$

对应齐次方程的通解

$$u_C=Ae^{-\frac{t}{RC}}$$

当电路达到新的稳态时，电容电压 u_C等于电源电压 U_S。可得特解

$$u_{Cp}=U_S$$

从而非齐次微分方程的通解

$$u_C=u_C+u_{Cp}=Ae^{-\frac{t}{RC}}+U_S \tag{10－27}$$

再根据电路的初始条件，电路在换路前已处于稳定状态，$u_C(0_-)=U_0$，根据换路定律，$u_C(0_+)=u_C(0_-)=U_0$。将 $t=0_+$ 代入式(10－27)，可得积分常数$A=U_0-U_S$。故电容电压

$$u_C=(U_0-U_S)e^{-\frac{t}{RC}}+U_S \quad t\geqslant 0 \tag{10－28}$$

式(10－28)中，第一项$(U_0-U_S)e^{-\frac{t}{RC}}$随时间不断变化，最终衰减为零，为电容电压的暂态分量；第二项 U_S为电容电压换路后达到的新稳态值，称为稳态分量。式(10－28)说明动态电路的全响应等于暂态分量加稳态分量，即

全响应＝暂态分量＋稳态分量

图 10－17 所示为 $U_S>U_0$、$U_S=U_0$、$U_S<U_0$ 三种情况下电容电压的波形。

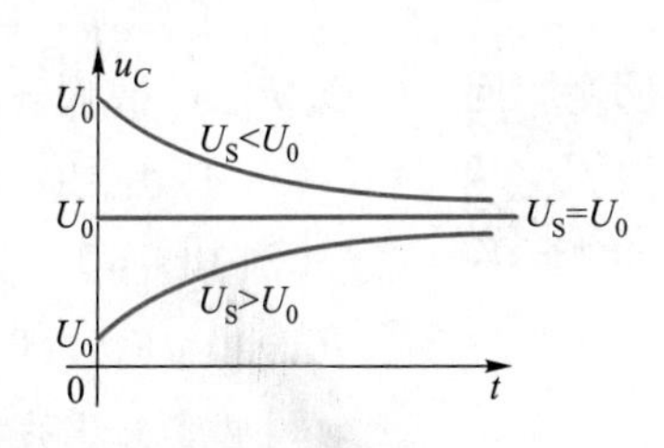

图 10－17 一阶 RC 电路的全响应曲线

将式(10－28)调整为

$$u_C=U_S(1-e^{-\frac{t}{RC}})+U_0e^{-\frac{t}{RC}} \quad t\geqslant 0 \tag{10－29}$$

式(10－29)中，第一项 $U_S(1-e^{-\frac{t}{RC}})$为电路的零状态响应，第二项 $U_0e^{-\frac{t}{RC}}$为电路的零输入响应。同样动态电路的全

响应也等于零状态响应加零输入响应,即

$$全响应=零状态响应+零输入响应$$

10.4.2 求解一阶电路的三要素法

在求解一阶 RC 和 RL 电路的响应时,经典法的求解步骤是根据换路后的电路列 KVL 方程,然后求解微分方程,最后由电路的初始条件确定积分常数。原则上这种方法对任何形式的输入都是适用的,但这种方法的解题过程却不够简便。仔细观察式(10-28)和式(10-29)就会发现:一阶电路响应的变化部分都是按指数规律变化的;有各自的初始值和稳态值;同一个电路中所有变量的时间常数都是一样的。基于这些发现,下面介绍求解一阶动态电路的三要素法。它适用于求解直流和正弦激励作用下一阶电路中任意一个支路的响应。

设激励作用下,$f(\infty)$为稳态值,$f(0_+)$表示初始值,τ为电路的时间常数,则全响应$f(t)$可写为

$$f(t)=f(\infty)+[f(0_+)-f(\infty)]\mathrm{e}^{-\frac{t}{\tau}} \quad t\geqslant 0 \qquad (10-30)$$

从上式可以看出,只要求出以上三要素,就可以写出待求支路的电压或电流,这种方法称为三要素法。

求解一阶电路动态响应的三要素法的步骤如下。

① 确定电路初始值$f(0_+)$。

根据换路前的电路确定 $u_C(0_-)$和 $i_L(0_-)$ 。

依据换路定律确定 $u_C(0_+)$和 $i_L(0_+)$。

画出 $t=0_+$时刻等效电路,根据已求得的 $u_C(0_+)$和 $i_L(0_-)$,画出$t=0_+$时刻的等效电路。即根据替代定理将电容所在处用 $u_C(0_+)$的电压源替代,电感所在处用 $i_L(0_+)$的电流源替代。若 $u_C(0_+)=0$,$i_L(0_+)=0$,则电容所在处用短路替代,电感所在处用开路替代。激励源用 $u_S(0_+)$和 $i_S(0_+)$的直流源替代,通过求解直流电路,确定其他电压或电流的初始值。

② 确定稳态值$f(\infty)$。画 $t=\infty$时的电路,换路后暂态过程结束,电路进入新的稳态。此时,C 视为开路,L 视为短路。在此电路中,求其他电压或电流稳态值。

微课

三要素法

③ 求时间常数 τ。RC 电路的时间常数 $\tau=R_iC$,RL 电路的时间常数 $\tau=L/R_i$,R_i 是从电路的储能元件两端看进去的戴维南等效电阻。

④ 由式(10-30)写出电路中电压或电流的全响应。

【例 10-6】 图 10-18 所示电路中,已知 $U_S=20\ \mathrm{V}$,$R_1=R_2=10\ \Omega$,$R_3=5\ \Omega$,$C=40\ \mu\mathrm{F}$,$u_C(0_-)=5\ \mathrm{V}$。用三要素法求开关 S 闭合后的电容电压。

解:电容电压的初始值为

$$u_C(0_+)=u_C(0_-)=5\ \mathrm{V}$$

电容电压的稳态值为

$$u_C(\infty)=\frac{R_2}{R_1+R_2}U_S=10\ \mathrm{V}$$

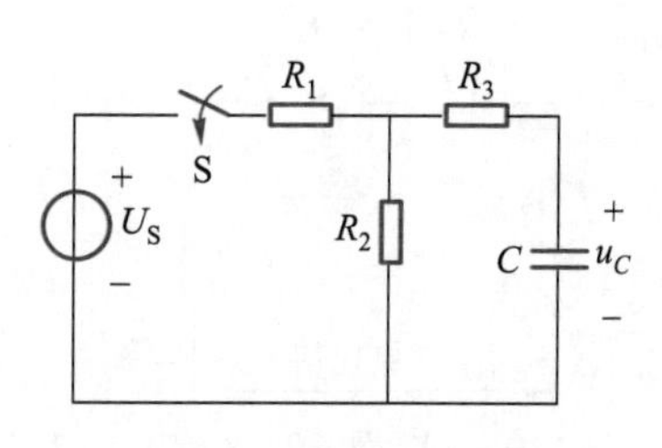

图 10－18 例 10－6 电路

接下来求电路的时间常数。将电压源短路，从电容两端看进去，电阻化简为

$$R_i=\frac{R_1R_2}{R_1+R_2}+R_3=10\ \Omega$$

电路的时间常数

$$\tau=R_iC=4\times10^{-4}\ \mathrm{s}$$

根据式(10－30)求得电容电压

$$u_C(t)=u_C(\infty)+[u_C(0_+)-u_C(\infty)]\mathrm{e}^{-\frac{t}{\tau}}=(10-5\mathrm{e}^{-2\,500t})\ \mathrm{V}\quad t\geqslant0$$

【例 10－7】 图 10－19 所示电路为继电器保护电路。已知电源 $U_S=220$ V，输电线电阻 $R_1=0.5\ \Omega$，负载电阻 $R_2=20\ \Omega$，继电器线圈电阻 $R=4.5\ \Omega$，电感 $L=0.2$ H。继电器动作整定电流为 20 A。当流过继电器的电流达到规定的数值时，继电器动作，使负载断电，起保护作用。当负载发生短路时经过多久继电器动作？

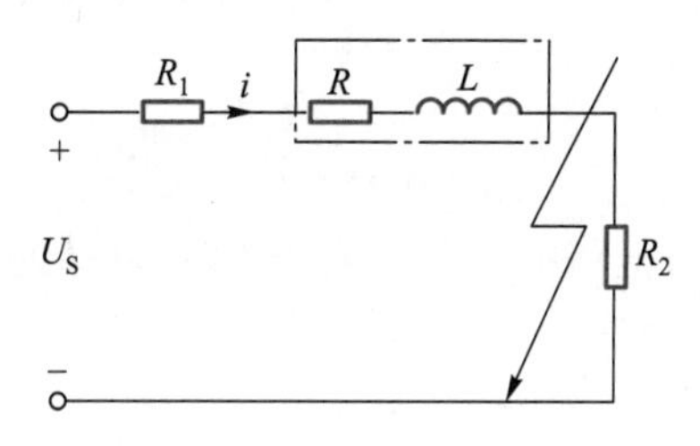

图 10－19 例 10－7 电路

解：利用三要素法求解。负载发生短路前电路处于稳定状态，故电流的初始值

$$i(0_+)=i(0_-)=\frac{U_S}{R_1+R_2+R}=8.8\ \mathrm{A}$$

负载发生短路之后电流的稳态值

$$i(\infty)=\frac{U_S}{R_1+R}=44\ \mathrm{A}$$

电路的时间常数

$$\tau=\frac{L}{R_1+R}=4\times10^{-2}\ \mathrm{s}$$

从而求得电流

$$i(t)=i(\infty)+[i(0_+)-i(\infty)]\mathrm{e}^{-\frac{t}{\tau}}=(44-35.2\mathrm{e}^{-25t})\ \mathrm{A}\qquad t\geqslant0$$

设故障发生后经过时间 t_0 后继电器动作，即 $i(t_0)=20$ A，代入上式，$44-35.2\mathrm{e}^{-25t_0}=20$，得

$$t_0=0.04\ \ln 1.47\ \mathrm{s}=15.3\ \mathrm{ms}$$

故当故障发生后，经过 15.3 ms，继电器动作电源断开。

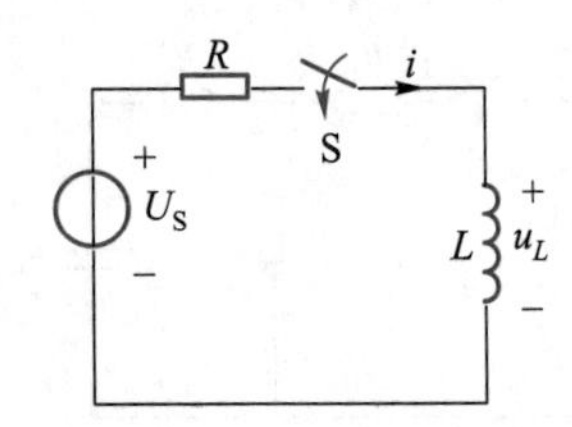

图 10－20 例 10－8 电路

【例 10－8】 图 10－20 所示电路中，电源电压 $u_S=U_m\sin(\omega t+\psi_u)$，电感初始无储能，$t=0$ 时接通开关 S，用三要素法求电感电流 $i(t)$，$t\geqslant0$。

解：一阶电路的三要素

$$i(0_+)=i(0_-)=0$$

$$i(\infty)=\frac{U_m}{\sqrt{(\omega L)^2+R^2}}\sin(\omega t+\varphi_u-\phi)\quad\left(\text{其中 }\phi=\arctan\frac{\omega L}{R}\right)$$

$$i(\infty)\big|_{t=0_+}=\frac{U_m}{\sqrt{(\omega L)^2+R^2}}\sin(\varphi_u-\phi)$$

$$\tau=\frac{L}{R}$$

将三要素代入式（10－30），得

$$i(t)=i(\infty)+\left[i(0_+)-i(\infty)\big|_{t=0_+}\right]e^{-\frac{t}{\tau}}$$

$$=\frac{U_m}{\sqrt{(\omega L)^2+R^2}}\sin(\omega t+\varphi_u-\phi)-\frac{U_m}{\sqrt{(\omega L)^2+R^2}}\sin(\varphi_u-\phi)e^{-\frac{t}{\tau}}\quad t\geqslant0$$

知识闯关

1. 求取时间常数时，电路中的全部电源为零，从储能元件出发，将电路中的电阻支路化简。（　　）

2. 三要素法仅用于求全响应，不可用于求零输入响应和零状态响应。（　　）

* 10.5 一阶电路的阶跃响应和冲激响应

课件 10.5

电路中一个开关的动作可以用单位阶跃函数来表示。同样，电路中已充电的电容器突然短路放电，其电流也可以用单位冲激函数来近似模拟。

学习目标

知识技能目标：理解单位阶跃函数产生的单位阶跃响应，单位冲激函数产生的单位冲激响应。会分析一阶电路的阶跃响应和冲激响应。

素质目标：综合运用所学知识掌握本节内容，学会从事物的联系中分析问题。

10.5.1 一阶电路的阶跃响应

电路对于单位阶跃函数输入的零状态响应称为单位阶跃响应。

1. 阶跃函数

单位阶跃函数定义为

$$\varepsilon(t)=\begin{cases}0 & t<0\\ 1 & t>0\end{cases} \tag{10-31}$$

波形如图 10-21 所示。函数在 $t=0$ 时，$\varepsilon(t)$ 发生了跳变。在 $t=0$ 时正处在跃变过程中，其值是不确定的。但这并无紧要关系。

单位阶跃函数可以用来描述开关的动作，即作为开关的数学模型，故也称为开关函数。如图 10-22(a)(b)所示的两个电路都表示在 $t=0$ 时刻接通电源 U_S。

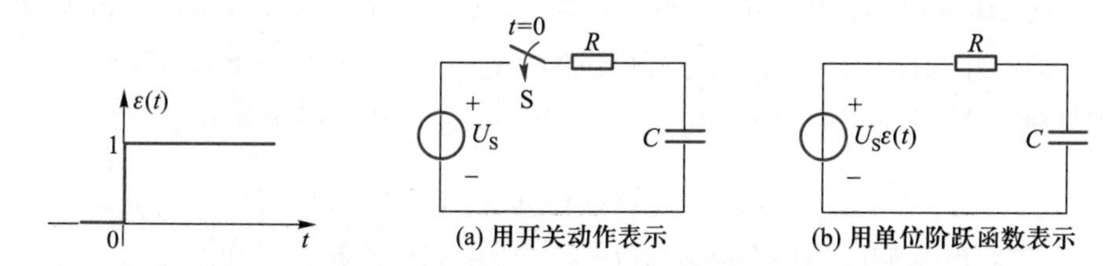

图 10-21 单位阶跃函数　　图 10-22 用单位阶跃函数表示开关动作

定义任一时刻 t_0 起始的单位阶跃函数为

$$\varepsilon(t-t_0)=\begin{cases}0 & t<t_0\\ 1 & t>t_0\end{cases} \tag{10-32}$$

上式可以看出是把 $\varepsilon(t)$ 沿时间轴平移 t_0 的结果，称为延迟单位阶跃函数，波形如图 10-23 所示。阶跃函数用 $k\varepsilon(t)$ 来表示，其中 k 为常数。阶跃函数的定义式为

$$k\varepsilon(t)=\begin{cases}0 & t<0\\ k & t>0\end{cases} \tag{10-33}$$

用单位阶跃函数以及它的延迟函数可以组合成许多复杂信号，如在电子电路中经常遇到的矩形脉冲和脉冲序列，如图 10-24 所示。

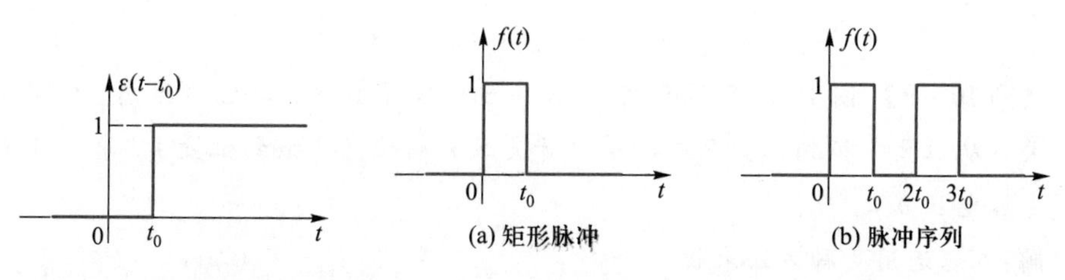

图 10-23 延迟单位阶跃函数波形　　图 10-24 矩形脉冲和脉冲序列

图 10－24 所示矩形脉冲和脉冲序列可分别表示为

$$f(t)=\varepsilon(t)-\varepsilon(t-t_0)$$

$$f(t)=\varepsilon(t)-\varepsilon(t-t_0)+\varepsilon(t-2t_0)-\varepsilon(t-3t_0)+\cdots$$

2. 一阶电路的阶跃响应

图 10－22(a)所示 RC 串联电路中，设 $U_S=1$ V，其单位阶跃响应可以用三要素法来求解。电容电压的初值 $u_C(0_+)=u_C(0_-)=0$ V，电容电压的稳态值 $u_C(\infty)=1$ V，电路时间常数 $\tau=RC$。所以电容电压为

$$u_C(t)=1+(0-1)\mathrm{e}^{-\frac{t}{\tau}}=(1-\mathrm{e}^{-\frac{t}{\tau}})\varepsilon(t)$$

电容电压响应表达式的后面乘以 $\varepsilon(t)$，其作用是确定响应的起始时间为 0_+。如果电源为任意值 U_S 的阶跃，在单位阶跃响应前面乘以 U_S 就可以，即 $u_C(t)=U_S(1-\mathrm{e}^{-\frac{t}{\tau}})\varepsilon(t)$。

图 10－22(a)所示 RC 串联电路中，设 $U_S=1$ V，要计算其单位延迟阶跃响应，即电源的接入时间为 t_0，电源电压的表达式应为 $\varepsilon(t-t_0)$V。其响应的表达式将单位阶跃响应中的 t 改变为 $t-t_0$ 就可以了。从而得到电容电压的响应

$$u_C(t-t_0)=(1-\mathrm{e}^{-\frac{t-t_0}{\tau}})\varepsilon(t-t_0)$$

电容电压响应的后面乘以 $\varepsilon(t-t_0)$，表示响应的起始时间为 t_{0+}。

根据以上例子，可以总结如下：当电路的激励为 $\varepsilon(t)$时，相当于在 $t=0$ 时将 1 V 电压源或 1 A 电流源接入电路，因此单位阶跃响应与直流激励下的零状态响应形式相同。一般用 $s(t)$表示单位阶跃响应。如果电路的输入是幅值为 k 的阶跃信号，根据零状态的线性性质，电路的零状态响应为 $ks(t)$。由于非时变电路的参数是不随时间变化的，因此在延迟的单位阶跃信号作用下，$\varepsilon(t-t_0)$的零状态响应为 $s(t-t_0)$。

用阶跃函数及其延迟描述开关动作，作用在 RC 串联电路上的激励可表示为

$$u_S=U_S\varepsilon(t) \tag{10-34}$$

RC 电路的单位阶跃响应为

$$s(t)=(1-\mathrm{e}^{-\frac{t}{\tau}})\varepsilon(t) \tag{10-35}$$

可见，图 10－22(a)所示 RC 串联电路 $t=0$ 时刻开关动作的阶跃响应为

$$u_C(t)=U_S(1-\mathrm{e}^{-\frac{t}{\tau}})\varepsilon(t) \tag{10-36}$$

【例 10－9】 图 10－25 所示电路，开关 S 在位置 1 时电路已达稳态。$t=0$ 时开关 S 从位置 1 扳到位置 2，$t=2$ s 时开关 S 又从位置 2 扳到位置 1。求 $t=0$ 后的电容电压 u_C。

解：本题选用两种方法求解。

解法一：按电路的工作过程分时间段求解。

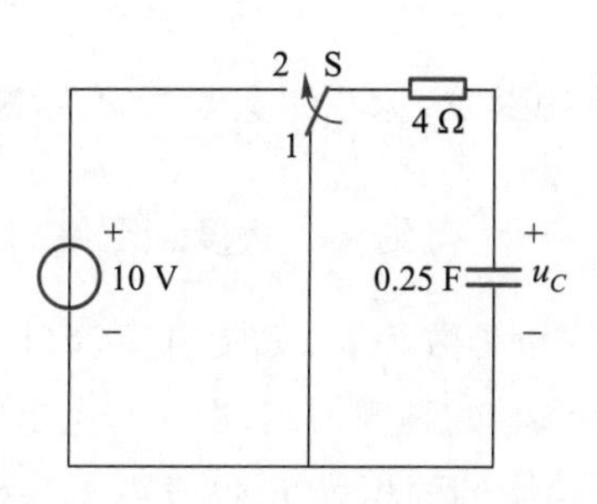

图 10-25　例 10-9 图

在 $0\leqslant t<2$ s 时，电容电压是零状态响应。根据换路定律，三个要素分别为 $u_C(0_+)=u_C(0_-)=0$ V，$u_C(\infty)=10$ V，$\tau=RC=1$ s，则电容电压

$$u_C(t)=10(1-e^{-t})\ \text{V}\quad 0\leqslant t<2\ \text{s}$$

在第 2 s 换路前一瞬间，电容电压 $u_C(2_-)=8.65$ V。

在 $t\geqslant 2$ s 时，电容电压为零输入响应。由换路定律，三个要素分别为 $u_C(2_+)=u_C(2_-)=8.65$ V，$u_C(\infty)=0$ V，$\tau=RC=1$ s，则电容电压

$$u_C(t)=8.65e^{-(t-2)}\ \text{V}\qquad t\geqslant 2\ \text{s}$$

从而求得

$$u_C(t)=\begin{cases}10(1-e^{-t}) & 0\leqslant t<2\ \text{s}\\ 8.65\,e^{-(t-2)} & t\geqslant 2\ \text{s}\end{cases}$$

解法二：已知激励电压源 $U_S=10$ V。如果用阶跃函数及其延迟描述开关动作，作用在 RC 串联电路上的激励为

$$u_S=10\,[\,\varepsilon(t)-\varepsilon(t-2)\,]\ \text{V}$$

$\tau=RC=1$ s，根据式(10-36)，可得电容电压的响应

$$u_C(t)=10(1-e^{-t})\varepsilon(t)-10(1-e^{-(t-2)})\varepsilon(t-2)$$

也可以写成分段的形式

$$u_C(t)=\begin{cases}10(1-e^{-t}) & 0\leqslant t<2\ \text{s}\\ 8.65e^{-(t-2)} & t\geqslant 2\ \text{s}\end{cases}$$

可见，利用第二种方法对电路求解较为简便。

10.5.2　一阶电路的冲激响应

零状态下，电路对于单位冲激函数的响应称为单位冲激响应。

1. 冲激函数

单位冲激函数的定义为

$$\begin{cases}\delta(t)\ =\ 0 & t\neq 0\\ \displaystyle\int_{-\infty}^{+\infty}\delta(t)\,dt\ =\ 1\end{cases}\tag{10-37}$$

单位冲激函数可以看成是单位脉冲函数的极限情况。如图 10-26(a)所示

是一个面积为 1 的矩形脉冲函数，脉冲的宽度为 Δ，脉冲的高度为$\frac{1}{\Delta}$，称为单位脉冲函数。当 $\Delta \to 0$ 时，$\frac{1}{\Delta} \to \infty$，得到一个宽度趋于零，幅值趋于无穷大，面积仍为 1 的脉冲，这就是单位冲激函数 $\delta(t)$，如图 10－26(b)所示。冲激量的宽度很窄，即出现的时间很短，冲激量的高度很高，用一个向上的箭头来表示它，并标注数字“1”，表示冲激量所包围的面积为 1，也表明了冲激量的强度。例如，自然界的雷击放电现象，电路中已充电的电容器被突然短路放电等，都是在极短的时间内出现的强电流，这种电流就可以用单位冲激函数 $\delta(t)$ 来近似模拟。

如果单位冲激函数 $\delta(t)$ 的出现时间不是 0 而是 t_0，则称为延迟单位冲激函数，其表达式为 $\delta(t-t_0)$。如果单位冲激函数 $\delta(t)$ 前面的系数不是 1 而是任意常数 k，称为冲激函数，表达式为 $k\delta(t)$，波形如图 10－26(c)所示，也表示冲激量的强度为 k。如果冲激函数 $k\delta(t)$ 的出现时间不是 0 而是 t_0，则称为延迟冲激函数，其表达式为 $k\delta(t-t_0)$。

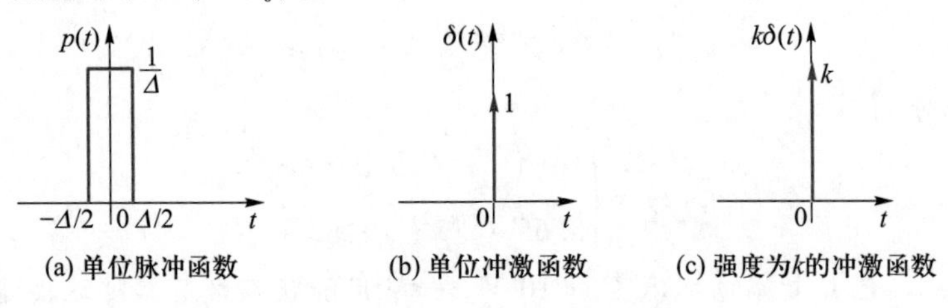

图 10－26 脉冲函数和冲激函数

2. 单位冲激函数的性质

(1) 单位冲激函数对时间的积分等于单位阶跃函数，即

$$\int_{-\infty}^{t} \delta(\xi)\,\mathrm{d}\xi = \varepsilon(t) \tag{10-38}$$

单位阶跃函数是一种理想波形的抽象，在 $t=0$ 处的上升率非常大，该处求导是一个宽度很小而高度很大的脉冲；$t \neq 0$ 时各点求导则等于零，所以单位阶跃函数的导数就是单位冲激函数，即

$$\frac{\mathrm{d}}{\mathrm{d}t}\varepsilon(t) = \delta(t) \tag{10-39}$$

(2) 单位冲激函数具有筛分性质

对于任意一个在 $t=0$ 时刻连续的函数 $f(t)$，根据单位冲激函数的定义，有

$$f(t)\delta(t) = f(0)\delta(t)$$

因此

$$\int_{-\infty}^{\infty} f(t)\delta(t)\,\mathrm{d}t = f(0)\int_{-\infty}^{\infty} \delta(t)\,\mathrm{d}t = f(0)$$

可见，单位冲激函数把 $f(t)$ 在 $t=0$ 时刻的值给“筛”了出来，故冲激函数具有筛分性质。

3. 一阶电路的冲激响应

(1) *RC* 电路的冲激响应

如图 10－27(a)所示电路，冲激电流源作用于零状态电路。要计算电容电压、电流的变化规律，首先分析其物理过程。当 $t \leqslant 0_-$ 时，电流源 $k\delta_i(t)=0$，电流源相当于开路，$u_C(0_-)=0$。当$0_- < t < 0_+$时，冲激电流源对电容充电，电容储存能量，电容电压突然升高，$u_C(0_+) \neq 0$；可见，当电路中存在冲激电源时，换路定律不再适用。因为换路定律成立的前提是"在换路过程中流过电容的电流为有限值"。显然，在冲激电流源流过电容时这一条件不再满足。当 $t \geqslant 0_+$ 之后，电流源 $k\delta_i(t)=0$，电流源又相当于开路，电容通过电阻放电，此时电路中的响应相当于零输入响应。

当 $t=0$ 时，描述电路的微分方程为

$$C\frac{\mathrm{d}u_C}{\mathrm{d}t}+\frac{u_C}{R}=k\delta_i(t) \tag{10-40}$$

分析上式，左侧两项相加等于一个冲激函数。这两项都是冲激函数吗？肯定不是，因为如果电容电压 u_C 是冲激函数，则左侧第一项为冲激的一阶导数，方程两边就不可能相等。因此，左侧第二项不是冲激函数，那么左侧第一项是冲激函数。方程两边积分得到

$$C\int_{0_-}^{0_+}\frac{\mathrm{d}u_C}{\mathrm{d}t}\mathrm{d}t+\int_{0_-}^{0_+}\frac{u_C}{R}\mathrm{d}t = k\int_{0_-}^{0_+}\delta_i(t)\,\mathrm{d}t$$

由于电容电压 u_C 不是冲激函数，这一项积分为零；再根据冲激函数的定义，有

$$C\int_{0_-}^{0_+}\frac{\mathrm{d}u_C}{\mathrm{d}t}\mathrm{d}t = k$$

$$C\left[u_C(0_+)-u_C(0_-)\right]=k$$

又因为 $u_C(0_-)=0$，因此

$$u_C(0_+)=\frac{k}{C}$$

上式表明，冲激电流作用使电容电压在换路瞬间从零跳变到$\frac{k}{C}$。

当 $t>0_+$ 时，描述电路的微分方程为

$$C\frac{\mathrm{d}u_C}{\mathrm{d}t}+\frac{u_C}{R}=0 \tag{10-41}$$

方程的解为

$$u_C(t)=\frac{k}{C}\mathrm{e}^{-\frac{t}{RC}}$$

综上所述，电容电压为

$$u_C(t)=\frac{k}{C}\mathrm{e}^{-\frac{t}{RC}}\varepsilon(t)$$

电容电流为

$$i_C(t)=C\frac{\mathrm{d}u_C(t)}{\mathrm{d}t}=k\left[\mathrm{e}^{-\frac{t}{RC}}\delta(t)-\frac{1}{RC}\mathrm{e}^{-\frac{t}{RC}}\varepsilon(t)\right]=k\left[\delta(t)-\frac{1}{RC}\mathrm{e}^{-\frac{t}{RC}}\varepsilon(t)\right]$$

电容电压、电流的波形如图 10－27(b)(c)所示。在 $t=0$ 瞬间，冲激电流源全部流入电容，给电容充电，使电容电压发生跃变。随后电源支路相当于开路，电容通过电阻放电，电容电压逐步降低，放电电流逐渐减小，直至为零。

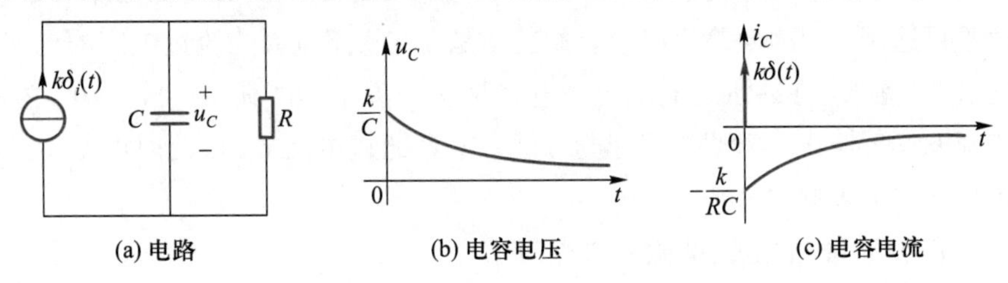

图 10－27 *RC* 电路的冲激响应

(2) *LC* 电路的冲激响应

如图 10－28(a)所示电路，冲激电压源作用于零状态电路。要计算电感电流、电压的变化规律，首先分析其物理过程。当 $t\leqslant 0_-$ 时，电压源 $k\delta(t)=0$，电压源相当于短路，$i_L(0_-)=0$。当$0_-<t<0_+$时，冲激电压源对电感充电，电感储存能量，电感电流突然增大，$i_L(0_+)\neq 0$；同样换路定律不再适用，因为冲激电压源流过电感时不为有限值。当 $t\geqslant 0_+$ 之后，电压源 $k\delta(t)=0$，电压源又相当于短路，电感通过电阻释放能量，此时电路中的响应相当于零输入响应。

当 $t=0$ 时，描述电路的微分方程为

$$Ri_L+L\frac{\mathrm{d}i_L}{\mathrm{d}t}=k\delta(t) \tag{10-42}$$

同样，方程左侧第一项电感电流不是冲激函数，因为会出现冲激函数的导数。左侧第二项是冲激函数。对上式同时积分

$$\int_{0_-}^{0_+}Ri_L\mathrm{d}t+L\int_{0_-}^{0_+}\frac{\mathrm{d}i_L}{\mathrm{d}t}\mathrm{d}t=k\int_{0_-}^{0_+}\delta(t)\mathrm{d}t$$

方程左侧第一项不是冲激函数，这一项积分为零，因此

$$L\int_{0_-}^{0_+}\frac{\mathrm{d}i_L}{\mathrm{d}t}\mathrm{d}t=k$$

$$L\left[i_L(0_+)-i_L(0_-)\right]=k$$

又因为 $i_L(0_-)=0$，因此

$$i_L(0_+)=\frac{k}{L}$$

上式表明，冲激电压作用使电感电流在换路瞬间从零跳变到$\frac{k}{L}$。

当 $t>0_+$ 时，描述电路的微分方程为

$$Ri_L + L\frac{\mathrm{d}i_L}{\mathrm{d}t} = 0 \tag{10-43}$$

方程的解为

$$i_L(t) = \frac{k}{L}\mathrm{e}^{-\frac{R}{L}t}$$

综上所述，求得电感电流为

$$i_L(t) = \frac{k}{L}\mathrm{e}^{-\frac{R}{L}t}\varepsilon(t)$$

电感电压为

$$u_L(t) = L\frac{\mathrm{d}i_L(t)}{\mathrm{d}t} = k\left[\mathrm{e}^{-\frac{R}{L}t}\delta(t) - \frac{R}{L}\mathrm{e}^{-\frac{R}{L}t}\varepsilon(t)\right] = k\left[\delta(t) - \frac{R}{L}\mathrm{e}^{-\frac{R}{L}t}\varepsilon(t)\right]$$

电感电流、电压的波形如图 10－28(b)(c)所示。在 $t=0$ 瞬间，冲激电压源全部流入电感，给电感充电，使电感电流发生跃变。随后电源支路相当于短路，电感通过电阻释放能量，电感电压逐步降低，放电电流逐渐减小，直至为零。

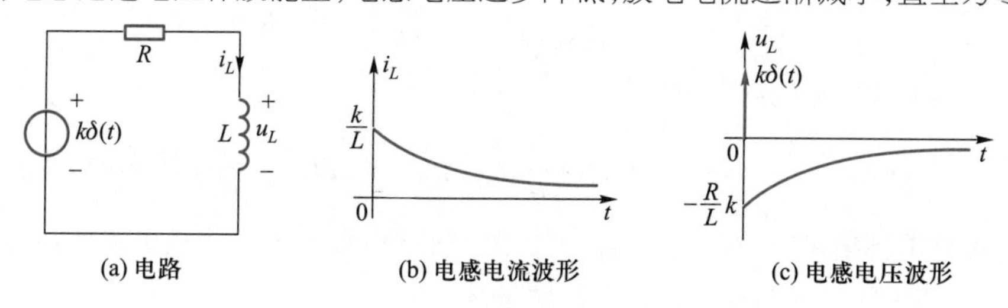

图 10－28　LC 电路的冲激响应

10.5.3　冲激响应与阶跃响应的关系

线性非时变电路的重要性质是：激励 x 产生的零状态响应为 y，那么激励$\frac{\mathrm{d}x}{\mathrm{d}t}$产生的零状态响应为$\frac{\mathrm{d}y}{\mathrm{d}t}$。前面已知，单位冲激函数在时间段 $-\infty$ 到 t 的积分是单位阶跃函数；单位阶跃函数的微分就是单位冲激函数。而冲激响应与阶跃响应之间也存在类似的关系。设电路的单位冲激响应用 $h(t)$ 表示，与电路的单位阶跃响应 $s(t)$ 的关系为

$$h(t) = \frac{\mathrm{d}s(t)}{\mathrm{d}t} \tag{10-44}$$

$$s(t) = \int_{-\infty}^{t} h(t)\mathrm{d}t \tag{10-45}$$

上式证明如下。已知单位冲激函数可看成是单位脉冲函数的极限情况，即

$$\delta(t) = \lim_{\Delta\to 0}\frac{1}{\Delta}\left[\varepsilon(t) - \varepsilon(t-\Delta)\right] = \frac{\mathrm{d}}{\mathrm{d}t}\varepsilon(t)$$

单位阶跃函数 $\varepsilon(t)$ 对应的零状态响应即单位阶跃响应为 $s(t)$，根据线性

电路的性质和动态电路零状态的线性性质，则 $\varepsilon(t)/\Delta$ 与 $\varepsilon(t-\Delta)/\Delta$ 对应的零状态响应为 $s(t)/\Delta$ 与 $s(t-\Delta)/\Delta$。取 $\Delta\to 0$ 时的极限，得

$$h(t)=\lim_{\Delta\to 0}\frac{1}{\Delta}\left[s(t)-s(t-\Delta)\right]=\frac{\mathrm{d}}{\mathrm{d}t}s(t)$$

即线性电路的单位阶跃响应对时间的导数就是该电路的单位冲激响应。图 10－27 所示电路中电容电压的阶跃响应为

$$s(t)=kR(1-\mathrm{e}^{-\frac{t}{RC}})\varepsilon(t)$$

根据式(10－44)，电容电压的冲激响应为

$$h(t)=\frac{\mathrm{d}s(t)}{\mathrm{d}t}=kR(1-\mathrm{e}^{-\frac{t}{RC}})\delta(t)+kR\times\frac{1}{RC}\mathrm{e}^{-\frac{t}{RC}}\varepsilon(t)=\frac{k}{C}\mathrm{e}^{-\frac{t}{RC}}\varepsilon(t)$$

上式微分后的第一项利用了单位冲激函数 $f(t)\delta(t)=f(0)\delta(t)$ 的性质。

图 10－27 电路中的电容电流的阶跃响应，可以利用三要素法或电容电压的阶跃响应求出。

$$s_i(t)=k\mathrm{e}^{-\frac{t}{RC}}\varepsilon(t)$$

那么电容电流的冲激响应为

$$h_i(t)=\frac{\mathrm{d}s_i(t)}{\mathrm{d}t}=k\mathrm{e}^{-\frac{t}{RC}}\delta(t)-\frac{k}{RC}\mathrm{e}^{-\frac{t}{RC}}\varepsilon(t)=k\delta(t)-\frac{k}{RC}\mathrm{e}^{-\frac{t}{RC}}\varepsilon(t)$$

可见求解结果一致。但需要注意，用阶跃响应求导的方式求电路的冲激响应时，电路的阶跃响应要表示成全时域函数。

知识闯关

1. 任意值 k 的阶跃响应，只要在延迟单位阶跃响应前面乘以 k。(　　)

2. 电路中存在冲激电源时，换路定律 $u_C(0_+)=u_C(0_-)$，$i_L(0_+)=i_L(0_-)$ 仍然适用。(　　)

技能知识十八　RC 电路的响应测试方法

一阶电路的过渡过程是十分短暂的单次变化过程，对时间常数 τ 较大的电路，可用慢扫描长余辉示波器观察光点移动的轨迹。如果采用实验室常见的双踪示波器观察过渡过程和测量有关的参数，必须使这种单次变化的过程重复出现。因此，可以利用函数信号发生器输出的方波来模拟阶跃激励信号，以方波上升沿作为零状态响应激励信号，方波下降沿作为零输入响应激励信号，前提是方波的周期必须远大于电路的时间常数 τ。这样的方波序列脉冲信号的激励对电路的影响和直流电源接通与断开的过渡过程是基本相同的。

RC 一阶电路的零输入响应和零状态响应分别按指数规律衰减和增长，其变化的快慢取决于电路的时间常数 τ。

时间常数 τ 测定电路原理图如图 10－29(a)所示，函数信号发生器和示波器输出信号波形如图 10－29(b)所示。

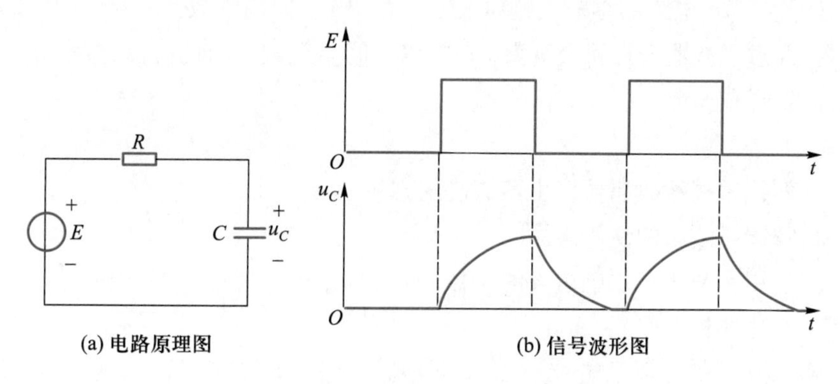

(a) 电路原理图　(b) 信号波形图

图 10－29　RC 电路时间常数 τ 测定

根据一阶电路求解方法得知：

当 RC 电路为零状态响应时，如图 10－30(a)所示，此时 $u_C(t)=E(1-e^{-\frac{t}{RC}})$，当 $t=\tau$ 时，电容电压上升到 $u_C(\tau)=0.632E$，据此可以利用示波器读取时间常数 τ。

同理，可用零输入响应测定时间常数 τ，如图 10－30(b)所示。此时 $u_C(t)=Ee^{-\frac{t}{RC}}$，当 $t=\tau$ 时，电容电压下降到 $u_C(\tau)=0.368E$，据此可以利用示波器读取时间常数 τ。

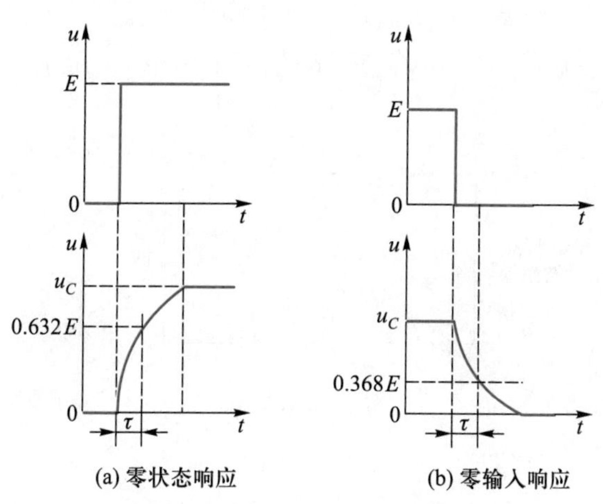

(a) 零状态响应　(b) 零输入响应

图 10－30　RC 电路响应曲线

技能训练十六 *RC* 电路响应测试

1. 训练目标

① 测定 *RC* 电路的零输入响应、零状态响应、时间常数。

② 通过示波器光点轨迹观察 *RC* 电路时间常数较大时的过渡过程，培养科学验证的严谨作风。

2. 训练要求

① 熟练掌握函数信号发生器的使用方法。

② 掌握示波器的使用方法。

③ 会用示波器读取电信号的参数。

3. 工具器材

直流稳压电源、函数信号发生器、示波器、电路板、电阻（7.5 kΩ、1.8 kΩ、10 kΩ）、电容（330 μF、10 μF、1000 pF、3 300 pF）、开关。

4. 技能知识储备

技能知识十八。

5. 完成流程

准备直流稳压电源、函数信号发生器和示波器，搭建实验电路如图 10－31 所示，搭配不同的 *R*、*C* 元件，观察输出波形。

① *R*、*C* 分别使用 $R_1=7.5\ \text{k}\Omega$，$C_1=330\ \mu\text{F}$，如图 10－31 所示连接电路，通过控制开关 S，定性观察电容零输入响应、零状态响应的波形。当开关闭合时，捕获到零状态响应的波形（类似图 10－30(a)所示的波形）；当开关断开时，捕获到零输入响应的波形（类似图 10－30(b)所示的波形）。用示波器锁定波形，便于观察。

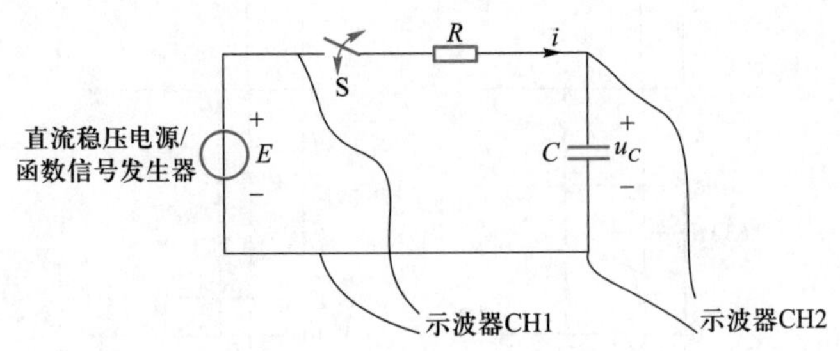

图 10－31　测量电路图

② 改变电路参数，其中 *R*、*C* 替换为 $R_2=1.8\ \text{k}\Omega$，$C_2=10\ \mu\text{F}$，控制开关 S，通过示波器定性观察电容零输入响应、零状态响应的波形。初步比较 R_1、C_1 和 R_2、C_2 的零输入响应、零状态响应的时间常数大小关系。

③ 计算并分析对比上述两组不同元件对应的时间常数，记录观察到的现象，填入表 10－2。

拓展阅读

许身国威壮河山——“两弹一星”元勋邓稼先

表 10-2　测量数据

电阻	电容	理论计算 τ	示波器观察 τ,比较两组 τ 的大小
R_1	C_1	$\tau_1 =$	τ_1 (　　) τ_2
R_2	C_2	$\tau_2 =$	填 >, =, <

④ 改变电路参数,其中 $R=10\ \text{k}\Omega$, $C=1\ 000\ \text{pF}$。使用函数信号发生器输出 $U_m=3\ \text{V}$, $f=1\ \text{kHz}$ 的方波电压信号,代替直流稳压电源,连接至实验电路,如图 10-31 所示。将 E 和电容电压 u_C 的信号分别连至示波器的两个输入口 Y_A 和 Y_B,这时可在示波器的屏幕上观察到 E 与 u_C 的变化规律,测得时间常数 τ,并描绘 E 及 u_C 波形。将波形画入表 10-3。

⑤ 改变 $R=10\ \text{k}\Omega$, $C=3\ 300\ \text{pF}$,继续观察并描绘响应波形,定性观察响应情况,将波形画入表 10-3。

表 10-3　测试波形

电阻/kΩ	电容/pF	示波器 CH1 波形	示波器 CH2 波形
$R_1=10$	$C_1=1\ 000$		
$R_2=10$	$C_2=3\ 300$		

6. 注意事项

① 调节模拟示波器时,要注意触发开关和电平调节旋钮的配合使用,以使显示的波形稳定。应注意数字示波器触发源的选择,使波形稳定。

② 定量测定时,模拟示波器的“t/div”和“v/div”微调旋钮应旋至“校准”位置。

③ 为防止外界干扰,函数信号发生器的接地端与示波器的接地端要连接在一起(称为共地)。

7. 总结与评价

① 总结本次实训现象,分析一阶电路的时间常数与哪些参数有关。

② 对自己和小组成员进行评价。

技能训练十七　*RC* 电路典型应用

1. 训练目标

① 测试 *RC* 电路,深入理解一阶电路的响应。

② 通过灵活运用测试工具,提升将知识和经验融会贯通的意识。

2. 训练要求

① 能根据实验步骤测试实训电路。

② 理解一阶电路的过渡过程。

3. 工具器材

示波器、直流稳压电源、函数信号发生器、电路板、电阻、电容。

4. 技能知识储备

图 10－32 是一阶电路测试图，它们对电路元件参数和输入信号的周期有着特定的要求。一个简单的 RC 串联电路中，在方波序列脉冲的重复激励下，当满足 $\tau = RC \ll T/2$ 时（T 为方波脉冲的重复周期），图 10－32（a）的输出为 $u_C = U_{Sm}(1 - e^{-\frac{t}{RC}})$。图 10－32（b）的输出为 $u_R = RC\frac{du_S}{dt}$。

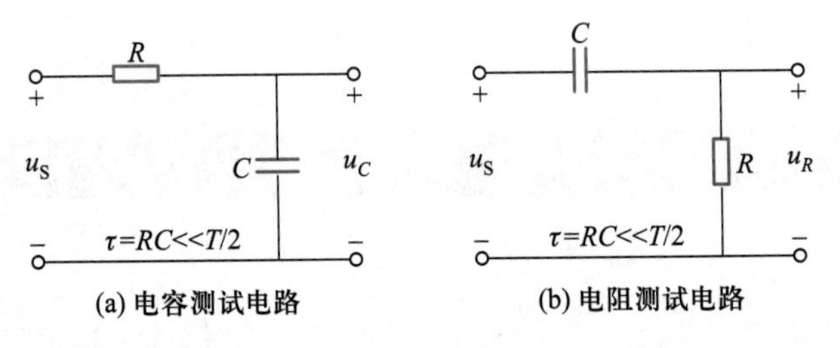

图 10－32　一阶电路测试图

5. 完成流程

准备实验设备直流稳压电源、函数信号发生器和示波器，搭建实验电路如图 10－32 所示，搭配不同的 R、C 元件，观察输出波形。

① 电路 10－32（a）中，$R = 1.8\ \text{k}\Omega$，$C = 330\ \text{nF}$。 u_S作为激励信号，是函数信号发生器输出。 取 $U_{Sm} = 10\ \text{V}$，$f = 200\ \text{Hz}$ 的方波电压信号，连接至实验电路。将 u_S和电容电压 u_C的信号分别连至示波器的两个输入口 Y_A和 Y_B，这时可在示波器的屏幕上观察到 u_S与 u_C的变化规律，并将波形画入表 10－4。

表 10－4　测试波形

电阻/kΩ	电容/nF	示波器 CH1 波形	示波器 CH2 波形
$R = 1.8$	$C = 330$		

② 电路 10－32（b）中，令 $R = 7.5\ \text{k}\Omega$，$C = 1\ \text{nF}$，观察并描绘响应波形，继续增大 C 值为 10 nF、100 nF，定性观察对响应的影响，填入表 10－5 并比较分析。

6. 注意事项

① 调节模拟示波器时，要注意触发开关和电平调节旋钮的配合使用，以使显示的波形稳定。应注意数字示波器触发源的选择，使波形稳定。

表 10－5　测试波形

电阻/kΩ	电容/nF	示波器 CH1 波形	示波器 CH2 波形
$R=7.5$	$C=1$		
$R=7.5$	$C=10$		
$R=7.5$	$C=100$		

② 定量测定时，模拟示波器的“t/div”和“v/div”微调旋钮应旋至“校准”位置。

③ 为防止外界干扰，函数信号发生器的接地端与示波器的接地端要连接在一起。

7. 总结与评价

① 总结本次实训现象，分析两个一阶电路的区别。

② 对自己和小组成员进行评价。

小结

1. 动态电路的一个特征是当电路的结构或元件的参数发生变化时（例如电路中电源或无源元件的断开或接入，信号的突然注入等），可能使电路改变原来的工作状态，转变到另一个工作状态，这种转变往往需要经历一个过程，在工程上称为过渡过程。上述电路结构或参数变化引起的电路变化统称为“换路”。

2. 在换路瞬间，若电容电流和电感电压为有限值，则电容电压和电感电流在换路前后保持不变，称为换路定律。

3. 如果一阶电路在换路前已经储能，那么在换路后即使没有外加激励（电源）存在，电路仍有电流、电压的释放。这种无外施激励动态电路中，仅由动态元件初始储能所产生的响应，称为零输入响应。

4. 如果动态电路在换路前，电路中的储能元件没有储存能量，即电容电压或电感电流为零，则这种换路前独立初始条件为零的情况称为零状态。这种电路在零状态下由外施激励引起的响应，称为零状态响应。

5. 当一个非零初始状态的一阶电路受到激励时，电路的响应称为一阶电路的全响应。分析一阶线性电路的常用方法为三要素法：设激励作用下，$f(\infty)$为稳态值，$f(0_+)$为初始值，τ为电路的时间常数。则全响应$f(t)$可写为$f(t)=f(\infty)+[f(0_+)-f(\infty)]\mathrm{e}^{-\frac{t}{\tau}}, t\geqslant 0$。

6. 电路对单位阶跃函数输入的零状态响应称为单位阶跃响应。零状态下，电路对单位冲激函数输入的响应称为单位冲激响应。

自测题

一、判断题

1. 若某动态电路中存在两个储能元件,则该电路即为二阶电路。(　　)

2. 换路后,电容的电压不会发生突变。(　　)

3. 一般情况下,电容电压和电感电流在换路前后瞬间遵循能量守恒定律。(　　)

4. 换路后电路中有独立电源,换路前储能元件无储能,电路发生的响应称为零输入响应。(　　)

5. RL 电路和 RC 电路中的时间常数 τ 都与电阻 R 成正比。(　　)

6. 零状态响应就是储能元件储存能量的过程。(　　)

7. 电路动态过程的变化快慢取决于时间常数 τ 的大小。(　　)

8. 零状态响应指由电路中初始储能引起的响应。(　　)

二、 选择题

1. 在换路瞬间,下列说法中正确的是(　　)。

A. 电感电流不能跃变　　B. 电感电压必然跃变　　C. 电容电流必然跃变

2. (　　)不是一阶电路全响应求解三要素法中的三要素。

A. 换路后稳态值　　B. 初始值　　C. 时间常数　　D. 外加激励

3. 充电过程中电容电压由零随时间逐渐增大,其增长率按(　　)规律变化。

A. 指数　　B. 对数　　C. 正弦

4. 对于直流激励下的 RC 和 RL 电路的零状态响应,若外施激励增至 5 倍,则其零状态响应增至(　　)。

A. 10 倍　　B. 15 倍　　C. 5 倍　　D. 不变

5. 对于直流激励下的 RC 和 RL 电路的零状态响应,电源对电容器的充电效率为(　　)。

A. 100%　　B. 50%　　C. 60%

习题

10-1　图 10-33 所示电路中,开关在 $t=0$ 时动作。分别画出0_+时刻各电路的等效电路图,求电路中所标的电压和电流。设所有电路在换路前均已处于稳态。

10-2　图 10-34 所示电路已处于稳态。开关在 $t=0$ 时动作,求0_+时刻各支路电流和各元件上的电压,和电路达到新的稳态 $t=\infty$ 时各支路电流和各元件上的电压。

10-3　图 10-35 所示电路已处于稳态。求开关在 $t=0$ 时闭合后电容电压 u_C和电流 i,并画出它们随时间变化的曲线。

10-4　图 10-36 所示电路开关与触点 1 接通,并已处于稳态。开关在 $t=0$ 时由触点 1 切至触点 2,求电感电流 i_L和电压 u_L。

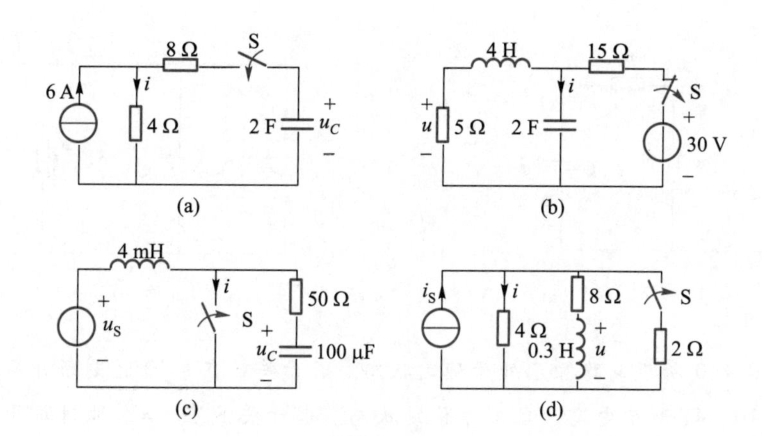

图 10 - 33

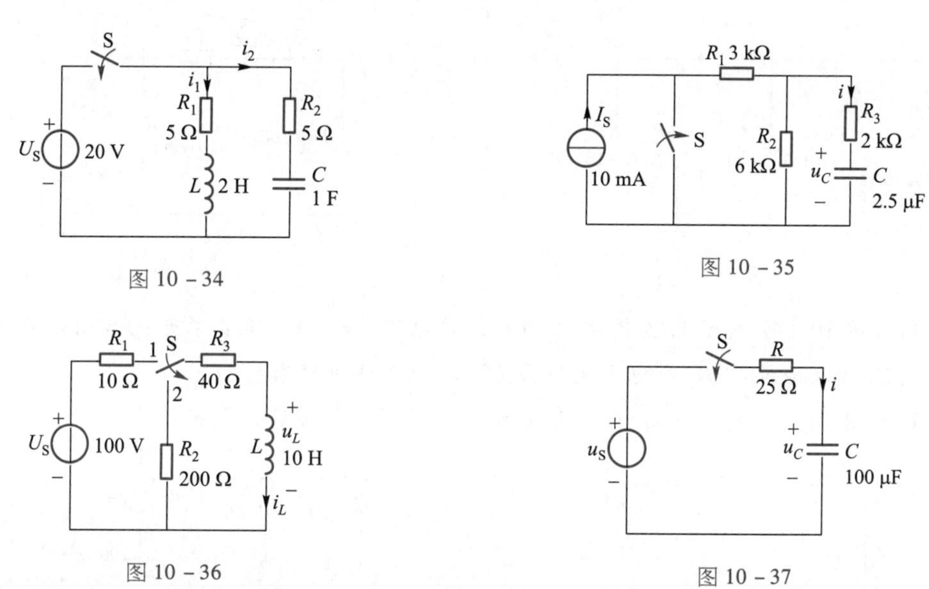

图 10 - 34

图 10 - 35

图 10 - 36

图 10 - 37

10 - 5　一组高压电容器从高压电网上切除，在切除瞬间电容器的电压为 6 300 V。脱离电网后电容经本身泄漏电阻放电，经过 20 min，它的电压降低为 950 V。

(1) 再经过 20 min，它的电压降低为多少？

(2) 经过多少时间，电容电压降为 36 V？

(3) 如果电容器从电网上切除后经 0.2 Ω 的电阻放电，放电的最大电流为多少？放电过程需多长时间（5τ 时电路达到稳态）？

10 - 6　如图 10 - 37 所示电路，$t=0$ 时闭合开关 S。

(1) 当 $u_S = 100\sin(314t + 30°)$ V 时，求 u_C 和 i；

(2) 当 $u_S = 100\sin(314t + \alpha)$ V，电路中无过渡过程时，求此时的 α 和电容电压 u_C。

10 - 7　求图 10 - 38 所示电路换路后的零状态响应 u_C。

10 - 8　求图 10 - 39 所示电路换路后的零状态响应 i_L。

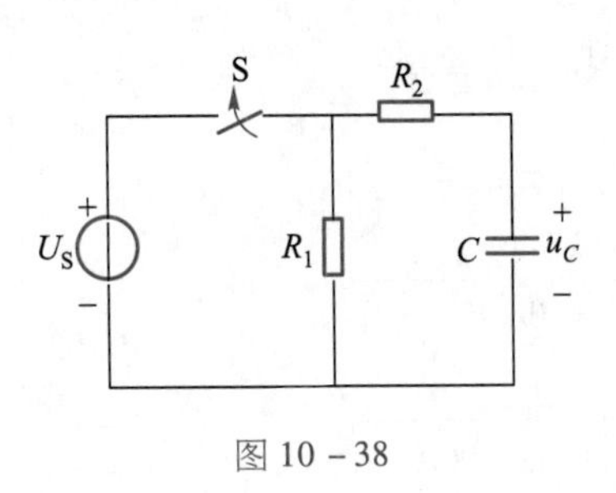

图 10－38

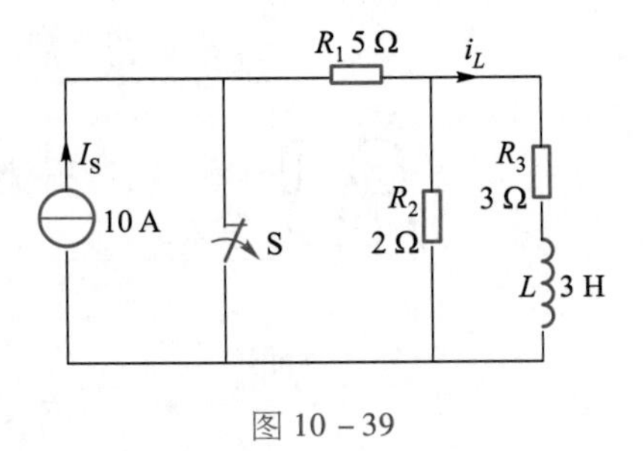

图 10－39

10－9　图 10－40 所示电路原已处于稳定状态。求开关 S 在 $t=0$ 时刻断开后的电压 u_S。

10－10　图 10－41 所示电路原已处于稳定状态。求开关 S 在 $t=0$ 时刻断开后，电容电压 u_C 和电流 i_2。

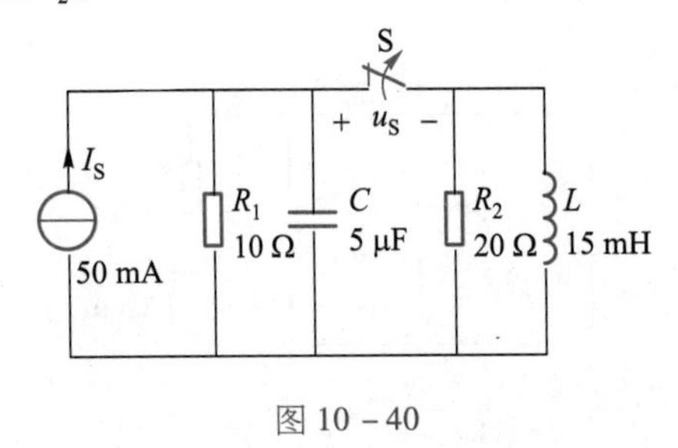

图 10－40

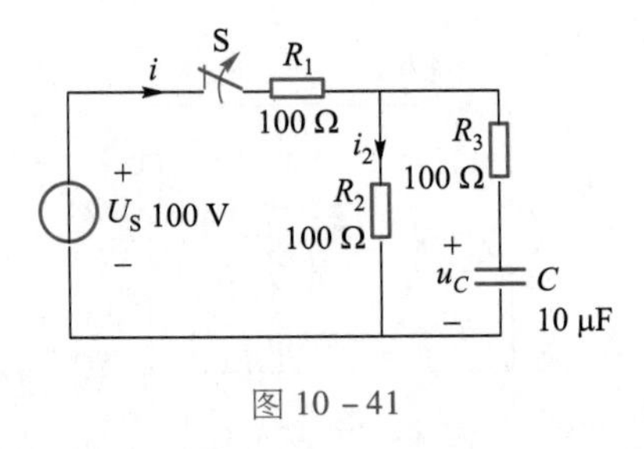

图 10－41

10－11　图 10－42 所示电路中，线圈额定工作电流 $I=4$ A。现要求开关 S 闭合后在 2 ms 内达到额定电流，求串联电阻 R_1 和电源电压 U_S（5τ 时电路达到稳态）。

10－12　图 10－43 所示电路中，求开关 S 在 $t=0$ 时刻闭合后的电流 i。

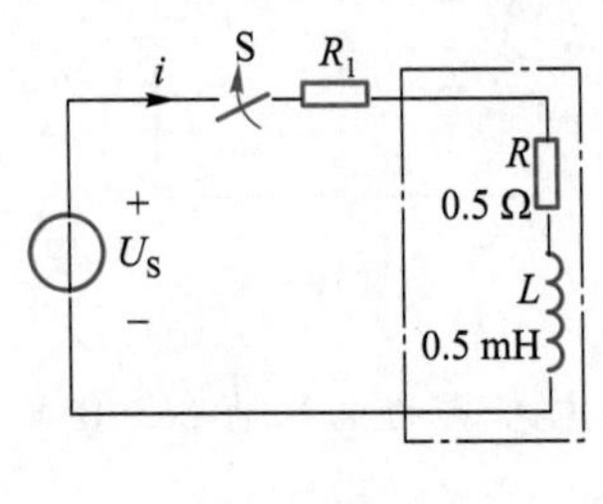

图 10－42

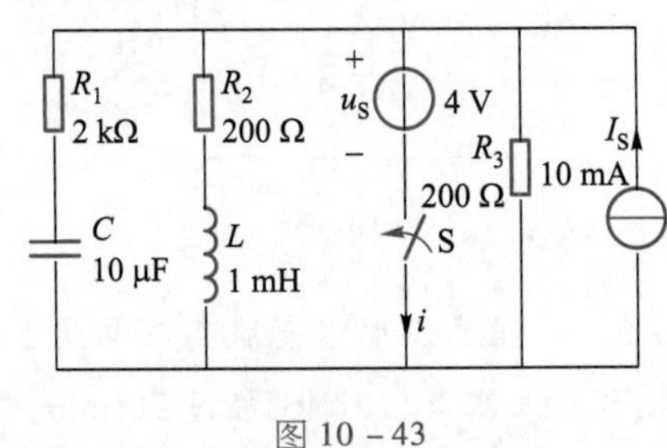

图 10－43

10－13　图 10－44 所示电路原已处于稳定状态。求开关 S 在 $t=0$ 时闭合后电容电压 u_C 的表达式。

10－14　图 10－45 所示电路中，已知 $u_S=10\sin(314t+45°)$ V。求开关 S 在 $t=0$ 时闭合后电容电压 u_C 和电流 i_2。

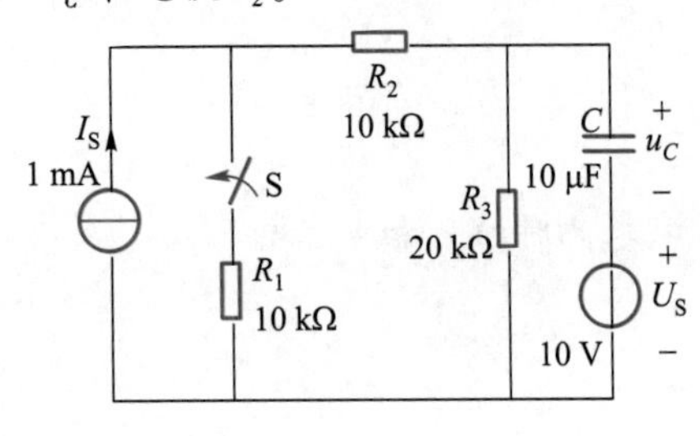

图 10－44

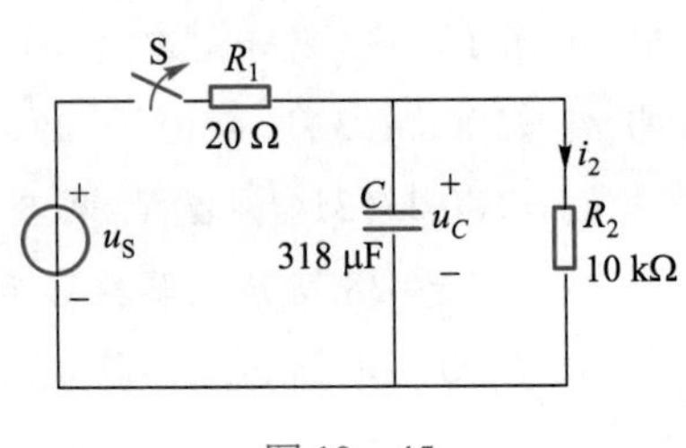

图 10－45

10－15　图 10－46 所示电路中，已知 $i(t)=5\varepsilon(t)$ A，求电路的阶跃响应 i_L。

10－16　图 10－47 所示电路中，已知 $u_S=4\delta(t)$ V，求电路的冲激响应 $i(t)$。

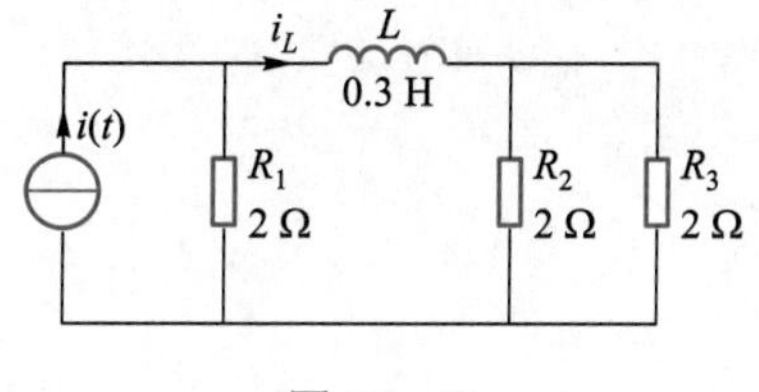

图 10－46

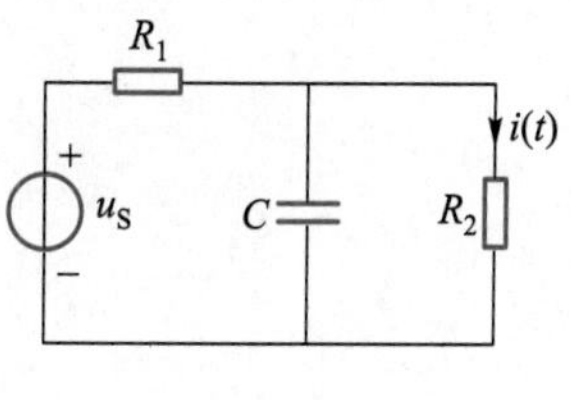

图 10－47

10－17　图 10－48 所示 RLC 串联电路中，已知电容电压初始值 $u_C(0_-)=10$ V，电感电流初始值 $i_L(0_-)=0$。$L=1$ H，$C=0.25$ F，在 $t=0$ 时闭合开关，分别求 R 为 5 Ω、4 Ω、1 Ω、0 Ω 时电路的响应 $u_C(t)$。

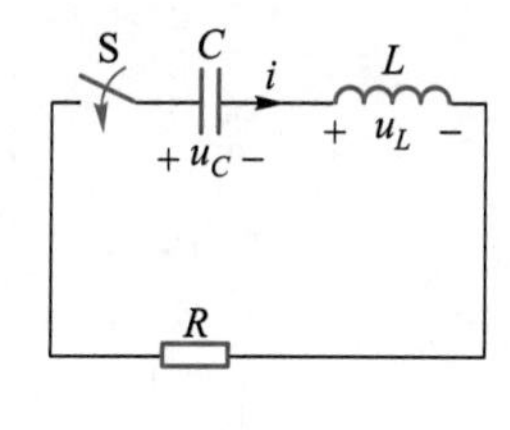

图 10－48

参考文献

[1] 柳淳.电子元器件与电路检测快速入门[M].北京:中国电力出版社,2013.
[2] 彭正木,李裕能.电路[M]. 武汉:中国水利水电出版社,1998.
[3] 于歆杰,朱桂萍,陆文娟,等.电路基础[M].北京:清华大学出版社,2007.
[4] 陈同占.电路基础实验[M].北京:北京交通大学出版社, 2003.
[5] 钱克猷,江维澄.电路实验技术基础[M].杭州:浙江大学出版社,2000.
[6] 徐红,郑兆兆.电路实验技术[M].北京:中国农业科学技术出版社,2010.
[7] 姚有峰.电路与电工技术实验[M].合肥:中国科学技术大学出版社,2008.
[8] 吉培荣,佘小莉.电路原理[M].北京:中国电力出版社,2016.
[9] 黄力元.电路实验指导书[M].北京:高等教育出版社,1983.
[10] 康巨珍,康晓明.电路学习方法与解题指导[M].天津:天津科学技术出版社,2002.
[11] 林珊.电路[M].北京:机械工业出版社,2016.
[12] 黄继昌,申冰冰,张海贵.电子电路故障查找与检修[M].北京:中国电力出版社,2010.
[13] 朱玉冉.电路学习指导书[M].北京:中国电力出版社,2015.
[14] 储克森,周元一,武昌俊.电工技能实训[M].北京:中国电力出版社,2012.
[15] 李荣华.跟我学电工操作[M].北京:中国电力出版社,2015.
[16] 蒋军.电路[M].重庆:重庆大学出版社,2004.
[17] 李文秀,梁斌,张海峰.电子技术基础实验与实训[M].北京:国防工业出版社,2015.
[18] 祝福,李秉玉.中级维修电工实训指导[M].哈尔滨:哈尔滨工程大学出版社,2008.
[19] 冯继青,班善军,魏鹏.电工电子仿真实验与实训[M].保定:河北大学出版社,2010.
[20] 温照方.电路基础[M].北京:北京理工大学出版社,1996.
[21] 向国菊,孙鲁扬,孙勤.电路典型题解[M].北京:清华大学出版社,1995.

读者意见反馈

为收集对教材的意见建议，进一步完善教材编写并做好服务工作，读者可将对本教材的意见建议通过如下渠道反馈至我社。

咨询电话　400-810-0598

反馈邮箱　gjdzfwb@pub.hep.cn

通信地址　北京市朝阳区惠新东街4号富盛大厦1座

高等教育出版社总编辑办公室

邮政编码　100029